普通高等教育材料类系列教材

金属材料学

主　编　文九巴
副主编　马　勤　庞国星
参　编　侯利锋　范　敏
主　审　郑世安

机 械 工 业 出 版 社

本书内容包括钢的合金化基础、合金钢、铸铁、非铁金属及其合金、金属功能材料和新型金属材料等。钢的合金化基础部分着重讨论了钢中的合金元素及其与铁和碳的作用、合金元素在钢的相变中的作用、合金元素对钢的力学性能和工艺性能的影响以及钢中的微量元素；在合金钢、铸铁、非铁金属及其合金部分较全面地介绍了工程构件用钢、机器零件用钢、工具钢、特殊性能钢、铸铁以及工业生产中常用的非铁金属材料的成分、组织结构、热处理工艺与性能之间的关系；在金属功能材料和新型金属材料部分介绍了比较成熟的新型金属材料及其研究成果，如磁性材料、金属基复合材料和纳米金属材料等；本书还通过大量实例介绍了金属材料的选材思路、加工工艺以及工程应用。

本书既可以作为材料类本科专业学生的教材，也可以作为研究生和从事材料工作技术人员的参考用书。

图书在版编目（CIP）数据

金属材料学/文九巴主编 .—北京：机械工业出版社，2011.8（2026.1重印）

普通高等教育材料类系列教材

ISBN 978-7-111-34229-8

Ⅰ.①金… Ⅱ.①文… Ⅲ.①金属材料-高等学校-教材 Ⅳ.①TG14

中国版本图书馆 CIP 数据核字（2011）第 099597 号

机械工业出版社（北京市百万庄大街 22 号　邮政编码 100037）
策划编辑：冯春生　责任编辑：冯春生　白　刚　版式设计：霍永明
责任校对：李秋荣　封面设计：张　静　责任印制：刘　媛
北京富资园科技发展有限公司印刷
2026 年 1 月第 1 版第 11 次印刷
184mm×260mm · 19.25 印张 · 473 千字
标准书号：ISBN 978-7-111-34229-8
定价：49.80 元

电话服务	网络服务
客服电话：010-88361066	机　工　官　网：www.cmpbook.com
010-88379833	机　工　官　博：weibo.com/cmp1952
010-68326294	金　　书　　网：www.golden-book.com
封底无防伪标均为盗版	机工教育服务网：www.cmpedu.com

普通高等教育材料类系列教材
编审委员会

金属材料工程专业教材编委会

前　言

本书是根据2009年4月在洛阳召开的中国机械工业教育协会金属材料工程（热处理）专业教学委员会专业教材编写会议所确定的教学大纲编写的。

金属材料学是研究金属材料的成分、组织结构与性能之间关系的一门技术科学，它对金属材料的生产、使用和发展起着重要的指导作用。金属材料是工程领域所用材料中用量最大的材料，其发展历史悠久、技术相对成熟、理论和体系也比较完整，因此在整个工程材料应用领域中发挥着主导作用。自20世纪80年代以来，伴随着科学技术的快速发展，材料科学亦得到迅速发展，产生了许多新的研究成果。一些新的材料，如金属基复合材料、新型功能材料等不断在工程领域得到应用，而且已经形成了材料科学发展的新趋势。

为了适应材料科学的发展，提高教学质量和人才培养质量，本书在借鉴现有教材的基础上，对基本内容进行了必要的充实和更新，并结合作者的教学经验调整了教材的内容体系和框架。在编写时，以材料的“服役条件—失效形式—性能要求—化学成分—加工工艺—组织性能”为主线，围绕金属合金化的基本理论，着重介绍材料的工程应用；通过大量的应用实例，将材料的设计、选材及应用贯穿其中，尽可能地体现材料科学的发展思想；同时注意引导学生将理论用于解决金属材料应用的实际问题，使教材内容体现综合性、适用性和新颖性的特点。该书适合于机械工程领域金属材料工程等材料类专业的学生使用。

本书的主要内容包括：钢的合金化基础、合金钢、铸铁、非铁金属及其合金、金属功能材料和新型金属材料。第1章为钢的合金化基础理论部分，着重讨论了钢中的合金元素、合金钢中的相组成和相变、合金元素对钢的力学性能和工艺性能的影响以及钢中的微量元素，其目的是使学生从理论上掌握合金元素在钢中的作用规律，为研究各种用途的钢种奠定理论基础；第2～7章对常用钢铁材料和非铁金属材料（包括工程构件用钢、机器零件用钢、工具钢、特殊性能钢、铸铁和非铁金属及其合金）的成分、热处理工艺、组织结构与力学性能之间的关系进行了比较全面的介绍，使学生能够掌握如何根据工件的服役条件和对材料的性能要求来正确地选择材料和合理地制订工艺。第8、9章对金属功能材料（包括磁性合金、电性合金、形状记忆合金、储氢合金）以及新型金属材料进行了简要介绍。

为了使学生更好地理解和掌握课程内容及重点知识，培养学生分析问题、解决问题的能力，本书从教学实际出发，内容安排力图更好地满足教学要求，用较浅显的语言阐明概念，用较多的例题加深概念，用较多的图表表达内容。书中涉及的材料牌号、成分和性能采用了新的国家标准，计量单位统一采用国际单位制（SI）；各章最后都作了小结，章节中的主要术语和名词作了中英文对照总结，并安排了一定量的练习题。

本书绪论、第3章、第4章由河南科技大学文九巴教授编写；第1章、第2章由兰州理工大学马勤教授编写；第6章、第7章由北华航天工业学院庞国星教授编写；第5章由洛阳理工学院范敏副教授编写；第8章、第9章由太原理工大学侯利锋副教授编写。河南科技大学王长生高级工程师为本书提供了部分金相照片。全书由文九巴教授统稿主编，马勤教授、庞国星教授任副主编，河南科技大学郑世安教授任主审。

本书在编写过程中参考了大量的相关文献资料，主要文献列于书后，在此谨向所有参考文献的作者表示衷心的感谢。同时也得到了许多有关同志的热忱帮助和支持，机械工业出版社对本书的出版付出了辛勤的劳动，在此一并表示感谢。

由于水平有限，时间仓促，书中难免存在缺点和错误，恳请广大读者提出宝贵意见。

编　者

目　录

绪　论

人类社会的发展取决于生产力的发展，生产力水平的高低以劳动工具为代表，而劳动工具的进步又离不开材料的发展。人类使用材料的历史已有几万年之久，从远古的石器时代到公元前的青铜器时代和铁器时代，而金属的使用标志着社会生产力的发展，人类开始逐渐进入文明社会。到了18世纪，随着钢时代的来临，社会生产力大幅度地提高，引起了世界范围的工业革命，因而产生了若干个经济发达的强国。继钢时代之后，从20世纪50年代开始进入了硅时代，这是信息技术革命的时代，对人类社会产生了深远影响，促进了世界范围内科学技术的快速发展。从20世纪90年代以后，各种新材料不断产生，人类社会进入了所谓的新材料时代。可见，材料对人类社会文明的进步发挥着重大的作用。

在近代科学技术的推动下，材料科学发展迅速，材料的品种日益增多，不同效能的新材料不断涌现，原有材料的性能得到不断的改善与提高，以满足各种使用要求，故材料科学是科学技术的发展基础，也是工业生产的支柱。

工程材料是指工程上使用的各种材料。工程材料按其属性可分为两大类，即金属材料和非金属材料。金属材料又分为钢铁（黑色金属）材料和非铁金属及其合金（有色金属）材料两大类；非金属材料通常又分为无机非金属材料和有机高分子材料两大类。随着材料学的发展，单一金属或非金属材料无法实现的性能又可通过复合材料得以实现。

从应用的角度来区分，人们习惯将材料分为两大类。一类是以力学性能为主要使用性能并兼具一定物理、化学性能的“结构材料”；另一类叫做“功能材料”。所谓“功能材料”，是指具有特异物理化学性质的材料，如超导材料、激光材料、半导体材料、储能材料、形状记忆材料等。机械工程领域使用的主要是结构材料。

在机械工程领域中，农业机械、交通设备、电工设备、化工和纺织机械等的钢铁材料使用量占90%左右，非铁金属约占5%。近些年来，工程材料发展迅速，许多新型非金属材料不断地产生并得到应用，金属材料的统治地位已受到挑战，开始出现了金属材料、陶瓷材料和有机高分子材料“三足鼎立”的新局面。

陶瓷材料已远远超出其作为建筑材料（以粘土、石英、长石等为主要成分）使用的范围。近20年中，以研究工程陶瓷（以Al_2O_3、SiC、Si_3N_4等为主要成分）用于工程结构件或机械构件（如陶瓷轴承、陶瓷发动机等）为目标，在世界范围内兴起了陶瓷热。现在，陶瓷功能材料、陶瓷轴承、陶瓷刀具等许多陶瓷产品已投入工业应用。可见，陶瓷材料具有良好的发展和应用前景。

高分子材料（包括工程塑料、橡胶、合成纤维等）正在以前所未有的速度发展。通过各种合成或制备技术，其产量和性能均不断提高。可以预测，汽车的车身不久将大部分采用工程塑料，每千克工程塑料可代替4～5kg的钢铁，而且可以整体成型，因而其成本和油耗将进一步降低。由于高分子材料由人工合成，且原料充足，可以设计、制造出无穷的新产品，因此前景十分广阔。

以上两类材料的发展速度虽然很快，但还不可能全面取代传统的金属材料，目前金属材料在工业中，特别是在机械工业中，仍然占有主导地位。

金属材料学是研究金属材料的成分、组织结构、加工工艺与性能之间关系的一门技术科学，它对生产、使用和发展金属材料起着重要的指导作用。材料的成分是指材料的化学组成，是决定材料性能的最本质因素；组织结构是指材料的显微组织和相组成，包括各种相的晶体结构，它主要是由材料的化学成分和加工工艺决定的；材料的加工是指如何使材料成为具有一定性能、满足工程需求的有用的构件，它是使材料成为工业产品的“桥梁”。材料科学家和工程师的主要任务是确立材料或构件的性能与微观组织和结构之间的关系、材料的成分与加工工艺之间的关系。材料科学主要研究材料的设计与制备、结构与材料性能的基础关系，而材料工程是研究如何将材料加工成构件。金属材料学是材料科学与材料工程相结合的应用技术科学，因此，全面了解和掌握金属材料学的基础知识是材料工作者的基础所在。

我国是金属材料生产和使用的大国，我国的钢铁生产工业仍在高速发展。1999 年我国钢产量为 12400 万 t，2000 年达到 13000 万 t，2005 年突破 30000 万 t，2008 年上升为 50116 万 t，可见我国钢铁工业发展速度之快，但我国现在仍然是一个钢铁大国，而不是一个钢铁强国，我国的特殊钢生产仍然供不应求，每年要花大量的外汇进口合金钢材。近年来，由于我国已明确提出要加速发展汽车工业，要使汽车工业与钢铁、石油、化工和建筑工业一样形成国民经济的支柱产业。因此我国汽车工业发展很快，1998 年产量为 162.78 万辆，2005 年为 560 万辆，2009 年达到 1379 万辆，已经超过日本成为世界第一大汽车生产国。预计到 2020 年将达到 2000 万辆，成为全世界最大的汽车生产国。仅就汽车工业的发展而言，钢材的需求量（占全国钢材生产量的 20% 左右）也将持续上升。

钢铁材料因其具有优良的力学性能、工艺性能和低的成本，使其在 21 世纪中仍将占有重要地位，其它种类的材料如高分子材料、陶瓷材料或复合材料等，可能会少量地代替金属材料，但钢铁材料的应用不可能大幅度地衰减。正如材料科学家柯垂尔（Cottrell）教授所说：“我们将继续使用金属及合金，特别是钢。我们的孩子和孙子也将会这样”。虽然其它种类材料已经兴起，钢铁材料也走过了它最辉煌的年代，但它绝不是“夕阳工业”。

除了钢铁材料以外，其它金属材料统称为非铁金属材料。在非铁金属材料中，铝及其合金用得最多，这主要是因为：①质量轻，只有钢的 1/3，虽然铝合金的力学性能不如钢，但如果设计要求把减轻质量放在性能要求的首位时，最合适的就是铝合金，例如波音 767 飞机所用材料的 81% 都是由铝合金制成的；②有良好的导热性和导电性，在远距离输送的电缆中多用铝材料；③耐大气腐蚀，因此，美国 25% 的铝用来制作容器和包装品，20% 的铝用作建筑结构，还有 10% 的铝用作导电材料。钛合金的高温强度比铝合金高，也是金属材料中迄今发现的最好的耐蚀材料。但钛合金由于价格昂贵，主要应用于航空航天领域。

金属材料学是金属材料工程等材料类专业的核心课程，属于专业技术课，在金属材料工程专业的知识结构中占有十分重要的位置，是学生走上工作岗位后应用知识最多最直接的课程。该课程具有综合性、实践性和经验性等特点。综合性意味着该课程内容涉及的知识范围比较宽泛，涵盖金属学、热处理、设备及控制以及材料的力学性能等课程的知识；实践性意味着它是应用科学，课程所涉及的内容是生产或科研领域广泛使用的，甚至可以将生产或科研中使用的技术或工艺直接引用过来；经验性是指某些内容是长期生产经验的总结和概括，在实际应用中可变性还比较大。

本课程的任务是从金属材料的应用角度出发，阐明金属材料的基本理论，介绍金属材料的合金化原理、设计准则及化学成分、组织结构、加工工艺与性能之间的关系；介绍常用金属材料及其工程应用等基本知识；同时介绍新型金属材料的发展及应用。

本课程的目的是使学生了解金属材料的物理冶金知识，掌握金属及合金中的化学成分、组织结构、加工工艺、应用环境对金属材料各种性能影响的基本规律，并用来分析各种金属材料的化学成分设计、生产、热处理和应用中的问题。通过学习，在掌握金属材料科学基本理论及基本知识的基础上，具备分析材料的成分与制备和加工之间的关系、材料组织结构与力学性能之间的关系的能力，并能够根据工程构件的使用条件和性能要求，具备对工程构件进行合理选材及制订构件加工工艺路线的初步能力。

本课程的内容由钢的合金化基础、合金钢、铸铁、非铁金属及其合金、金属功能材料和新型金属材料组成，其基本要求如下：

（1）合金化基础方面　合金化基础是金属材料学的核心。应了解钢中合金化常用的合金元素及其在钢中的作用规律，包括合金元素对相变过程的影响、对碳化物的影响、对工艺性的影响、对力学性能的影响等，为材料的设计、选材、应用以及热处理工艺的制订打下基础。

（2）合金钢方面　应了解工程构件用钢、机器零件用钢、工具钢以及特殊性能钢的服役条件、失效方式及性能要求，还应了解材料的化学成分、组织结构、热处理工艺与性能之间的关系，学会正确地选择材料和合理地制订热处理工艺。

（3）铸铁方面　应了解铸铁及其种类，各种铸铁的形成过程，各种铸铁的成分、热处理工艺、组织结构与力学性能之间的关系，学会正确地选择铸铁材料。

（4）非铁金属及其合金方面　应了解工业生产中常用的非铁金属及其合金，如铝、铜、镁、钛等的生产过程，了解其成分、组织结构、加工工艺与力学性能之间的关系，学会正确地选择非铁金属材料。

（5）金属功能材料和新型金属材料方面　应了解比较成熟的金属功能材料及新型金属材料（包括纳米金属材料、金属基复合材料、金属间化合物结构材料等）的成分、性能特点，这些材料的开发、应用情况以及它们的发展前景。

在学习本课程前，学生应该已经完成材料力学、材料科学基础、金属热处理等课程的学习，参加过金工实习、生产实习，对材料及其工艺过程及应用具有一定的知识基础。

第1章 钢的合金化概论

1.1 钢中的合金元素

1.1.1 合金元素的定义

钢铁材料具有资源丰富、生产规模大、易于加工、性能多样可靠等优点，是所有材料特别是结构材料中使用量最大的一类金属材料。一般来讲，钢铁材料分为碳的质量分数低于2.11%的钢和高于2.11%的铸铁两大类。根据化学组成的不同，钢又可分为碳素钢和合金钢两大类。

1. 碳素钢与杂质元素

碳素钢是指碳的质量分数为0.0218%～2.11%的铁碳合金。一般来讲，把碳的质量分数为0.77%的碳钢称为共析钢；把碳的质量分数为0.0218%～0.77%和0.77%～2.11%的碳钢又分别称为亚共析钢和过共析钢。

但是，碳素钢绝非是仅含有铁和碳两种元素。由于冶炼时所用原料以及冶炼方法和工艺操作等原因，钢中总不免有少量的其它元素存在，如Si、Mn、S、P、Cu、Cr、Ni等。然而，这些元素一般并不作为合金元素看待，而被看成是杂质或残留元素。

杂质元素的存在往往会影响钢的性能，为了保证钢材的质量，在国家标准中对各类钢的化学成分都作了严格的规定。碳素钢中杂质元素的含量一般限制在下列范围：$w_{Mn} \leqslant 0.5\%$，$w_{Si} \leqslant 0.4\%$，$w_{Cr} \leqslant 0.3\%$，$w_{Ni} \leqslant 0.3\%$，$w_{Cu} \leqslant 0.3\%$，$w_{Mo} \leqslant 0.1\%$，$w_{W} \leqslant 0.2\%$，$w_{P} \leqslant 0.025 \sim 0.040\%$，$w_{S} \leqslant 0.015 \sim 0.050\%$。

此外，H、O、Sn、Sb、As、Bi也可能作为气体或杂质元素存在于钢中。

最典型的杂质元素是S、P、H，其中，S容易与Fe结合形成FeS，会导致钢产生热脆；P和Fe结合形成硬脆相Fe_3P，使钢在冷加工中产生冷脆性；H可能残留在钢中，形成“白点”，可导致钢的氢脆。

2. 合金钢与合金元素

碳素钢在力学性能和工艺性能方面可以满足大部分机械工程的需求，且价格较低，因此，碳素钢是产量很大、应用广泛的金属材料。但是，由于碳素钢存在淬透性低、耐回火软化性较差、屈强比低、耐腐蚀和耐磨损性能不佳、高温下强度低等不足之处，使得碳素钢的强度潜力虽经热处理但仍不能充分地发挥。因此，需要开发满足上述要求的合金钢及其它特种钢（特殊性能钢）。

合金钢可以定义为，在化学成分上特别添加一些合金元素，用以保证一定的生产和加工工艺以及所要求的组织与性能的铁基合金。因此，只有那些为了提高钢的某些性能，有目的地加入钢中的、含量在一定范围内的化学元素，才被认为是合金元素。

尽管合金元素是指特意添加到钢中的，为了保证获得所要求的组织结构和性能的化学元素，而杂质元素是指由冶炼时所用原材料以及冶炼方法和工艺操作等所带入钢中的化学元素，但是，这种分类方法并不是绝对的。例如硫元素，它在钢中易形成夹杂物，降低钢的韧性，一般认为是杂质元素而加以控制，但是硫元素又能提高钢的切削加工性，因此在易切削钢中又把硫看做是合金元素。这样，同一合金元素既可能是杂质元素，又可能是添加元素。若属于前者，则影响钢的质量；若属于后者，则决定钢的组织与性能。

为了合金化目的而加入钢中的元素，常见的有以下几种（依其在元素周期表中的顺序排列）：B、N、Al、Si、Ti、V、Cr、Mn、Co、Ni、Cu、Zr、Nb、Mo、W。其中，Si、Mn、Mo、W、V、B 等是我国的富产元素。我国 Ni、Cr 的资源比较少，如何在合金钢中节约 Ni 和 Cr，并根据我国的资源特点来建立符合国情的合金钢系统，是一个重要的问题。目前，结合各个机械工业部门的需要，发展了锰钢、硅锰钢以及硼钢等合金钢系统。在机械制造用结构钢、弹簧钢、轴承钢、工具钢、超高强度结构钢以及建筑用钢等方面研制了几十个新钢种，有的在推广使用，有的在推荐试用，这些钢种在性能上分别达到了同类型的镍铬钢的水平。值得指出的是，我国发展了独特的 Si-Mn-Mo-V 合金钢系统，建立了由低碳到高碳的一系列钢种。

当钢中合金元素的总含量（质量分数）小于或等于5%时，称为低合金钢；合金元素总含量为5%～10%时，称为中合金钢；合金元素总含量超过10%时，称为高合金钢。不过，这种划分并没有严格的规定。

合金钢与碳素钢相比具有下列优点：①具有较高的力学性能；②具有良好的热处理工艺性能；③具有特殊的物理、化学性能。不过，合金钢性能虽好，但由于需要加入合金元素，其冶炼、铸造、锻造、焊接及热处理工艺都比碳素钢复杂，成本较高。因此，当碳素钢能满足要求时，应尽量使用碳素钢。

3. 宏合金化与微合金化

这里需要指出的是，一般钢中合金元素的质量分数大于或等于1%时，这种合金化可称为宏合金化。

有时，合金钢中所添加的个别元素的含量将高于这种元素被视为杂质时的含量。这些合金元素（如 V、Nb、Ti、Zr、Ta 和 B）当其质量分数达到0.1%（B 为0.001%）时，可能会显著地影响钢的组织与性能，这种合金化称为微合金化，这类钢则称为微合金化钢。钢的微合金化技术将在本章1.4节中另行讨论。

特别应该指出的是，我国富产的稀土元素在合金钢中的作用，近年来无论在国内还是国外都受到了极大的重视，已成为合金钢发展中的重要课题之一。稀土合金的大致成分见表1-1。

表1-1 稀土合金的大致成分

元素名称	Ce	La	Nd	Pr	其它稀土	其它杂质
质量分数（%）	50～55	23～27	10.8～14.0	4.5～7.0	1.0～1.5	余量

近年来的研究结果表明，稀土元素不仅对冶炼和铸造性能有着良好的作用，而且作为微合金化元素加入钢中，在很多方面亦有独特的效应。其主要作用包括：①降低钢中的有害杂质含量，如 O、N、H、S 以及 Pb、Bi、Sn 等，从而净化了晶界；②细化晶粒；③强化固溶

体，同时形成新的强化相。实践证明，钢中加入微量稀土元素，对于提高钢的冲击性能，降低钢的冷脆温度，提高钢的高温塑性和强度，改善钢的特殊性能（如耐热性、耐蚀性及抗氧化性）等方面都有良好的作用。

1.1.2 合金元素的存在形式及其划分

钢中的合金元素不仅与铁和碳相互作用形成铁基固溶体和各类碳化物，同时它们之间以及与非金属元素还可以形成金属间化合物和非金属夹杂物。为此，通过探讨合金元素的这些相互作用并依此对它们进行分类，可以明确钢中合金元素的存在形式、分布状态以及合金钢中的组成相类型。

1. 合金元素与铁的相互作用

钢中的合金元素对 α-Fe、γ-Fe 和 δ-Fe 的相对稳定性以及同素异构转变温度 A_3 和 A_4 均有极大的影响。在 γ-Fe 中有较大溶解度并稳定 γ 相的元素称为奥氏体形成元素；在 α-Fe 中有较大溶解度并使 α 相稳定的元素称为铁素体形成元素。它们对铁的多晶型转变的影响可分为两大类。

（1）扩大 γ 相区——γ 相稳定化元素　Mn、Ni、Co、C、N、Cu 等合金元素使 A_3 温度降低，A_4 温度上升，即扩大了 γ 相区。合金元素的这种作用包括以下两种情况：

1）开启 γ 相区。与 γ-Fe 无限互溶，这类元素有 Ni、Mn、Co。图 1-1 所示为这几种元素与铁形成的二元合金相图。可以看出，随着合金元素 Ni、Mn、Co 含量的增加，某一定成分的铁基合金不仅在高温和低温出现了 δ + γ 和 α + γ 两个两相区，同时 γ 相的存在温度区间扩大，即使 γ 相区扩大；甚至当 Ni、Mn、Co 等元素加入到一定量后，γ 相区扩大到室温以下，使 α 相区消失。这类合金元素被称为（完全）开启 γ 相区的元素。

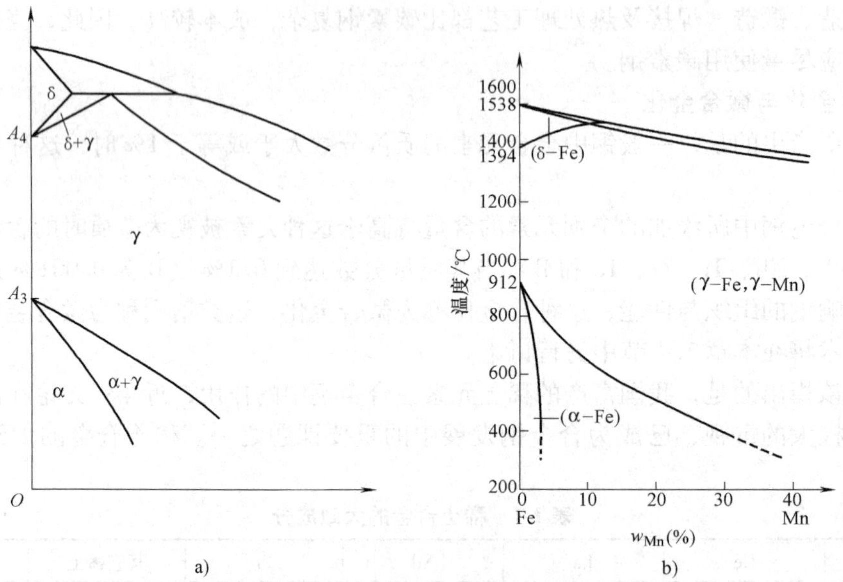

图 1-1　合金元素开启 γ 相区类型

a）Fe-Me 示意图　b）Fe-Mn 二元相图

2）扩展 γ 相区。与 γ-Fe 有限互溶，这类元素有 C、N、Cu 等，其作用是扩展 γ 相区，如图 1-2 所示。C、N、Cu、Zn 等虽然扩大了 γ 相区，但因为它们与铁之间能形成稳定的化合物，如铁与碳形成 Fe_3C，因此，其扩大 γ 相区的作用有限而不能扩大到室温，故这类元素被称为扩展 γ 相区的元素。

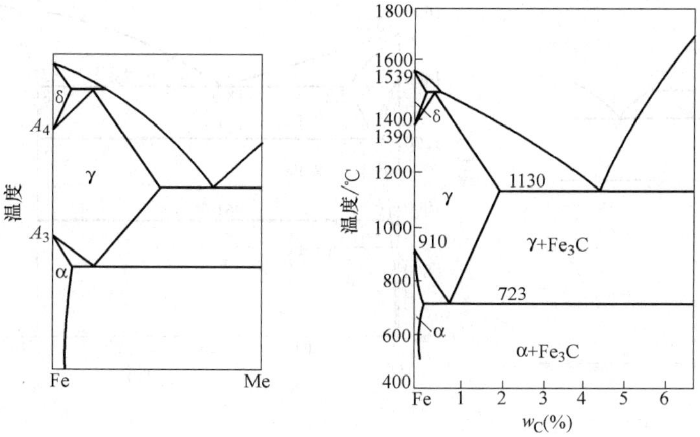

a)　　　　b)

图 1-2　合金元素扩展 γ 相区类型

a）Fe-Me 示意图　b）Fe-C 二元相图

（2）缩小 γ 相区——α 相稳定化元素　这类合金元素的作用与前面几种元素相反，它们缩小 γ 相区，即倾向于促进铁素体的形成而使其稳定化，故被称为铁素体形成元素。这类元素的作用也有两种情况：

1）封闭 γ 相区。这类元素使 A_3 温度升高，A_4 温度降低，并在一定含量处汇合，γ 相区被 α 相区封闭，在相图上形成 γ 相区圈，如图 1-3 所示。这类元素包括 Cr、V、Ti、Mo、W、Al、P、Sn、Sb、As 等，其中 V 和 Cr 与 α-Fe 无限互溶，其余都与 α-Fe 有限互溶。

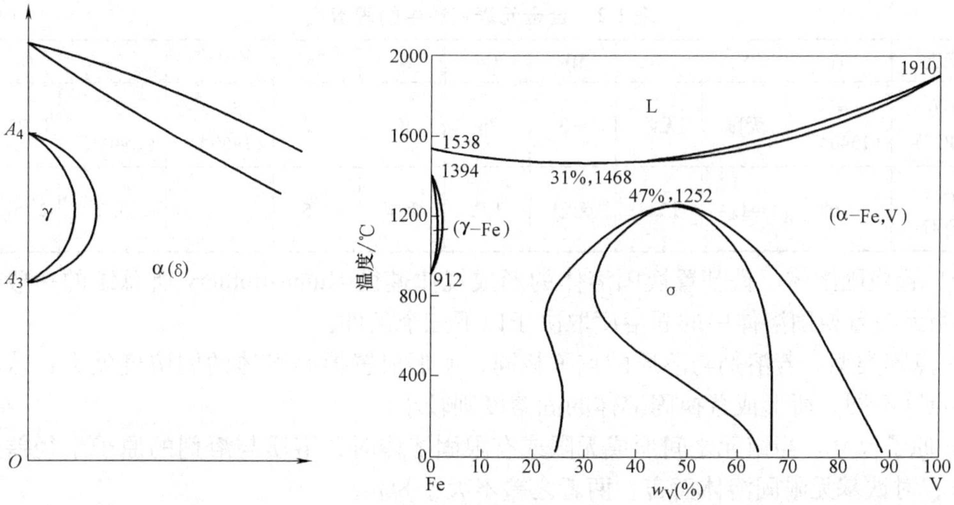

a)　　　　b)

图 1-3　合金元素封闭 γ 相区类型

a）Fe-Me 示意图　b）Fe-V 二元相图

2）缩小 γ 相区。合金元素 B、Zr、Nb、Ta、S 属于缩小 γ 相区的元素。这类元素与铁形成的二元相图如图 1-4 所示，这些元素使 γ 相区缩小，但因为有稳定的化合物形成，因而

不能完全封闭 γ 相区，故被称为缩小 γ 相区的元素。

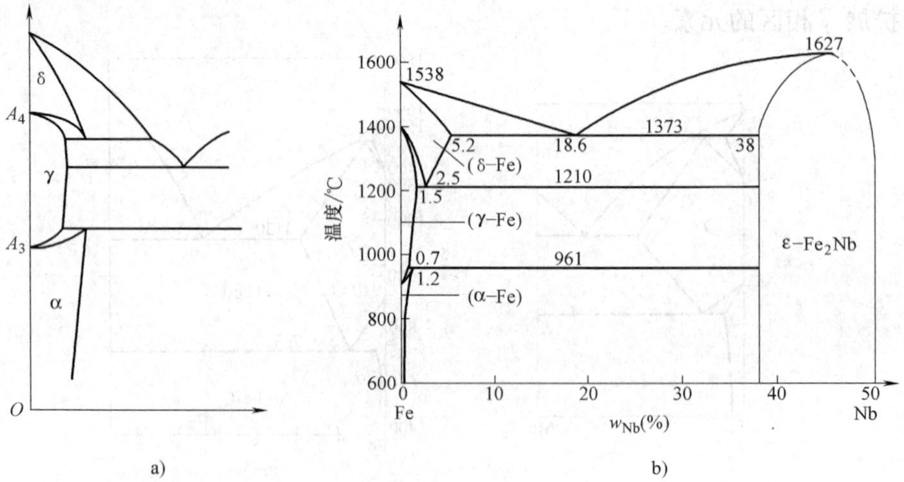

图 1-4　合金元素缩小 γ 相区类型

a）Fe-Me 示意图　b）Fe-Nb 二元相图

2. 铁基固溶体的形成规律

钢中合金元素与铁相互作用，从而扩大或缩小 γ 相区，将对合金的组织和性能产生重大的影响。但是，合金元素扩大或缩小 γ 相区的能力则与它们在 α-Fe 和 γ-Fe 中的固溶度有关。

合金元素加入钢中，原子尺寸较大的可与铁（α-Fe 或 γ-Fe）形成置换固溶体；而原子尺寸比铁小得多的元素如 C、N、B 等可与铁形成间隙固溶体。合金元素在铁中的固溶度见表 1-2。不同合金元素在铁中不同的固溶度与其在元素周期表中的位置有关。

表 1-2　合金元素在铁中的固溶度　（%）

合金元素		Ti	V	Cr	Mn	Co	Ni	Cu	Mo	W	C	N
固溶度	α-Fe（BCC）	≈7（1340℃）	无限	无限	≈3	76	10	0.2	37.5（1450℃）	33（1540℃）	0.02	0.1
	γ-Fe（FCC）	0.68	≈1.4	12.8	无限	无限	无限	8.5	≈3	3.2	2.06	2.8

（1）置换固溶体　铁基置换固溶体的形成规律遵循 Hume-Rothery 所总结的一般经验规律，即组元在置换固溶体中的固溶度取决于以下三个条件：

1）点阵类型。若溶剂与溶质的点阵相同，所形成置换固溶体的固溶度就大；若溶剂与溶质的点阵不同，所形成置换固溶体的固溶度则较小。

2）原子尺寸。当组元之间形成无限或有限固溶体时，溶质与溶剂的原子半径差应不大于 15%；对铁基无限固溶体而言，两者之差不大于 8%。

3）电子结构，即组元在周期表中的相对位置。

合金元素的点阵结构、电子结构和原子半径见表 1-3。其中，部分合金元素具有同素异构转变，表中仅列出其面心立方和体心立方结构。可见，Ni、Co、Mn 与 γ-Fe 的点阵结构、原子半径和电子结构相似，可形成无限置换固溶体，具有扩大 γ 相区的作用；而 Cu 虽然和 γ-Fe 的点阵结构、原子半径相近，但在 Cu 的电子结构因素中，要考虑 3d 层和 4s 层。因此，

Cu 与 Fe 只形成有限固溶体。

表 1-3　合金元素的点阵结构、电子结构和原子半径

合金元素		点阵结构	电子结构	原子半径/nm
3d	Ti	BCC	2	0.145
	V	BCC	3	0.136
	Cr	BCC	5	0.128
	Mn	BCC/FCC	5	0.131/0.131
	Fe	BCC/FCC	6	0.124/0.127
	Co	FCC	7	0.126
	Ni	FCC	8	0.124
	Cu	FCC	10	0.128
4d	Mo	BCC	5	0.137
5d	W	BCC	4	0.138

注：原子半径是配位数 12 的数值；电子结构是 d 层电子数。

Cr、V 与 α-Fe 的点阵结构、原子半径和电子结构相似，可形成无限置换固溶体；Mo、W 虽然与 α-Fe 的点阵相同，但原子尺寸相差较大，只能形成有限置换固溶体，而 Ti 与 α-Fe 的点阵虽然相同，但原子尺寸相差接近 15%，故也只能形成有限置换固溶体。

需要指出的是，上述铁基固溶体的形成规律是对 Fe-Me 二元系合金而言。对于多元体系，由于合金元素之间的交互作用，固溶体的形成规律要复杂得多。

（2）间隙固溶体　当溶质元素的原子半径与溶剂元素的原子半径之比小于 0.59 时，易形成间隙固溶体。间隙固溶体是有限固溶体。铁的间隙固溶体是 Fe 与较小原子尺寸的间隙元素所组成的。表 1-4 列出了一些间隙元素的原子半径值。

表 1-4　间隙元素的原子半径

元素	Fe	B	C	N	O	H
原子半径/nm	0.124	0.091	0.077	0.071	0.063	0.046

决定溶质元素在间隙固溶体中固溶度的主要因素有：

1）溶剂金属的晶体结构。由于 α-Fe 与 γ-Fe 属于不同的点阵结构，故同一间隙溶质元素在其中的固溶度是不同的。C、N 元素在 γ-Fe 中的固溶度大于在 α-Fe 中的固溶度（表 1-2）。

2）间隙元素的原子尺寸。间隙元素的固溶度随其原子尺寸的减小而增大。常见间隙元素的固溶度按 B、C、N、O、H 的顺序增大。氮具有比碳更小的原子半径，因此氮在 α-Fe、γ-Fe 中的最大固溶度更高。

3）溶剂晶格的间隙位置。铁的面心立方晶格（γ-Fe）间隙大于体心立方晶格（α-Fe）间隙。间隙原子在固溶体中通常优先占据的位置，对 α-Fe 为八面体间隙，对 γ-Fe 为八面体或四面体间隙。

对于铁的 BCC、FCC 和 HCP 晶体结构，其八面体间隙能够容纳的最大球半径分别为 $0.154r_M$、$0.410r_M$、$0.412r_M$，四面体间隙能够容纳的最大球半径分别为 $0.291r_M$、$0.220r_M$、$0.222r_M$。碳、氮原子的半径分别为 0.077nm 和 0.071nm，因此，碳、氮原子在 α-Fe 中并不占据比较大的四面体间隙，而是位于八面体间隙中更为合适。这是因为原子进入间隙位置后使相邻两个铁原子移动而引起的晶格畸变比较小的缘故。对四面体间隙来说，有四个相邻铁原子，移动四个相邻铁原子则产生更高的畸变能。所以，四面体间隙对于碳、氮原子来说，并不是最有利的位置。

3. 合金元素与碳的相互作用

加入钢中的合金元素，除了可以与铁形成铁基固溶体外，还可以和钢中的碳相互作用，形成各种各样的碳化物。钢中的合金元素按其与碳的亲和力大小，可分为碳化物形成元素和非碳化物形成元素两大类。

碳化物形成元素有：Ti、Zr、Nb、V、W、Mo、Cr、Mn、Fe 等（按过渡族金属元素形成碳化物的稳定性程度由强到弱的次序排列）。此外，碳化物形成元素可进一步划分为强碳化物形成元素（Ti、Zr、Nb、V）、中等强度碳化物形成元素（W、Mo、Cr）和弱碳化物形成元素（Mn、Fe）等三类。

非碳化物形成元素有：Ni、Co、Cu、Si、Al、N、P、S 等。在钢中，它们基本都溶于铁素体和奥氏体中，或形成其它化合物。

（1）碳化物的稳定性　碳化物在钢中的相对稳定性取决于合金元素与碳的亲和力的大小，即取决于合金元素的 d 层电子数。合金元素的 d 层电子数越少，它与碳的亲和力就越大，所形成的碳化物在钢中就越稳定。部分合金元素的 d 层电子数见表 1-5。

钢中各种碳化物的相对稳定性对于碳化物的形成和转变、溶解、析出和聚集以及长大都有着极大的影响。强碳化物形成元素所形成的碳化物最稳定；弱碳化物形成元素的碳化物稳定性较差，易于溶解和析出，并有较大的聚集长大速度。

（2）碳化物的类型　碳化物的晶格类型与所加入合金元素的原子半径有关。表 1-5 同时列出了碳元素原子半径与过渡族金属元素原子半径的比值（r_C/r_{Me}）。依据这一比值可将碳化物分为以下两类：

表 1-5　合金元素的 d 层电子数及 r_C/r_{Me} 和 r_N/r_{Me} 的比值

第四周期	Ti	V	Cr	Mn	Fe
3d 电子数	2	3	5	5	6
r_C/r_{Me}	0.53	0.57	0.60	0.60	0.61
r_N/r_{Me}	0.50	0.52	0.56	0.54	0.56
第五周期	Zr	Nb	Mo	第六周期	W
4d 电子数	2	4	5	5d 电子数	4
r_C/r_{Me}	0.48	0.53	0.56	r_C/r_{Me}	0.55
r_N/r_{Me}	0.43	0.49	0.52	r_N/r_{Me}	0.51

1）第一类。当 $r_C/r_{Me}<0.59$ 时，形成具有简单晶体结构的碳化物间隙相，也可称为简单间隙碳化物。这类碳化物的特点是硬度高、熔点高、稳定性高，一般加热时不易溶解进入奥氏体，因而可阻止加热过程中奥氏体晶粒的长大，从而细化晶粒。另外，这类碳化物在回火过程中析出可起二次硬化作用，并可用于提高耐热钢的热强性。W、Mo、V、Ti 等的碳化物属于间隙相，如 TiC、VC 为面心立方结构，W_2C、Mo_2C 为密排六方结构。对 VC 来说，r_C/r_V 为 0.57，因而 VC 具有比较简单的不同于组元晶格的面心立方结构，其中钒原子占据

晶格的正常位置，而碳原子则规则地分布在面心立方晶格的间隙之中。

2）第二类。当 $r_C/r_{Me}>0.59$ 时，形成具有复杂晶体结构的碳化物，也可称为复杂间隙碳化物。这类碳化物的硬度、熔点和稳定性比第一类碳化物间隙相低，加热时易溶解进入奥氏体中。Cr、Mn、Fe 形成的碳化物，如 $Cr_{23}C_6$（复杂立方）、Cr_7C_3（复杂六方）和 Fe_3C（正交晶系）等都具有复杂的晶体结构。

Fe_3C 是钢铁材料中的一种基本组成相，称为渗碳体。Fe_3C 中的铁原子可以被其它金属原子（如 Mn、Cr、Mo、W 等）所置换，形成以间隙化合物为基的固溶体，如 $(Fe,Mn)_3C$、$(Fe,Cr)_3C$ 等，一般把它们称为合金渗碳体。

此外，当加入的一种合金元素（如 Cr、W、Mo 等）能在钢中形成几种碳化物时，所形成的碳化物类型主要取决于合金元素与碳的原子数量比值（平衡条件下）。但是，当钢中同时含有几种碳化物形成元素时，其形成规律与碳含量有关。若碳含量有限，则强碳化物形成元素优先与碳结合，弱碳化物形成元素溶入固溶体；随碳含量增加，弱碳化物形成元素也将形成碳化物。例如，在含 Cr、W 等元素的合金钢中，随着碳含量的增加，依次形成 M_6C 型碳化物，如 Fe_4W_2C 以及 $Cr_{23}C_6$、Cr_7C_3 和 Fe_3C。钢中常见碳化物的类型及其基本特性见表 1-6。

表 1-6 钢中常见碳化物的类型及其基本特性

类型	碳化物	硬度 HV	熔点/℃	在钢中溶解的温度范围/℃	含有此类碳化物的钢种
M_3C	Fe_3C	900~1050	≈1650	Ac_1 至 950~1000	碳钢
	$(Fe,Me)_3C$①	稍大于 900~1050		Ac_1 至 1050~1200	低合金钢
$M_{23}C_6$	$Cr_{23}C_6$	1000~1100	1550	950~1100	高合金工具钢及不锈钢、耐热钢
M_7C_3	Cr_7C_3	1600~1800	1665	高于 950，直到熔点	少数高合金工具钢
M_2C	W_2C			回火时析出，高于 650~700 时转变为 M_6C	高合金工具钢，如高速钢、Cr12MoV、3Cr2W8V 等
	Mo_2C				
M_6C	Fe_3W_3C	1200~1300		1150~1300	高合金工具钢，如高速钢、Cr12MoV、3Cr2W8V 等
	Fe_3Mo_3C				
MC	VC	1800~3200	2830	高于 1100~1150	钒的质量分数大于 0.3% 的合金钢
	NbC		3500		
	TiC		3200	几乎不溶解	几乎所有含铌、钛的钢

① Me 是指 Mn、Cr、Mo、W、V 等碳化物形成元素。

（3）碳化物的溶解度 钢中往往同时存在着多种碳化物形成元素，形成含有多种合金元素的复合碳化物。在满足碳化物的点阵类型、合金元素的尺寸因素和电化学因素三个条件时，各碳化物之间彼此能够完全互溶（即碳化物中的金属原子可以任意地彼此互相置换），如 TiC-VC、TiC-ZrC 等；否则，碳化物间有限溶解，如 Fe_3C 中可溶入一定量的 Cr、W、V 等。

（4）碳氮化物 除了碳化物外，钢在冶炼时会形成铁或其它合金元素的氮化物。碳化物和氮化物可相互溶解，形成碳氮化物，如 Ti(C，N)、V(C，N)等。和碳化物一样，碳氮化物也具有高硬度、高脆性和高熔点，对钢的性能有明显的影响。

根据过渡族金属元素与氮的亲和力大小，可将氮化物形成元素分为强氮化物形成元素（Ti、Zr、Nb、V）、中等强度氮化物形成元素（W、Mo）和弱氮化物形成元素（Cr、Mn、Fe）。由于氮原子比碳原子小，因此氮原子半径和金属原子半径之比均小于0.59，所以氮化物一般都是间隙相，呈简单密排结构。

需要说明的是，铝不是过渡族金属，钢中的AlN不是间隙相，氮原子不在铝点阵的间隙位置。

当钢中有多种合金元素共存时，会出现多种碳化物、氮化物或碳氮化物并存的状态。一般根据其与碳或氮结合力的强弱分为以下几种情况：

1）强碳化物形成元素优先与碳结合，形成自己的碳化物，然后才是较弱的碳化物形成元素形成较弱的碳化物。强碳化物形成元素形成的碳化物比较稳定，其溶解温度比较高，而溶解速度较慢，析出后聚集长大速度也较慢。

2）较弱的碳化物形成元素的存在会降低强碳化物在钢中的稳定性；反之，强碳化物形成元素也能部分溶于较弱的碳化物，并提高其在钢中的稳定性。

3）在含有多种碳化物形成元素的钢中，铬能阻止MC型碳化物的形成，延迟M_2C型碳化物的出现。例如，在高钨钢中，铬能阻止WC生成；在铬-钼-钒钢中，铬的质量分数大于3%就能阻止VC生成，推迟Mo_2C析出。

4）不同的碳化物形成元素还可以改变碳化物析出的形状。如钒钢的马氏体回火时，VC析出呈片状，当钒钢中加入铬以后，VC在回火马氏体中呈短粒状析出，后者的形态具有较好的强化效果。

4. 合金元素之间的相互作用

合金元素之间以及合金元素与铁之间相互作用，可形成各种金属间化合物。由于金属间化合物各组元之间保持着金属键的结合，所以金属间化合物仍然保持着金属的特点。合金钢中常见的金属间化合物有σ相、AB_2相（拉弗斯相）和B_3A相（有序相）。金属间化合物具有与各组元不同的、独特的晶体结构和物理化学性质，它对奥氏体不锈钢、马氏体时效钢和许多高温合金的强化都有较大的影响。

（1）σ相　在低碳的高铬不锈钢、铬镍奥氏体不锈钢及耐热钢中都会出现σ相，如$Cr_{46}Fe_{54}$等。σ相具有较复杂的点阵结构，属于硬脆相，具有高硬度。伴随着σ相的出现，钢和合金的塑性和韧性显著降低，脆性增大。

在二元系中形成σ相的条件是：原子尺寸差别不大（小于12%）；钢和合金的“平均族数”（或s层 + d层的电子浓度）在5.7~7.6之间。

（2）AB_2相（拉弗斯相）　在含钨、钼、铌、钛复杂成分的耐热钢中均会出现AB_2相，如$TiFe_2$、WFe_2等。AB_2相具有较高的稳定性，可使持久强度长时间保持在较高的水平，是现代耐热钢中的一类强化相。

AB_2相的晶体结构有三种类型：$MgCu_2$型复杂立方点阵、$MgZn_2$型复杂六方点阵和$MgNi_2$型复杂六方点阵。在元素周期表中的任何两族金属元素，只要其原子半径之比$r_A:r_B = 1.2:1$时，都能形成AB_2相。

（3）B_3A相（有序相）　B_3A有序相介于无序固溶体和化合物之间的过渡状态，是耐热钢和耐热合金中重要的强化相，如Ni_3Al、Ni_3Ti和Fe_3Al等。

一般而言，在钢中存在碳的条件下，碳化物形成元素在钢中先形成碳化物，只有当其含量超过生成碳化物所需的量后，才能形成金属间化合物。

5. 合金元素与非金属元素的相互作用

铁及合金元素生成的氧化物、硫化物、硅酸盐等一般都不具有金属性或者金属性极弱。正常金属生成的碳化物、氮化物也不具有金属性，例如 CaC_2、AlN 等。在钢中，这些非金属相称为非金属夹杂物，它们常常有着复杂的成分、结构与性能，并随钢中的化学成分和一系列冶炼过程的条件不同而变化。通常可以把钢中常遇到的非金属夹杂物分为以下几类：

（1）氧化物　氧化物有简单类型的，如 FeO、MnO、TiO_2、SiO_2、Al_2O_3、Cr_2O_3、FeO 和 MnO 等；也有复杂类型的，如 $MgO \cdot Al_2O_3$、$MnO \cdot Al_2O_3$ 等。氧化物的特点是性脆易断裂，一般无可塑性，只有 FeO 和 MnO 有低的可塑性。所以，这些氧化物在钢材轧锻以后，沿加工方向呈链状分布。

（2）硫化物　钢中常见的硫化物有 MnS、FeS 等，它们具有高的可塑性，热加工时沿钢材加工方向强烈地伸长。

（3）硅酸盐　硅酸盐成分复杂，是钢中最常见的一类非金属夹杂物。硅酸盐夹杂物有易变形的，如 $2MnO \cdot SiO_2$、$MnO \cdot SiO_2$ 等，它们与硫化物相似，沿加工方向伸长，呈线段状；也有不易变形的，如各种不同配比的 Al_2O_3、SiO_2 和 FeO 等，它们与氧化物相似，沿加工方向呈链状分布。定量评级时，脆性硅酸盐以氧化物评级，而塑性硅酸盐则以硫化物评级。还有一类硅酸盐夹杂物，经加工后是不变形的，以点（球）状形式存在，称为点状不变形夹杂物，如 SiO_2、$CaO \cdot SiO_2$ 等。

此外，AlN 也是一种非金属夹杂物，呈密排六方点阵，不属于间隙相，熔点为 1870℃，在钢中有高的稳定性，只有在 1100℃ 以上才大量溶于基体，在较低温度下又重新析出。有时利用 AlN 的弥散析出以改善钢的性能，此时 AlN 不应当被看做是非金属夹杂物。

非金属夹杂物对钢的质量有重要影响，这种影响不仅和夹杂物的成分、数量有关，而且和它的形状、大小特别是分布状况有关。

当非金属夹杂物具有低的熔点（如 FeS）或能生成低熔点共晶物而且沿晶界连续分布时，将引起热脆性，对钢的性能特别有害。为了防止热脆性，可以加入适量的锰，以形成高熔点的硫化物 MnS，同时要改善其分布。无塑性的非金属夹杂物在钢进行热加工时可能引起发裂或其它缺陷，塑性的非金属夹杂物在变形后将增加钢的各向异性。非金属夹杂物在结构钢中可能引起韧性、塑性和疲劳强度的降低，还会降低钢的耐蚀性和耐磨性，并影响钢的淬透性。钢中存在氧化物和硅酸盐这类非金属夹杂物将使其切削性恶化。因此，非金属夹杂物差不多总是被看做是有害的。

6. 合金元素与晶界的相互作用

以上所述讨论了各类合金钢中可能出现的相及其形成规律与特性，这些相都是化学元素之间的相互作用。而化学元素与晶体缺陷（空位、位错、晶界等）之间的相互作用，则会出现空位与溶质金属形成的亚稳集团、碳原子与位错结合的柯氏气团以及溶质原子在晶界的偏聚，即所谓晶界吸附现象。据此，可以把合金元素划分为表面活性（偏聚）元素与非表面活性元素。下面着重讨论偏聚元素在晶界的吸附问题。

从结构学角度考虑，晶界是一个排列疏松的区域，较溶剂原子大或小的溶质原子将从晶内迁移到晶界；从弹性应变能角度考虑，这种迁移将会使体系的能量降低，达到亚稳状态。此外，晶内及晶界的原子组态不一样，从电子因素考虑的有关能量也会不同，晶界吸附也可能降低体系能量。目前对限制晶内固溶度的各项能量还难以定量估算，一般可以采用综合反映这些能量的实验数据——最大固溶度来衡量晶界吸附趋势。在一般相图中，最大固溶度越小，则晶界吸附的倾向越大。例如，在铁中固溶度很小的硼和稀土元素应该偏聚在晶界。

从热力学角度考虑，不仅要考虑过程的内能变化，也要分析熵的变化。很明显，溶质原子在晶内的组态数要大于在晶界的组态数，也就是前者的组态熵要大于后者。基于这种分析，可以导出晶界处溶质浓度（C_g）与温度的近似关系为

$$C_g = C_i \exp\left(\frac{E}{RT}\right)$$

式中，C_i 为晶内溶质平均浓度；E 为溶质与晶界的结合能，为正值。温度越高，则 C_g 越小，终将趋近于 C_i。

从动力学角度考虑，溶质原子从晶内迁向晶界或者逆向流动，也就是晶界吸附的形成与分解，需要扩散，也即需要一定的时间才能达到该温度的亚稳平衡状态。利用这个动力学因素，也可以控制 C_g。

上述三个概念不断地得到实验结果的验证和发展，并可用来解释金属材料中的一些现象。

已知 Zr、Ti、P、B、Sn、C、N、Re 等元素都能产生吸附现象，因此，这些元素也可以被称为表面活性（偏聚）元素。除了晶界吸附外，这些元素在位错处也会产生偏聚。如溶质原子在刃型位错处的吸附，形成 Cottrell 气团；溶质原子在层错附近形成的吸附，形成铃木气团；溶质原子在螺型位错处的吸附，形成 Snoek 气团。

偏聚现象对钢的组织和性能都会产生较大影响，是由于晶界扩散、晶界断裂、晶界腐蚀、相变形核等都与此有关。例如，不锈钢的晶间腐蚀是由于碳向晶界偏聚并与铬形成特殊碳化物而降低了晶界附近区域的铬含量所致；合金钢的回火脆性是由于磷、锡等杂质元素在晶界上的吸附造成的；硼钢中的硼原子在奥氏体晶界上吸附，大大提高了钢的淬透性；碳原子等某些元素在晶体界面上或缺陷处偏聚，产生了浓度起伏，有利于相变形核优先发生，即非均匀形核；在板条马氏体中，大部分碳原子并不是真正在固溶体中，而是偏聚在位错中，因而钢的强韧性好；等等。

另外，值得指出的是，钢中个别元素如铅、铍及铜等，当其含量超过其溶解度以后，将以游离状态呈细小分散的颗粒形式存在于钢中；碳有时也以自由状态即石墨的形式存在。

综上所述，合金元素究竟以何种形式存在，主要取决于合金元素的种类、含量、冶炼方法和热处理过程等。此外，还与其它元素的存在有关。

1.2 合金元素对铁碳相图及钢热处理的影响

1.2.1 合金元素对铁碳相图的影响

合金元素对铁碳相图的影响包括以下几个方面：

（1）改变奥氏体相区位置　奥氏体形成元素均使奥氏体存在的区域扩大，其中开启 γ 相区的元素如 Ni、Mn 含量较多时，可使钢在室温下得到单相奥氏体组织，如 12Cr18Ni9 奥氏体不锈钢和 ZGMn13 高锰钢等，图 1-5a 所示为合金元素 Mn 对奥氏体范围的影响。

铁素体形成元素均使奥氏体存在的区域缩小，其中封闭γ相区的元素如Cr、Ti、Si等超过一定含量时，可使钢在室温获得单相铁素体组织，如10Cr17Ti高铬铁素体不锈钢等，图1-5b所示为合金元素Cr对铁素体范围的影响。

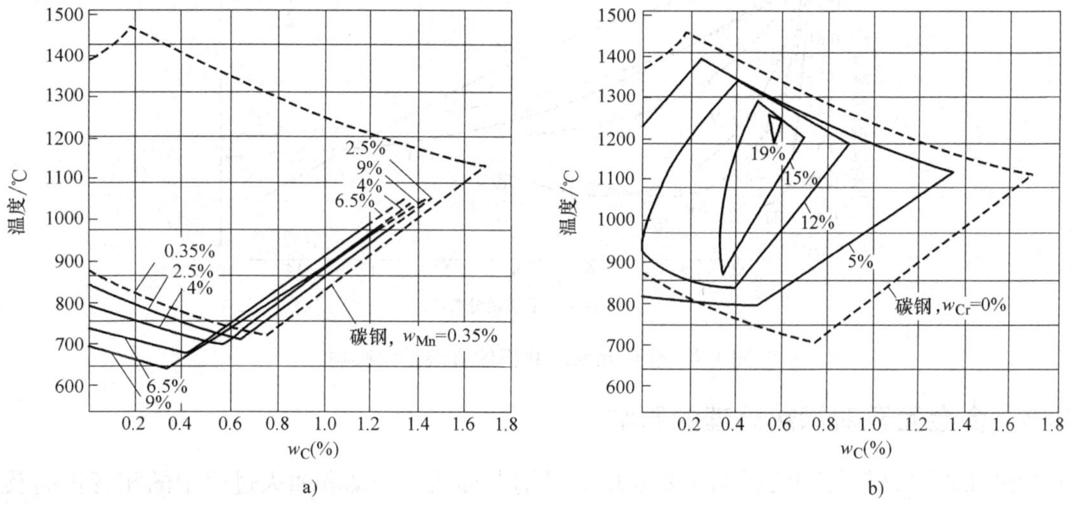

图1-5　合金元素Mn、Cr对奥氏体和铁素体范围的影响

a）Mn对奥氏体范围的影响　b）Cr对铁素体范围的影响

（2）改变共析转变温度　扩大γ相区的元素使铁碳相图中的共析转变温度降低，缩小γ相区的元素则使其上升（图1-6）。合金元素对Ac_1和Ac_3临界点的影响可用经验公式表示如下

$$Ac_1(℃) = 910 - 203C^{1/2} - 15.2Ni + 44.7Si + 104V + 31.5Mo + 13.1W$$

$$Ac_3(℃) = 723 - 10.7Mn - 16.9Ni + 29.1Si + 16.9Cr + 290As + 6.38W$$

公式中的加减号也反映了铁素体形成元素和奥氏体形成元素的不同影响，元素符号则表示该元素的含量。

（3）改变S和E等临界点的含碳量　几乎所有合金元素都使共析点（S）和共晶点（E）的含碳量降低，即使S点和E点左移。

S点左移意味着共析体的含碳量减少，也就是说，在钢中碳的质量分数不到0.77%时，就会变为过共析而析出二次渗碳体，这样，合金钢加热至略高于A_1时，所得到的奥氏体的含碳量总是比碳钢低。例如，钢中铬的质量分数为12%时，其共析体碳的质量分数为0.4%。合金元素对共析体含碳量的影响如图1-7所示。

E点左移意味着出现莱氏体的含碳量降低，如高速钢中碳的质量分数仅为0.77%，但已有莱氏体组织存在。

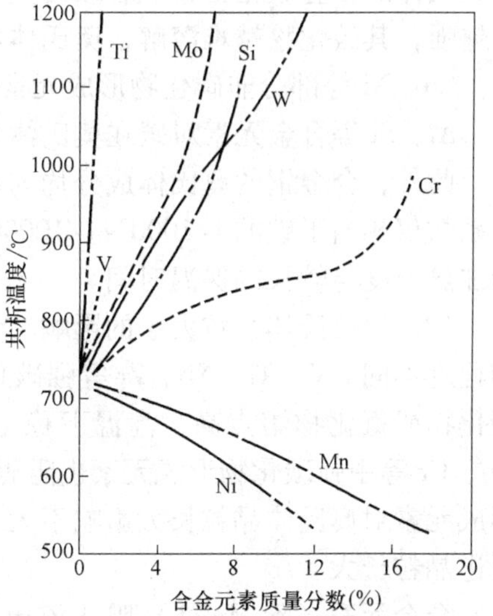

图1-6　合金元素对共析转变温度的影响

由此可见，要判断一个合金钢是亚共析钢还是

过共析钢，不能单纯根据 Fe-C 二元相图，而应根据 Fe-C-X 三元相图和多元铁基合金系相图来进行分析。

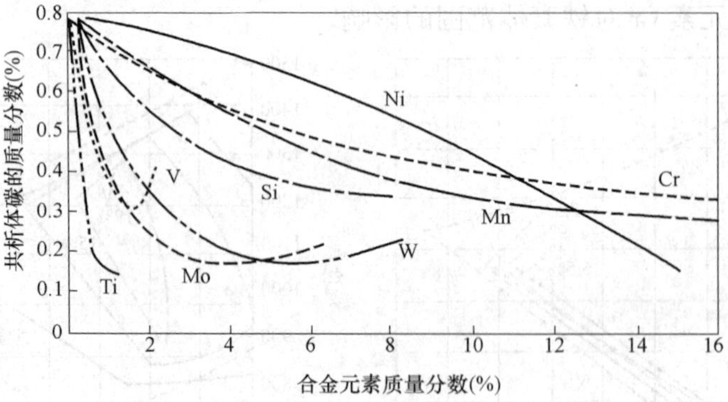

图 1-7　合金元素对共析体含碳量的影响

1.2.2　合金元素对钢热处理的影响

合金元素对钢热处理的影响主要表现为对钢在加热、冷却和回火过程中的相变机制及显微组织的影响。

1. 合金元素对退火钢加热转变的影响

合金钢加热时的奥氏体化过程大体上和碳钢相同，即包括奥氏体的形核与长大、碳化物的溶解、奥氏体成分均匀化。合金元素影响加热时奥氏体形成的速度和奥氏体晶粒的大小。

（1）对奥氏体形成速度的影响　在一般加热速度下，高于 Ac_1 温度时，奥氏体是通过碳化物溶解及 $\alpha\rightarrow\gamma$ 扩散型转变形成的。奥氏体量的增加依赖于碳化物的溶解及碳和铁原子的扩散。合金元素对碳化物稳定性及碳在奥氏体中扩散的影响，直接控制着奥氏体的形成速度。

Cr、Mo、W、V 等中强碳化物形成元素和强碳化物形成元素与碳的亲和力大，形成难溶于奥氏体的合金碳化物，显著减慢奥氏体的形成速度。一般来说，合金元素形成碳化物的倾向越强，其碳化物越难溶解，奥氏体形成速度越慢。

Co、Ni 等部分非碳化物形成元素因增大碳在奥氏体中的扩散系数而加速奥氏体的形成。

Al、Si 等合金元素对碳在奥氏体中的扩散影响不大，故对奥氏体形成速度无显著影响。

此外，合金钢的奥氏体成分均匀化过程包括碳和合金元素的均匀化。由于合金元素的扩散系数仅相当于碳的 1/1000～1/10000，因此，合金钢的奥氏体成分均匀化需要比碳钢更高的加热温度与较长的保温时间。

（2）对奥氏体晶粒大小的影响　大多数合金元素都有阻止奥氏体晶粒长大的作用，但影响程度不同。V、Ti、Nb、Zr 等强碳化物形成元素和适量的 Al 强烈阻碍晶粒长大，它们的碳化物或氮化物熔点高，高温下稳定，不易聚集长大，能强烈阻碍奥氏体晶粒长大；W、Mo、Cr 等中强碳化物形成元素也阻碍晶粒长大，其影响程度中等；Si、Ni、Cu 等非碳化物形成元素对奥氏体晶粒长大影响不大；Mn、P、C、N、O、B 等元素含量在一定限度以下时促进晶粒长大。

合金元素（除 Mn 外）阻止奥氏体晶粒长大所带来的好处就是合金钢在加热时不易过热。同时，它对钢的细晶强韧化也有良好的贡献。

2. 合金元素对过冷奥氏体转变的影响

钢的过冷奥氏体等温转变图通常呈“C”形，故称为“C 曲线”。不同合金成分的 C 曲线形状是不同的。按照合金元素不同的影响，可分为如下三类：

1）非碳化物形成元素 Ni、Si 和弱碳化物形成元素 Mn，大致保持碳钢的 C 曲线形状，只是使 C 曲线向右作不同程度的移动。

2）非碳化物形成元素 Co 不改变 C 曲线形状，但使 C 曲线向左移。

3）碳化物形成元素不仅使 C 曲线右移，并且改变 C 曲线的形状。

合金元素的不同作用使 C 曲线出现了不同形状，大致有以下五种类型：

1）只有一个过冷合金奥氏体最不稳定的鼻子区，如 Ni、Si、Mn（图 1-8a）。

2）出现两个过冷合金奥氏体最不稳定的鼻子区，这类元素有 Cr、Mo、W、V 等，如 GCr15、42CrMo 是典型例子（图 1-8b）。

3）只有珠光体转变区，如 Cr 元素，不锈钢 20Cr13 是一个典型例子（图 1-8c）。

4）只有贝氏体转变区，这类元素有 W、Mo 等元素，如 34CrNi3Mo（图 1-8d）。

5）无珠光体、贝氏体转变区，这类元素有 Ni、Mn，如不锈钢 12Cr18Ni9（图 1-8e）。

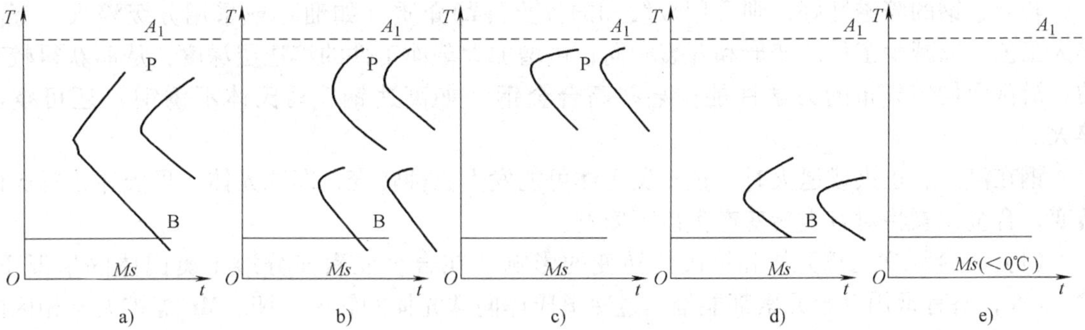

图 1-8　合金元素对钢 C 曲线形状的影响

a）Ni、Si、Mn　b）Cr、Mo、W、V　c）Cr　d）W、Mo　e）Ni、Mn

除 Co 外，几乎所有合金元素都增大过冷奥氏体的稳定性，推迟奥氏体向珠光体组织的转变，使 C 曲线右移，如图 1-9 所示。

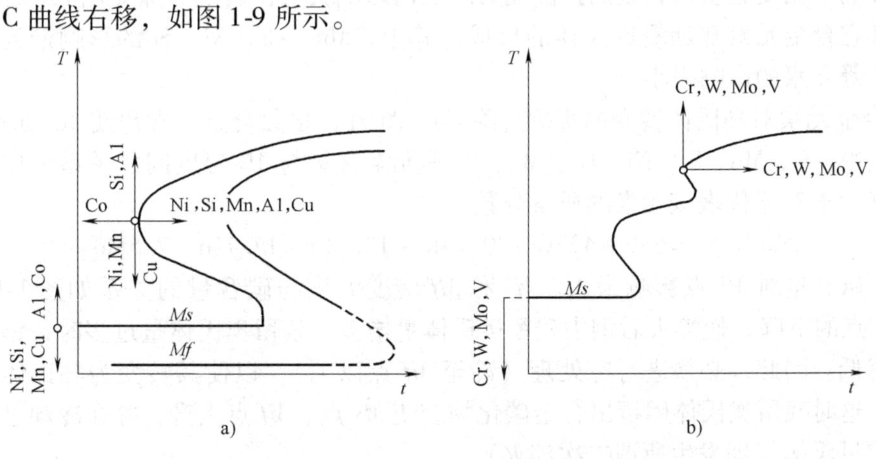

图 1-9　合金元素对奥氏体等温转变图（C 曲线）的影响

a）非碳化物形成元素　b）碳化物形成元素

C曲线右移意味着提高了钢的淬透性。淬透性表示钢在淬火时获得马氏体的能力。钢中常用的提高淬透性的合金元素有B、Mn、Mo、Cr、Ni、Si等。添加少量的B（w_B=0.001%~0.003%）就会对淬透性有显著提高，如图1-10所示。

必须指出，加入的合金元素只有完全溶于奥氏体时才能提高淬透性。如果未完全溶解而以碳化物形式存在，则碳化物会成为珠光体形成时的核心，促进珠光体的形成，反而降低钢的淬透性。另外，两种或多种合金元素的同时加入，比单个元素对淬透性的影响要强得多，如铬锰钢、铬镍钢等。故目前淬透性好的钢，多采用“多元少量”的合金化原则。

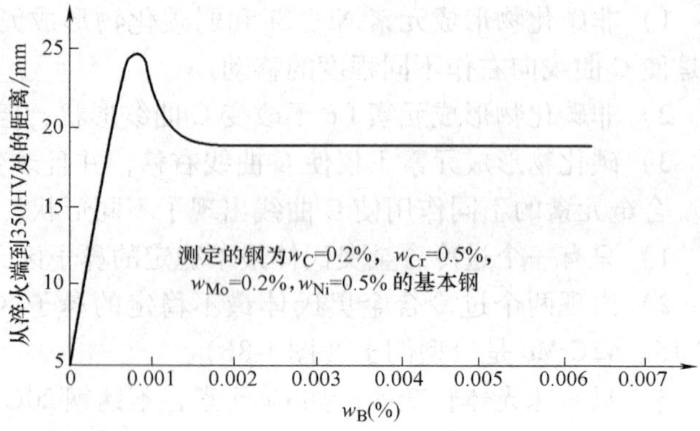

图1-10　硼对钢淬透性的影响

若合金钢的淬透性好，则可用较缓和的淬火冷却介质（如油）或采用分级淬火、等温淬火工艺，以减少工件的变形和开裂倾向；可增加大截面工件的淬透层深度，从而获得较高的、沿截面均匀分布的力学性能；某些高合金钢（如高速钢、马氏体不锈钢）还可空冷淬火。

钢在淬火、正火或退火时，过冷奥氏体可能发生三种转变，即珠光体、贝氏体或马氏体转变，合金元素将对各类转变产生以下影响：

（1）合金元素对珠光体和贝氏体转变的影响　在合金元素充分溶于奥氏体的情况下，除Co外，所有常用合金元素都能推迟过冷奥氏体向珠光体的转变。Ni、Mn等扩大γ相区的元素降低A_1点，使珠光体转变移向较低温度；而Cr、W、Mo、V、Si、Al等缩小γ相区的元素提高A_1点，使珠光体转变移向高温。

贝氏体转变时，只有碳原子作短程扩散，合金元素几乎没有扩散。所以，合金元素的作用主要是影响了相变驱动力和碳的扩散能力，从而影响贝氏体转变。除Co和Al加速贝氏体转变外，其它合金元素都延缓贝氏体的形成。其中，Mn、Cr、Ni、Si的影响最为显著，而W、Mo、V等元素的影响很小。

（2）合金元素对马氏体转变的影响　除Co、Al外，多数合金元素都使*Ms*点和*Mf*点下降。中碳钢中，C、Mn、Si、Ni、Cr、Mo、W等元素含量与*Ms*温度间的关系可用如下经验公式表示（元素符号代表该元素的质量分数）

$$Ms(℃) = 539 - 423C - 30.4Mn - 12.1Cr - 17.7Ni - 7.5Mo$$

可见，碳含量对*Ms*点影响最大。*Ms*和*Mf*转变温度与碳含量的关系如图1-11a所示。*Ms*点和*Mf*点的下降，使淬火后钢中残留奥氏体量增多。残留奥氏体量过多时，钢的硬度和疲劳抗力降低。因此，必须进行冷处理（冷至*Mf*点以下），以使其转变为马氏体；或进行多次回火，这时残留奥氏体因析出合金碳化物会使*Ms*点、*Mf*点上升，并在冷却过程中转变为马氏体或贝氏体（即发生所谓二次淬火）。

另外，合金元素还会影响马氏体的形态。钢中常见的马氏体形态有两种：板条状和片状。板条马氏体的亚结构为位错，片状马氏体为孪晶。合金元素如Mn、Ni、Cr、Mo（降低

Ms）和 Co（升高 *Ms*）可不同程度地增加形成孪晶马氏体的动力。图 1-11b 所示为 *Ms* 与钢中含碳量的关系图。一般地，板条马氏体是在 *Ms* 温度较高的中低碳钢（$w_C<0.6\%$）中产生，而在 *Ms* 温度较低的高碳钢（$w_C>1.0\%$）中产生片状马氏体。但是，在不同资料中，板条马氏体过渡到片状马氏体的碳含量界限并不一致，这与淬火速度有关。

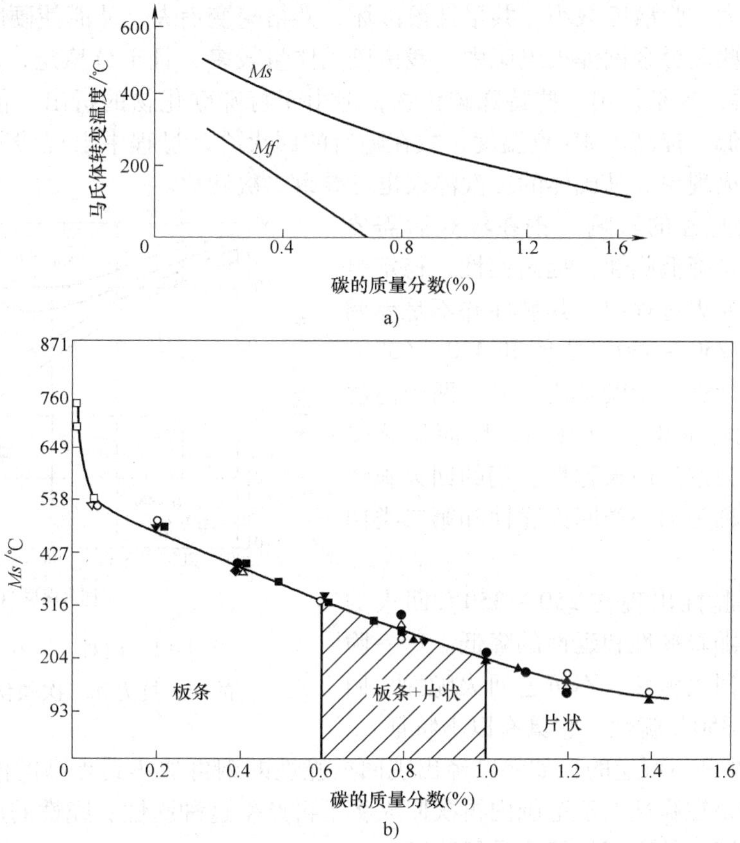

图 1-11　含碳量对马氏体转变的影响

a）*Ms* 和 *Mf* 转变温度与碳含量的关系　b）*Ms* 与钢中的含碳量及其马氏体形态的关系

3. 合金元素对淬火钢回火转变的影响

钢淬火后，获得马氏体和残留奥氏体两种亚稳相。合金元素对淬火钢回火的影响主要有以下三个方面：

（1）提高耐回火性　合金元素在回火过程中推迟马氏体的分解和残留奥氏体的转变（即在较高温度才开始分解和转变）；提高铁素体的再结晶温度，使碳化物难以聚集长大。因此，合金元素能提高钢对回火软化的抗力，即提高了钢的耐回火性。

提高耐回火性作用较强的合金元素有 V、Si、Mo、W、Ni、Co 等。图 1-12 所示为钼对 $w_C=0.35\%$ 钢回火抗力的影响。可见，对于相同含碳量的合金钢和碳钢，在达到相同硬度的情况下，合金钢的回火温度应比碳钢高，回火时间也应增长，这对消除残余应力有利，因而合金钢的塑性、韧性较碳钢好；而在相同温度回火时，合金钢的强度、硬度较碳钢高。

（2）产生二次硬化与二次淬火　Mo、W、V 等较强碳化物形成元素含量较高的高合金钢在回火时，硬度不是随着回火温度的升高而单调降低，而是到达某一温度（约 400℃）后反而开始提高，并在另一更高温度（一般为550℃左右）达到峰值（图1-12），这就是回火过程中的二次硬化现象。二次硬化与回火析出物的性质有关，当回火温度低于450℃时，钢中析出合金渗碳体；在450℃以上渗碳体溶解，钢中开始析出弥散稳定的难熔碳化物 Mo_2C、W_2C、VC等，产生弥散强化，而且这些难熔碳化物与α相保持共格关系；若继续升高温度，由于碳化物的长大，弥散度减小，共格性被破坏，共格畸变消失，从而使硬度迅速下降。

此外，在某些高合金钢淬火组织中，残留奥氏体量较多，且十分稳定，当加热到500～600℃时仍不分解，仅是析出一些特殊碳化物，但由于特殊碳化物的析出，使奥氏体中碳及合金元素含量降低，提高了 *Ms* 点温度，故在随后的回火冷却过程中出现残留奥氏体转变为马氏体的二次淬火现象。马氏体的二次淬火也可导致二次硬化。

（3）对回火脆性的影响　钢在淬火后需要进行回火，目的是降低脆性，提高韧性，稳定组织。但是在钢的回火过程中，其韧性并不是单调地上升，而是在250～350℃之间和450～650℃之间出现了两个低谷。也就是说，在这两个温度范围内回火，韧性非但没有升高，反而显著降低。这一现象称为钢的回火脆性。钢的回火脆性分为两类，分别称为第一类回火脆性和第二类回火脆性。

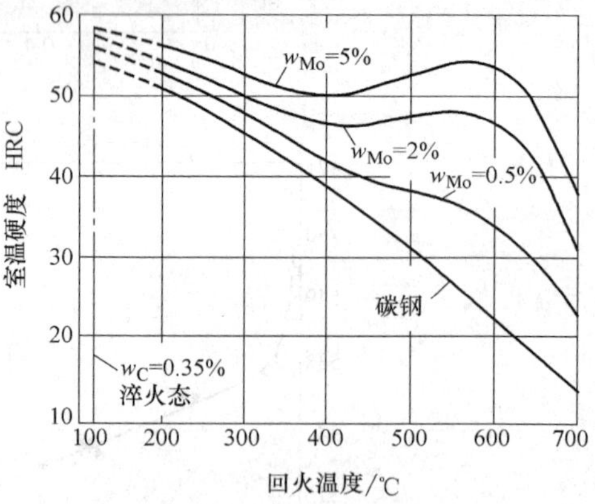

图1-12　钼对 $w_C=0.35\%$ 钢的回火抗力和二次硬化的影响

第一类回火脆性出现在250～350℃回火的马氏体中，并伴随着韧性和延性的降低。这一脆性也被称为低温回火脆性、不可逆回火脆性、回火马氏体脆性或350℃脆性，它具有以下特征：

1）这类脆性是不可逆的，如将已经出现回火脆性的钢再加热到更高的温度回火，可以将脆性消除，如果在脆性温度范围内再次回火将不再产生这种脆性；脆性的产生与回火后的冷却速度无关；脆性的表现特征为晶界脆断。

2）这种脆性不仅发生在普通碳素钢中，也发生在合金钢中。

一般认为第一类回火脆性产生的原因有两个：①钢在250～350℃回火时，Fe_3C 薄膜在原奥氏体晶界上或马氏体板条间形成，削弱了晶界强度；②P、S、Bi等杂质元素容易发生内吸附现象，偏聚于晶界，降低了晶界的结合强度。

合金元素对该类回火脆性有一定影响。一般认为，Mn、Cr、Ni促进脆性；Mo、Ti、V、Al可改善脆性；Si可有效地推迟脆性温度区。

第二类回火脆性是当钢在450～650℃加热或冷却时缓慢通过这一温度区间出现的一类回火脆性。一般也称为高温回火脆性。第二类回火脆性是可逆的，即当钢发生脆性后，可以在合适的工艺条件下重新处理消除脆性，但如果在回火后采用缓冷的方法，仍然可以再次发生脆性，所以第二类回火脆性是可逆的。第二类回火脆性是在回火后缓冷时产生的，回火后快冷可抑制脆性的产生；脆性的表现特征也是晶界脆断。

对于第二类回火脆性产生的原因，一般认为是钢在450～650℃回火时，杂质元素P、Sb、As和Sn等偏聚于晶界，或N、P、O等杂质元素偏聚于晶界，形成网状或片状化合物，降低了晶界强度。高于回火脆性温度回火，使杂质元素扩散离开了晶界，或促使化合物分解。快冷的作用是抑制杂质元素的扩散。

合金元素对第二类回火脆性影响很大，一般认为，P、Sn、B、S、As、Bi 等杂质元素是引起回火脆性的根源，称为脆化剂；Mn、Ni、Cr、Si 等元素促进了钢的回火脆性，这些元素与杂质元素共同存在时才会产生回火脆性现象，它们促进了杂质元素的偏聚，所以是偏聚的促进剂；Cr 本身不偏聚，但促进其它元素偏聚，因此可称为助偏剂；Mo、W、Ti 等元素可有效地抑制其它元素偏聚，钢中加入适当的 Mo 或 W（$w_{Mo}=0.5\%$，$w_{W}=1\%$）也可基本上消除这类脆性；稀土元素也能抑制回火脆性的产生。

1.3 合金元素对钢性能的影响

1.3.1 合金元素与钢的强韧化

钢中加入合金元素，即钢的合金化，其主要目的是使钢具有更优异的性能。对于结构钢而言，首先是提高其力学性能，即既要保证钢具有高的强度，又要保证钢具有足够的韧性。然而，材料的强度和韧性常常是一对矛盾，增加强度往往要牺牲钢的塑性和韧性，反之亦然。因此，各种钢铁材料在其发展过程中均受这一矛盾因素的制约。

1. 钢的强化机制与合金元素的作用原理

通常，能使材料强度（主要是屈服强度）提高的过程称为强化。金属的强度一般是指金属材料对塑性变形的抗力。材料发生塑性变形所需要的应力越高，强度也就越高。由于钢铁材料的实际强度与大量位错运动的难易程度密切相关，其力学本质是材料的塑性变形抗力。因此，为了提高钢铁材料的强度，就要提高钢铁材料的塑变抗力。这样，强化机制的基本出发点就是制造障碍以阻碍位错的运动。从这一基本点出发，强化途径主要有四种方式，即固溶强化、细晶强化、第二相强化和形变强化，其强化原理如图 1-13 所示。同时，通过对这四种方式加以单独或综合运用，便可以有效地提高钢的强度。这些强化技术的实质是通过引入各种缺陷（点、线、面及体缺陷等）来阻碍位错运动，使材料难以产生塑性变形而提高强度。

（1）固溶强化　通过合金化（加入合金元素）形成固溶体，使金属材料得到强化的方式称为固溶强化。合金元素的固溶强化效果一般可表示为

$$\Delta R_{eL} = K_i C_i^n$$

式中，R_{eL}为屈服强度；K_i 为系数；C_i 为固溶度；n 为强化指数。对于 C、N 原子，$n=0.33\sim2.00$；对于 Mo、Si、Mn 等置换原子，$n=0.5\sim1.0$。

固溶强化是通过固溶原子使基体金属的晶格发生畸变，从而在基体中产生弹性应力场，弹性应力场与位错的交互作用将增加位错运动的阻力，使金属材料得到固溶强化。合金元素对低碳铁素体强度和塑性的影响如图 1-14 所示。

固溶强化一般遵循如下规律：①对同一合金系，固溶体浓度越高，则强化效果越好；②对同一种固溶体，强度随着浓度增加呈曲线关系升高，浓度较低时强度升高较快，以后渐趋平缓，大约在摩尔分数为 50% 时达到极大值；③在固溶强化的同时，合金的塑性将降低；④采用多元少量的合金化原则，其强化效果较少元多量好，并且能将强化效果保持到较高温度。

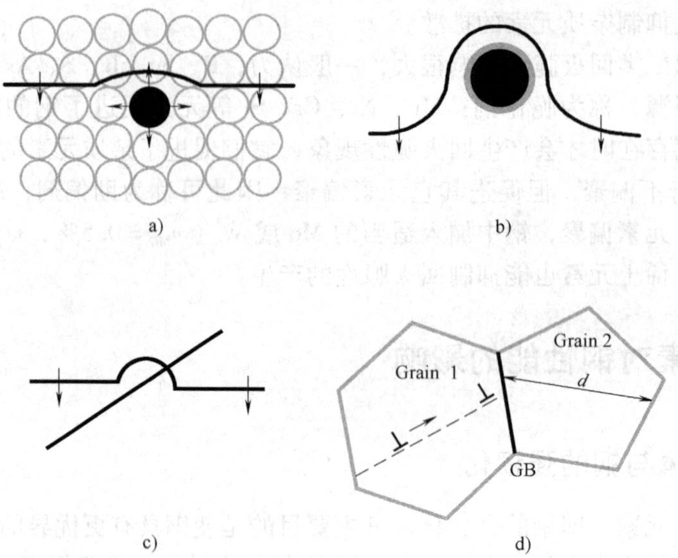

图 1-13　强化方式示意图（图中箭头表示位错运动的方向）

a）固溶强化　b）第二相强化　c）形变（或应变）强化　d）细晶强化

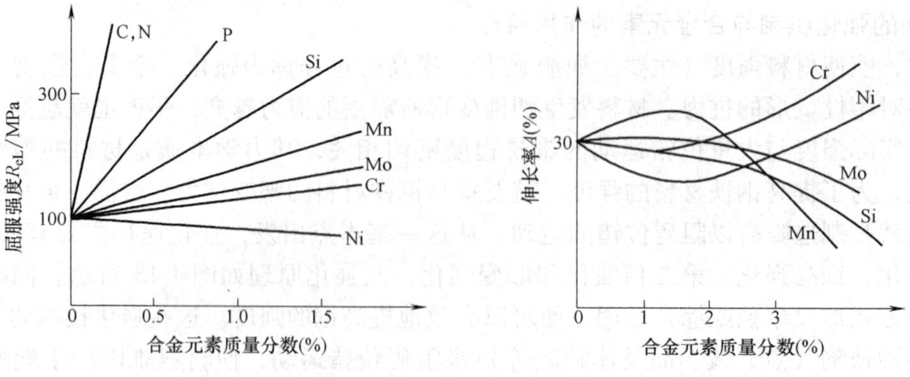

图 1-14　合金元素对低碳铁素体强度和塑性的影响

对奥氏体固溶强化而言，间隙原子（如 C、N）强化效果最好；铁素体形成元素（如 W、Mo、V、Si）次之；奥氏体形成元素（如 Mn、Co、Ni）最弱。对铁素体固溶强化而言，间隙原子对铁素体基体的固溶强化效果最好，但对塑性、韧性的削弱也很显著；置换原子对铁素体基体的固溶强化效果比较小。

从图 1-14 可以看出，硅、锰的固溶强化效应较大，但当 $w_{Si} > 1.1\%$、$w_{Mn} > 1.8\%$ 时，钢的塑韧性有较大的降低。碳、氮的固溶强化效应最大，多元复合时，其作用认为是可以叠加的。所以，其一般形式是

$$\Delta R_{eL} = \sum_{i=1}^{n} K_i C_i^{n_i}$$

式中，R_{eL} 为屈服强度；C_i 为固溶度。

间隙溶质原子的强化效应远比置换式溶质原子强烈，其强化作用相差 10～100 倍。碳和氮是强烈的间隙固溶强化元素。研究表明，$w_C = 1\%$ 将使钢的强度增加 5500MPa。但是，由于碳和氮在钢中的溶解度非常有限（碳在 723℃时的最大溶解度为 0.02%，氮在 590℃时的

最大溶解度为0.1%），使固溶强化作用受到限制。这样，置换式溶质原子的固溶强化效果不可忽视。如Mn、Si、Cr、Ni、Mo、W等。各元素的强化作用可以叠加，尤其是硅、锰的强化作用更大。

但是，需要注意的是，固溶强化还会带来其它性能的变化。例如，降低伸长率和冲击韧度，降低材料的加工性，提高钢的韧脆转变温度等。一般地，固溶强化效果越好，则塑性韧性降低越多。所以，对溶质的浓度需要加以控制。

（2）细晶强化　随着晶粒细化，晶界增多，材料的强度升高的现象称为细晶强化，也叫晶界强化。由于晶界的存在，引起在晶界处产生弹性变形不协调和塑性变形不协调现象。这两种不协调现象均会在晶界处诱发应力集中，以维持两晶粒在晶界处的连续性。其结果是在晶界附近引起二次滑移，使位错密度迅速增加，形成加工硬化微区，进而阻碍位错运动。这种由于晶界两侧晶粒变形的不协调性而在晶界附近诱发的位错称为几何上需要的位错。同时，由于晶界的存在，使滑移位错难以直接穿越晶界，从而破坏了滑移系统的连续性，阻碍了位错的运动。归根结底，因为晶界的存在使位错运动受阻，从而达到了强化目的。晶粒越细化，晶界数量就越多，其强化效果也就越好。

Hall-Patch关系式是描述细晶强化的一个极为重要的表达式，其形式为

$$\sigma_y = \sigma_0 + k\,d^{-1/2}$$

式中，σ_y为屈服强度；σ_0为派纳力或摩擦阻力；k为晶界对变形的影响系数，与晶界结构有关；d为基体晶粒的平均直径。

根据上述Hall-Patch关系式，从合金化的角度来达到细晶强化的途径有两个：一是利用合金元素改变晶界的特性，提高k值，为此，可向钢中加入表面活性元素如C、N、Ni和Si等，以使其在α-Fe晶界上偏聚，提高晶界阻碍位错运动的能力；二是利用合金元素细化晶粒，通过减小晶粒尺寸来增加晶界数量，常用的方法是向钢中加入Al、Nb、V、Ti等元素，形成难熔的第二相质点，阻碍奥氏体晶界移动，间接细化铁素体或马氏体晶粒。

细晶强化的效果不仅与晶粒大小有关，还与晶粒的形状和第二相颗粒的数量和分布有关。若要取得较好的强化效果，应防止第二相颗粒不均匀分布，以及形成网状、骨骼状、粗大块状或针状等不利的形状。

因此，从细化晶粒的角度出发，希望所形成的第二相质点稳定性高，不易聚集长大。为此，向钢中加入的是强碳化物或强氮化物形成元素（如Al、V、Ti、Nb、Zr等），这也是钢微合金化的一个重要着眼点。

除了合金化途径外，控制金属的凝固、热处理以及塑性加工等过程也是细化晶粒的重要手段。例如，正火、反复快速奥氏体化等是热处理方法，锻造、控制轧制等属于塑性加工法，而形变热处理则是热处理相变与热加工形变两者的结合。在实际的钢铁材料生产中，晶粒的细化往往是多种措施的综合作用结果。

细晶强化不但可以提高强度，而且还能改善钢的塑性和韧性，是一种极为重要的强化机制，也是金属材料最为常用的强韧化方法之一。这是因为细晶材料在发生塑性变形时各个晶粒变形比较均匀，可以承受较大变形量之故。

值得指出的是，尽管在现代钢铁材料的生产中，细化晶粒与组织具有极其重要的地位，但是，高温下晶界的弱化却使细晶强化这一方法受到了限制，即当材料使用温度超过晶内与晶界的等强温度时，细化晶粒将不能达到强化的目的。

（3）形变强化　金属材料在冷变形（再结晶温度以下进行的塑性变形）过程中强度逐渐升高的现象称为形变强化，也叫加工硬化。由于这种强化机制是基于形变过程中位错的增殖而使位错密度增加所导致的位错滑移困难，故形变强化也叫做位错强化。

形变强化遵循以下规律：①随着变形量增加，强度提高而塑性和韧性降低；②形变强化的效果十分明显，强度增值较大，但是，形变强化受材料塑性限制，当变形量达到一定程度后，材料将发生断裂；③形变强化可以通过再结晶退火消除，使材料的组织和性能基本上恢复到冷变形之前的状态。

形变强化效果可用下式表示

$$\tau = aGb\rho^{1/2}$$

式中，τ 为切应力；a 为常数，取值0.2；G 为切变模量；b 为柏氏矢量；ρ 为位错密度。

从形变强化的位错机制出发，钢的合金化应着眼于使塑性变形时位错易于增加，或易于分解，以提高钢的加工硬化能力。在这方面，已知奥氏体层错能对于位错强化机制有着重大影响。层错能越低，越有利于位错扩展和形成层错，使滑移困难，导致钢的加工硬化趋势增大。例如，高锰钢和高镍钢都是奥氏体钢，但加工硬化趋势相差很大。高镍钢易于变形加工，而高锰钢难以变形加工，造成这种性能差异的原因乃是由于镍和锰对奥氏体层错能的影响不同所致。

从合金化的角度来看，Ni、Cu 和 C 等元素使奥氏体的层错能提高，而 Mn、Cr、Ru 和 Ir 则降低奥氏体层错能。例如，在高锰钢中就充分利用了锰的合金化效应：一方面锰扩大了奥氏体相区，保证获得单相奥氏体；另一方面锰降低了层错能，使材料具有强烈的加工硬化效应，满足了耐磨性要求。

生产上一般对不易通过热处理强化的低碳钢、纯铁、Cr-Ni 奥氏体不锈钢、防锈铝、纯铜等金属材料，可采用冷轧、拔、挤等形变工艺来达到强化；而对可通过热处理强化的钢，则采用热处理相变的办法，如通过淬火处理实现强化。

（4）第二相强化　第二相强化是指在金属基体（通常是固溶体）中还存在另外的一个或几个相，这些相的存在使金属的强度得到提高。第二相的强化效果与第二相的性质、数量、大小、形状和分布均有关系，还与第二相与基体相的晶体学匹配情况、界面能、界面结合等状况有关。

影响第二相强化效果的因素有以下三种：

1）沉淀相的体积比。沉淀相的体积比越大，强化效果越显著。

2）第二相弥散度。第二相弥散度越大，强化效果越好。一般第二相呈等轴状且细小均匀地弥散分布时，强化效果最好；当第二相粗大、沿晶界分布或呈粗大针状时，不但强化效果不好，还会使合金明显变脆。

3）硬质点。对位错运动阻力越大的硬质点，其强化效果也越大。

第二相强化效果可表示为

$$\Delta\tau_c = Af^{1/2}r^{1/2}$$

式中，$\Delta\tau_c$ 为切应力增量；A 为常数；f 为第二相的体积分数；r 为第二相颗粒半径。

第二相粒子可以有效地阻碍位错运动。一般来说，运动着的位错遇到滑移面上的第二相粒子时，是采取切过还是绕过机制，取决于第二相粒子的性质等因素。

如果第二相粒子的特点是可变形并与母相具有共格关系，那么，位错会采取切过的方式通过第二相粒子。这种强化方式与淬火或固溶处理后的脱溶沉淀和时效析出密切相关，故有"沉淀强化"或"时效强化"之称。如果第二相粒子不参与变形，与基体有非共格关系，当位错遇到第二相粒子时，只能绕过并留下位错圈。这类第二相粒子一般是人为加入的，不溶于基体，故有"弥散强化"之称。

不管如何，只有位错通过第二相粒子，滑移变形才能继续进行。这一过程需要消耗额外的能量，故需要提高外加应力，材料因此而造成强化。

第二相强化机制比较复杂，往往要考虑第二相的性质、大小、数量、形态以及分布等方面的影响。这方面除了涉及热处理工艺参数的直接影响外，还涉及合金元素的影响。合金元素的作用主要是为形成所需要的第二相粒子提供成分条件。

弥散强化是钢中常见的强化机制，例如，淬火回火钢及球化退火钢都是利用碳化物作弥散强化相。对于珠光体这类聚集体组织而言，其强化行为不仅取决于第二相的性质、形态和尺寸，同时也与各相间的相界及其位向关系有关，一般比较复杂而难以被精确描述。总而言之，细化组织有利于提高强度。因此，为了达到强化目的，需向钢中加入一些增加过冷奥氏体稳定性的元素如 Cr、Mn、Mo 等，使 C 曲线右移，在同样冷却条件下，可以得到片间距细小的珠光体，同时还可起到细化铁素体晶粒的作用，从而达到强化的目的。

（5）合金元素对强化有效性的影响　合金钢的强化与韧化往往是相互对立与矛盾的，在提高合金钢强度的同时，往往使其韧性降低。合金钢在淬火回火时，存在着两个相反的因素影响钢的强度：一方面，由于马氏体分解而产生弱化（软化）；另一方面，碳化物颗粒的弥散沉淀析出又导致强化。钢在淬火回火后的强化有效性取决于强化和弱化的综合效果。图 1-15 所示为碳化物形成元素对钢进行合金化后马氏体回火时强化和弱化两个矛盾因素的相对关系。可以看出，如果回火温度由 T_1 提高到 T_2，则弥散强化所产生的强度提高为 $|+\Delta R_{eL}|$（曲线 2），大于固溶体的弱化 $|-\Delta R_{eL}|$（曲线 1），那么钢强度的总变化将出现强度上升的峰值（曲线 3）。可以理解，当回火温度从 T_1 提高到 T_2 时，如果弥散强化量小于固溶强化，即 $|+\Delta R_{eLp}| < |-\Delta R_{eL}|$，则强度的变化曲线不会出现峰值，只是回火过程的强度弱化比较缓慢。

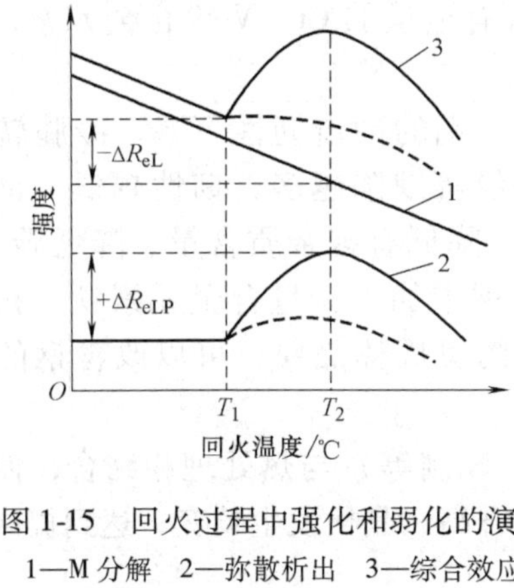

图 1-15　回火过程中强化和弱化的演变

1—M 分解　2—弥散析出　3—综合效应

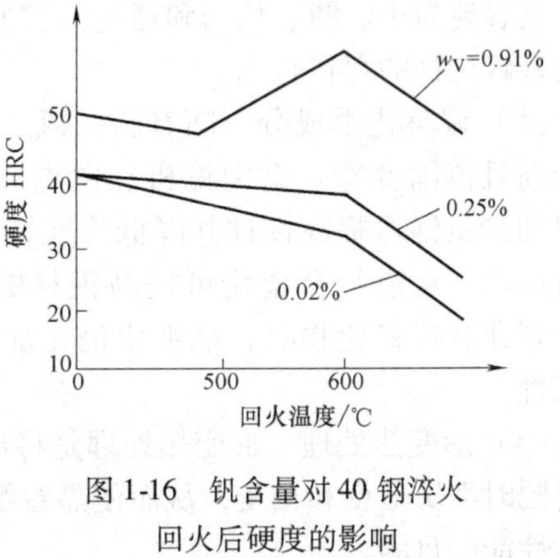

图 1-16　钒含量对 40 钢淬火回火后硬度的影响

对于合金钢而言，特别是具有弥散质点的合金钢，其强化和弱化的作用与形成弥散相的合金元素含量有很大关系。所以，强化有效性取决于形成弥散相的合金元素。图 1-16 所示为钒含量对 40 钢淬火回火后硬度的影响示意图。可以看出，$w_V = 0.25\%$ 时，由于

$|+\Delta R_{eLVC}| \approx |-\Delta R_{eLM}|$，所以在500～600℃回火时相应的曲线几乎是水平线；当钒的含量继续增加，$|+\Delta R_{eLVC}| > |-\Delta R_{eLM}|$时，出现二次硬化峰。为了保证钢回火时强化大于弱化，各种元素有一个临界值，即最小含量，这种最小含量取决于含碳量和形成碳化物的类型。如在$w_C = 0.1\% \sim 0.15\%$的钢中，出现强化峰值的合金元素最小含量为$w_V = 0.1\% \sim 0.2\%$，$w_{Nb} = 0.08\% \sim 0.12\%$，$w_{Cr} = 2.5\% \sim 3.0\%$。对于$w_C = 0.4\%$的钢，则钒的最小含量为$w_V = 0.35\%$。

2. 钢的韧化途径与合金元素的作用原理

材料韧化的目的是防止脆性断裂。脆性断裂的发生除与材料因素有关外，还与工作温度、工作应力大小、加载速率、零件内部缺陷等因素有关。一般来说，工作温度越低、工作应力越大、内部缺陷越严重，越易发生脆性断裂。对于金属材料而言，韧化的途径包括：①减少诱发微孔的组成相，如减少沉淀相数量；②提高基体塑性，从而可增大裂纹在基体上扩展的能量消耗；③增加组织的塑性形变均匀性，以减少应力集中；④避免晶界的弱化，防止裂纹沿晶界的形核与扩展；⑤加入某些可促进在低温下交滑移的元素。目前，金属材料韧化所采取的具体措施有以下几种：

（1）细化晶粒　具有均匀细小晶粒的金属材料，不仅强度高而且韧性好。这里所说的细化晶粒，主要是通过细化奥氏体晶粒，从而细化铁素体晶粒及其组织。利用合金化技术细化晶粒组织，作用比较大的主要有一些强碳化物形成元素，如Ti、Nb、V、W、Mo等，Al元素的作用也比较强。

（2）提高钢的耐回火性　提高钢的耐回火性，即在相同强度水平下，通过加入合金元素提高淬火钢的回火温度，从而提高钢的韧性。所以，能够提高钢耐回火性的合金元素都可以不同程度地起到这个作用，如强碳化物形成元素。

（3）改善基体韧性　在钢中，基体的韧性是整个材料韧性的关键。合金元素Ni能有效地改善或提高钢的基体韧性。

（4）细化碳化物　粗大的碳化物或其它化合物对钢的韧性是十分不利的，它们往往成为变形过程中微裂纹的起源。所以，应力争钢中的碳化物在大小、分布、形状和数量的特征参量上表现为小、圆、均匀和适量。实验证实，钢中含有适量的Cr、V等合金元素，就可以改善碳化物的存在状态。

（5）调整化学成分　随着碳、氮、磷含量的增加，钢的冲击韧性下降、冷脆转变温度升高且范围变宽。钢中偏析、白点、夹杂物、微裂纹等缺陷越多，韧性越低。钢中加入镍和少量锰可提高韧性并降低冷脆转变温度。因此，降低有害杂质含量、降低碳含量，同时用镍、锰进行合金化可提高钢材的韧性。此外，钢中加入少量合金元素钛、钒、铌形成碳化物或氮化物时，能细化钢在加热过程中形成的奥氏体晶粒，可以改善钢的塑性和韧性。

（6）形变热处理　形变热处理是将形变（如锻造、轧制等）与热处理相结合，使金属材料同时经历形变和相变，从而使晶粒细化、位错密度升高、晶格发生畸变，达到提高综合力学性能的目的。

（7）低碳马氏体强韧化　获得位错型板条马氏体组织是钢材强韧化的重要途径。低碳马氏体中位错分布均匀，马氏体板条平行生长，马氏体板条相界有残留奥氏体薄膜，相当于复合材料。因此，低碳马氏体是一种既有较高强度又具有良好韧性的显微组织。

（8）提高冶金质量　钢中的杂质元素非常有害，提高钢的冶金质量是改善韧性的一个很好途径。

总之，改善金属材料韧性的途径可以简单地归结为“四化”，即净化、细化、球化和复化。其中，“净化”是指高的冶金质量，即应使材料尽可能地不含有害杂质；“细化”是指基体晶粒细小，同时具有弥散细小且均匀分布的第二相；“球化”是指应使第二相尽可能地以圆球颗粒状存在；“复化”是指显微组织复相化，即复相合金和复合材料具有较高的韧性。

1.3.2　合金元素对钢不同热处理状态下力学性能的影响

既然钢的性能主要取决于钢的成分和组织，而钢的组织在很大程度上又取决于不同的热处理方式。因此，合金元素对钢的力学性能的影响不仅与其本质有关，而且还与钢的热处理状态密切相关。所以，这里按照钢的不同热处理状态来讨论合金元素对钢的力学性能的影响。

1. 合金元素对退火状态下钢的力学性能的影响

以结构钢为例，在退火状态下，钢的基本组成相是铁素体和碳化物。合金元素对退火状态下钢的强度的影响，主要取决于铁素体的强化程度。实验证明，所有合金元素溶入铁素体中都有强化作用，但是，它们的强化程度却不同，如图 1-17 ~ 图 1-19 所示，硅和锰能强烈地提高铁素体的强度，而铬、钼、钨作用较弱。合金元素按照对铁素体的强化程度可依次排列如下（由强到弱）：P、Si、Ti、Mn、Al、Cu、Ni、W、Mo、V、Co、Cr。

合金元素除了通过强化铁素体，从而提高退火状态下钢的强度外，还通过合金元素降低共析点的含碳量，相对地提高珠光体的数量使强度提高。其次，合金元素使过冷奥

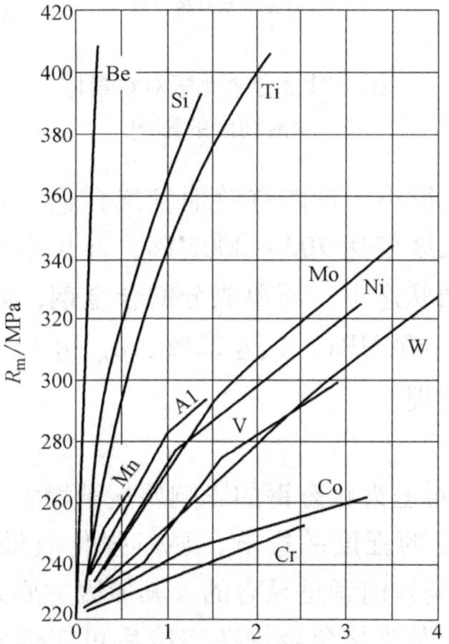

图 1-17　合金元素对铁素体抗拉强度的影响

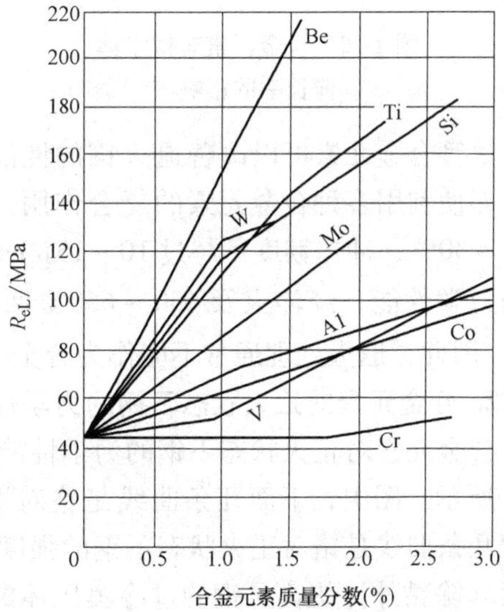

图 1-18　合金元素对铁素体屈服强度的影响

氏体稳定性提高，C曲线右移，在相同的冷却条件下，使铁素体和碳化物两相混合物的分散度增加，从而使强度提高。

然而，凡是使强度提高较多的合金元素，如Mn、Si等元素的质量分数超过1%时，均使伸长率和冲击韧度下降较多；反之，对铁素体强化效果较弱的合金元素（如Cr），则使伸长率和冲击韧度下降较少。然而，镍一方面显著提高强度，另一方面却始终使塑性和韧性保持较高水平，如图1-20和图1-21所示。

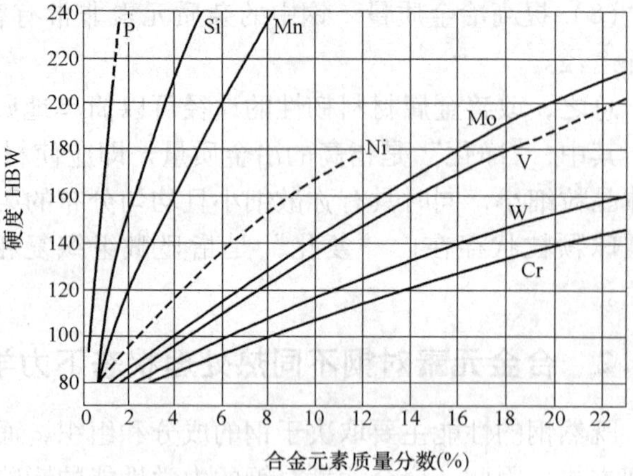

图1-19　合金元素对铁素体固溶强化的影响

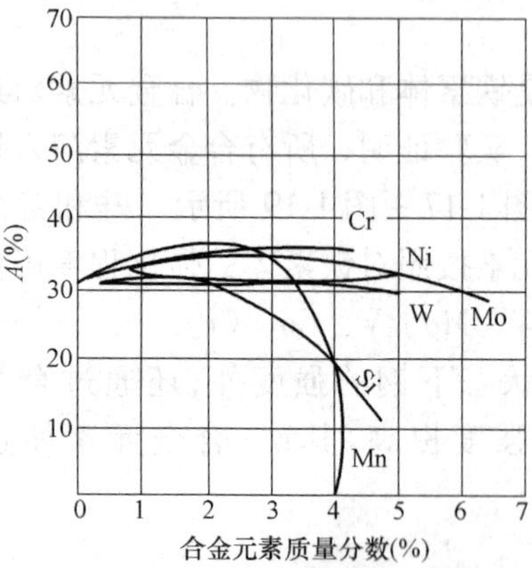

图1-20　合金元素对铁素体伸长率的影响

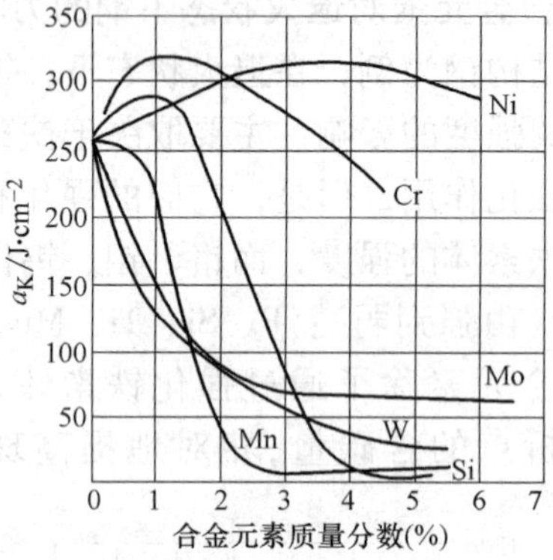

图1-21　合金元素对铁素体冲击韧度的影响

尽管合金元素可以改善退火钢的性能，但是效果很小，不能有效地发挥合金元素的潜力。即使利用多种合金元素的复合作用，一般抗拉强度仅达700～800MPa，伸长率不超过25%～30%，冲击韧度不超过10～15J/cm^2。而在调质状态下，简单成分的合金钢，如40Cr钢的力学性能，经淬火及630～650℃回火后，R_m达800MPa，A达22%，a_K达12～15J/cm^2。因此，退火处理通常不能作为合金钢的最终热处理。

2. 合金元素对正火状态下钢的力学性能的影响

合金元素对正火状态下钢的力学性能的影响较其对退火状态钢的影响要显著增大，如图1-22所示。图中，下面几条曲线是铬对退火状态下钢的强度的影响，显然强化效果很小；上面几条曲线是铬对正火状态下钢的强度的影响，影响较前者是显著的。其原因主要是合金元素（除钴外）提高了钢的过冷奥氏体的稳定性，从而使得合金钢在空冷后可能得到的组织为索氏体、托氏体、贝氏体或马氏体。

实践证明，锰与铬类似，特别是当锰和铬的质量分数超过1%时，对正火（轧制空冷）后钢的强化作用极大。镍也有类似的作用。其它元素如Si、Al、V、Mo等，当它们的含量为一般结构钢的实际使用含量时（w_{Mo} = 0.25% ~ 0.40%，w_V = 0.1% ~ 0.3%，w_{Al} < 0.05%），它们对过冷奥氏体稳定性的影响很小，对正火钢没有显著的强化效果。

上面讨论的是单一元素的作用，在多元合金化时，钢的强化效果与钢中合金元素和碳含量有下列关系：

1）w_C = 0.25%时，不管钢中合金元素配合如何，只要其含量 w_{Me} < 1.5% ~1.8%时，正火后的组织即与退火状态（平衡状态）相接近。此时，R_m = 400 ~700MPa，R_{eL} = 250 ~500MPa，A = 15% ~30%。

2）w_C = 0.25% ~0.40%、合金元素总量 w_{Me} = 2% ~5%、直径小于50 mm时，正火后会出现各种中间组织，如索氏体、贝氏体，甚至还有马氏体，其强度可以显著提高，R_m = 750 ~ 1250MPa，R_{eL} = 250 ~ 500MPa；A = 10% ~20%。

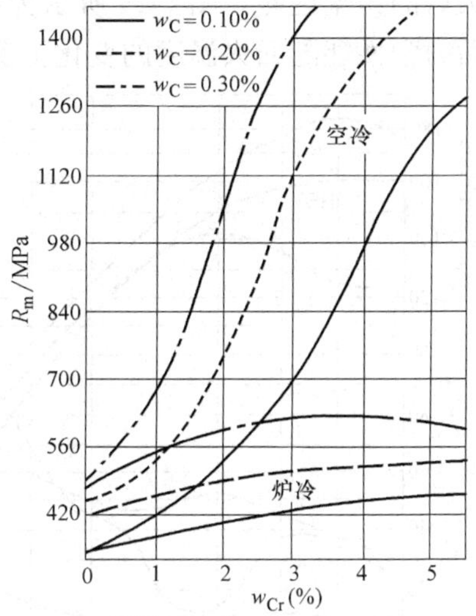

图1-22 铬对正火和退火钢强度的影响

3）w_C = 0.25% ~0.49%，但合金元素总量 w_{Me} 超过5% ~6%时，这时空冷组织基本上为马氏体，其强度接近淬火钢的水平，见表1-7。

表1-7 几种合金钢在正火状态下的显微组织和力学性能

钢种	显微组织	力学性能				
		R_m/MPa	R_{eL}/MPa	A（%）	Z（%）	a_K/J·cm^{-2}
20CrMo	铁素体+珠光体	690	505	21.5	60	
40CrNiMn	索氏体+托氏体	758	513	22.4	66.0	12.9
18Cr2Ni4W	马氏体	130		18.7	59.1	14.3

对合金钢而言，虽然正火比退火更好地发挥了合金元素的作用，钢的力学性能有了较大的提高，但是，正火状态钢的性能仍低于调质处理后钢的性能。因此，只有对淬透性小的低合金钢，调质处理在技术上有困难或经济上不合适时，才用正火作为合金钢的最终热处理。

3. 合金元素对钢在淬火回火状态下力学性能的影响

合金元素对钢的力学性能的最显著影响，主要表现在它对淬火回火状态下钢的力学性能的影响上。首先，合金元素改变了淬火状态下钢的组织和性能，表现在以下几个方面：

1）除钴外，所有合金元素均提高钢的淬透性，即能使较大尺寸的零件淬火后沿整个截面得到均匀的马氏体组织。

2）合金元素对奥氏体晶粒长大的影响，决定着淬火后钢的实际晶粒的大小。实践表明，大多数合金元素都有阻止奥氏体晶粒长大的倾向（除Mn外），从而细化晶粒，使得淬火后的马氏体组织均匀而细小。

3）除Co、Al外，合金元素含量较多时，马氏体点降低，残留奥氏体量增多，使淬火钢硬度降低，塑性、韧性提高。

4）淬火钢的性能主要取决于含碳量，即主要取决于碳在α固溶体中的过饱和程度。合金元素的加入可起补充强化作用，稍微提高抗拉强度。

在此基础上，合金元素还将通过对回火时组织转变的影响，进而显著影响合金钢淬火、回火后的力学性能。图 1-23 所示为两种含碳量相近的钢（37CrNi3A 钢和 40 钢）在淬火回火后力学性能随回火温度的变化情况。

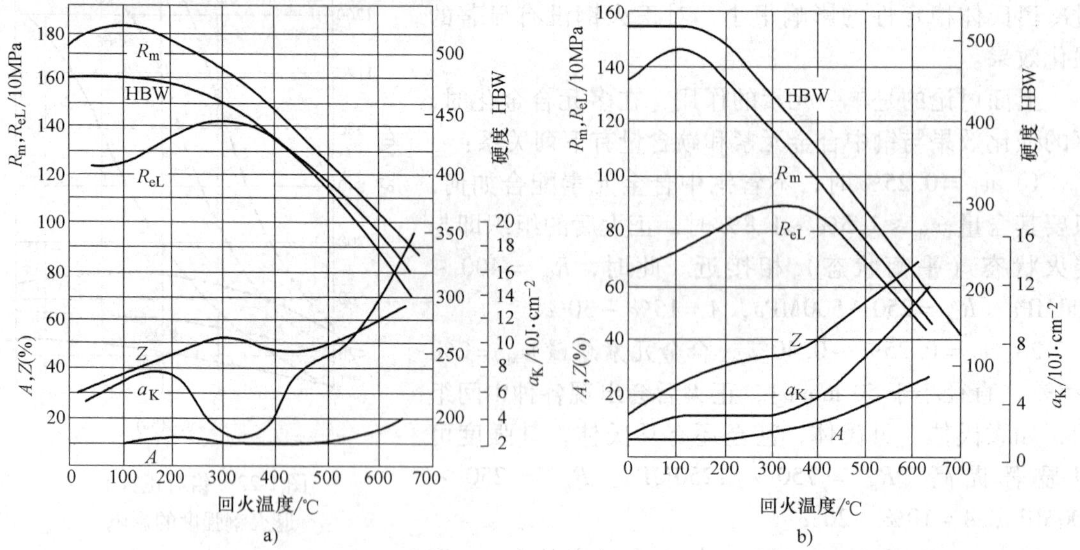

图 1-23　两种含碳量相近的钢在淬火回火后力学性能随回火温度的变化

a）37CrNi3A 钢　b）40 钢

从图 1-23 中可以粗略地看出，合金元素对淬火回火状态下钢的力学性能的影响有下述几个特点：

1）淬火后两种钢的硬度几乎相同，可是回火后的变化却不同。低温回火时，硬度基本相同，中、高温回火时，合金钢的硬度下降比碳钢慢，即在相同温度回火，合金钢的硬度高于碳钢，抗回火软化能力强。

2）合金钢在淬火及淬火加回火后，强度指标（R_{eL}、R_m）皆高于碳钢。

3）塑性指标（A、Z）的变化是，在淬火低温回火后，合金钢高于碳钢；在高温回火后，合金钢和碳钢没有显著差别。

4）冲击韧度 a_K 的变化是，淬火低温回火后合金钢的 a_K 值高于碳钢；中温回火后合金钢的 a_K 值显著降低，和碳钢不相上下，甚至还低于碳钢；高温回火后，合金钢的 a_K 值又逐渐升高，超过碳钢。

因此，对于合金钢的回火，人们总是习惯采用下述两种工艺：一种是低温回火；另一种是高温回火。对于中温回火，虽然可使钢获得最高的强度指标，但由于回火脆性的产生，使 a_K 值降低。因此，一般较少采用，只有弹簧钢为了得到高的弹性极限 R_p 时才采用。

近年来，随着“多冲理论”的发展，在一些结构钢制零件的热处理工艺中也已开始采用中温或更低一些的温度回火，以利获得高的强度指标，提高零件的多冲抗力。

下面着重讨论一下合金元素对不同阶段回火钢的力学性能的影响规律。

（1）合金元素对低温回火钢力学性能的影响　淬火钢低温回火时，由于绝大多数合金元素对钢的组织转变影响甚微，因而对回火后钢的强度亦无显著影响，一般仅起到微弱的补充强化作用，只有 Si、Mn 以及 Ni 对低温回火钢的强化作用稍明显些，如图 1-24 所示。

因此，钢在淬火低温回火状态下使用时，企图只依靠增加合金元素含量来提高钢的强度是不行的，欲使钢的低温回火强度进一步提高，只能用提高碳含量的方法。

合金元素对钢淬火低温回火后力学性能的作用在于提高了钢的塑性和韧性。如图1-24和图1-25所示，镍使淬火低温回火后钢的塑性随其含量的增加而不断增加；Si、Mn、Mo等元素的质量分数小于1%～1.5%和Cr、Co等元素的质量分数小于2%～3%亦可使钢的塑性增加。凡是能同时提高钢的强度及塑性的元素均使冲击韧度也提高，其中镍的效果最好；铬亦可使钢的冲击韧度保持在较高水平；Si、Mn、Mo等元素在一定含量内也有较好的作用，但当其质量分数超过1%～2%时，冲击韧度将随着塑性的降低而显著降低。

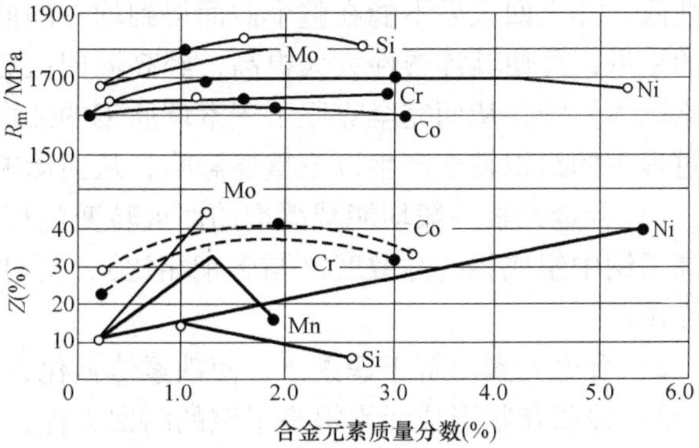

图1-24 合金元素对淬火钢低温回火力学性能的影响

上面讲的是单一元素的作用。几种元素复合作用时比单一元素的作用的简单叠加还要大。镍钢与多元合金钢性能的比较见表1-8。在200℃回火后合金元素总的质量分数为4.11%的多元合金钢的性能远比镍的质量分数为5.35%的镍钢的性能高。

表1-8 镍钢与多元合金钢在200℃回火后力学性能比较

钢种	化学成分（%）							R_m	R_{eL}	Z
	w_C	w_{Mn}	w_{Si}	w_{Cr}	w_{Ni}	w_V	w_{Me}	/MPa	/MPa	（%）
镍钢	0.32	0.40	0.13		5.35		5.35	1700	1440	42
多元合金钢	0.38	0.53	0.92	1.28	1.69	0.22	4.11	1950	1520	48

在实际生产中，铬配合镍，特别是再加钼，可获得性能优良的Cr-Ni钢及Cr-Ni-Mo钢。但是，正如前所述，硅在低温回火时是强烈阻碍马氏体分解的最有效元素，硅与其它元素共同作用对钢的淬火低温回火性能亦有良好作用。如在含硅的多元合金中，即使没有镍、铬等有利于韧性的合金元素，低温回火后也有较高的韧性。结合我国资源情况，硅配合锰加入的合金钢已在我国广泛使用。

（2）合金元素对中/高温回火钢力学性能的影响　鉴于合金元素对中温回火与高温回火组织转变及性能的影响规律，除了反映出两类不同的回火脆性（前已详述）外，并无其它本质上的差异。这里仍以讨论合金元素对钢高温回火力学性能的影响规律为重点。

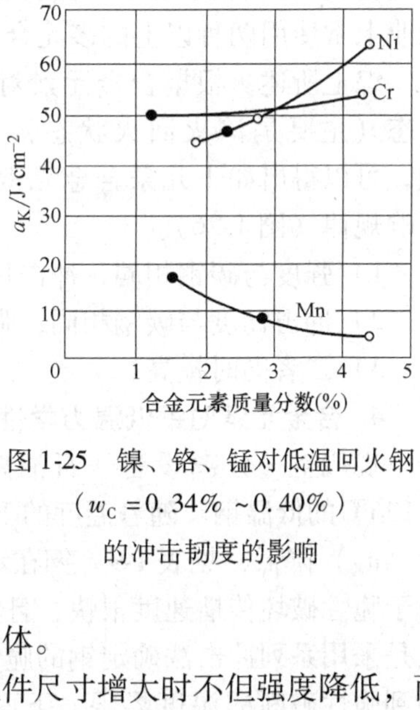

图1-25 镍、铬、锰对低温回火钢（w_C=0.34%～0.40%）的冲击韧度的影响

调质结构钢一般大都采用淬火加高温（500～550℃）回火处理，以获得良好的综合力学性能，其组织为回火索氏体。

实践证明，碳素调质钢存在一个最大的弱点，即随着工件尺寸增大时不但强度降低，而且塑性、韧性亦降低，这就势必使碳素调质钢的使用受到了限制。其原因主要是碳素钢的淬透性低，淬火回火后不能在整个截面得到均一的回火索氏体组织；而合金钢由于合金元素作用的结果，可使其淬透性大大提高，经高温回火后可在整个截面或较大截面上得到均匀的回火索氏体组织，从而完全克服了碳素调质钢的致命弱点。不仅如此，合金元素还将对高温回火过程中的组织转变产生以下重要影响，从而影响高温回火后钢的力学性能。

1）合金元素一般均能减缓钢的回火转变过程，特别是阻碍碳化物的聚集长大，相对地提高了钢中组成相的弥散度（与碳钢相比），这对调质钢的强度和韧性的良好配合起着重要的作用。

2）合金元素溶解于铁素体，使铁素体强化，并提高了铁素体的再结晶温度。

3）强碳化物形成元素提高了钢的耐回火性，并产生沉淀强化的作用。

4）钼、钨等有利于防止或消除第二类回火脆性。

因此，在合金元素的影响下，合金结构钢调质后的综合力学性能要远远优于碳素结构钢。其中，碳化物形成元素能最有效地强化调质钢；弱碳化物形成元素锰和非碳化物形成元素硅效果次之；而钴和镍强化作用较弱。不过，调质钢的塑性将随着强度的提高而有所降低，其降低程度与合金元素的强化程度相适应。这点可用碳化物的分散度和合金铁素体的塑性来说明，凡是增加碳化物分散度的合金元素如 V、W、Mo 等，均使强度提高，塑性降低；其它合金元素，则主要是使铁素体的塑性降低。

对于韧性的影响，合金元素含量不超过一定量时，虽然塑性有所降低，但由于强度的提高和晶粒的细化，可使韧性不显著降低，甚至有些提高。如镍对冲击韧度的提高最有利，量越多越明显；Mo、W、Cr 等合金元素能细化晶粒，提高强度，使冲击韧度相应提高；锰、硅在其质量分数为 1% ~2% 以下时强化铁素体，并不降低其塑性，所以使冲击韧度也有适当提高。

以上讨论的是单一元素的作用，为了使合金钢具备更高的淬透性和更优良的综合力学性能，工业上常使用两种以上的多元合金钢。

综上所述，根据合金元素对钢在不同热处理状态（主要是淬火回火状态）下力学性能的影响，可以得出如下几条合金元素对钢力学性能的影响规律（图 1-26）。

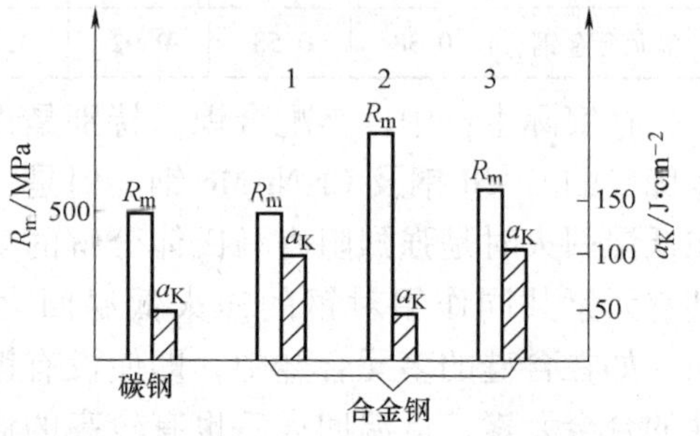

图 1-26　合金元素对钢力学性能的影响

1）强度与碳钢相同，冲击韧度却大大提高。

2）冲击韧度与碳钢相同，强度却大大提高。

3）二者同时提高。

4. 合金元素对钢低温力学性能的影响

现代空气分离设备、石油尾气分离设备、制冷机械以及各种低温器都需要 –40 ~ –196℃的低温钢。随着温度的下降，钢的强度（R_m、R_{eL}）升高，塑性（A、Z）和冲击韧度（a_K）降低，见表 1-9。钢在承受冲击载荷或在缺口应力集中时可能发生突然脆性断裂。由于脆性破坏传播速度很快，且无前期效应，因此危险性很大。目前最常用的低温性能评定法是采用系列冲击法确定钢的脆性转变温度的。如前所述，脆性转变温度就是材料由韧性破断到脆性破断的温度界限。下面重点讨论合金元素对钢的冲击韧度以及脆性转变温度的影响。

表1-9 温度对两种钢力学性能的影响

牌号	试验温度/℃	力学性能				
		R_m/MPa	R_{eL}/MPa	A (%)	Z (%)	a_K/J·cm^{-2}
Q345(16Mn)	+20	58.5	34.6	30.3	65.3	13.37
	-10	60.9	36	26.8	65.1	9.00
	-40	62.4	37	23.4	64.0	7.76
	-70	66.5	41.4	22.0	64.6	1.12
09MnTiCu	+20	47.0	32.0	35.0	75.0	18.5
	-40	—	—	—	—	15.3
	-70	57.5	38.0	31.0	74.5	11.8

（1）碳 碳是重要的脆化元素，因为碳化物大部分是脆性相，属于裂纹源。碳含量对非合金钢吸收能量的影响如图1-27所示。

（2）氮 氮是增加应变时效敏感性的元素，因此最好是把氮固定住。氮含量对铁脆性转变温度的影响如图1-28所示。

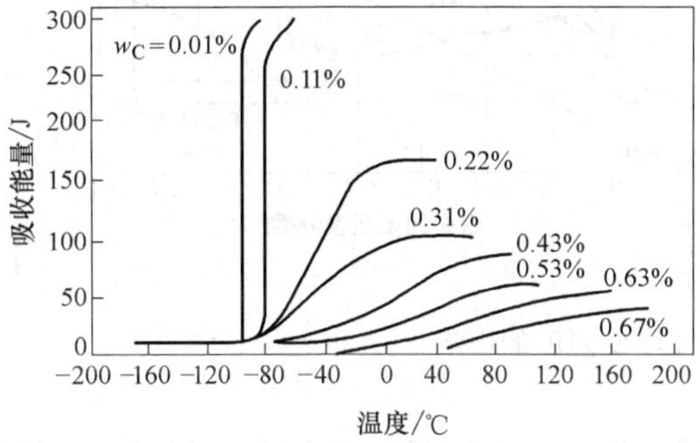

图1-27 碳含量对非合金钢吸收能量的影响

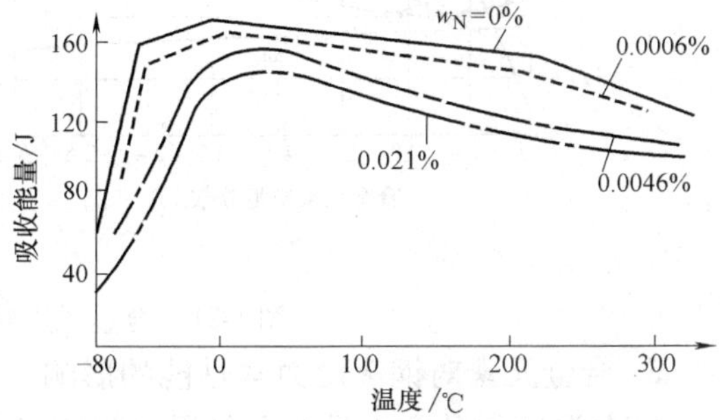

图1-28 氮含量对铁脆性转变温度的影响

（3）氧 氧是晶间诱导脆化元素，所以要求尽量降低钢中的氧含量。如图1-29所示，随着氧含量的提高，钢的脆性转变温度显著地提高。

（4）硫 硫以夹杂物形态存在，一般不影响钢的脆性转变温度。但是，硫降低钢的冲击韧度，特别是钢材的横向冲击韧度，因此，要使其变质而成为非延性夹杂。

（5）磷 磷影响位错的交叉滑移，是促进钢低温脆化的元素。同时，磷还容易在晶界偏析，所以，一般应尽量降低钢中的磷含量。

（6）锡 锡等低熔点夹杂对钢的脆性转变温度也会带来不利影响。

（7）镍 镍是提高钢低温韧性最有效的元素，随着钢中镍含量的增加，钢的低温冲击韧度提高，最低使用温度降低。含镍低温钢早已形成系列并广泛应用。镍含量对低碳钢低温吸收能量的影响如图1-30所示。

（8）细化晶粒的元素 细化晶粒的元素都可以提高钢的冲击韧度，包括低温冲击韧度。

图1-31所示为各种合金元素的含量对钢脆性转变温度的影响。从图中可以看出，对脆性转变温度影响最坏的元素有P、C、Si等。

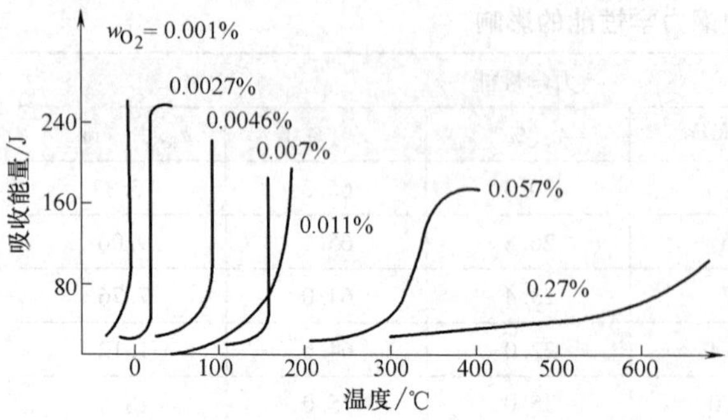

图 1-29　氧含量对钢的脆性转变温度的影响

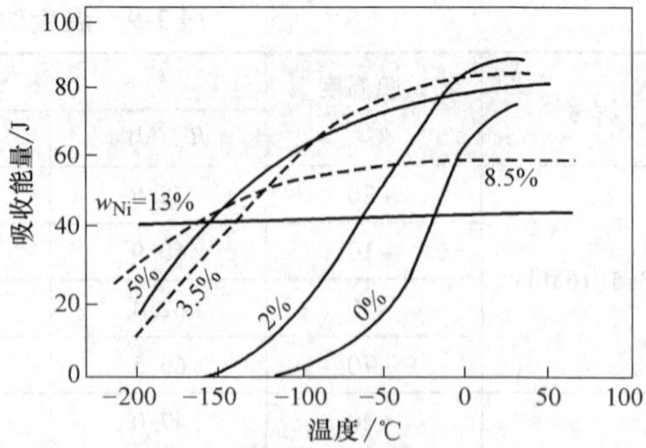

图 1-30　镍含量对低碳钢低温吸收能量的影响

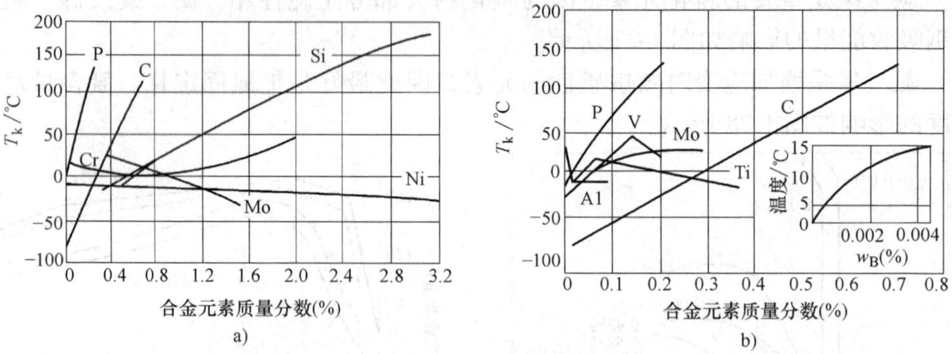

图 1-31　合金元素对钢脆性转变温度的影响

5. 合金元素对钢高温力学性能的影响

随着温度的升高，晶粒和晶界的强度都会降低。但是，由于晶界缺陷多，原子扩散较晶内快，故晶界强度降低得比晶内快。到了一定温度，晶界的强度便低于晶粒本身的强度。因此，为了改善钢的力学性能，特别是蠕变强度，需要适当地减少晶粒边界，即要求使用粗晶粒钢。奥氏体晶粒大小与钢蠕变速度的关系如图 1-32 所示。同时，若在钢中加入稀土、硼等化学性质活泼的元素，还可以净化晶界，使易熔杂质元素从晶界转移到晶内，强化晶界。

提高钢高温力学性能的另一个有效途径是强化基体，即提高合金基体原子间的结合力，增大原子自扩散激活能。图 1-33 所示为几种合金元素对铁素体蠕变强度的影响，其中，钼的影响最为显著，而钴和镍的影响很小。

在钢中加入能形成具有高温强度和高温稳定性的第二相颗粒的强碳化物形成元素，对位错运动起阻碍作用，可提高合金的高温性能。

1.3.3　合金元素对钢工艺性能的影响

1. 合金元素对钢热处理性能的影响

热处理工艺性能反映钢热处理的难易程度和热处理产生缺陷的倾向，主要包括淬透性、淬硬性、变形开裂性、过热敏感性、氧化脱碳倾向和回火脆化倾向等。合金元素对这些工艺性能一般都会产生不同程度的影响。

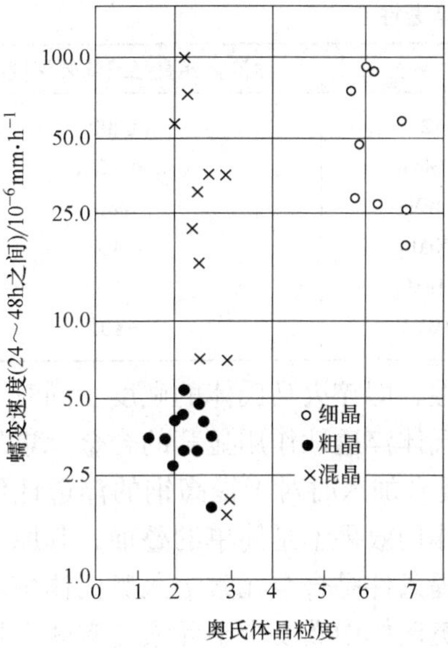

图1-32　奥氏体晶粒大小与钢蠕变速度的关系

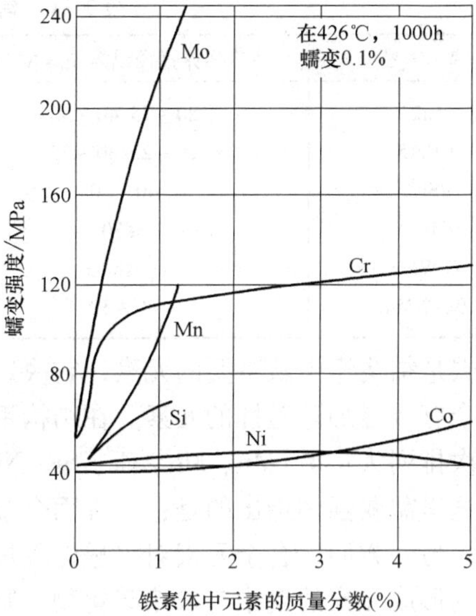

图1-33　合金元素对铁素体蠕变强度的影响

（1）淬透性　钢的淬透性是指在规定条件下，决定钢材淬硬深度和硬度分布的特性，也就是钢在淬火时获得马氏体的能力。淬透性是钢本身固有的一个属性，它对机械制造结构钢具有十分重要的意义。钢淬透性的测定方法通常是端淬试验法，表示淬透性的是端淬曲线，也称为淬透性曲线。在机械零件设计中选择合金结构钢时，广泛应用钢的端淬曲线作为选材依据。由于钢的化学成分有一定范围，所以对于某一牌号的钢，其淬透性曲线也有一个波动范围，称为淬透性带。通常可以用淬透性值、临界淬透直径来比较各钢种的淬透性大小。常用结构钢的淬透性值和临界淬透直径见表1-10，常用工模具钢的淬透性值见表1-11。

表1-10　常用结构钢的淬透性值和临界淬透直径（50%M）

牌号	淬透性值 JHRC-*d*	水淬临界淬透直径/mm		油淬临界淬透直径/mm	
		根据淬透性曲线求得或试验值	按合金元素上、下限计算	根据淬透性曲线求得或试验值	按合金元素上、下限计算
40Mn2	J41-（7～42）	30～60	20～42	20～30	8.5～23
20Cr		12～32	11.5～41.0	15～23	4～22
40Cr	J41-（6～11）	25～60	24.0～67.5	15～40	11～42
20CrMo	J35-（3～6）	15～40	18.5～83.0	10～25	8～53
42CrMo	J42-18	50～100	46～145	30～60	26.5～107
20CrV	J35-（4～10）	25～40	19～48	10～25	8～28
30CrMnSi	J37-21	60～80	50～120	40～60	29～85
20CrMnTi	J35-（6～15）	30～55	25.0～50.5	15～40	12～30
37CrNi3			80.5～153	≤200	51～114
40CrNiMo		≥100	53.5～153	60～100	32～114
18Cr2Ni4W	J40-90		48～140	75～200	28～102
60Si2Mn			55～107	≤25	33.5～73.0
50CrV			45.0～91.5	≤45	25.0～59.5

表 1-11　常用工模具钢的淬透性值

牌　　号	油淬临界直径或淬硬深度/mm	牌　　号	油淬临界直径或淬硬深度/mm
Cr2	20～25/40～50	Cr12	≤200
GCr15	20～25/30～35	Cr12MoV	200～300
9SiCr	40～50	Cr6WV	≤80
9Mn2V	≤30	5CrNiMo	≈300
CrWMn	≤60	5CrMnMo	—
9CrWMn	40～50	3Cr2W8V	≈100

碳是结构钢中最主要的元素，它决定了钢的淬硬性，即淬火马氏体的硬度。同时，碳也是一个有效增加淬透性的元素。在结构钢中，提高马氏体淬透性作用显著的合金元素从大到小依次排列为：B、Mn、Mo、Cr、Si、Ni。合金元素复合加入时对于提高钢的淬透性作用更大。这里需要强调指出的是：一方面合金元素的复合作用效果不是简单的叠加，其原因比较复杂；另一方面，合金元素对淬透性发挥作用，其前提条件是合金元素溶入奥氏体中。若含碳化物形成元素的钢中有未熔碳化物，则不仅会降低奥氏体中碳及合金元素的有效含量，而且未溶碳化物还会作为相变非自发形核的核心，促进过冷奥氏体分解，反而不利于提高钢的淬透性，即起了相反的作用。

对淬透性要求不高的合金结构钢，一般采用单一合金元素进行合金化的方案，如40Cr、45Mn2；而对要求较高淬透性的钢均采用多种合金元素复合合金化的方法。最有效的方法是将强弱不同的碳化物形成元素和非碳化物形成元素有效地组合起来，如 Cr-Ni-Mo-V 系和 Si-Mn-Mo-V系钢。

对钢而言，只要淬火形成马氏体，碳素结构钢和合金结构钢均有相近的综合力学性能。它们的最大区别在于，碳素结构钢的主要弱点是淬透性低，不能用于截面较大或形状较复杂的零件；而合金结构钢则广泛应用于机械制造工业。

钢的淬透性是选择结构钢材料和制订热处理工艺的主要依据之一。钢的淬透性好，一方面可以使工件得到均匀而良好的力学性能，满足技术要求；另一方面，在淬火时，可选用比较缓和的冷却介质，以减小工件的变形与开裂倾向。

（2）淬硬性　淬硬性是指在理想的淬火条件下，以超过临界冷却速度冷却所形成的马氏体组织能够达到的最高硬度。淬硬性主要与钢的碳含量有关，碳含量越高，淬火后硬度也越高。这里合金元素的影响比较小。碳的质量分数达到0.6%时，淬火钢的硬度已接近最大值。碳含量继续增加，虽然马氏体硬度会有所提高，但由于残留奥氏体量增多，对碳素钢的整体硬度提高不多，而合金钢的硬度反而会下降，如图 1-34 所示。

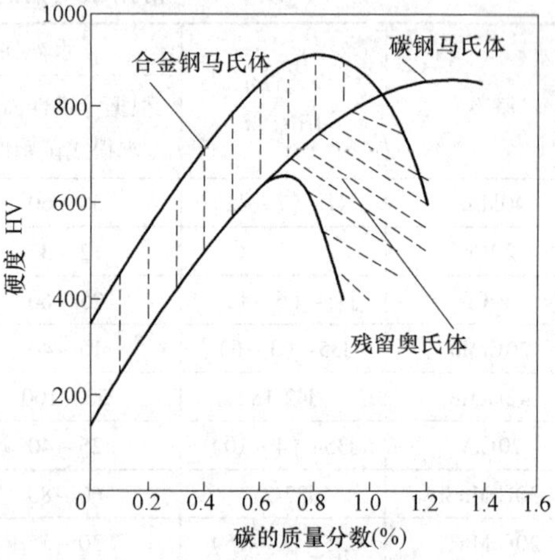

图 1-34　合金元素对马氏体硬度的影响（单独加入 Mn、Ni、Mo、Cr）

亚共析钢经淬火后能得到的实际硬度，可由公式 $HRC = 30 + 50w_C$ 估算。淬火钢的实际硬度是由马氏体中的碳含量及淬火组织（马氏体或贝氏体）的数量来决定的。图1-34所示为不同马氏体量情况下钢的硬度和碳含量之间的关系，可用于钢的淬火硬度和碳含量之间的相互估算。淬硬性和淬透性是两个不同的概念，淬硬性高的不一定淬透性好，而淬硬性低的钢也可能具有高的淬透性。

（3）变形开裂倾向　钢件淬火后存在内应力，淬火内应力是指在淬火过程中由于工件不同部位的温度差异及组织转变的不同时所引起的内应力。淬火后残留在工件内部的应力大小和分布对工件的质量有很大的影响。当淬火内应力高于材料的屈服强度时将导致工件的尺寸变化和形状畸变；当淬火内应力超过材料的抗拉强度时将在工件上出现裂纹，甚至断裂。

一般来说，淬火内应力分为热应力、组织应力和附加应力三种，三者的综合作用控制着工件的变形和开裂倾向。工件的变形开裂倾向受钢的化学成分、工件尺寸与形状结构、热处理工艺条件等因素的影响。在零件设计、选择材料和制订热处理工艺时应该注意以下规律：

1）不同化学成分的钢淬火变形倾向不同。由于合金钢的淬透性较碳素钢高，可采用比较缓和的淬火冷却介质，以减小变形。同时，可以通过改变热处理工艺来调节马氏体的比体积和残留奥氏体数量，进而控制工件的淬火变形。

2）钢的淬透性与淬火变形的关系是：当心部未淬透时，变形趋于长度缩短，内外径尺寸缩小；当全部淬透时则长度伸长，内外径尺寸胀大。

3）工件淬火前的机械加工、锻造、焊接等工序也能造成较大的残余应力，如预先不进行消除应力处理，就会增大淬火变形。设计零件结构时，要考虑构件的热处理变形开裂倾向，尽量避免尖角和厚薄断面的突然变化，并尽可能注意结构的对称性。在进行热处理时也应注意零件的结构形状对淬火变形开裂的影响。

4）在完全淬透的工件表面容易产生裂纹。随着钢的含碳量提高，形成裂纹的倾向增大。低碳钢塑性高，屈强比低，在热应力作用下淬火变形倾向大。随着碳含量的提高，组织应力作用增强，拉应力峰值移向表面层，所以高碳钢在过热情况下容易产生裂纹。

对普通钢而言，一般都存在一个淬裂的危险尺寸。在水中淬火时，钢的临界直径 D_I 正是淬裂的危险尺寸，这一尺寸为8～12mm。油淬时的淬裂危险尺寸为25～39mm。图1-35所示为各种钢在900℃油淬后，淬裂倾向与 D_I 及碳含量的关系。所以，要求心部淬透的零件，应尽可能避免设计危险截面尺寸。

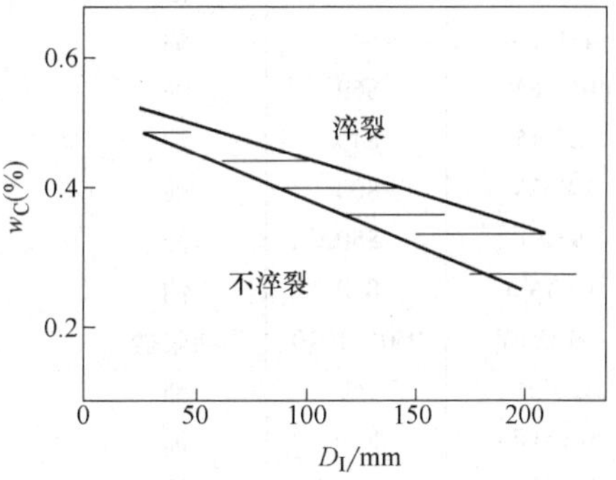

图1-35　淬裂倾向与 D_I 及碳含量的关系

5）工件表面有氧化脱碳层时，容易在表面产生淬火龟裂。因此，淬火前应把前道工序造成的脱碳层磨去，在热处理过程中也应尽可能避免工件的氧化脱碳。

6）采用分级淬火、等温淬火或双液淬火可降低淬火应力，减小工件的变形开裂倾向。采用调质、球化退火等预备热处理也可减小零件的变形。

7）加热温度和加热速度对零件变形也有影响，所以对尺寸较大或形状较复杂的零件或导热性较差的材料，宜采用预热或阶梯加热的方法。从减小淬火变形的角度考虑，应尽可能选用淬火下限温度。

8）淬火后应注意及时回火，特别是冷处理后的零件和大截面的零件在淬火后更应立即进行回火。

（4）过热敏感性　过热敏感性是指钢在淬火加热时，奥氏体晶粒急剧长大的倾向。不同的钢具有不同的过热敏感性，含锰钢过热敏感性较大，如 35SiMn、40Mn2、50Mn2、65Mn 等。

（5）氧化脱碳倾向　在各种热加工工序的加热或保温过程中，由于周围氧化气氛的作用，材料中的金属元素与氧化性气氛发生作用，形成金属氧化物，这种现象称为氧化。在此过程中，钢材表面的碳全部或部分丧失掉，这种现象称为脱碳。金属的氧化过程往往伴随着表层的脱碳。在高温下加热时，在氧化性气氛中脱碳、氧化是同时进行的；在还原性气氛中主要导致脱碳。脱碳会降低钢的硬度、耐磨性和疲劳强度。所以，脱碳对于工具、轴承、弹簧等零件是极其有害的。

非碳化物形成元素硅具有排碳性，含硅钢氧化脱碳倾向较大，如 9SiCr、38CrSi、42SiMn、60Si2Mn、30CrMnSi 等。

（6）耐回火性　合金钢比碳钢的耐回火性好，因此，要达到同样的回火硬度，合金钢的回火温度可比碳钢高，回火时间也可以长些。这样，合金钢回火后的内应力比碳钢小，塑韧性也高。如要求塑韧性相同，合金钢的强度要比碳钢高。显然，要求内应力消除比较完全，强度要求又比较高的零件，在设计时应选用耐回火性较好的合金钢。常用钢回火后硬度与回火温度的关系见表 1-12。

表 1-12　常用钢回火后硬度和回火温度的关系

牌号	淬火工艺		淬火硬度	回火后硬度（HRC）与对应的回火温度/℃②						
	温度/℃	冷却介质①	HRC	30~35	35~40	40~45	45~50	50~55	55~60	>60
40Cr	840	油	>50	510	470	420	340	200	>160	—
30CrMnSi	890	油	>45	530	500	430	340	180	—	—
50CrV	860	油	>50	560	500	450	380	280	180	—
42CrMo	840	油	>50	580	500	400	300	—	180	—
40CrNiMo	860	油	>50	580	540	480	420	320	—	—
GCr15	840	油	>60	580	530	480	420	380	270	<180
9Mn2V	800	油	>60	—	—	500	400	320	250	<180
9SiCr	850	油	>60	620	580	520	450	380	300	200
CrWMn	850	油	>60	600	540	480	420	350	280	170
Cr12MoV	950~1040	油硝盐	>58	740	670	620	570	530	380	<180
5CrMnMo	840	油	>50	580	520	470	380	250	<200	—
5CrNiMo	850	油	>50	640	550	450	380	280	<200	—
5CrW2Si	860~890	油	>55	570	480	420	360	<300	—	—
3Cr2W8V	1050~1100	水	>55	—	700	630	540	<200	—	—
20Cr13	980~1050	油空冷	>55	560	520	450	<400	—	—	—
30Cr13	980~1050	油空冷	>55	600	570	540	<500	—	—	—
40Cr13	980~1050	油空冷	>55	610	580	550	500	<400	—	—
95Cr18	1040~1070	油	>55	—	—	—	580	530	220	<150

①　冷却介质水是指 5%~10% 的 NaCl 水溶液。

②　回火温度根据硬度要求的中值偏上而定。

（7）回火脆性　工业用钢一般都有可能产生回火脆性，但是，由于合金元素的作用，不同的钢其回火脆性的温度范围是不同的。常用钢产生回火脆性的温度范围见表1-13。因为回火脆性是使钢在服役条件下发生脆性断裂的隐患，所以在设计中应注意以下几个方面：

1）尽可能避免在形成第一类回火脆性的温度范围内回火，或采用等温淬火、快速回火等方法减弱其脆性倾向。

2）尽可能避免在形成第二类回火脆性的温度范围内回火。如不可避免，一方面要减少在回火脆性温度下停留的时间，另一方面在回火后必须快速冷却。

3）大型工件回火后的快速冷却效果不大，或因工件形状复杂不允许回火后快速冷却时，可以选用含钼的合金钢制造。

4）选用细晶粒钢或冶金质量好的高纯净钢，或经细化晶粒的预备热处理，可减少偏聚在原奥氏体晶界的杂质，从而降低钢的回火脆性。

表1-13　常用钢产生回火脆性的温度范围

牌　　号	第一类回火脆性温度/℃	第二类回火脆性温度/℃	牌　　号	第一类回火脆性温度/℃	第二类回火脆性温度/℃
30Mn2	250～350	500～550	38CrMoAlA	300～450	无脆性
20MnV	300～360	—	4Cr9Si2	—	450～600
25Mn2V	250～350	510～610	50CrVA	200～300	—
35SiMn	—	500～650	4CrW2Si	250～350	—
20Mn2B	250～350	—	5CrW2Si	300～400	—
45Mn2B	—	450～550	6CrW2Si	300～450	—
15MnVB	250～350	—	4SiCrV	—	>600
40MnVB	200～350	500～600	3Cr2W8V	—	550～650
40Cr	300～370	450～650	9SiCr	210～250	—
38CrSi	250～350	450～550	CrWMn	250～300	—
35CrMo	250～400	无明显脆性	9Mn2V	190～230	—
20CrMnMo	250～350	—	GCr15	200～240	—
30CrMnTi	—	400～450	12Cr13	520～560	—
30CrMnSi	250～380	460～650	20Cr13	450～560	600～750
20CrNi3A	250～350	450～550	30Cr13	350～550	600～750
37CrNi3	300～400	480～550	14Cr17Ni2	400～580	—
12Cr2Ni4A	250～350	—	Cr12MoV	325～375	—
40CrNiMo	300～400	一般无脆性	Cr6WV	250～350	—

（8）白点敏感性　白点敏感性表示锻、轧钢件产生内裂纹的敏感程度。钢中氢含量高是产生白点的必要条件，而内应力的存在是产生白点的充分条件。白点是由于钢中氢含量过高，在其锻、轧后快冷时形成的微裂纹。这种高压含氢气泡一般聚集在大型锻、轧件的心部，在沿锻、轧方向的断口上呈白色亮点。有白点的零件在工作时容易产生脆性断裂，发生重大事故。所以，大锻件技术要求规定，一经发现白点，锻件必须报废。

一般情况下，在奥氏体、铁素体钢中不会出现白点；碳的质量分数小于0.3%的碳钢也不易产生白点；在碳的质量分数大于0.3%的Cr-Ni系、Cr-Ni-Mo系、Cr-Ni-W系合金钢中白点敏感性最大；在含Ni、Cr、Si、Mn等元素的钢中也会出现白点。形成白点的温度范围一般在300℃以下至室温。钢的白点敏感性不但与化学成分有关，还与钢的冶炼方法、钢材尺寸等因素相关。钢材尺寸越大，白点形成的可能性就越大。一般钢材直径或厚度小于

40mm 时，白点较少见。防止白点的最根本办法是降低钢中的氢含量。常用的热处理方法有预防白点退火等。

白点敏感性比较高的钢有 40CrNi、5CrNiMo、20Cr2Ni4A、5CrMnMo、14Cr17Ni2、37CrNi3A 等。白点敏感性中等的钢有 40Cr、42SiMn、GCr15SiMn 等。

2. 合金元素对钢焊接性能的影响

焊接性能是指钢的可焊接性和焊接区的使用性能，主要由焊后开裂敏感性和焊接区的硬度来评价。

合金元素对钢材焊接性能的影响，可用焊接材料的碳当量（CE）来估算。目前，有多种碳当量的计算公式。高强度低合金钢典型的碳当量计算公式如下

$$CE = C + \frac{Mn + Si}{6} + \frac{Ni + Cu}{15} + \frac{Cr + Mo + V}{5}$$

式中，元素符号代表该元素的质量分数。

碳当量越低，钢的焊接性能越好。图 1-36 所示为碳含量和碳当量对高强度低合金钢开裂敏感性的影响。一般合金元素都提高钢的淬透性，进而促进脆性组织（马氏体）的形成而使焊接性能变坏。但是，钢中含有少量 Ti 和 V 并形成稳定的碳化物时，会使晶粒细化并降低淬透性，从而改善钢的焊接性能。

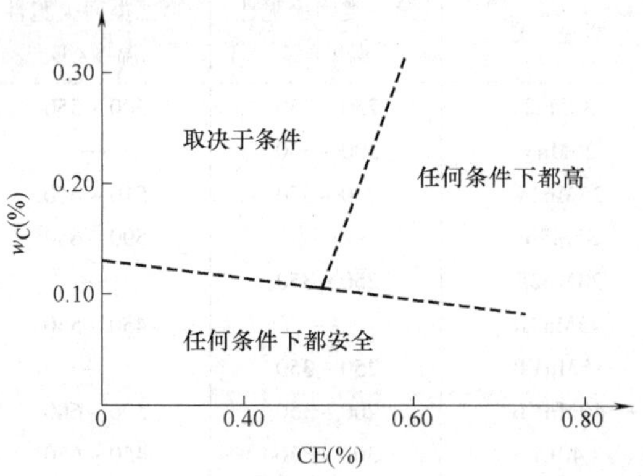

图 1-36 碳含量和碳当量对高强度低合金钢开裂敏感性的影响

3. 合金元素对钢切削性能的影响

金属的切削性能是指金属被切削的难易程度和加工表面的质量。切削加工性的衡量指标有刀具寿命、切削速度、表面粗糙度、切削阻力、断屑形状等。不同情况下侧重点不同，对于粗加工，主要考虑切削速度；而精加工主要考虑表面粗糙度。

对于不同碳含量的碳钢，一般认为，硬度在 170～230HBW 时切削性能最好。过硬、过软都不好。对钢的组织来说，珠光体和铁素体各占 50% 为最佳。不同碳含量的碳钢要得到较好的切削性能，其预处理是不同的：$w_C < 0.1\%$，宜淬火；$w_C < 0.5\%$，常采用正火；$w_C < 0.8\%$，退火是常用工艺；$w_C > 0.8\%$，宜进行球化退火。

非金属夹杂物是决定钢的切削性的主要因素。非金属夹杂物的类型、大小、形状、分布和体积百分数不同，对切削性的影响也不同。

如 MnS 的塑性好，有润滑作用，沿压延方向排列成条状或纺锤形，破坏了金属的整体性，就像钢中存在着许多缺口，因此降低了切削阻力，并且容易断屑，提高了切削性。硫是目前广泛使用的易切削钢添加剂，但需要有足够的 Mn 和 S 结合形成 MnS。硒（Se）、碲（Te）化合物也是有利于切削的化合物。所以，Te、Se 元素也是易切削钢的添加剂，它们可以形成 MnTe、MnSe。铅在钢中的溶解度极小，常以自由态存在于钢中，也像许多缺口一样，降低钢的切削阻力，易断屑、有润滑作用。但是，铅有毒，偏析大。

4. 合金元素对钢铸造性能的影响

铸造性能主要由铸造时金属的流动性、收缩特点、偏析倾向等来综合评定，它们与钢的

固相线和液相线温度的高低及结晶温度区间的大小有关。固、液相线的温度越低、结晶温度区间越窄，铸造性能越好；结晶温度区间越大，越容易形成分散缩孔和偏析，铸造性能越差。因此，合金元素的作用主要取决于其对铁碳相图的影响。另外，一些元素如铬、钼、钒、钛、铝等，在钢中形成高熔点碳化物或氧化物质点，增大了钢液的粘度，降低了其流动性，使铸造性能恶化。

铸铁的流动性比钢好，易于铸造。特别是靠近共晶成分的铸铁，其结晶温度低，流动性好，更具有良好的铸造性能。

5. 合金元素对钢塑性加工性能的影响

钢的塑性加工分为热加工和冷加工两种。热加工（锻造、轧制、拉拔等）工艺性能通常由热加工时钢的塑性和变形抗力、可加工温度范围、抗氧化能力、对锻造加热和锻后冷却的要求等来评价。

合金元素溶入固溶体中，或在钢中形成碳化物，都能使钢的热变形抗力提高，塑性明显降低，容易发生锻裂现象。但是，有些元素（如V、Nb、Ti等）的碳化物在钢中呈弥散状分布时，对钢的塑性影响不大，但可减小过热敏感性。另外，合金元素一般都降低钢的导热性、提高钢的淬透性，因此，为了防止开裂，合金钢锻造时的加热和冷却都必须缓慢。

对可锻性而言，低碳钢比高碳钢好。由于钢加热至单相奥氏体状态时，塑性好、强度低，便于塑性加工，所以，一般锻造都是在奥氏体状态下进行。锻造时必须根据铁碳相图确定合适的温度，始轧和始锻温度不能过高，以免产生过烧；始轧和始锻温度也不能过低，以免产生裂纹。

冷加工（冷轧、冲压、冷镦、冷弯等）工艺性能主要包括钢的冷态变形能力和钢件的表面质量两方面。合金元素溶解在固溶体中一般都能提高钢的冷加工硬化率，使钢承受塑性变形后很快地变硬变脆，这对钢的冷加工是很不利的。C、Si、P、S、Ni、Cr、V、Cu等元素使钢材的冷态压延性能恶化，但是，RE、V、Nb、Ti等净化晶界和改善碳化物形态的元素可提高钢的冲压能力。

1.4 微量元素及钢的微合金化

1.4.1 钢中的微量元素及其作用

1. 微量元素的种类

所谓微量元素，是指以微量带入或加入钢中的化学元素，这些元素虽然含量很低，但往往会对合金性能产生明显的影响。钢中存在的微量元素可以分为以下几类：

1）常用微合金化元素：B、N、Ti、V、Zr、Nb、RE。

2）偶用微合金化元素：Ta、Hf。

3）为净化、变质和控制夹杂物形态而加入的微量元素：B、Ca、Ti、Zr、RE。

4）改善切削性的元素：S（P）、Se、Te、Sn、Pb、Bi、Ca、Ti。

5）痕迹有害元素：P、As、Sb、Sn、Pb、Bi。

2. 微量元素的有益作用

微量元素在钢中的有益作用，可以归纳为净化作用、变质作用、控制夹杂物形态以及微合金化作用。

（1）净化作用　B和RE元素对O、N有很强的亲和力，并能形成密度小、易上浮的难熔化合物。所以，这些元素具有脱氧、退氮、降氢的作用，能减少非金属夹杂物，改善夹杂物的类型及其分布。此外，B、Zr、Ce、Mg和RE元素加入钢中，与低熔点的As、Sb、Sn、Pb、Bi等杂质元素作用，能形成高熔点的金属间化合物，从而可消除由这些杂质元素所引起的钢的脆性，改善钢的冶金质量，提高钢的热塑性和高温强度。

（2）变质作用　B和RE元素在钢冶炼时，能改变钢的凝固过程和铸态组织。它们与钢液反应形成微细质点，而成为凝固过程中的非自发形核中心，降低了形核功，增大了形核率。B和RE元素在钢中都是表面活性元素，容易吸附在固态晶核表面，阻碍晶体生长所需的原子供应，从而降低了晶体长大率。所以，在钢冶炼时加入这些元素，可细化铸态组织，减少枝晶偏析和区域偏析，改善钢化学成分的均匀性。另外，RE元素可增大钢的流动性，提高钢锭的致密度，减少热裂等，其结果将有效地改善铸锭冶金质量以及变形后的钢材质量。

（3）改变夹杂物性质或形态　夹杂物的形态和分布对钢的性能有很大影响，夹杂物最理想的形态是球状，最不好的是共晶杆状。以夹杂物MnS为例，MnS有球状、枝晶间共晶形态和不规则角状等三种形态。要得到球状MnS，可控制氧的质量分数在0.02%以上，能保证得到双相夹杂物MnS-MnO。由于MnO比较硬，能防止MnS被拉长。若钢中不加锰，则硫有可能形成FeS等其它化合物。FeS分布在晶界，熔点又比较低，是非常有害的夹杂物，使钢产生热脆性。硫和锰的结合力比硫和铁的结合力强，所以钢中有锰时能优先形成MnS。因此，钢中常加入较多的锰，以消除杂质元素硫的影响。对于完全脱氧钢，用铝脱氧，MnS为角状，但加入微量锆后，形成（Mn，Zr）S，可改善MnS的塑性。

（4）微合金化作用　当B、N、V、Ti、Zr、Nb和RE等合金元素以强化合金为主要目的而又微量加入到钢中时，这些合金元素就称为微合金化元素，其作用将在后面叙述。

3. 微量及痕迹元素的有害作用

一些微量元素在钢中存在的质量分数总量在0.1%左右。如P、S、As、Sn、Pb等有害元素的存在并不是有意加入的，而是在炼钢时由原料带入的，常规分析还比较难以测定。这些元素主要表现是偏析和吸附在晶体缺陷及晶界处，从而影响了钢的性能，如塑韧性、热塑性、蠕变强度、焊接性和耐蚀性等。例如，S、P会导致钢的热脆和冷脆；As、Sb、P等元素容易在晶界偏聚，导致合金钢的第二类回火脆性以及高温蠕变时的晶界脆断等。

1.4.2　钢的微合金化

1. 微合金化原理

微合金化元素在钢中的分布形式不同，对钢的性能的影响也不同。其可能的几种分布形式如下：①微量合金元素均匀地分布在基体固溶体中；②微量合金元素原子与固溶体中其它原子之间发生交互作用，与一个或更多的主加合金元素形成独立相，这些相可以均匀地分布在晶粒中，也可以优先在位错、晶界或相界面上形核；③微量合金元素偏聚于空位、位错或晶界、相界和表面等缺陷处。

元素均匀地分布在基体中是一种最有效的形式。如果溶质原子很小，它会形成间隙固溶体，并强烈地与位错发生作用；如果溶质原子较大，则它将形成置换固溶体，引起大的畸变，从而也强烈地与位错和空位发生作用。间隙溶质和置换溶质均影响相变，既影响新相的形核率，也影响新相向母相成长的速率。

微量合金元素偏聚于晶界是由于有关的溶质原子降低了晶界能，在一些情况下，这将导致力学性能的恶化；但在另一些情况下，会产生强化作用。在较复杂的情况下，两个元素的结合可以加强或者可能降低所观察的效应。例如，在Ni-Cr钢中加钼，可以降低由于磷在晶界偏聚引起的回火脆性。晶界偏聚的另一效应是微量元素的原子通过预先占有合适的形核位置，抑制新相的形核。例如，若钢中含有少量（10^{-6}级）的硼，可以推迟铁素体在奥氏体晶界上的形核，进而提高钢的淬透性。

微合金化最有效的正效应之一是细小分散的新相在晶内和晶界上的形成。这种沉淀可以通过在位错列阵上形核，产生钉扎，从而推迟回复与再结晶过程。类似的钉扎在晶界上发生，会限制晶粒成长，进一步推迟再结晶。在许多情况下，这些分散物不仅在室温而且在高温蠕变条件下，均可显著地提高合金的强度。

最后，相变时的沉淀可以在相界面上发生。这样，质点的钉扎常常对相变发生的速率产生间接影响。在相界面上细小沉淀物的重复形核，引起最终组织中的细小分散度，常常导致强化。

微合金化技术在现代钢铁材料中已获得广泛应用，例如，将少量（$w_{Me}<0.1\%$）强碳化物形成元素如Nb、Ti、V等加入低碳Si-Mn钢中，通过控制轧制与冷却速度，研制出了适应不同用途的多种微合金化高强度低碳工程结构钢，广泛用于各类构件上，有着极大的经济效益，受到各国的普遍重视。此外，微合金化结合控轧与控冷技术在合金结构钢、工具钢等钢种中也已获得应用。

2. 微合金化的一般规律

微合金化钢是近几十年来迅速发展起来的工程结构用钢，通常包括微合金高强度钢、微合金双相钢和微合金非调质钢。微合金化钢中的合金元素可分为两类：一类是影响钢相变的（宏）合金化元素，如Mn、Mo、Cr、Ni等；另一类是形成碳（氮）化物的微合金化元素，如V、Ti、Nb等。

Mn、Mo、Cr、Ni等合金元素在微合金化钢中起到降低相变温度、细化组织等的作用，并且对相变过程或相变后析出的碳（氮）化物也起到了细化作用。例如，钼和铌的共同加入，可使相变中出现针状铁素体组织；为改善钢的耐大气腐蚀性而加入铜，并可部分起到析出强化的作用；加入镍可改变基体组织的亚结构，从而提高钢的韧性；在非调质钢中，降低碳含量，增加锰或铬含量，也有利于钢韧性的提高；当锰的质量分数从0.85%增至1.15%～1.3%时，则在同一强度水平下使非调质钢的吸收能量提高30J，即可达到经调质处理的碳钢的吸收能量水平，如图1-37所示。

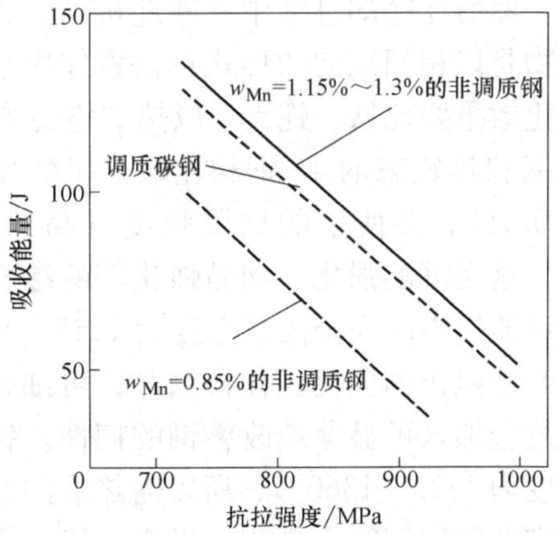

图1-37　锰对非调质钢吸收能量的影响

V、Ti、Nb等元素在钢中形成碳化物或氮化物，是微合金化常用的主要元素。

V、Ti、Nb等元素的加入量大致为0.01%～0.20%（质量分数），其含量可根据钢的性能和工艺具体要求而定。这些元素都是强碳（氮）化物形成元素，所以在高温下优先形成稳定的碳（氮）化物，见表1-14。每种元素的作用都和析出温度有关，而析出温度又受到各种化合物平衡条件下的形成温度以及相变温度、轧制温度的制约。

表1-14　微合金化钢中各种碳（氮）化物及其形成温度

化合物	碳化物			氮化物			
	VC	NbC	TiC	VN	NbN	AlN	TiN
开始形成温度/℃	719	1137	1140	1088	1272	1104	1527

在微合金高强度钢中，VN在缓慢冷却条件下从奥氏体中析出，VC是在相变过程中或相变后形成的，两者形成温度是不同的。这样，钒能起到阻止晶粒长大、细化组织的作用，而且也对沉淀强化做出了有效的贡献。钛的化合物主要是在高温下形成，在钢相变过程中或相变后的析出量是非常少的。所以，钛的主要作用局限于细化奥氏体晶粒。铌的碳化物也在奥氏体中形成，阻止了高温形变奥氏体再结晶。在随后的相变过程中将析出铌的碳（氮）化物，产生沉淀强化。

微合金双相钢中的合金元素及热处理工艺都能明显地影响双相钢的组织形态，特别是V、Ti、Nb等微合金元素对铁素体形态、精细结构和沉淀相的形态产生显著的影响。在含钒的微合金双相钢中，钒能消除铁素体间隙固溶、细化晶粒，从而形成了高延性的铁素体，提高了双相钢的时效稳定性。所以，一般微合金双相钢要得到良好的性能，钒是必须加入的微合金元素。钛和钒的作用相似，但在双相钢中一般不单独用钛微合金化。铌的作用也和钒相似，只是钒的碳化物更为稳定。

非调质钢具有良好的强度和韧性的配合，这种效果主要是通过V、Ti、Nb等元素所形成的碳（氮）化物沉淀析出，并通过细化晶粒、细化珠光体组织及其数量的控制等方面得到的。V、Ti、Nb等元素的作用程度及其含量变化对非调质钢屈服强度有显著的影响，如图1-38所示。

在非调质钢的常规锻造加热温度下，钒基本上都溶解于奥氏体中，一般情况下在1100℃能完全溶解。然后在冷却过程中不断地析出，大部分钒的碳化物是以相间沉淀的形式在铁素体中析出的。钒的强化效果要比钛、铌大。以热锻空冷态的45V非调质钢和热轧态的45钢相比较，钒的质量分数每增加0.1%，会使钢的屈服强度升高约190MPa。当然，这是沉淀强化、细晶强化等的综合效果。钛在非调质钢中的完全固溶温度为1255～1280℃，钛能很好地阻止形变奥氏体再结晶，可细化组织。钛和钒复合加入可显著地改善钢的韧性。铌的完全固溶温度为1325～1360℃，所以需热锻的非调质钢通常不宜单独用铌微合金化。当铌和钒复合加入时，则既可提高钢的强度，又能改善韧性。

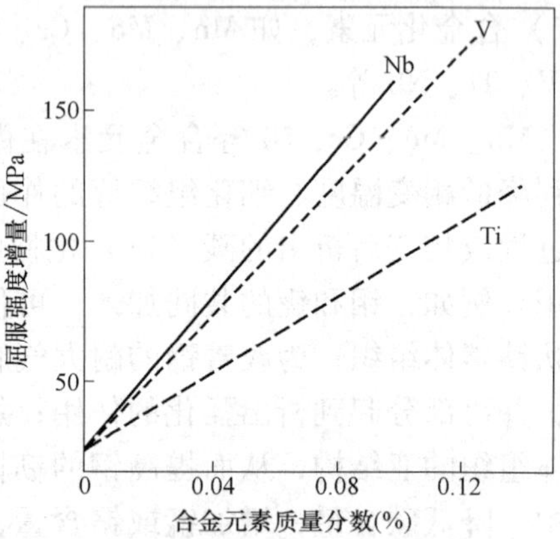

图1-38　钒、铌、钛对非调质钢屈服强度的影响

一般情况下，合金元素对非调质钢强度和韧性的影响为：C、N、V、Nb、P等元素提高强度，降低韧性；Ti元素降低强度，提高韧性；Mn、Cr、Cu＋Ni、Mo等元素提高强度，同

时又改善韧性；Al元素无明显影响，但形成AlN可细化晶粒，改善韧性。

氮在非调质钢中起强化作用，当钢中氮的质量分数从0.005%增加到0.03%时，钢的屈服强度升高100～150MPa。氮一般与钒、铝等其它元素复合加入，能获得明显的强化效果。在0.1%V-N钢中，当氮的质量分数为0.005%～0.03%时，钒的完全溶解温度为970～1130℃，说明在常规的锻造加热温度下，氮和钒能完全固溶于奥氏体中，并在随后的冷却过程中沉淀析出，具有明显的弥散强化效果。因为NbN、TiN的溶解温度都高于常规的锻造加热温度，所以氮和铌或钛复合加入时，其强化效果不太明显。

3. 钢的微合金化技术的发展

钢的微合金化技术在最近二十多年来有了很大进展，一方面是将少量（$w_{Me}<0.1\%$）强碳化物形成元素，如Nb、Ti、V等，加入低碳Si-Mn钢中，通过控制轧制与控制冷却，研制出了适应不同用途的多种微合金化高强度低碳结构钢，广泛用于各类构件上。这是一个量大面广的钢系，有着极大的经济效益，受到各国的普遍重视。但是，“微合金化”并不能仅仅理解为局限于上述钢系上，事实上，合金结构钢、工具钢和耐热钢及耐热合金中也都存在微合金化问题。例如，在合金结构钢中加B或RE，在高速钢中加Hf、Zr、Nb、Ti、Al、N、B和RE，以及在耐热钢和耐热合金中加Nb、Zr、B等，均可改善高温强度。此外，发展各种易切削钢也都需要研究微量元素的作用。因此，以后各章中均要讨论这方面的进展。

值得一提的是，我国材料学家丁培道先生对高速钢资源的高效再生利用及其微合金化技术，特别是对硅在高速钢中作用的金属学进行了较为系统详尽的研究。已成功地研制出我国第一个含硅低合金高速钢W3Mo2Cr4VSi，开创了我国微合金化低合金高速钢研究与应用的新领域。

1.5 钢合金化发展的新方向

目前，钢的合金化发展主要有两个方向：一方面追求资源的可再生和材料的生态化——生态合金化或通用合金化，即少主元合金化方向；另一方面追求新合金系或高性能化——高熵合金化，即多主元合金化方向。下面简单介绍这两方面的发展情况。

1.5.1 基于生态化设计概念的生态合金化

1. 金属材料生态设计与可循环再生设计概念

材料的生态化主要是杜绝不可逆、长久、致死及非必然性的生态环境问题。材料的生态设计就是在设计阶段即对材料的整个生命周期进行综合考虑。设计生产时就要减少原料的使用量，尽可能使用可再生原料，即在生产和使用过程中能耗低，使用后易于回收、再利用，使用安全、寿命长的原料。

当前，金属材料的生态设计方向是追求功能性、安全性、经济性和低环境负载性。实际上，金属材料节省资源、能源，降低环境负载的最经济的途径是可循环再生性。所以，目前研究的重点是可循环金属材料的设计。设计的要求是不使用循环再生过程中难以除去的元素；尽可能不使用枯竭性元素；不使用有毒元素；不采用在循环再生过程中难以分离的合金元素及其生产方法。金属材料可循环再生设计目前采用的手段是金属高纯度、合金添加元素最少化、合金添加容易除去元素。例如，Fe-C-Si-Mn、Fe-Cr、纯铝、Al-Mg、纯钛、Ti-Fe-Al

等金属及其合金系统是备受关注的。

金属材料可循环再生的理想状态是“高纯度化”和“组成单一化”，但这需要高能源和大量资源，并且实用性也低。特别是结构材料，要求具有高强度，一般是通过合金化来实现的。而“金属高纯度”则是要求可循环再生的基本合金体系要尽可能与纯金属组成相近；“合金添加容易除去元素”要求第二元素是不妨碍再生的种类和容许量，第三元素要求添加最小量。可循环再生设计采用的手段除了以合金成分为对象外，还有控制金属组织、强化金属性能和杂质无害化方法。金属材料可循环再生设计概念如图 1-39 所示。

2. 基于材料生态化的合金化原则及应用举例

金属材料由于广泛以合金的形式使用，往往在一种金属材料中存在多种元素，这就使得金属再生循环变得很困难。在金属材料的废屑或废料重熔冶炼过程中，除去合金元素和杂质是相当困难的。因此，对于金属材料而言，从易于循环再生的观点来看，要求建立三个基本概念：①减少合金元素而保持高性能；②以调整显微组织作为加入合金元素的替代方法来获得所需性能；③再生过程中合金元素要易于分离和无二次污染。这样，基于金属材料可循环再生设计概念的合金化原则可以归纳为以下几条：

（1）无毒无害化原则　从环境材料观点出发，金属材料合金化添加元素的选择首先要保证添加元素的无毒无害，即合金元素属于“无毒害物质”。某些金属元素对人体的毒害作用系数见表 1-15。

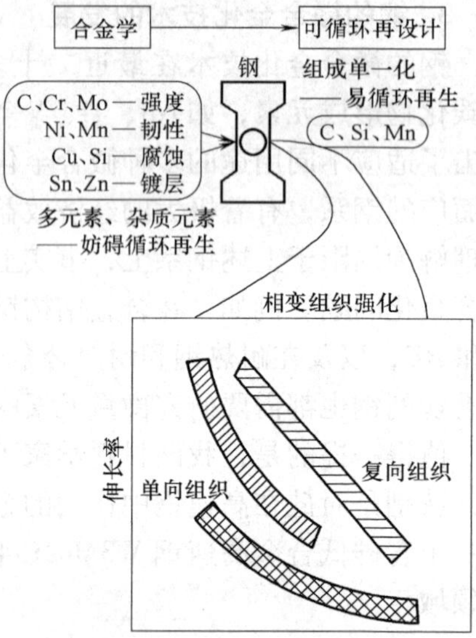

图 1-39　金属材料可循环再生设计概念

环境协调性金属材料的成分设计原则之一是尽量不使用环境协调性不好的合金化元素。这里环境协调性不好有双重含义：一是指地壳中蕴藏量不大的枯竭性元素；二是指对生态环境特别是对人体有较大毒害作用的元素。合金元素中对人体毒害作用最大的是 Cr（以 Cr^{6+} 离子状态存在时），其次是 As、Pb、Ni、Hg 等。

表 1-15　某些金属元素对人体的毒害作用系数

金属	空气中	水中	土壤中
As	4700	1.4	0.043
Cd	580	2.9	7.0
Cr^{6+}	47000	4100	130
Co	24	2.0	0.065
Cu	0.24	0.020	0.0052
Fe	0.042	0.0036	—
Pb	160	0.79	0.025
Mn	120	—	—
Zn	0.033	0.0029	0.0070
Hg	120	4.7	0.015
Mo	3.3	0.29	0.070
Ni	470	0.057	0.014

含有这些合金元素的材料废弃后，会造成空气、水域和土壤的污染，直接危害人体或者通过生物链对人体造成毒害。因此，在材料设计过程中就要考虑到废弃材料的最终处理对生态环境的影响。其中，无铅钎焊合金的研制就是这样一种考虑的结果。

（2）易分离可循环原则 废弃金属材料在再生过程中，由于某些合金元素的化学特性，会受到金属冶炼和提纯工艺的限制，很难去除。对于钢铁材料而言，可将合金中的残留或杂质元素分成四类：①几乎全部残留于钢水中的元素，如Cu、Ni、Co、Mo、W、Sn、As等；②不能完全除去的元素，如Cr、Mn、P、S、C、H、N等；③与沸点和蒸气压等无关的元素，如Zn、Cd、Pb、Sb等；④从钢中几乎能全部除去的元素，如Si、Al、V、Ti、Zr、B、Mg、Ca、Nb、RE等。

从以上叙述可知，废合金钢经过多次再生循环后，Cu、Ni、Mo、Sn、Sb等残留元素的浓度会发生富集增高，接近极限，从而影响材料的性能。

同时，合金元素的选择应充分考虑到金属材料在再生循环时对残留元素的控制，“可循环的”是合金元素选择要考虑的关键因素之一。

在合金学中，通过调整添加合金元素的配比以及对晶粒度等微观组织的控制等，以谋求合金的高性能。然而，在再生循环时，组成一旦复杂，则分选与分离就困难了。此外，当存在不能分离再生的合金元素时，就有可能使原来各合金元素的功能不能充分发挥出来。在这种情况下，欲利用合金元素的作用实现组织结构的控制，也是一个难题。这就是说，由于再生过程中混入的杂质使正确的控制难以进行。

因此，以城镇废金属作为原料的金属再生循环，实际上仍是以“逐次降级使用”为主，即像“瀑布逐渐降低水位”那样一级一级地向低级别产品再生的过程。反之，要恢复为原来的高品位产品，就需要耗费更多的能量，但这与“再生必须节能、减少二氧化碳”的宗旨相违背。

也有一种意见认为，能够无限地逐次降级使用就行。显然，这是有一定限度的，是应该认真研究的。然而，再生价值要尽量地高，有可能的话100%地复原到原来的状态是再生循环本来的宗旨和目标。

可循环再生的障碍是通过各种途径混入的杂质。例如，近年来产品的高性能化、小型化和多用途化，以及汽车、办公设备等配有大量的电气导线和电动机，在回收时很容易混入铜。耐候钢、不锈钢、表面处理钢等也易混入铜、铬、锡、锌等元素。这些杂质元素在晶粒边界析出，不但影响材料的使用性能，而且影响材料的加工性能。钢材循环再生时由于杂质混入带来的材质问题见表1-16。加工性能不好是由于杂质向晶粒间偏析造成晶粒间脆化所致。一般，通过与氧的亲和力和蒸气压不同分离杂质元素，然而铜和锡很难分离。铜和锡影响加工性能，只能降级到杂质允许浓度高的钢材使用。目前，科学工作者在努力研究各种分离方法和通过组织结构控制的方法。

（3）非贵重富有化原则 采用资源丰富、廉价易得的元素代替昂贵稀缺的合金元素——钢中多用碳和硅，研究开发具有高性能、低环境负荷的新钢种。

1）采取提高碳含量（比平均碳的质量分数约高0.1%）来产生二次硬化效应，可降低高速钢合金的质量分数（1%），节约钨和钼资源，同时还减少了环境污染，因为冶炼过程中含碳量高可减少CO_2的排放量。

2）硅是地球上含量最丰富的元素之一，常以氧化物的形式存在，制取方便。钢中加入硅（w_{Si}=1.0%～2.0%）后，可提高钢的二次硬化效应，并使二次硬化的峰值浓度向低浓度方向移动，提高抗氧化强度，还可降低材料的韧-脆转变温度，可代替部分贵重金属钨和钼等资源，对环境协调发展具有重要作用。

表 1-16　钢材循环再生时由于杂质混入带来的材质问题

钢材品种	杂质混入带来的问题
普通钢	Ni、Cr：影响强度、韧性；Cu、Sn：加热压延时在晶粒间偏析，严重影响热加工性
铁素体不锈钢	Cu、Mo、P、S：具有应力腐蚀裂纹敏感性；Ti、Nb：腐蚀性老化；P、Pb、B：影响韧性、加工性能；Sb、As、Sn：蠕变脆化
奥氏体不锈钢	P：晶间腐蚀；P、Pb：影响热加工性能；C、Si、Mn、N、O：影响韧性、耐蚀性、腐蚀疲劳强度及加工性

（4）少组元减量化原则　相对于传统合金钢的“多组元少含量”合金化原则，基于金属材料的生态化设计，从提高金属材料的再生循环性能出发，金属制品的全部零部件由单一系来制造最为理想。而且合金系中组元越少，合金的再生循环性能越好。因此，就出现了超级通用合金和简单合金的概念。

所谓简单合金，就是组元组成简单的合金系。简单合金在成分设计上应具有以下特点：①合金组元、规格简单，再生循环过程中易于分选；②原则上不添加目前尚不能精炼脱除的元素；③尽量不使用环境协调性不好的合金元素。

从这种设计思想出发，研制简单合金时应遵循以下两个原则：①在维持合金高性能的前提下，尽量减少合金组元数；②获取合金高性能时，以控制显微组织作为加入合金元素的替代方法。这种设计合金的思路叫做省合金化设计或最小合金化法。

与超级通用合金的用途不同，简单合金的主要用途是代替大量消费的金属结构材料。不含对人体及生态环境有害的元素、不含枯竭性元素的低合金钢就是这样一种简单合金。通过选择适当的化学成分和热加工工艺，低合金钢可以获得大范围变化的显微组织和力学性能。而其简单的组元和类似的化学成分又能够保证在再生循环过程中回收的废钢具有大致相同的成分，因而易于再生循环利用。在这类低合金钢中，Fe-C-Si-Mn 系是最有希望的合金系之一。通过控制显微组织，Fe-C-Si-Mn 系低合金钢可以获得在大范围内变化的力学性能，从而满足不同用途时的材料性能要求。

因此，对现代材料进行环境协调性设计项目，需要进行多方面的考虑，一般包括以下内容：①高强度（也包括疲劳强度等）和高韧性，特别是高比强度（先进性）；②简单组成，易解体结构（环境协调性）；③功能兼容，多功能性（舒适性）。

（5）多相复合化原则　要想在同一材料上使难以兼容的性能共存，只有采用“复合化”设计才能实现。但是，传统的复合材料是通过将不同的材料组合起来，利用组合材料各自所具有的性能，这又违背了简单组成和易解体结构的要求。所以，环境材料学提出了“可再生循环复合”这一概念，即合金是简单组元的情况下也有可能通过工艺控制来自由地制造它的复杂多变的组织和结构，以满足机器构件对材料的各种不同性能的要求。

例如，双相钢是通过工艺控制使铁素体与马氏体这两种不同的物相交替共存。与回火马氏体钢相比，在同样的强度下，其延性可得到大幅度改善。这种双相钢已被成功地用于某些原来使用回火马氏体钢的部件，它是利用了合金在某个温度以下分离为两个相，加热到某个温度以上易变成单相的性质。一般在合金尤其是钢铁材料中，可以相当自由地实现对多相组合的控制。

（6）标准通用化原则　标准通用化原则所涉及的钢铁材料就是基于节约资源、保护环境以及循环经济而被重视的通用型合金。这类合金在形成绿色/生态材料体系方面，以及有利于材料回收与再生利用等方面将大有作为。

从材料的环境影响角度考虑，材料的强韧化应强调在保持金属材料性能指标基本不变的前提下，尽量采用地球储量丰富或对生态环境影响较小的元素作为合金化组元；同时，尽量降低金属材料中强韧化元素的含量或减少合金元素的种类；另外，尽量采用同类元素作为强韧化复合合金化的第二组元，如Fe-Fe复合材料、F-M双相钢等。换句话说，在设计材料的强韧化性能时，不仅要考虑材料的使用性能，而且要充分考虑材料对环境的影响和资源的负担。

所以，现在世界各国都在研究通用型合金钢、简单合金钢和节约型合金钢。很多情况下，对现有合金钢的成分设计和使用的合理性可重新进行审查。

以前往往是针对不同的用途开发不同的材料，致使材料的种类一直在增加。然而，种类繁多的材料混杂在一起，就使废料的再生循环利用变得非常困难。因此，从提高金属材料的再生循环性能出发，金属制品的全部零部件由单一合金系来制造最为理想。而且，合金系中组元越少，合金的再生循环性能就越好，因此，近年来就出现了超级通用合金和简单合金的概念。

所谓超级通用合金就是使用合金元素种类最少，且能满足各种用途要求的标准合金系。这种合金系能够满足对材料的通用特性要求，如耐热性、耐蚀性和高强度等性能的要求。合金在具体用途中的性能要求则可以通过调整合金成分配比来达到。同时，在再生循环过程中，希望材料的成分变化（如混入杂质）对材料性能的影响要小，即合金具有良好的成分变化兼容性。超级通用合金一般希望是固溶体合金，因为固溶强化与合金组元浓度间的变化关系平缓而连续。因此，在再生循环过程中，混入杂质和成分变动等因素对合金性能的影响较小，而相变强化的合金则受化学成分变化的影响大，再生循环后较难以保证材料性能的稳定性。目前，由有限数量的组元构成，且可通过改变成分配比在大范围内改变性能的合金钢系主要有以下两种：

1）Cr-Mo系合金钢　在对Cr-Mo钢的高温蠕变强度及其影响因素进行研究时，发现高温蠕变强度主要和铁素体基体中的置换溶质元素铬、钼的固溶量成正比，与碳的固溶度成反比，即置换元素固溶强化作用是影响Cr-Mo钢断裂寿命的主要因素。而碳化物的沉淀强化作用与置换元素的固溶强化作用相比，对整个断裂寿命的影响很小。因此，可以通过优化合金成分，在保证合金元素在基体中必需的固溶量的前提下，应尽可能减少合金元素的总加入量。这种合金成分设计方法既保证了耐热钢的持久蠕变强度，又节约了合金元素，减小了合金生产过程中的环境负荷。

2）Cr-Ni系合金钢。通过改变Fe、Cr和Ni元素的相对含量，可以生产出从铁素体不锈钢到奥氏体不锈钢及其双相不锈钢等一系列钢种，其组织和性能可以在很大范围内发生变化。

尽管各种Fe-Cr-Ni钢目前应用很多，其研究开发也有很大进展，但是，其它非铁金属材料，特别是钛合金，由于其优异的性能，将是21世纪大力发展的通用标准化金属材料之一。

1.5.2 基于多主元合金概念的高熵合金化

20世纪末，传统合金已经接近成熟及饱和状态，传统的合金化概念已很难再创造新的合金系统，或者说在旧的合金系统中创造出新的合金。但是，纳米高熵合金概念可产生许多合金系统，产生许多有趣的特性。

所谓多元（纳米）高熵合金就是多种元素的合金，其中每个主要元素皆具有高的原子百分比。有人定义高熵合金的主要元素数目大于等于5，但其原子百分比都不超过35%，原子排列趋于无序化，混合熵值很高。也就是说，高熵合金不像传统合金那样，含有一个50%以上的主要元素。它可能既不属于传统的固溶体合金，也不属于化合物合金。高熵合金凝固后其多组元倾向于混乱排列，进而形成简单面心立方、体心立方或者非晶合金。

传统合金的经验容易使人误认为多个主元素合金将产生多种金属间化合物，不但难以分析而且材质变脆，缺乏应用性。然而，通过研究发现，这种经验不适用于高熵合金。因为金属元素多时，高熵效应反而会促进元素间的混合，形成体心立方结构BCC或面心立方结构FCC或非晶结构，而不倾向于形成脆性的金属间化合物。

这种新型合金的首创者是我国台湾学者叶均蔚先生。1995年叶均蔚突破材料设计的传统观念，提出了新的合金设计理念，制备“多主元高熵合金（Multi-element High-entropy Alloys）”，或称为“多元高乱度合金”，研究发现高熵合金体系倾向于形成固溶体，不易出现金属间化合物，具有简单的微观结构与优良的综合性能。这个研究发现前所未有。高熵合金是创新合金，是一种可合成、可加工、可分析、可应用的新合金，具有很大的学术研究意义和工业应用前景。

1.6 钢的分类和编号

1.6.1 钢的分类

对钢进行分类是为了满足各方面的要求。按照不同的目的，分类原则是互不相同的。例如，按用途分类可满足使用者的要求；按金相组织和化学成分分类可便于检验和研究工作；按冶金方法分类有利于钢铁企业的管理；等等。当然，各种分类方法之间是有重复的。

目前，国际上比较通用的分类方法有两种：①按化学成分分类（GB/T 13304.1—2008，ISO 4948—1）；②按主要质量等级和主要性能或使用特性分类（GB/T 13304.2—2008，ISO 4948—2）。

1. 按用途分类

（1）结构钢　结构钢主要用于承受负荷的结构件。根据其使用的地点场合又可分为以下两类：

1）工程构件用钢。用于建筑、桥梁、钢轨、车辆、船舶、电站、石油、化工等大型钢结构件或容器，其体积较大，一般需要进行焊接，通常不进行热处理。但对于特殊要求的结构钢，一般是在钢厂内进行正火或调质热处理。一些要求可靠性高的焊接构件，焊后在现场进行整体或局部去应力退火。这类钢材很大一部分是以钢板和各类型钢供货，其使用量很大，多采用碳素结构钢、低合金高强度钢和微合金钢。

2）机器零件用钢。用于制造各种机器零件，如各种轴、盘、杆类零件，齿轮、轴承、弹簧等。这类钢材需经过机械加工或其它形式的加工后使用，一般要通过热处理进行强韧化以充分发挥钢材的潜力。需要指出的是，结构钢也有按其使用的部门行业来分类的，例如造船用钢、飞机用钢、汽车用钢、石油用钢、汽轮机用钢、农机用钢、矿用钢等。当然，这种分类反映了各个使用部门、行业对结构材料要求的特点，但同时也造成了钢种的重复分类；而且，过细的分类也不利于各个部门行业的交流与沟通，限制了某些性能优异的钢种的推广和应用。

（2）工具钢　按不同的使用目的和性质，工具钢又可分为刃具钢、量具钢、冷作模具钢、热作模具钢、耐冲击工具用钢等。

（3）特殊性能钢　特殊性能钢是指除了要求力学性能之外，还要求具有其它一些特殊性能的钢，如不锈耐酸钢、耐热钢（包括抗氧化钢和热强钢）、耐磨钢、低温用钢、无磁钢等。

2. 按金相组织分类

（1）按平衡组织分类　按平衡组织可以分为亚共析钢（铁素体＋珠光体）、共析钢（珠光体）、过共析钢（珠光体＋渗碳体）和莱氏体钢（珠光体＋渗碳体）。

（2）按正火组织分类　按正火组织可以分为珠光体钢、贝氏体钢、马氏体钢、奥氏体钢。但应注意，这种分类方法与钢材尺寸有关，因而是有条件的。通常是以 ϕ25mm 直径的圆钢，奥氏体化后在静止空气中冷却所得到的组织为准。这是因为正火空冷的冷却速度随钢材尺寸的不同会改变。

（3）按加热冷却时是否发生相变分类　按相变组织可以分为铁素体钢、奥氏体钢、半铁素体或半马氏体的复相钢。

3. 按化学成分分类

（1）碳素钢　碳素钢按碳含量又可分为低碳钢（$w_C<0.25\%$）、中碳钢（$w_C=0.25\%\sim0.60\%$）、高碳钢（$w_C>0.6\%$）和超高碳钢（$w_C>1.0\%$）等。

（2）合金钢　按合金元素含量可分为低合金钢（$w_{Me}\leqslant5\%$）、高合金钢（$w_{Me}>10\%$）和中合金钢（$w_{Me}=5\%\sim10\%$）；按主要合金元素的名称可分为铬钢、锰钢、铬镍钢、铬锰硅钢等。

（3）按冶金质量分类　主要以杂质元素 S、P 的限制含量来划分，见表 1-17。

表 1-17　不同质量钢中杂质元素 S、P 的限制含量（质量分数，%）

种类	S（不大于）			P（不大于）		
	优质钢	高级优质钢	特级优质钢	优质钢	高级优质钢	特级优质钢
碳素结构钢	0.035	0.030	0.020	0.035	0.030	0.025
合金结构钢	0.035	0.025	0.015	0.035	0.025	0.025

需要说明的是，上述钢分类中有关碳含量或合金元素的含量界限并不是绝对的，根据实际应用会有适当的变化。例如，实际使用中由于各类中合金钢和高合金钢又包括特殊性能钢，如不锈钢、工具钢、耐热钢等，而合金钢中又可以以主要合金元素命名，如铬钢、铬镍钢、锰钢、硅锰钢等，因此，在诸多文献中将中合金钢和高合金钢统称为合金钢。此外，Ti、Zr、Nb、V、B、RE（稀土）等元素当其质量分数小于 0.1% 时，就能显著影响钢的组织和性能，因此，这类钢又被称为微合金化钢。

4. 按冶炼方法分类

根据冶炼方法和设备的不同，钢材可以分为转炉钢、电炉钢（包括电弧炉钢、感应炉钢）、真空感应炉钢、电渣炉钢等，平炉炼钢已趋淘汰。

根据钢液的脱氧程度不同，碳素钢又分为沸腾钢、镇静钢、半镇静钢，合金钢一般都是镇静钢。

除了上述分类方法之外，还可按工艺特点分为铸钢、渗碳钢、易切削钢、调质钢等。这些分类方法在实际工作中都能遇到，而且经常是几种分类方法重叠使用。

另外，在讲到具体钢的牌号时，有时还要涉及钢的成形方法和外形。按成形方法可分为锻钢、铸钢、热轧钢和冷拉钢四大类；按外形可分为型材、板材、管材和金属制品四大类。

图 1-40 所示为钢按化学成分和显微组织的分类图。该图将按成分或用途进行的分类与按组织的分类对应起来。可见，成分和组织两种分类方法有一定的对应关系，如低碳钢对应于铁素体组织，耐磨钢对应于奥氏体组织，而不锈钢对应于铁素体（F）、奥氏体（A）、马

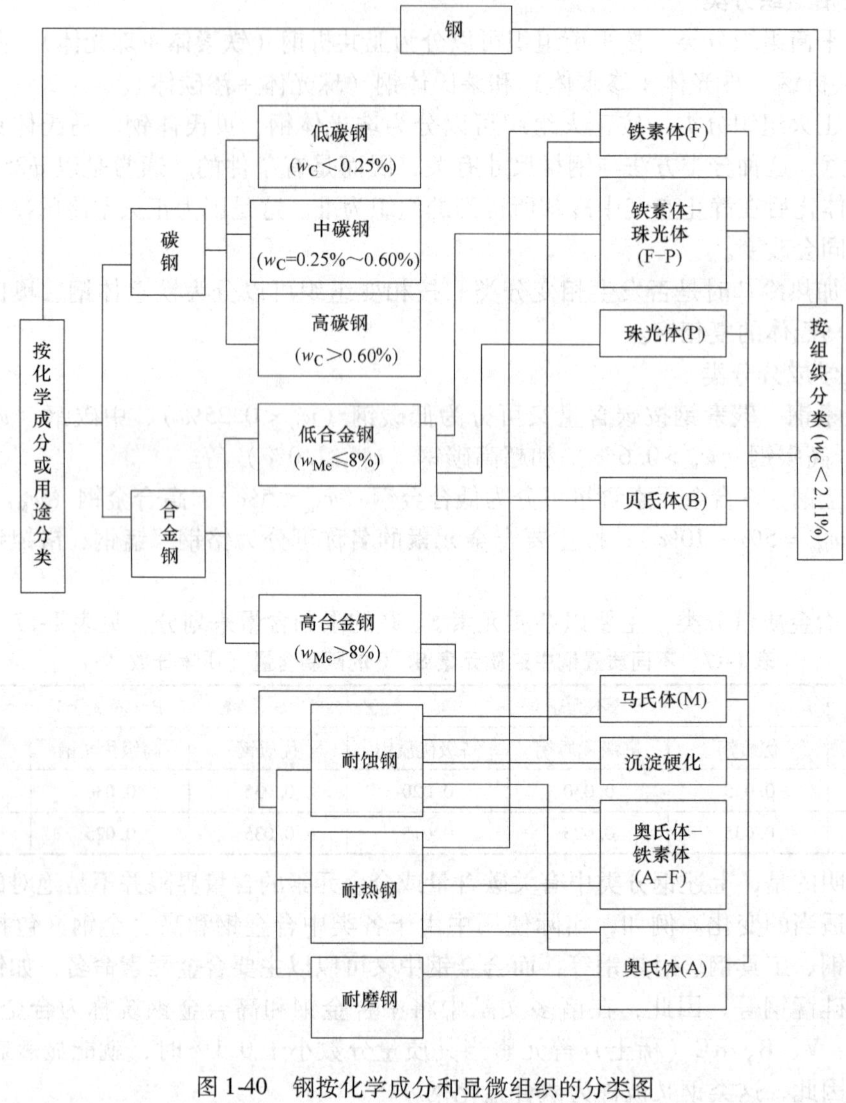

图 1-40　钢按化学成分和显微组织的分类图

氏体（M）、双相（A-F）和沉淀硬化不锈钢等。

1.6.2 钢的编号方法

钢材的种类繁多，需要进行编号予以标识。目前，世界各国的编号方法大体上有两种：一种是用数字与元素化学符号（或代号）混合编号，中国、俄罗斯、德国等采用此种方法；一种是按数字编排，美国、日本、英国等国家采用。为了与国际标准接轨，我国制定了数字编排的 GB/T 17616—1998《钢铁及合金牌号统一数字代号体系》，与现行的 GB/T 221—2008《钢铁产品牌号表示方法》等同时并用，两者均有效。

1. 我国钢材编号的基本方法

我国现行的钢铁材料表示方法，是按国家标准（GB/T 221—2008）规定，采用数字、化学元素符号和作为代号的汉语拼音字母相结合的编排方法。钢铁产品的名称和表示符号见表 1-18。

表 1-18　钢铁产品的名称和表示符号

名称	汉字	符号	名称	汉字	符号	名称	汉字	符号
炼钢用生铁	炼	L	电磁纯铁	电铁	DT	轧辊用铸钢	轧辊	ZU
铸造用生铁	铸	Z	电工用冷轧取向高磁感硅钢	取高	QG	桥梁钢	桥	Q
球墨铸铁用生铁	球	Q	（电讯用）取向高磁感硅钢	电高	DG	锅炉钢	锅	G
脱碳低磷粒铁	脱粒	TL	碳素工具钢	碳	T	焊接气瓶用钢	焊瓶	HP
含钒生铁	钒	F	塑料模具钢	塑模	SM	车辆大梁用钢	梁	L
耐磨生铁	耐磨	NM	滚珠轴承钢	滚	G	机车车轴用钢	机轴	JZ
碳素结构钢	屈	Q	焊接用钢	焊	H	管线用钢	管线	L
低合金高强度钢	屈	Q	钢轨钢	轨	U	沸腾钢	沸	F
耐候钢	耐候	NH	冷镦钢	铆螺	ML	半镇静钢	半	b
保证淬透性钢	淬透性	H	锚链钢	锚	M	灰铸铁	灰铁	HT
易切削非调质钢	易非	YF	地质钻探钢管用钢	地质	DZ	球墨铸铁	球铁	QT
热锻用非调质钢	非	F	矿用钢	矿	K	可锻铸铁	可锻	KT
易切削钢	易	Y	船用钢	船	国际符号	耐热铸铁	热铁	RT
电工热轧硅钢	电热	DR	多层压力容器用钢	高层	Gc	高级	高	A
电工用冷轧无取向硅钢	无	W	锅炉与压力容器用钢	容	R	特级	特	E

（1）碳素结构钢和低合金结构钢　这类钢分为通用钢和专用钢两类。

通用结构钢的表示方法，是由屈服强度的第一个字母 Q、屈服强度数值、质量等级、脱氧方法符号四个部分按顺序组成，其中质量等级有 A、B、C、D 四个等级。例如，碳素结构钢 Q235AF，表示屈服强度不低于 235MPa 的 A 级沸腾钢。低合金高强度结构钢 Q345C、Q345D 分别表示屈服强度不低于 345MPa 的 C 级和 D 级镇静钢。

专用结构钢一般采用通用结构钢牌号加表 1-18 中的产品用途符号表示。例如，压力容器用钢 Q345R；焊接气瓶用钢 Q295HP；锅炉用钢 Q390G；桥梁用钢 Q420Q 等。

（2）优质碳素结构钢　优质碳素结构钢的牌号用两位数字表示，为以平均万分数表示的碳的质量分数。例如，10 钢、20 钢、45 钢分别表示平均 $w_C=0.10\%$、0.20%、0.45% 的优质碳素钢；平均 $w_C=0.08\%$ 的沸腾钢表示为 08F。$w_{Mn}=0.70\%\sim1.20\%$ 的优质碳素钢应将锰元素标出，如 30Mn 表示平均 $w_C=0.30\%$、$w_{Mn}=0.70\%\sim1.20\%$ 的钢。

沸腾钢和半镇静钢在牌号尾部分别加以符号“F”和“b”；镇静钢一般不标符号。高级优质碳素结构钢在其牌号尾部加“A”；特优钢在牌号后加“E”。专用钢在其符号尾部加用途符号，与碳素结构钢相同。

（3）碳素工具钢　碳素工具钢以符号 T（碳）标识，其后为以名义千分数表示的碳的质量分数；含锰量较高的碳素工具钢应将锰元素标出；高级优质钢末尾加“A”。例如，T8Mn 表示平均 $w_C=0.80\%$、$w_{Mn}=0.40\%\sim0.60\%$ 的碳素工具钢。

（4）合金结构钢　合金结构钢按含碳量、合金元素化学符号及含量的顺序表示。含碳量为以平均万分数表示的碳的质量分数表示，合金元素以平均质量分数表示。若合金元素的平均质量分数小于 1.5% 时，仅标明元素符号而不注明含量；若合金元素质量分数等于或大于 1.5%、2.5%、3.5%…时，则相应地以 2、3、4…表示。例如，45Mn2 表示平均 $w_C=0.45\%$，$w_{Mn}=1.40\%\sim1.80\%$ 的合金结构钢。40Cr 表示平均 $w_C=0.40\%$，$w_{Cr}=0.80\%\sim1.10\%$ 的合金结构钢；若为含硫、磷量较低（w_S、$w_P\leqslant0.025\%$）的高级优质钢，则在牌号后面加符号“A”，如 12CrNi3A 等。

另外，对有些合金结构钢，为表示其用途，在牌号前面再附以字母。如滚动轴承钢在牌号前面加“滚”字的汉语拼音字首“G”，后面的数字表示铬的含量，以平均千分数表示的质量分数表示，如 GCr9、GCr15 等。

需要说明的是，加入 Mo、V、Ti、Nb、B、N、RE 等合金元素时，虽然其质量分数远小于 1%，但仍应在钢号中标明此合金元素。例如，20MnVB 表示 $w_C=0.20\%$，$w_{Mn}=1.0\%\sim1.3\%$，$w_V=0.07\%\sim0.22\%$，$w_B=0.001\%\sim0.005\%$ 的合金结构钢。

有些合金元素如 Mn、Si、Cr、Ni 等，虽然在钢中的质量分数也小于 1%，但它们不是作为主要合金元素加入的，通常将其看做是钢中的残留元素，这些元素在牌号中不予标出。

（5）合金工具钢。合金工具钢的含碳量是以名义千分数表示的碳的质量分数表示的，这与合金结构钢是有区别的，而且当钢中的 $w_C>1.0\%$ 时，不再标出含碳量，高速钢平均 $w_C<1.0\%$ 时也不标出；其合金元素的表示方法与合金结构钢相同。例如，5CrNiMo 钢的 $w_C=0.5\%\sim0.6\%$，Cr12MoV 钢的 $w_C=1.2\%\sim1.4\%$；9SiCr 表示平均 $w_C=0.9\%$，平均 w_{Si}、$w_{Cr}<1.5\%$ 的低合金工具钢；高速钢 W18Cr4V 表示平均 $w_C=1\%$、$w_W=18\%$、$w_{Cr}=4\%$、$w_V=1\%$。

（6）特殊性能钢　特殊性能钢与合金工具钢的表示方法基本相同。牌号前面的数字表示以名义万分数表示的碳的质量分数，如 95Cr18 表示 $w_C=0.90\%\sim1.00\%$；但 $w_C\leqslant0.08\%$ 者，在牌号前加“0”，如 022Cr12、06Cr13Al 等；022Cr12 表示 $w_C=0.03\%$，$w_{Cr}=11\%\sim13.5\%$ 的不锈钢，06Cr13Al 表示 $w_C=0.08\%$，$w_{Cr}=11.5\%\sim14.5\%$，$w_{Al}=0.1\%\sim0.3\%$ 的不锈钢。

钢中主要合金元素的含量以质量分数表示。例如，12Cr18Ni9 表示 $w_C=0.15\%$，$w_{Cr}=$

17.00% ~19.00%，w_{Ni} =8.00% ~10.00%的不锈钢。

2. 我国钢铁牌号统一数字代号体系 ISC（GB/T 17616—1998）

现有牌号的表示方法存在不少弊端。例如，体系复杂，许多钢铁牌号表示冗长，不利于现代化企业管理。因此，在参考对比许多国家材料数字牌号体系的基础上，我国于 1998 年正式发布了《钢铁及合金牌号统一数字代号体系》国家标准（GB/T 17616—1998），简称 ISC（Iron and Steel Code）。标准规定，凡列入国家标准和行业标准的钢铁及合金产品应同时标明产品牌号和统一数字代号，并相互对照，并列使用，同时有效。

统一数字代号采用单个大写拉丁字母作前缀，后面跟有五个阿拉伯数字。第一位数字表示钢铁材料及产品的分类，第二 ~ 五位数字表示不同分类内的编组和同一编组内区别不同牌号的顺序号。对于任何材料产品都规定统一的固定位数，每一个统一数字代号只能适用于一个产品牌号。钢铁及合金类型与统一数字代号见表 1-19。

表 1-19　钢铁及合金类型与统一数字代号

钢铁及合金类型	英文名称	前缀字母	统一数字代号
合金结构钢	Alloy Structure Steel	A	A×××××
轴承钢	Bearing Steel	B	B×××××
铸铁、铸钢及铸造合金	Cast Iron, Cast Steel and Cast Alloy	C	C×××××
电工用钢和纯铁	Electric Steel and Iron	E	E×××××
铁合金和生铁	Ferro Alloy and Pig Iron	F	F×××××
高温合金和耐蚀合金	Heat Resisiting and Corrosion Resisiting Alloy	H	H×××××
精密合金及其它特殊物理性能材料	Precision Alloy and Other Special Physical Character Materials	J	J×××××
低合金钢	Low Alloy Steel	L	L×××××
杂类材料	Miscellaneous Materials	M	M×××××
粉末及粉末材料	Powders and Powder Materials	P	P×××××
快淬金属及合金	Quick Quence Matels and Alloys	Q	Q×××××
不锈、耐蚀和耐热钢	Stainless, Corrosion Resisting and Heat Resisting Steel	S	S×××××
工具钢	Tool Steel	T	T×××××
非合金钢	Unalloy Steel	U	U×××××
焊接用钢及合金	Steel and Alloy for Welding	W	W×××××

合金结构钢编组与统一数字代号见表 1-20。第一位数字表示合金类别号；第二位数字表示同一类别编组中的不同编号；第三位、第四位数字表示含碳量特性值，与合金结构钢牌号表示含碳量的数值基本一致；第五位数字表示不同质量等级或特性，“0”为优质钢，“3”为高级优质钢。例如，合金结构钢 30CrMnSiA，其统一数字代号为 A24303。

对于轴承钢统一数字代号，字母 B 后面的第一位数字代表轴承钢编组，如高碳轴承钢 B0××××；渗碳轴承钢 B1××××；高温、不锈轴承钢 B2××××。字母 B 后面的第二位数字代表同一编组中的不同编号，第三位、第四位数字表示合金元素质量分数，第五位数字表示区别不同牌号的顺序号。例如，高碳轴承钢 GCr15，其统一数字代号为 B00150。而 B3××××和B4××××组的第五位数字含义，将根据牌号具体情况而确定。

表 1-20 合金结构钢编组与统一数字

统一数字代号	合金结构钢(包括合金弹簧钢)编组
A0××××	Mn(X)，MnMo(X)系钢
A1××××	SiMn(X)，SiMnMo(X)系钢
A2××××	Cr(X)，CrSi(X)，CrMn(X)，CrMnSi(X)，CrV(X)系钢
A3××××	CrMo(X)，CrMoV(X)系钢
A4××××	CrNi(X)系钢
A5××××	CrNiMo(X)，CrNiW(X)系钢
A6××××	Ni(X)，NiMo(X)，NiCoMo(X)，Mo(X)，MoWV(X)系钢
A7××××	B(X)，MnB(X)，SiMnB(X)系钢
A8××××	(暂空)
A9××××	其它合金结构钢

工具钢的统一数字代号为 T×××××，其编组与统一数字代号见表 1-21。T 后面的第一位数字代表工具钢的编组，如 T0××××为一般碳素工具钢；第二位数字表示同一编组中的不同编号，如 T01×××为含锰碳素工具钢；第三位、第四位数字表示以千分数表示的碳的质量分数；第五位数字表示不同质量或特性，“0”为优质钢，“3”为高级优质钢。如 T8MnA，其统一数字代号为 T01083。

表 1-21 工具钢编组与统一数字代号

统一数字代号	工具钢编组	统一数字代号	工具钢编组
T0××××	碳素工具钢（包括一般非合金工具钢，含锰碳素工具钢）	T5××××	高速工具钢（包括 W 系高速钢）
T1××××	非合金工具钢（包括非合金塑料模具钢，非合金钎具钢）	T6××××	高速工具钢（包括 W－Mo 系高速钢）
T2××××	合金工具钢（包括冷、热模具钢，合金塑料模具钢，无磁模具钢）	T7××××	高速工具钢（包括含 Co 高速钢）
T3××××	合金工具钢（包括量具刃具钢）	T8××××	（暂空）
T4××××	合金工具钢（包括耐冲击工具钢、合金钎具钢）	T9××××	（暂空）

T1××××为专用非合金工具钢，其中 T10×××为非合金塑料模具钢，第三位、第四位数字表示以平均万分数表示的碳的质量分数；T11×××为非合金钎具钢，第三位、第四位数字表示以平均千分数表示的碳的质量分数。在 T2××××组至 T4××××组中，第二位数字表示分类编组号，第三～五位数字表示合金元素质量分数或顺序号。T5××××组为 W-Cr-V 系钢，第二～五位数字按 W-Cr-V 元素以其含量由低到高排序。W18Cr4V 高速钢的统一数字代号为 T51841。T6××××组为 W-Mo 系高速钢，第二～五位数字按 W-Mo-Cr-V 元素以其含量由低到高排序。如 W6Mo5Cr4V2 钢，其统一数字代号为 T66542。T7××××组为含 Co 系高速钢，第二～五位数字按 W-Cr-Co 元素以其含量由低到高排序，如

W12Cr4V5Co5，其统一数字代号为 T71245。在 W-Mo-Cr-V-Co 系高速钢中，第二～五位数字按 W-Mo-Cr-V-Co 元素以其含量由低到高排序。如 W6Mo5Cr4V2Co5，其统一数字代号为 T76545。

1.6.3 常见国外牌号标准

1. 美国牌号的 AISI-SAE 标准

美国钢铁学会（AISI）和美国汽车工程师学会（SAE）共同制定了钢铁材料的分类标准，以四个（或五个）数字为记号来分类，见表 1-22。

1）第一位数字为钢的种类，如：1 为碳素钢，2 为镍钢，3 为镍铬钢，4 为钼钢，5 为铬钢，6 为铬钒钢，8 为镍铬钼钢，9 为硅锰钢。

2）第二位数字为主要合金元素含量的百分数：①碳素钢：0 表示无其它合金元素的普通碳钢，1 表示易切削钢，3 表示锰钢；②钼钢：1 表示铬钼钢，3 和 7 表示镍铬钼钢，6 和 8 表示镍钼钢，0、4、5 表示含钼量不同的钼钢；③镍和镍铬钢：用质量分数表示平均含镍量；④铬钢：0 表示铬含量较低，1 表示铬含量较高；⑤低镍铬钢：6、7、8、1 表示镍和铬含量一定，钼含量不同（6 表示 $w_{Mo}=0.15\%\sim0.25\%$，7 表示 $w_{Mo}=0.2\%\sim0.3\%$，8 表示 $w_{Mo}=0.3\%\sim0.4\%$，1 表示 $w_{Mo}=0.08\sim0.15$）。

3）第三、四位数字（或第三、四、五位数字）代表钢以平均万分数表示的碳的质量分数数值，如：SAE1045 是指 $w_C=0.45\%$ 的碳钢；SAE4140 是指 $w_C=0.40\%$ 的铬钼钢。

此外，有些牌号加前置字母 M 或 MT：M 为机械级，MT 为机械用管材；有些中间插入 B 或 L：B 为含硼钢，L 为含铅钢；有些末尾加 H，表示对淬透性有一定要求的钢种。

表 1-22 AISI-SAE 钢铁材料的编号

钢 种	编号	钢 种	编号
碳钢	1×× ×	钼钢	4×× ×
普通碳钢	10××	$w_{Mo}=0.20\%\sim0.25\%$	40××
易切削钢（加硫）	11××	Cr-Mo	41××
锰钢	13××	Ni-Cr-Mo	43××
镍钢	2×× ×	铬钢	5×× ×
$w_{Ni}=0.50\%$	20××	$w_{Cr}=1.0\%$	51××
$w_{Ni}=1.50\%$	21××	$w_{Cr}=1.5\%$	52××
$w_{Ni}=3.50\%$	23××	铬钒钢	6×× ×
镍铬钢	3×× ×	钨钢	7×× ×
$w_{Ni}=1.25\%$，$w_{Cr}=0.65\%\sim0.80\%$	31××	镍铬钼	8×× ×
$w_{Ni}=1.75\%$，$w_{Cr}=1.07\%$	32××	硅锰钢	9×× ×
$w_{Ni}=3.50\%$，$w_{Cr}=1.50\%\sim1.57\%$	33××	含硼钢	××B××
$w_{Ni}=3.0\%$，$w_{Cr}=0.77\%$	34××	钒钢	××V××

2. 日本牌号的 JIS 标准

日本钢铁产品编号采用日本工业标准（简称 JIS 标准），分为铁和钢两大类。铁又分为生铁、铁合金、铸铁；钢又分为普通钢、特殊钢、铸锻钢。普通钢又分为薄板、厚板、条钢、钢管、线材、钢丝；特殊钢又分为结构钢、工具钢、特殊用途钢。

JIS 标准牌号由三部分组成：

第一部分表示材料类别，S 为钢，F 为铁，M 为磁性材料或纯金属。

第二部分表示用途、钢材种类、铸锻件制品等，但结构钢与此不同。K 为工具，W 为线材、钢丝（wire），F 为锻件（forging），U 为特殊用途（use），T 为钢管（tube），S 为普通结构用轧材，P 为薄板（plant），C 为铸件（casting）。

第三部分一般为数字，表示顺序编号或强度的下限值。

后缀在牌号主体之后，表示钢材形状、制造方法、热处理状态等。

本章小结

金属材料包括钢铁材料和非铁金属材料。金属材料是以钢铁材料为代表，而钢铁材料又是以合金钢为代表。

合金钢是在碳钢的基础上，特意添加某些合金元素，控制杂质和有害元素，通过一定的生产和加工技术得到所要求的组织与性能的钢。在长期的研究发展过程中形成了钢的合金化理论。

钢的合金化理论就是研究合金元素与钢中铁、碳的交互作用规律，包括合金元素对铁碳相图及对钢的热处理的影响、合金元素对组织结构和性能的影响规律，从而获得成分-组织-性能间的定性或定量关系，为钢铁材料的成分设计、工艺优化和合理选用奠定基础。

钢中的元素分为合金元素和杂质元素。合金元素是指特意添加到钢中以保证获得所要求的组织结构和性能的化学元素；杂质元素是指由冶炼时所用原材料以及冶炼方法和工艺操作等带入钢中的化学元素。钢中最常用的合金元素有 C、Mn、Si、Ni、Cr、Mo、V、Nb、Cu、Al、Ti、W、Co 和 RE；钢中的杂质元素包括 Si、Mn、Al、N、H、O、S、P 以及 Cu、Pb、Sn 等。钢中的杂质元素特别是 S、P 等，往往是有害的，其含量要严格控制。

钢中的合金元素对 α-Fe、γ-Fe 和 δ-Fe 的相对稳定性以及同素异构转变温度 A_3 和 A_4 均有极大的影响。Mn、Ni、Co、C、N、Cu 等元素使 A_3 温度下降，A_4 温度上升，扩大 γ 相区；Cr、V、Ti、Mo、W、Al、P、Sn、Sb、As 等元素使 A_4 温度下降，A_3 温度上升，缩小 γ 相区。合金元素加入钢中，原子尺寸较大的可与铁（α-Fe 或 γ-Fe）形成置换固溶体；而原子尺寸比铁小得多的元素如 C、N、B 等可与铁形成间隙固溶体。钢中的合金元素除了可以和铁形成固溶体外，还可以和钢中的碳相互作用，形成各种各样的碳化物。合金元素之间以及合金元素与铁之间产生相互作用，可形成各种金属间化合物。

合金元素对钢的热处理的影响主要表现在对钢加热、冷却和回火过程中相变及组织的影响。合金元素对钢加热过程的影响包括奥氏体的形核与长大、碳化物的溶解、奥氏体成分均匀化。除了 Co 外，几乎所有合金元素都增大过冷奥氏体的稳定性，推迟奥氏体向珠光体组织的转变，使“C 曲线”右移，即提高钢的淬透性。合金元素对钢回火过程的影响主要表现在对钢的耐回火性、二次硬化与二次淬火以及回火脆性的影响。

合金元素对钢的工艺性能也会产生重要影响，钢的工艺性能包括热处理性能、焊接性能、切削性能、铸造性能以及塑性加工性能等。

合金钢中除了有意添加的合金元素以外，还有一种以微量带入或加入钢中的合金元素，即所谓微量合金元素。微量元素在钢中虽然含量极少，但对钢的质量和性能却有很大的影响。

本章对钢中的合金元素及其作用的共性进行了分类阐述，现将钢中的合金元素及其作用汇总于表1-23中。

表1-23 常用合金元素在钢中的主要作用

元素名称	对组织的影响	对性能的影响
碳（C）	扩大γ相区，但不无限固溶。在1424℃及727℃时，在α-Fe及γ-Fe中的最大溶解度分别为0.0218%及2.11%	钢中的主要元素，可产生固溶强化和硬化，增加淬透性，溶于铁中形成铁素体和奥氏体，与铁形成渗碳体
铝（Al）	缩小γ相区，形成γ相圈；在α-Fe及γ-Fe中的最大溶解度分别为36%及0.6%；不形成碳化物，但与氮及氧亲和力极强	主要用来脱氧和细化晶粒。在渗氮钢中促使形成坚硬耐蚀的渗氮层。含量高时可使钢具有高温抗氧化性，并能耐氧化性介质及H_2S气体的腐蚀。固溶强化作用大。有促使石墨化的倾向
砷（As）	缩小γ相区，形成γ相圈；作用与磷相似；在钢中偏析严重	w_{As}≤0.20%时，对钢的一般力学性能影响不大，但增加回火脆性的敏感性
硼（B）	缩小γ相区，但因形成Fe_2B，不形成γ相圈；在α-Fe及γ-Fe中的最大溶解度分别为不大于0.008%及0.02%	微量硼在晶界上阻抑铁索体晶核的形成，从而延长奥氏体转变孕育期，提高淬透性。但随着钢中碳含量增加，此种作用逐渐减弱，以至完全消失
钴（Co）	无限固溶于γ-Fe中，在α-Fe中的溶解度为76%；非碳化物形成元素	有固溶强化作用，赋予钢热硬性，改善钢的高温性能和抗氧化及耐腐蚀的能力。它是超硬高速钢及高温合金的重要合金化元素。提高钢的*Ms*点，降低淬透性
铬（Cr）	缩小γ相区，形成γ相圈；在α-Fe中无限固溶，在γ-Fe中的最大溶解度为12.5%；中等碳化物形成元素，随着含量增加，可形成（Fe，Cr）$_3$C、（Fe，Cr）$_7$C$_3$及（Fe，Cr）$_{23}$C$_6$等碳化物	增加钢的淬透性并有二次硬化作用，提高高碳钢的耐磨性。w_{Cr}>12%时，使钢具有良好的高温抗氧化性和耐氧化性介质腐蚀的作用，并增加钢的热强性。不锈耐酸钢及耐热钢的主要合金化元素，含量高时，易发生σ相和475℃脆性。溶于渗碳体中的铬能提高碳化物的热稳定性，阻止碳化物分解，抑制石墨化
铜（Cu）	扩大γ相区，但不无限固溶。在α-Fe及γ-Fe中的最大溶解度分别为2%及8.5%。在724℃及700℃时，在α-Fe中的溶解度剧降至0.68%及0.52%	当w_{Cu}>0.75%时，经固溶处理和时效后，可产生时效强化作用。含量低时，其作用与Ni相似，但较弱；含量较高时，对热变形加工不利，如w_{Cu}>0.30%，在氧化性气氛中加热，热变形时易导致铜脆现象。在低碳低合金钢中，特别是与磷共存时，可提高钢的耐大气腐蚀性能。w_{Cu}=2%~3%的奥氏体不锈钢，可提高其对硫酸、磷酸和盐酸的耐腐蚀性及对应力腐蚀的稳定性
氢（H）	扩大γ相区，在奥氏体中的溶解度远大于在铁素体中的溶解度；在铁素体中的溶解度随温度降低而剧减	使钢易产生白点等不允许有的缺陷，可导致氢脆，也是导致焊缝热影响区发生冷裂（延迟裂纹）的重要因素
锰（Mn）	扩大γ相区，形成无限固溶体。对铁素体和奥氏体均有较强的固溶强化作用。弱碳化物形成元素，可进入渗碳体代替部分铁原子，形成合金渗碳体	与硫形成熔点较高的MnS，可防止因FeS而导致的热脆现象。为低合金钢的重要合金化元素之一，并为无镍及少镍奥氏体钢的主要奥氏体化元素。强烈提高钢的淬透性，能提高钢的耐磨性；但有促进晶粒粗化和回火脆性的不利倾向，且对过热敏感

（续）

元素名称	对组织的影响	对性能的影响
钼（Mo）	缩小γ相区，形成γ相圈；在α-Fe及γ-Fe中的最大溶解度分别为4%及37.5%；属于强碳化物形成元素	阻抑奥氏体向珠光体转变的能力最强，从而提高钢的淬透性，并为贝氏体高强度钢的重要合金化元素之一。$w_{Mo}\approx$0.5%时，能降低或抑止其它合金元素导致的回火脆性。在较高的回火温度下形成弥散分布的特殊碳化物，有二次硬化作用。提高钢的热强性和蠕变强度；w_{Mo}=2%～3%时能增强耐蚀钢耐有机酸及还原性介质腐蚀的能力。有抑制回火脆性的作用
氮（N）	扩大γ相区，但由于形成氮化铁而不能无限固溶。在α-Fe及γ-Fe中的最大溶解度分别约为0.1%及2.8%。不形成碳化物，但形成金属氮化物，如TiN、VN、AlN等	有固溶强化和提高淬透性的作用，但都不太显著。由于氮化物在晶界上析出，可提高晶界高温强度，从而增加钢的蠕变强度。在奥氏体钢中，可取代一部分镍，与钢中其它元素化合，有沉淀硬化作用；对钢的耐蚀性能影响不显著，但在钢避免渗氮后，不仅增加其硬度和耐磨性，而且可显著改善其耐蚀性。在低碳钢中，残留氮会导致时效脆性
硫（S）	缩小γ相区，因有FeS形成，不能形成γ相圈；在铁中溶解度很小，主要以硫化物的形式存在（硫化物夹杂）	提高硫和锰的含量，可改善钢的切削性能。在钢中偏析严重，恶化钢的性能。如以低熔点的FeS形式存在时，导致钢的热脆现象发生。硫含量偏高时，焊接时由于SO_2的产生，将在焊接金属内形成气泡和疏松
硅（Si）	缩小γ相区，形成γ相圈；在α-Fe及γ-Fe中的溶解度分别为18.5%及2.15%；不形成碳化物	为常用的脱氧剂。对铁素体固溶强化的作用仅次于磷。提高钢的电阻率，降低磁滞损耗，对磁导率也有所改善，为硅钢片的主要合金化元素。提高钢的淬透性和耐回火性，对钢的综合力学性能特别是弹性极限有利，还可增强钢在自然条件下的耐蚀性，为弹簧钢和低合金高强度钢中常用的合金元素。含量较高时，对钢的焊接性不利，焊接时喷溅较严重，有损焊缝质量，并易导致冷脆；促进高、中碳钢的石墨化
钛（Ti）	缩小γ相区，形成γ相圈；在α-Fe及γ-Fe中的最大溶解度分别约为7%及0.75%；是最强的碳化物形成元素，与氮的亲和力也极强	固溶状态时，固溶强化作用极强，但同时降低固溶体的韧性。固溶于奥氏体中时提高钢淬透性的作用很强，但对于化合钛，其细微颗粒形成新相的晶核会促进奥氏体分解，降低钢的淬透性。提高钢的耐回火性，并有二次硬化作用。含量高时析出弥散分布的拉氏相$TiFe_2$，产生时效强化作用。提高耐热钢的抗氧化性和热强性。有防止和减轻不锈耐酸钢晶间和应力腐蚀的作用。由于细化晶粒和固定碳，对钢的焊接性有利
钒（V）	缩小γ相区，形成γ相圈；在α-Fe中无限固溶，在γ-Fe中的最大溶解度约为1.35%；强碳化物及氮化物形成元素	固溶于奥氏体中可提高钢的淬透性，但以化合物状态存在的钒，其细微颗粒形成新相的晶核，降低钢的淬透性。提高钢的耐回火性并有强烈的二次硬化作用。固溶于铁素体中有极强的固溶强化作用。有细化晶粒作用，对低温冲击韧性有利。碳化钒是金属碳化物中最硬、最耐磨的，可提高工具钢的使用寿命。通过细小碳化钒晶粒的弥散分布，可提高钢的蠕变和持久强度。钒、碳含量比大于5.7时，可防止或减轻介质对不锈耐酸钢的晶间腐蚀，并大大提高钢的耐高温、高压及氢腐蚀的能力。能细化晶粒，减缓合金元素的转移速度，但对钢的高温抗氧化性不利

（续）

元素名称	对组织的影响	对性能的影响
钨（W）	缩小γ相区，形成γ相圈；在α-Fe和γ-Fe中的最大溶解度分别为33%和3.2%；强碳化物形成元素	有二次硬化作用，赋予钢热硬性，增加耐磨性。对钢的淬透性、耐回火性、力学性能及热强性的影响均与钼相似，但按质量分数比较，其作用较钼为弱。对钢抗氧化性不利
锆（Zr）	缩小γ相区，形成γ相圈；在α-Fe和γ-Fe中的最大溶解度分别约为0.3%和0.7%；强碳化物及氮化物形成元素，其作用仅次于钛	在钢中的一些作用与Nb、Ti等元素相似。少量的锆有脱气、净化和细化晶粒的作用，对钢的低温韧性有利，并可消除时效现象，改善钢的冲压性能
铌（Nb）	缩小γ相区，因有拉氏相$NbFe_2$形成而不形成γ相圈；在α-Fe和γ-Fe中的最大溶解度分别约为1.8%和2.0%；强碳化物及氮化物形成元素	部分元素进入固溶体，固溶强化作用很强。固溶于奥氏体中，显著提高钢的淬透性；但以碳化物及氧化物微细颗粒形态存在时，细化晶粒并降低钢的淬透性。提高钢的耐回火性，并有二次硬化作用。微量铌可以在不影响钢的塑性或韧性的情况下，提高钢的强度。由于细化晶粒的作用，提高钢的冲击韧性并降低其脆性转变温度。当含量大于碳含量的8倍时，几乎可以固定钢种所有的碳，使钢具有很好的抗氢性能；在奥氏体钢中，可以防止氧化介质对钢的晶间腐蚀。由于固定钢中的碳和沉淀硬化作用，可以提高热强钢的高温性能，如蠕变强度等
镍（Ni）	扩大γ相区，形成无限固溶体；在α-Fe中的最大溶解度约为10%；不形成碳化物	固溶强化及提高淬透性的作用中等。细化铁素体晶粒，在强度相同的条件下，提高钢的塑性和韧性，特别是低温韧性。为主要奥氏体形成元素并改善钢的耐蚀性能。与铬、钼联合使用，提高钢的热强性和耐蚀性
氧（O）	缩小γ相区，因有氧化铁而不形成γ相圈；在α-Fe和γ-Fe中的最大溶解度分别约为0.03%和0.003%	固溶于钢中的数量极少，所以对钢性能的影响并不显著。超过溶解度部分以各种夹杂的形式存在，对钢的塑性及韧性不利，特别是对冲击韧度和脆性转变温度极为不利
磷（P）	缩小γ相区，形成γ相圈；在α-Fe和γ-Fe中的最大溶解度分别约为2.8%和0.25%；不形成碳化物，但含量高时易形成Fe_3P	固溶强化及冷作硬化作用极强；与铜联合使用时，能提高低合金高强度钢的耐大气腐蚀性能，但降低其冷冲压性能。与硫、锰联合使用时，可改善钢的切削性。在钢中偏析严重，增加钢的回火脆性及冷脆敏感性
铅（Pb）	基本上不溶于钢中	$w_{Pb}=0.20\%$左右并以极微小的颗粒存在时，能在不显著影响其它性能的前提下改善钢的切削性

本章主要名词

碳钢(carbon steel)
合金钢(alloy steel)
合金化(alloying)
微合金化(microalloying)
低合金钢(low-alloy steel)
中合金钢(medium alloy steel)
高合金钢(high-alloy steel)
双相钢(biphase steel)
非调质钢(non-quenched and tempered steel)
合金元素(alloy element)
杂质元素(tramp element)
痕迹元素（trace element)

固溶体(solid solution)

置换固溶体(substitutional solid solution)

间隙固溶体(interstitial solid solution)

化合物(compound)

碳化物(carbide)

金属间化合物(intermetallics)

奥氏体(austenite)

珠光体(pearlite)

铁素体(ferrite)

马氏体(martensite)

贝氏体(bainite)

回火脆性(temper embrittlement)

固溶强化(solution strengthening)

细晶强化(fine grained strengthening)

形变强化(deformation strengthening)

弥散强化(dispersion strengthening)

二次淬火(secondary quenching)

二次硬化(secondary hardening)

冷加工(cold working)

热加工(hot working)

淬透性(hardenability)

过热敏感性(overheat sensibility)

简单合金(simple alloy)

通用合金(universal alloy)

高熵合金(high-entropy alloy)

有序合金(ordered alloy)

习　题

1. 为什么说钢中的硫、磷杂质元素在一般情况下总是有害的？控制硫化物形态的方法有哪些？

2. 对工程应用来说，普通碳素钢的主要局限性有哪些？在什么情况下要用合金钢？

3. 什么是合金渗碳体？与渗碳体相比，性能如何？

4. 在铁碳相图中，$w_C = 0.77\%$ 的钢称为共析钢，如果在此钢中添加锰或铬，含碳量不变，那么这种 Fe-C-Mn 或 Fe -C -Cr 钢分别是亚共析钢还是过共析钢？为什么？

5. 试解释 40Cr13 钢已属于过共析钢；而 Cr12 钢中已经出现共晶组织，属于莱氏体钢。

6. 讨论合金钢加热时碳化物与氮化物的溶解规律和合金元素对奥氏体晶粒长大的影响，并分析其理论和实际意义。

7. 试解释含锰稍高的钢易过热；而含硅的钢淬火加热温度应稍高，且冷作硬化率较高，不利于冷变形加工。

8. 为什么 W、Mo、V 等元素对珠光体组织转变的作用大，而对贝氏体转变的影响不大？

9. 钢的强化机制有哪些？为什么一般钢的强化工艺都采用淬火回火？

10. 按照合金化的思路，简述如何改善钢的韧性。

11. 试以低碳马氏体型结构钢的开发为例，讨论合金化与强韧化综合运用的主要思路。

12. 试述钢在退火态、淬火态及淬火回火态下，不同合金元素的分布状况。

13. 合金元素钒在某些情况下能起到降低淬透性的作用，为什么？而对于 40Mn2 和 42Mn2V，后者的淬透性稍强，为什么？

14. 通常，发展高淬透性钢多采用“多元少量”的合金化原则，试说明超高强度钢 25Si2Mn2CrNiMoV 的合金化思路。

15. 合金元素对珠光体转变、贝氏体转变、马氏体转变影响的基本规律是什么？

16. 合金元素对淬火钢回火转变影响的基本规律及在生产实际中的应用是什么？

17. 能明显提高耐回火性的合金元素有哪些？提高钢的耐回火性有何作用？

18. 合金元素对第一、二类回火脆性的影响规律及其实际意义是什么？

19. 根据合金元素在钢中的作用，从淬透性、耐回火性、奥氏体晶粒长大倾向、回火脆性等方面比较下列合金钢的性能：40Cr、40CrNi、40CrMn、40CrNiMo。

20. 就合金元素对铁素体力学性能、碳化物形成倾向、奥氏体晶粒长大倾向、淬透性、耐回火性和回火脆性等几个方面总结下列元素的作用：Si、Mn、Cr、Mo、W、V、Ni。

21. 什么是非调质钢？试分析其设计思路。

22. 微量元素在钢中的作用主要表现在哪些方面？研究这些作用具有哪些理论与实际意义？

23. 钢的微合金化技术的狭义和广义含义是什么？

24. 综合分析合金元素在 α-Fe 和 γ-Fe 中的周期性溶解规律和形成无限固溶体的必要和充分条件。

25. 在相同成分的粗晶粒和细晶粒钢中，偏聚元素的偏聚程度有什么不同？

26. 基于通用合金和简单合金的概念，简述金属材料环境协调性设计的思路。

27. 怎样理解“合金钢与碳素钢的强度性能差异主要不在于合金元素本身的强化作用，而在于合金元素对钢相变过程的影响，并且合金元素的良好作用只有在进行适当的热处理后才能表现出来”？

第2章 工程构件用钢

工程构件用钢是指专门用来制造工程结构件的一类钢种。它广泛应用于石油、化工、冶金、矿山、建筑、车辆、造船、军工等领域，如用于制造船体、石油井架、矿井架、桥梁、建筑用钢结构件、高压容器、输送管道等，其用量占钢材产量的90%左右。

工程构件用钢可以分为两大类，一类是碳素钢，是指碳的质量分数低于0.25%的普通碳素钢；另一类是低合金高强度钢，是指在碳的质量分数低于0.25%的普通碳素钢的基础上，添加一种或多种少量合金元素，使钢的强度明显高于碳素钢的一类工程构件用钢。在工程构件用钢中通常以低合金高强度钢为主，这里的“低合金”是指钢中合金元素的总量，而“高强度”是指相对于含量较高的合金钢和普通碳素钢而言的。

2.1 工程构件用钢的基本要求

一般用途的低碳钢和普通低合金高强度钢大多用于制造工程结构件。根据工程结构件的一般服役条件，其主要的性能要求为具有足够的强度和韧性、良好的成形工艺性、良好的焊接性以及一定的耐蚀性。

2.1.1 足够的强度和韧性

在工程结构件中采用低合金高强度钢的主要目的是能承受较大的载荷并能减轻整个金属结构的质量，提高结构的安全可靠性。例如，目前我国大量使用的低合金钢的屈服强度为335MPa，若将其屈服强度提高到400MPa，则可节省14%的钢用量，相应的金属构件质量可减轻14%。因此对于工程构件，首先要求钢材具有尽可能高的屈服强度。

工程结构件通常的使用温度范围为−50～100℃，特别是在低温使用时，不仅要求工件具有足够高的强度，同时还要求工程结构钢具有较高的低温韧性。低温韧性通常用韧-脆转变温度$FATT_{50}$(℃)来衡量。例如，我国对于军用船舰的最低工作温度定为−30℃；对于管线用钢，韧-脆转变温度要求越来越低，已经从20世纪60年代0℃以下要求有良好的韧性发展到20世纪80年代−45℃以下要求有良好的韧性，并有进一步下降的趋势。

其它力学性能方面，例如桥梁、石油井架、船舶等，它们会受到像风力或海浪冲击等引起的交变载荷。因此，某些特殊的工程结构钢还要求有较高的疲劳强度。

2.1.2 良好的成形工艺性和焊接性

工程构件用钢的另一个重要性能就是能用普通方法进行加工成形。这种加工成形包括剧烈的机械加工变形，如冲压、剪切、冲孔、冷弯、热弯和焊接，同时材料还要适合火焰切割，因此要求工程构件用钢具有良好的冷热加工性和成形性等工艺性能。

钢结构在焊接后一般不易进行热处理，故要求具有良好的焊接性能，即焊接后焊缝性能不低于或很少低于母材，焊缝热影响区的性能变化要小，不致产生裂纹。

2.1.3　良好的耐蚀性

工程构件用钢的耐蚀性主要是指在各类气候、环境条件下的耐腐蚀能力。金属结构使用普通低合金高强度结构钢后，由于减少了金属结构中材料的厚度，所以必须相应地提高钢的耐蚀性，以防止由于大气腐蚀而引起的构件截面减小而使金属结构件过早地失效。

另外，根据使用情况还可以提出其它特殊性能要求。同时，这类钢用量大，还必须要考虑到其生产成本不能比碳钢高出太多。在考虑合金化设计时要采用低碳、多组元而且尽量不含过多贵重元素或者根本不含贵重元素，以降低成本。总之，低合金高强度结构钢既要有高的强度、良好的塑韧性等综合力学性能，还要有良好的焊接性和成形性等工艺性能，同时又要有低的成本。

2.2　工程构件用钢的合金化

常用的工程结构钢是热轧态或正火态使用的低碳钢，其显微组织是铁素体-珠光体。为了能承受更大的载荷并减轻结构的质量，要求钢材有较高的强度和良好的塑性。因此，通过加入合金元素来提高强韧性，主要合金元素为 C、Si、Mn、Nb、V、Ti、Al 等。合金元素通过固溶强化、析出弥散强化、细化晶粒强化和增加珠光体含量等强化机制来提高钢的强度。

2.2.1　合金元素对钢力学性能的影响

在低合金高强度钢中，固溶强化是最主要的强化机制之一。固溶强化可以提高钢的强度，但同时也会降低钢的韧性。图 2-1 所示为常见合金元素对铁素体－珠光体低合金高强度钢固溶强化效果的影响。由于碳既能产生大的固溶强化作用又能提高珠光体的含量，因此它有很好的强化效果。同时，由于碳具有低的成本，因此在工程构件用钢发展的初期，主要使用碳的质量分数达到 0.3% 的热轧钢材，其屈服强度为 300 ~ 350MPa。随着碳含量的提高，由于增加了珠光体含量，使得钢的韧-脆转变温度显著提高。图 2-2 所示为韧-脆转变温度与碳含量的关系，从图中可见，$w_C = 0.11\%$ 的钢的韧-脆转变温度在 −50℃ 左右，而 $w_C = 0.31\%$ 的钢材韧-脆转变温度则达到 50℃左右。同时，碳含量增加又使钢的焊接、成形加工困难，特别是对于以焊接工艺为主要加工方法的钢结构，容易引起结构件发生严重的变形和开裂。因此从强化和塑韧性及工艺性考虑，其碳的质量分数一般均应限制在 0.2% 以下。

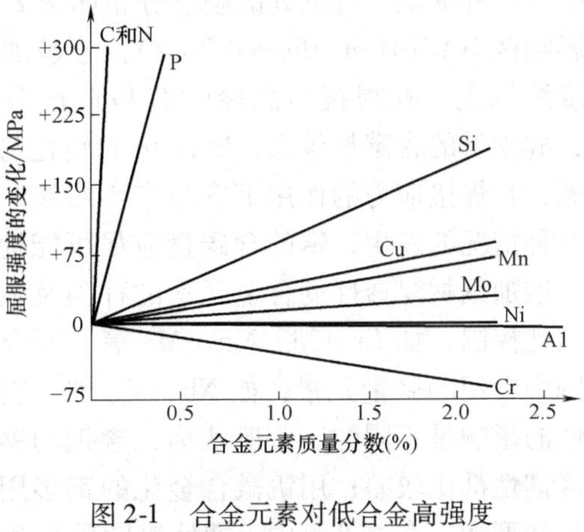

图 2-1　合金元素对低合金高强度钢固溶强化效果的影响

在低合金高强度钢中，利用 Ti、V、Nb 等元素细化晶粒和产生沉淀强化也是很普遍的。

由于 Nb、V、Ti 等元素的微合金化可生成弥散的碳化物、氮化物和碳氮化物，它们能钉扎晶界，加热时能阻止奥氏体晶粒的长大，冷却转变后可得到细小的铁素体和珠光体，所以在低合金高强度钢中，常利用 Nb、V、Ti 等元素的合金化来细化晶粒。Nb、V、Ti 对正火状态的低合金钢的晶粒度的影响如图 2-3 所示，其中 Nb 最有效，Ti 次之，V 则基本上不起细化晶粒的作用。

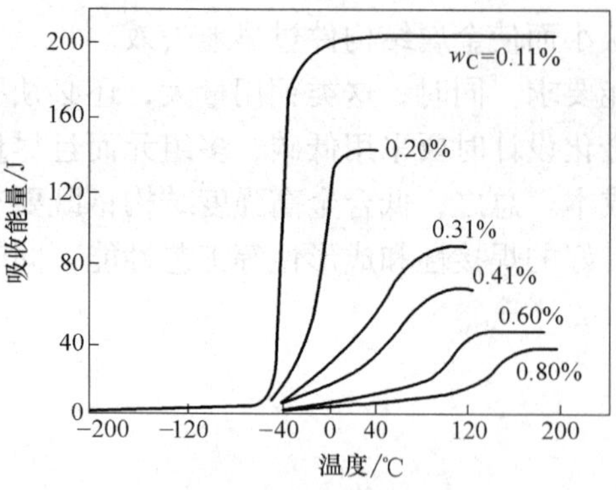

图 2-2　钢的韧-脆转变温度与碳含量的关系

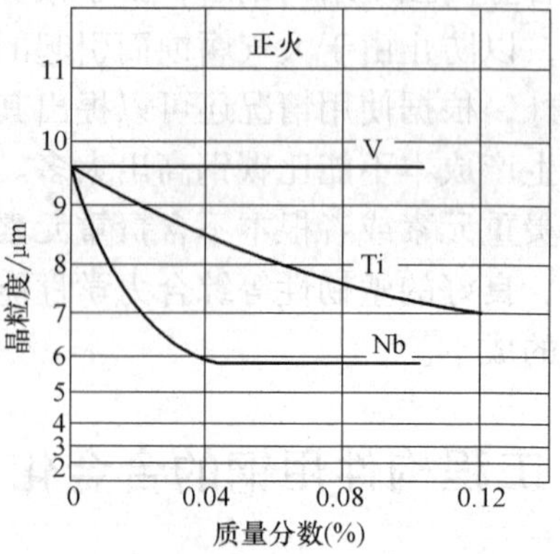

图 2-3　Nb、V、Ti 对正火态低合金钢晶粒度的影响

2.2.2　合金元素对钢焊接性能的影响

在工程领域中，焊接是构成金属结构件的常用工艺方法，因此要求工程结构用钢具有优良的焊接性。所谓优良的焊接性，是指焊接工艺简单、焊缝与母材结合牢固、强度不低于母材、焊缝的热影响区保持足够的强度与韧性、没有裂纹及各种缺陷。焊缝处的硬度分布如图 2-4 所示。热影响区 HAZ(Heat Affected Zone)由于被加热至 A_3 温度线以上，在焊接后急冷时容易形成马氏体组织，故钢材的含碳量越高，HAZ 区的硬化与脆化越显著，在焊接应力的作用下容易产生裂纹。为了防止这种情况的发生，钢的含碳量应尽可能地低。另外，增加钢材淬透性的合金元素的种类及数量也应适当地控制，如 Cr、Ni、Mn、Mo 等。低合金高强度钢中常用的微量元素，如 Nb、V、Ti，它们对焊接性的影响是不同的。一般认为，含铌的钢其热影响区韧性都比较差；用钒微合金化的钢多用于正火钢板和型钢，在这类钢中，即使钒的质量分数提高到 0.10% 也不会导致热影响区脆化；而用钛微合金化的钢，即使在大热输入焊接的热影响区，也能够达到极好的热影响区韧性。计算和评定钢材的焊接性通常用焊接碳当量 CE 和焊接裂纹敏感性指数 P_{cm} 来评价，即

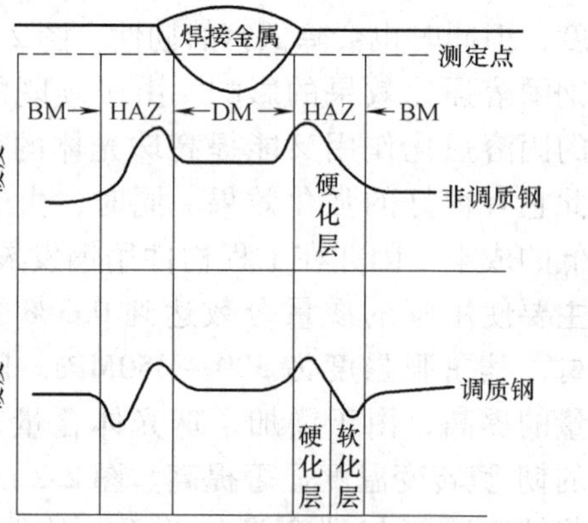

图 2-4　焊缝处的硬度分布

BM—原始组织　HAZ—热影响区　DM—焊接金属

$$CE = C + \frac{Mn + Si}{6} + \frac{Ni + Cu}{15} + \frac{Cr + Mo + V}{5}$$

$$P_{cm}=C+\frac{Si}{30}+\frac{Mn}{20}+\frac{Cu}{20}+\frac{Ni}{60}+\frac{Cr}{20}+\frac{Mo}{15}+\frac{V}{10}+5B$$

该公式适用的化学成分范围为 $w_C<0.6\%$、$w_{Mn}<1.6\%$、$w_{Cr}<1.0\%$、$w_{Ni}<3.3\%$、$w_{Mo}<0.6\%$、$w_{Cu}=0.5\%\sim1\%$、$w_P=0.05\%\sim0.15\%$。

2.2.3 合金元素对钢耐大气腐蚀性的影响

工程结构件大多在大气或海洋环境中服役，在潮湿的自然环境下常常产生电化学腐蚀。严重的腐蚀会导致构件工作截面减小，使构件提前破坏，所以要求工程结构件具有耐大气腐蚀能力。

钢的合金化是提高钢耐蚀性的主要手段之一，钢中加入少量 Cu、P、Cr、Ni、Mo、Al 等元素时，可以提高低合金高强度钢的耐大气腐蚀性，其中 Cu、P 是最有效的合金元素。

低合金钢中铜的质量分数从 0.025% 开始即可提高耐大气腐蚀性，至 0.25% 为止。加入更多的铜并不能继续提高钢的耐蚀性。当钢中铜含量达到一定量时，铜会沉淀在钢的表面，它具有正电位，成了钢表面的附加阴极，促使钢在很小的阳极电流下达到钝化状态。铜除了提高耐蚀性以外，也能产生沉淀强化作用。铜在 α-Fe 中的最大溶解度为 1.4%，而室温溶解度仅为 0.2% 左右，因此，钢中铜的质量分数大于 0.5% 时，热轧后在很缓慢冷却的条件下，将析出富铜相。而在空气中冷却，即使截面较大也将得到过饱和的固溶体，在以后回火时(450～550℃)将析出富铜相，从而产生沉淀强化作用。

磷也有提高钢耐大气腐蚀的能力，另外还有固溶强化的作用。在要求耐大气或海洋腐蚀的钢中，磷的质量分数一般为 0.05%～0.15%。提高含磷量，冷脆和时效倾向增加，为了减少这种倾向，可使用铝脱氧以得到细晶粒钢。

少量的铬、镍可以提高钢的耐大气腐蚀性，微量的稀土金属也有较好的效果。钢中同时加入几种提高耐蚀性的少量和微量元素，则提高钢耐蚀性的效果更佳。例如，钢中同时有铜和铬，或铬、镍和铜等，尤其是钢中同时含有磷和铜时效果最佳。Cr、Ni、Cu 等元素同时加入钢中，可能是由于能使钢的表面钝化，因而减缓了电化腐蚀倾向。

综上所述，低合金高强度钢中碳的质量分数应控制在 0.2% 以下。从固溶强化的观点来看，硅、锰的强化是十分有效的，在低碳情况下，锰能细化晶粒，降低韧-脆转变温度。从细化晶粒来看，Ti、Nb、V、Al 等元素是十分有效的，铌、钒还可以产生沉淀强化作用。铜既能提高耐大气腐蚀性，又能产生沉淀强化。磷与其它元素配合，可以发挥其固溶强化和提高钢耐大气腐蚀的作用。因此，对铁素体 + 珠光体型低合金高强度钢的合金化方向应该以 Si-Mn 为基础，适当添加 Ti、Nb、V、Al、Cu、P 等元素。如果要得到更高的耐蚀性，则可加少量的铬和镍。要求正火态获得贝氏体组织时，则必须同时考虑加入钼和硼。

2.3 铁素体-珠光体钢

这类钢服役时的显微组织是铁素体-珠光体，故习惯上称为铁素体-珠光体(F-P)钢。它是工程结构钢中最主要的一类钢，其组织由片层状珠光体和多边形铁素体组成，珠光体占 10%～25%，铁素体占 75%～90%。这类钢包括碳素工程结构钢、(普通)低合金高强度钢和微合金化低合金高强度钢。

2.3.1 碳素工程结构钢

1. 碳素工程结构钢的分类、成分及性能特点

碳素工程结构钢中大部分用做结构件，少量用做机器零件。由于碳素钢易于冶炼，价格低廉，性能也基本满足一般构件的要求，所以工程上用量很大。碳素工程结构钢通常轧制成板材、型材等，一般不需要进行热处理，在供应状态下直接使用。国家标准(GB/T 700—2006)规定，碳素工程结构钢按屈服强度分为四级，即Q195、Q215、Q235和Q275，其中Q表示屈服强度，其后的数字表示屈服强度值，单位为MPa。按钢中杂质硫、磷含量的高低划分等级，其化学成分见表2-1。

表2-1 碳素工程结构钢的化学成分

牌号	统一数字代号	质量等级	脱氧方法	化学成分(%)，不大于				
				w_C	w_{Mn}	w_{Si}	w_S	w_P
Q195	U11952	—	F、Z	0.12	0.50	0.30	0.040	0.035
Q215	U12152	A	F、Z	0.15	1.20	0.35	0.050	0.045
	U12155	B					0.045	
Q235	U12352	A	F、Z	0.22	1.40	0.35	0.050	0.045
	U12355	B	F、Z	0.20			0.045	0.045
	U12358	C	Z	0.17			0.040	0.040
	U12359	D	TZ	0.17			0.035	0.035
Q275	U12752	A	F、Z	0.24	1.50	0.35	0.050	0.045
	U12755	B	Z	0.21			0.045	0.045
	U12758	C	Z	0.22			0.040	0.040
	U12759	D	TZ	0.20			0.035	0.035

注：TZ为特殊镇静钢。

从表2-1中可以看出，这类钢的特点是：①碳含量低；②除Q195不分等级外，其余三类均按硫、磷含量高低分成若干质量等级，A、B相当于普通碳素钢，C、D相当于优质碳素钢；③规定了各种钢的脱氧方法。

碳素结构钢的力学性能主要取决于钢的含碳量，含碳量提高，珠光体数量增加，材料强度提高，塑性降低。碳的质量分数在0.12%～0.24%范围内增加时，屈服强度从195MPa上升到275MPa，伸长率从33%下降到22%。碳素工程结构钢的力学性能见表2-2。

表2-2 碳素工程结构钢的力学性能

牌号	拉伸试验											
	屈服强度 R_{eH}/MPa，不小于						抗拉强度 R_m/MPa	伸长率 A(%)				
	钢板厚度(直径)/mm							钢板厚度(直径)/mm				
	≤16	>16～40	>40～60	>60～100	>100～150	>150～200		≤40	>40～60	>60～100	>100～150	>150～200
Q195	195	185					315～430	33				
Q215	215	205	195	185	175	165	335～450	31	30	29	27	26
Q235	235	225	215	215	195	185	375～500	26	25	24	22	21
Q275	275	265	255	245	225	215	410～540	22	21	20	18	17

2. 合金元素对钢组织、性能的影响

碳素工程结构钢中的基本元素是 Fe、C、Mn、Si、S、P。

1）碳为碳素工程结构钢中的重要元素，基本上决定了钢的性能。当钢的组织相同时，其强度随着含碳量的增加而提高，而塑性和韧性则降低。碳含量的增加导致焊接性能显著降低，同时还会增加钢的冷脆性和时效敏感性，降低钢的耐大气腐蚀能力。

2）锰是炼钢时用于脱氧和脱硫而残存在钢中的元素。大部分锰溶于铁素体中，形成置换固溶体而使铁素体强化；一部分锰可溶入 Fe_3C 中，形成合金渗碳体；锰还能增加珠光体的相对量，并使珠光体变细，使钢的强度提高；锰还可提高钢的淬透性。锰与硫有很强的结合力，生成 MnS，减轻硫的有害作用。

3）硅的脱氧能力比锰还要强，炼钢过程中 Si-Fe 是常用的脱氧剂。硅可以溶入铁素体中，提高钢的强度、硬度及弹性，降低塑性和韧性。碳素工程结构钢中硅的质量分数通常小于 0.35%。

4）硫在钢中是有害元素，它与铁形成共晶 FeS，分布于奥氏体晶界上，高温(1000 ~ 1200℃)热加工时 FeS 发生熔化，使钢变脆(热脆)，因此需要严格控制硫含量。普通碳素结构钢规定硫的质量分数不大于 0.05%。

5）磷也是一种有害元素，是炼钢过程中带入的杂质。磷在钢中的扩散速度很慢，会在铁素体晶界上形成磷化铁薄膜，使钢的脆性剧增(冷脆)，所以一般需要严格控制磷的含量。普通碳素结构钢规定磷的质量分数不大于 0.045%。

除了上述合金元素外，还有其它一些元素，如 N、H、O 等，它们通常是在钢的冶炼过程中由周围气氛、炉料等带入的。这些元素一般来说对钢的性能是不利的，特别是氢、氧含量过量时会产生"氢脆"、"夹杂"等，对钢的性能具有较大的危害。

图 2-5　低合金高强度结构钢的典型应用

a）南京长江大桥使用 Q345(16Mn)钢建造　b）国家体育场"鸟巢"使用 Q460E 钢建造

3. 常用碳素工程结构钢

（1）Q195　此类钢中碳、锰含量低，强度不高，而塑性、韧性高，具有良好的焊接性能及其它工艺性能。广泛用于轻工机械、运输车辆、建筑等一般结构件，如自行车、农机配件、五金制品、输水及煤气用管、拉杆、支架及机械用一般结构零件。

（2）Q215　此类钢中碳、锰含量低，塑性好，具有良好的韧性、焊接性及其它工艺性能。用于厂房、桥梁等大型结构件，建筑桁架、铁塔、井架及车船制造结构件，轻工、农业机械零件，以及五金工具、金属制品等。

（3）Q235　此类钢中碳含量适中，是最通用的工程构件用钢之一，具有一定的强度和塑性，焊接性良好。适用于受力不大而韧性要求很高的工程构件，用于建造厂房、高压输电铁塔、桥梁、车辆等。

（4）Q255　此类钢具有较好的强度、塑性和韧性，较好的焊接性和冷热压力加工性能。主要用于强度要求不高的零件，如铆接、栓接工程结构，螺栓、键、拉杆、轴、摇杆等。

（5）Q275　此类钢中碳、硅、锰含量较高，具有较高的强度及硬度、较好的塑性及耐磨性，而韧性较低；具有一定的焊接性能和较好的机加工性能。可用于替代30、35优质碳素结构钢，制造承受中等应力的机械结构如齿轮、销轴、链轮、螺栓、垫圈、农机型材、机架等。

2.3.2　低合金高强度结构钢

低合金高强度结构钢是指在碳的质量分数低于0.25%的普通碳素钢的基础上，通过添加一种或多种少量合金元素（总的质量分数低于3%），使钢的强度明显高于碳素钢的一类工程结构用钢。这里的“低合金”和“高强度”是指相对于合金元素含量较高的合金钢和较低强度的普通碳素钢而言的。通常，普通碳素钢的屈服强度为235MPa，而低合金高强度钢的屈服强度为275MPa。这种高强度是通过加入少量合金元素（主要是Mn、Si和微合金化元素Nb、V、Ti、Al等）而产生的固溶强化、细晶强化和沉淀强化的综合作用获得的。同时，利用细晶强化使钢的韧-脆转变温度降低，来抵消由于碳氮化物析出强化而导致的钢的韧-脆转变温度升高。根据最新研究，如能把铁素体的晶粒尺寸细化到微米级，则铁素体-珠光体低合金高强度钢的强度也可达到800MPa。因此，铁素体-珠光体型低合金高强度结构钢要获得高的屈服强度与低的韧脆转变温度的最佳匹配，即需要综合考虑强韧化。一般其合金化的设计原则是：

1）细化晶粒尺寸，越细越好。细化铁素体晶粒是仅有的既能强化又能韧化的强化机制。

2）低碳，减少珠光体含量，达到所需的韧-脆转变温度。碳的固溶强化方式往往只提高钢的抗拉强度，但降低了屈强比，同时损害了钢的塑韧性。

3）除了Mn、Ni外，P、N、S等固溶强化元素要尽量避免加入，但镍的价格昂贵，较少使用。

4）适量加入Al、V、Ti、Nb、Cu、P及RE等合金元素。

5）低合金高强度钢的通用化学成分为：$w_C=0.05\%\sim0.25\%$，$w_{Mn}\leqslant2\%$，而Cr、Ni、Mo和Cu等为进一步加入的合金元素。

6）采用微合金化和控制轧制技术，形成微合金化高强度低合金钢。

由于合金元素的作用，低合金钢不仅具有较高的强度和韧性，而且工艺性能较好，如良好的焊接性能，有的低合金钢还具有耐腐蚀、耐低温等特性。同时，它们的生产成本也不高。

低合金高强度结构钢大多可直接使用，常用于铁路、桥梁、船舶、汽车、压力容器、焊接结构件和机械构件等，图 2-5 所示为低合金高强度结构钢在南京长江大桥和国家体育场“鸟巢”建筑中的典型应用。

低合金高强度结构钢有许多分类方法，按屈服强度可分为 Q345、Q390、Q420、Q460、Q500、Q550、Q620、Q690 等不同等级的钢种；按用途可分为结构钢、耐蚀钢、低温用钢、耐磨钢、钢筋钢、钢轨钢及其它专业用钢；按显微组织可分为铁素体-珠光体钢、微珠光体钢、针状铁素体钢、低碳贝氏体钢、低碳回火马氏体钢和双相钢。

下面分别介绍国内外低合金高强度结构钢的分类牌号、应用领域及性能特征。

1. 我国低合金高强度结构钢

近几十年来，我国开发了数十种低合金高强度结构钢，它们一般是按屈服强度的级别来分类的，其主要牌号和化学成分见表 2-3；基本力学性能指标见表 2-4。同时，各牌号的质量等级分为 A、B、C、D、E 五级。

表 2-3　低合金高强度结构钢的牌号与化学成分（GB/T 1591—2008）　　　　（%）

牌号	质量等级	w_C	w_{Mn}	w_{Si}	w_P	w_S	w_{Nb}	w_V	w_{Ti}	w_{Cr}	w_{Ni}	w_{Cu}	w_N	w_{Mo}	w_B	w_{Al}
					不大于											不小于
Q345	A	≤0.20	≤1.70	≤0.50	0.035	0.035	0.07	0.15	0.20	0.30	0.50	0.30	0.012	0.10	—	—
	B				0.035	0.035										0.015
	C				0.030	0.030										
	D	≤0.18			0.030	0.025										
	E				0.025	0.020										
Q390	A	≤0.20	≤1.70	≤0.50	0.035	0.035	0.07	0.20	0.20	0.30	0.50	0.30	0.015	0.10	—	—
	B				0.035	0.035										0.015
	C				0.030	0.030										
	D				0.030	0.025										
	E				0.025	0.020										
Q420	A	≤0.20	≤1.70	≤0.50	0.035	0.035	0.07	0.20	0.20	0.30	0.80	0.30	0.015	0.20	—	—
	B				0.035	0.035										0.015
	C				0.030	0.030										
	D				0.030	0.025										
	E				0.025	0.020										
Q460	C	≤0.20	≤1.80	≤0.60	0.030	0.030	0.11	0.20	0.20	0.30	0.80	0.55	0.015	0.20	0.004	0.015
	D				0.030	0.025										
	E				0.025	0.020										
Q500	C	≤0.18	≤1.80	≤0.60	0.030	0.030	0.11	0.12	0.20	0.60	0.80	0.55	0.015	0.20	0.004	0.015
	D				0.030	0.025										
	E				0.025	0.020										
Q550	C	≤0.18	≤2.00	≤0.60	0.030	0.030	0.11	0.12	0.20	0.80	0.80	0.80	0.015	0.30	0.004	0.015
	D				0.030	0.025										
	E				0.025	0.020										
Q620	C	≤0.18	≤2.00	≤0.60	0.030	0.030	0.11	0.12	0.20	1.00	0.80	0.80	0.015	0.30	0.004	0.015
	D				0.030	0.025										
	E				0.025	0.020										
Q690	C	≤0.18	≤2.00	≤0.60	0.030	0.030	0.11	0.12	0.20	1.00	0.80	0.80	0.015	0.30	0.004	0.015
	D				0.030	0.025										
	E				0.025	0.020										

注：1. 型材及棒材磷、硫的质量分数可提高 0.005%，其中 A 级钢上限可为 0.045%。

2. 当细化晶粒元素组合加入时，$w_{Nb+V+Ti} \leq 0.22\%$，$w_{Mo+Cr} \leq 0.30\%$。

表 2-4　低合金高强度结构钢的力学性能（GB/T 1591—2008）

牌号	质量等级	下屈服强度/MPa						抗拉强度/MPa		伸长率（%）		吸收能量①		180°弯曲试验钢材厚度（直径）/mm	
		≤16	>16~40	>40~63	>63~80	>80~100	>100~150	≤40	>40~63	≤40	>40~63	温度/℃	KV_2/J	≤16	>16~100
Q345	A	≥345	≥335	≥325	≥315	≥305	≥285	470~630	470~630	≥20	≥19		≥34	2a②	3a
	B									≥21	≥20	20			
	C											0			
	D											-20			
	E											-40			
Q390	A	≥390	≥370	≥350	≥330	≥330	≥310	490~650	490~650	≥20	≥19		≥34	2a	3a
	B											20			
	C											0			
	D											-20			
	E											-40			
Q420	A	≥420	≥400	≥380	≥360	≥360	≥340	520~680	520~680	≥19	≥18		≥34	2a	3a
	B											20			
	C											0			
	D											-20			
	E											-40			
Q460	C	≥460	≥440	≥420	≥400	≥400	≥380	550~720	550~720	≥17	≥16	0	≥34	2a	3a
	D											-20			
	E											-40			
Q500	C	≥500	≥480	≥470	≥450	≥440		610~770	600~760	≥17	≥17	0	≥55		
	D											-20	≥47		
	E											-40	≥31		
Q550	C	≥550	≥530	≥520	≥500	≥490		670~830	620~810	≥16	≥16	0	≥55		
	D											-20	≥47		
	E											-40	≥31		
Q620	C	≥620	≥600	≥590	≥570			710~880	690~880	≥15	≥15	0	≥55		
	D											-20	≥47		
	E											-40	≥31		
Q690	C	≥690	≥670	≥660	≥640			770~940	750~920	≥14	≥14	0	≥55		
	D											-20	≥47		
	E											-40	≥31		

① 纵向试样。

② a—试样厚度或直径。

我国低合金高强度结构钢的基本特点是：以锰为主，铬、镍含量较低；微合金化元素有

V、Ti、Nb、Mo、B；利用少量磷提高耐大气腐蚀性；加入微量稀土元素，以便脱硫、去气、消除有害杂质、改善夹杂物的形态与分布，提高钢的力学性能，对工艺性能也有好处。

（1）Q345（R_{eL} = 345MPa 级） Q345 钢代替 GB/T 1591—1988 中的 12MnV、14MnNb、16Mn、16MnRE、18Nb 等钢。16Mn 钢是发展最早、使用最多、最有代表性的钢种。它是在300MPa 级 12Mn 钢的基础上改进的，由于含碳量提高，因而强度较高，同时具有良好的综合力学性能和焊接性，多用于船舶、桥梁、车辆、容器、大型钢结构等，比使用碳钢可节约钢材 20% ~30%。

（2）Q390（R_{eL} = 390MPa 级） Q390 钢代替 GB/T 1591—1988 中的 15MnV、15MnTi、16MnNb、10MnPNbRE 等钢。16MnNb 钢与 16Mn 钢相比，锰含量降低了一些。由于铌的强化作用，该钢的强度比 16Mn 钢高一级。其综合力学性能与焊接性都比较好，多用于大型结构及起重机械。

在 10MnPNbRE 钢中，由于铌及磷的强化作用，使碳含量可以低一些。磷也使钢的耐蚀性提高。RE 起净化钢材的作用，从而改善钢材质量。这种钢多用于造船，港口建筑结构及石油井架等。

（3）Q420（R_{eL} =420MPa 级） 在该系列的 14MnVTiRE 钢中，由于钒、钛的强化作用，因而 R_{eL} 进一步提高。该钢经正火后具有良好的综合力学性能和焊接性能，多用于大型船舶。

在 15MnVN 钢中，由于钒、氮可以细化晶粒，又具有析出强化作用，因此力学性能及焊接性能都好，可用于大型桥梁、锅炉及车辆等。

（4）Q500（R_{eL} =500MPa 级） 在该系列的 14MnMoVBRE 钢中，由于钼及微量硼的作用，使 C 曲线的上部右移，而对贝氏体转变区影响很小。正火后可得到大量贝氏体组织，R_{eL} 显著提高。锰、钒都有强化作用，RE 不仅净化钢材，而且使钢材表面的氧化膜致密，因而使钢材具有一定的耐热性，可在 500℃以下使用，多用于石油、化工的中温高压容器。

在 18MnMoNb 钢中含有少量的铌，显著地细化了晶粒。铌的沉淀强化作用使屈服强度提高。同时，铌和钼都能提高钢的热强性。这种钢经过正火和回火或调质后使用，正火温度为 950 ~ 980℃，回火温度为 600 ~ 650℃；调质规范为 930℃淬火和 600 ~ 620℃回火。18MnMoNb 钢的强度高，综合力学性能和焊接性能好，适合作化工石油工业用的中温高压厚壁容器和锅炉等，可在 500℃以下工作。此钢还用于大锻件，如水轮机大轴。

（5）Q690（R_{eL} =690MPa 级） 该系列的 14CrMnMoVB 钢在 14MnMoVBRE 钢的基础上加入了一定量的铬（w_{Cr} =0.9% ~1.3%），因而强度进一步提高。它在正火后也能得到低碳下贝氏体组织，强度、韧性及焊接性都比较令人满意；也多用于高温中压（400 ~560℃）容器。

2. 国外低合金高强度结构钢的概况

国外的低合金高强度钢常根据其抗拉强度进行分类，称为“HT”钢，一般分为 500MPa、600MPa、700MPa、800MPa、1000MPa 级五种。500MPa 和 600MPa 级的钢种一般在正火状态下使用，700MPa 级以上的钢种则必须进行调质处理。国外典型的低合金高强度结构钢见表2-5。

500MPa 级的低合金钢是碳的质量分数为 0.2% 以下，以锰、硅为主要合金元素的钢。通过固溶强化来达到提高强度的目的，锰还能够细化铁素体晶粒，对强度和韧性均有改善。加入少量的铜、磷，以提高耐大气腐蚀性。美国 ASTM Cor-Ten 钢的耐候性是碳钢的四倍以上。

表 2-5 国外典型的低合金高强度结构钢

牌　号	化学成分(%)							
	w_C	w_{Si}	w_{Mn}	w_P	w_S	w_{Cu}	w_{Ni}	w_{Cr}
Cor-Ten	≤0.12	0.25~0.75	0.20~0.50	0.70~0.15	≤0.05	0.25~0.55	≤0.65	0.30~1.25
Vanity	≤0.18	0.15~0.35	≤1.30	≤0.040	≤0.05	—	—	—
HY80	≤0.22	0.10~0.40	0.15~0.35	≤0.035	≤0.04	—	2.00~2.75	0.90~1.40
T-4	≤0.12	0.15~0.35	0.60~1.0	≤0.040	≤0.05	0.15~0.50	0.70~1.00	0.40~0.65
N-A-Xtra 100	≤0.20	0.50~0.70	0.50~0.80	≤0.040	—	—	—	0.50~0.70

600MPa 级的高强度钢是在 Mn-Si 低合金钢中加入少量的 Ni、Cr、Mo、V 等元素，一般在正火状态下使用。钒、钛能形成稳定的碳化物，在焊接的急冷急热过程中将碳固定，保证了低碳钢优良的焊接性能。具有代表性的是美国海军的 Vanity 钢，其屈服强度大于 450MPa。

700MPa 级高强度钢在调质处理后使用，加入的镍的质量分数为 2% 以上，铬的质量分数为 1% 左右，以提高淬透性。镍还能够提高冲击韧度，但价格也较高。HY80 即属于此类钢，其屈服强度大于 560MPa，用于美国海军的潜艇上。

800MPa 级的高强度钢淬火后获得低碳马氏体组织，具有很好的强度和韧性。最具代表性的钢种是美国的 T1 钢，其特点是：碳的质量分数在 0.12% 以下，以保证优良的焊接性和低温韧性；为了保证淬透性，少量多元地加入 Mn、Ni、Cr、Mo、B 等元素；加入少量的钒以提高耐回火性，使焊接时的热影响区变窄；加入少量的铜可提高耐大气腐蚀能力。

HSLA80 钢和 HSLA100 钢，是美国海军在 20 世纪 80 年代初开发研制的低碳含铜沉淀强化型高强度钢，其目的是为了代替 HY 系列钢，以提高高强度钢的焊接性，从而降低生产成本。

HSLA80 钢是在 ASTM A710 钢的基础上开发的，1984 年开始用于水面舰船结构。HSLA100 钢是在1985 年研制的。HSLA80 钢和 HSLA100 钢的强韧性分别达到或超过 HY80 和 HY100 钢的要求，钢中碳、磷、硫含量低，并采用了真空除气、钙处理、氩气吹炼及细化晶粒等措施，焊后一般不进行消除应力热处理。这四种钢的成分见表 2-6。

表 2-6 四种美国舰艇钢的化学成分和碳当量

牌号	化学成分(%)											碳当量(%)
	w_C	w_{Mn}	w_{Si}	w_{Cr}	w_{Ni}	w_{Mo}	w_{Cu}	w_{Nb}	w_V	w_P	w_S	
HY80	0.15	0.25	0.25	1.4	2.7	0.4	0.05	—	0.01	0.01	0.01	0.78
HY100	0.17	0.25	0.25	1.4	2.9	0.4	0.05	—	0.01	0.01	0.01	0.81
HSLA80	0.04	0.55	0.30	0.7	0.9	0.2	1.2	0.03	—	0.01	0.005	0.50
HSLA100	0.04	0.90	0.25	0.6	3.9	0.6	1.6	0.04	—	0.01	0.005	0.81

2.3.3 微合金化低合金高强度结构钢

1. 概述

微合金化钢是 20 世纪 70 年代以来发展起来的一大类低合金高强度钢，其关键是细晶粒和沉淀强化。为了充分发挥微合金元素钛、铌、钒的作用，同时发展了与之配套的控制轧制和控制冷却生产工艺。

微合金化钢首先限定在低碳和超低碳的范围内，低碳（w_C <0.25%）保证其良好的成形性和焊接性；其次要获得更高的屈服强度，通常为加入质量分数小于 0.1% 的氮、铌、钒、钛，形成碳化物、氮化物或碳氮化物等硬质析出相，以发挥其析出强化和细晶强化的作用。微合金化和控制轧制通常是相伴的。微合金化钢中各元素的作用见表 2-7 和图 2-6。图 2-7 所示为铌对微合金化钢强度和塑性的影响。

表 2-7　微合金化钢中各元素的作用

元　素	析出强化	细化铁素体晶粒	固氮能力	改变组织
V	强	弱	强	中
Nb	中	强	弱	无
Ti	无（w_{Ti} <0.02%） 强（w_{Ti} >0.05%）	强	强	无

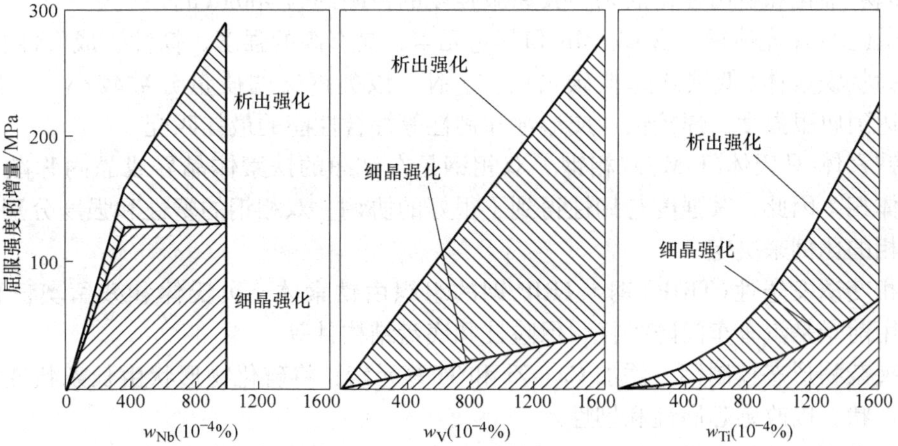

图 2-6　微合金元素对钢屈服强度的影响

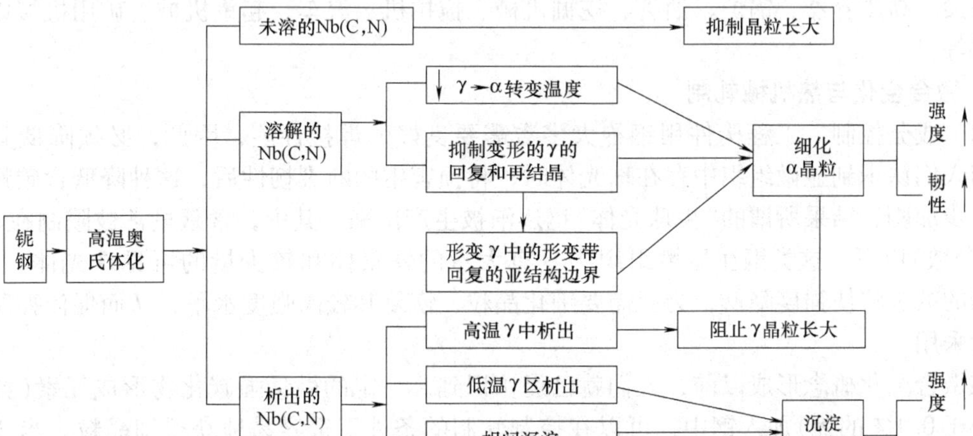

图 2-7　铌对微合金化钢强度和塑性的影响

微合金化钢具有以下基本属性：①添加了 V、Nb、Ti 等强碳氮化物形成元素，且加入量很少(单独或复合加入质量分数小于0.1%)，钢的强化机制主要是晶粒细化和析出强化；②钢的微合金化和控轧控冷技术相辅相成，是微合金化钢设计和生产的重要前提；③钢的屈服强度较碳素钢和碳锰钢提高 2～3 倍，故又称为微合金化高强度低合金钢(HSLA)；④根据特定用途可以添加其它合金元素，所添加元素或对力学性能有影响，或对耐蚀性、耐热性起有利作用。

基于以上属性，开发了不同类型和品种的微合金化钢，通常可将微合金化钢分为以下七类：

(1) 耐候钢　添加少量的 Cu、P、Cr 和 Ni 等元素，使其在金属基体表面形成保护层，以改善钢材耐大气腐蚀的性能。

(2) 微合金化铁素体-珠光体(F-P)钢　质量分数小于0.1%的 V、Nb、Ti 等碳化物形成元素产生晶粒细化和析出强化效果，其屈服强度的极限约为460MPa。

(3) 微(少)珠光体钢　含 C、Mn 和其它元素，具有高的强度、韧性、成形性和焊接性。

(4) 针状铁素体(低碳或超低碳贝氏体)钢　该类钢碳的质量分数较小，一般不超过0.06%，达到屈服强度、焊接性、成形性和韧性等综合性能的最佳匹配。

(5) 铁素体-马氏体(F-M)双相钢　双相钢是在纯净的铁素体晶界或晶内弥散分布着较硬的马氏体相，因此，其强度与韧性得到了很好的协调。双相钢的塑性和强度分别由铁素体和马氏体相的比例来决定。

(6) 相变诱发塑性(TRIP)钢　TRIP 钢的组织由铁素体、贝氏体和残留奥氏体三相组成，其应用前景是汽车车门防护杆、保险杠和底盘结构件等。

(7) 夹杂物形态控制钢　添加 Ca、Zr 和 Ti 等元素，将硫化物形状由长条状变为细小分散的近球形状，以改善延展性和韧性。

上述各类钢在性能上具有相似性，因此，其应用领域并非泾渭分明，而是可以互用。

微合金化钢一般在热轧退火或正火状态下使用，且不需热处理。它广泛用于船舶、车辆、桥梁、高压容器、锅炉、油管、挖掘机械、拖拉机、汽车、起重机械、矿用机械以及钢结构件等。

2. 微合金化与热机械轧制

(1) 成分控制　工程构件用钢绝大多数需要良好的焊接性能，因此，必须降低其含碳量。当人们认识到显微组织中存在珠光体时，将损害钢的断裂韧性后，这种降低含碳量的趋向进一步加剧，结果所谓的“少珠光体”钢逐渐被生产出来。其中，含碳量常被限制在0.1%(质量分数)以下。这类钢在显微组织中具有大量的铁素体和较少量的可见珠光体。然而，含碳量的减少将使强度降低，为此需要细化晶粒，恢复其较高强度水平，从而促使控制轧制的大量采用。

在微合金化概念形成以前，人们就已经认识到，一定的微量强碳化物形成元素(如质量分数小于0.1%的铌)加入钢中，可以在控制轧制的条件下很容易地获得细晶粒。当普通碳素钢在1200～1000℃奥氏体状态下进行轧制时，它们主要是单相，这是由于在室温显微组织中可以见到的 Fe 的碳化物已经完全溶于奥氏体中。这样，奥氏体晶界没有被第二相质点所钉扎，晶粒可以急剧长大，导致室温下较低的强度水平。

在热轧温度下，保证细小分散物的稳定，而不占据较大的体积份额、不损害室温下的塑性和韧性是十分必要的。最合适的分散物是若干金属元素(主要是Al、Nb、Ti和V)所形成的氮化物、碳化物和碳氮化合物。这些元素可以被分别使用或综合使用，从而导致大量可能的化学成分组合。在许多情况下，有效的分散物可能是一个或较多金属的碳氮化合物，有如下几种可能情况：AlN、Nb(C，N)、V(C，N)、(Nb，V)(C，N)、TiC、TiN、Ti(C，N)。在高温奥氏体中，碳化物按VC→TiC→NbC的顺序降低其溶解度；而氮化物在较低溶解度水平下具有相似的规律，AlN的溶解度稍低于VN。这样，利用上述这些相，通过控制，可以获得极细的晶粒度(10μm)。

(2) 热机械轧制——热轧控制　热机械轧制(TMCP)包含了控制轧制和控制冷却。其中，控制轧制实质上是形变强化和相变强化的结合；控制冷却是最大限度地细化铁素体晶粒以及获得最佳的析出强化效应。因此，热机械轧制工艺将金属材料的成分、加工工艺、组织、性能综合在一起，成为一个紧密联系的整体，其理论原理属于形变热处理的范畴。

图2-8所示为现代钢铁热轧生产中常见的轧制工艺及对应于$Fe\text{-}Fe_3C$相图中的区域，即普通轧制、普通控制轧制、两相区控制轧制和再结晶控制轧制。

控制轧制和控制冷却的主要工艺参数是：①选择合适的加热温度，以获得细小而均匀的奥氏体晶粒；②选择适当的轧制道次和每道的压轧量，通过回复再结晶获得细小的晶粒；③选择合适的再结晶区和无再结晶区停留时间和温度，以使再结晶的晶粒内产生形变回复的多边化亚结构；④在铁素体-奥氏体两相区选择适宜的总压下量和轧制温度；⑤控制冷却速度。

热机械轧制是通过精确控制轧制过程中的各种参数获得强韧性配合优异的钢材。热机械轧制的作用是将微观结构的不均匀性引入奥氏体中，而这些不均匀性在随后的相变过程中将起到铁素体形核的作用，从而使铁素体晶粒细化，提高钢的强韧性。

这里，轧制过程分为加热、粗轧和精轧三个阶段。

1）加热温度决定初始奥氏体的晶粒尺寸。加热温度越低，奥氏体晶粒尺寸越小。

2）粗轧是指精轧之前的轧制，粗轧道次的功能是利用轧制道次间的重复再结晶逐步细化奥氏体晶粒。变形前的奥氏体晶粒越小，轧制温度越低，每道次变形量越大，最终再结晶后的晶粒尺寸越小。

3）精轧要求在特定的轧制温度下给出所需的轧制变形量，并在规定的终轧温度完成轧制。终轧温度表明在哪个区域(在γ区、$\gamma+\alpha$区还是α区)轧制，如图2-8所示。

控制冷却(或加速冷却)有两方面的作用：一是进一步细化晶粒，这是由于相变开始温度降低，在过冷奥氏体中形核更多；二是可以获得非平衡组织，图2-9所示为控制冷却示意图。结构钢空冷后得到铁素体-珠光体组织，加速冷却避免了珠光体转变而得到铁素体-贝氏体组织。实际上，加速冷却一般在约550℃时终止，接下来是空冷。随着先进钢铁材料开发的需要，控制冷却技术实质上已发展为不仅是对轧后板带冷却过程的温度控制(开始冷却、终止冷却温度)，更是对板带冷却过程中的相变及微观组织形态的控制。

图2-10所示为控制轧制和控制冷却过程中的组织变化示意图，可见控制轧制中奥氏体晶粒被拉长，奥氏体内产生变形带，两者均使铁素体形核位置大量增加，细化了铁素体晶粒。

(3) 微合金化元素的作用　铌、钒或钛作为微合金化元素，其作用之一是通过它们的碳化物、氮化物质点阻止奥氏体晶粒在再加热时长大；作用之二是在轧制时延迟奥氏体的再结晶。过去，对于究竟是溶质原子还是析出物延迟奥氏体再结晶的问题认识还不统一。现在许

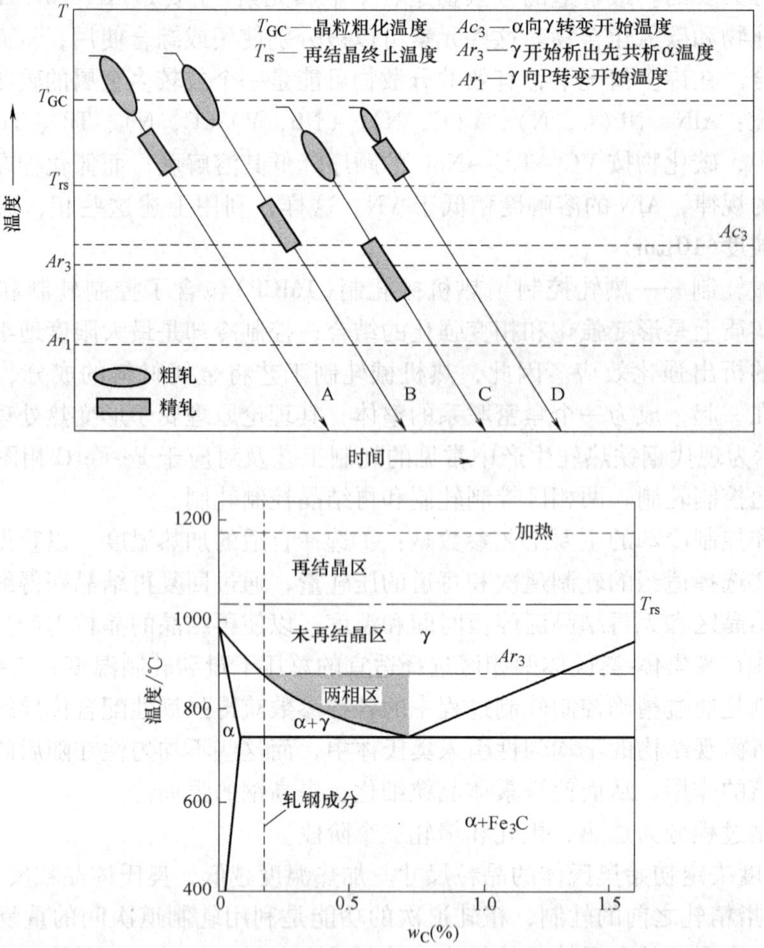

图 2-8　四种轧制规范及对应的区域示意图

A—普通轧制　B—普通控制轧制　C—两相区控制轧制　D—再结晶控制轧制

多事实表明，虽然溶解的溶质原子能起阻碍回复和再结晶的作用，但是主要效应来自未再结晶奥氏体中的析出物。这种奥氏体中的应变诱生析出物钉轧回复的亚晶界并阻止再结晶。也有人认为，溶质原子抑制动态再结晶(这是与形变同时急速发生的再结晶，它受化学成分、形变温度、形变率和形变量的影响，与初始奥氏体晶粒度无关，其特征是组织中有位错形成的胞状结构)，而应变诱出析出物则抑制静态再结晶(这是在形变后短时间内发生的，受初始奥氏体晶粒度制约，其特征是晶界生核)。铌、钒、钛延缓轧制时奥氏体再结晶能力的比较如图 2-11 所示。铌显著提高再结晶的门槛值，钛次之，钒只有含量相当高时才有效。

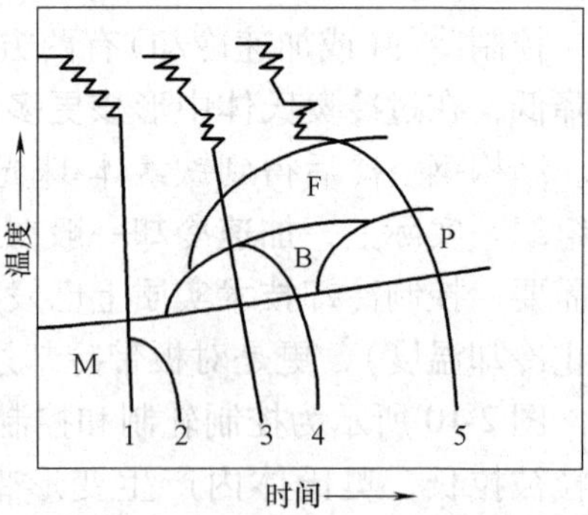

图 2-9　控制冷却示意图

1—淬火　2—分级淬火　3—加速冷却

4—分级加速冷却　5—空冷

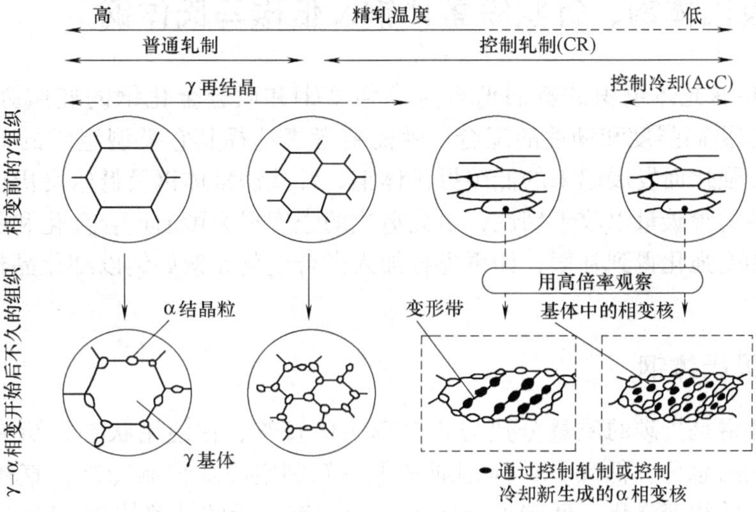

图 2-10　控制轧制和控制冷却过程中的组织变化示意图

3. 微(少)珠光体钢

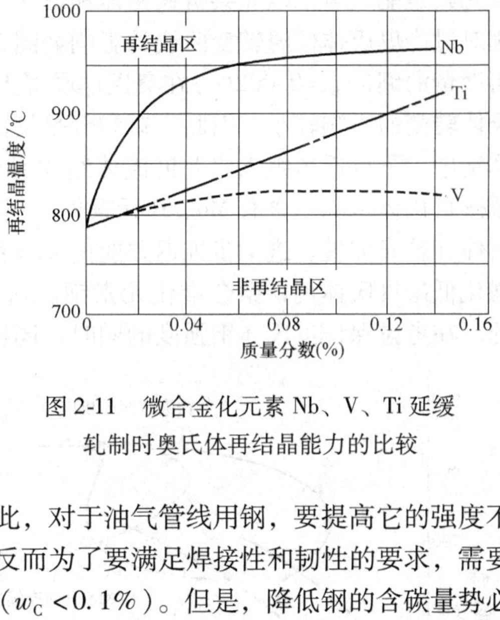

图 2-11　微合金化元素 Nb、V、Ti 延缓轧制时奥氏体再结晶能力的比较

随着石油、天然气的大量开发，需要大量的输送石油、天然气的管线。作为油气管线用钢，要求具有很好的焊接性、低温韧性和强度等综合性能。油气管线用钢已由 20 世纪 60 年代的铁素体-珠光体钢发展为现代的显微组织中具有大量的铁素体和较少量可见珠光体的微珠光体低合金高强度钢，简称为微珠光体钢。

在铁素体-珠光体钢中，珠光体含量是影响钢强度(但不影响屈服强度)的主要因素之一。珠光体含量每增加 10%，将使韧-脆转变温度升高 22℃。要增加珠光体含量，必须提高钢中碳的含量，这将大大损害钢的焊接性和低温冲击韧度。因此，对于油气管线用钢，要提高它的强度不能依靠提高钢的含碳量来增加珠光体含量的方法，反而为了要满足焊接性和韧性的要求，需要将钢的含碳量进一步降低，即采用微(少)珠光体钢($w_C < 0.1\%$)。但是，降低钢的含碳量势必降低钢的强度。因此，为了保证钢的强度，就必须采用其它不损害或少损害焊接性和韧性的强化措施。从前面分析可知，在细晶强化中，屈服强度每提高 15MPa，韧-脆转变温度降低 10℃；在析出强化中，屈服强度每提高 15MPa，韧-脆转变温度提高 4℃。因此，细晶强化既能强化组织又能降低韧-脆转变温度，而析出强化虽使钢的韧-脆转变温度升高，但效果远低于固溶强化。所以，微珠光体钢可通过析出强化和晶粒细化来提高钢的综合性能。

实现析出强化和晶粒细化的方法就是采用 Nb、V、Ti 微合金化和热机械控制处理(TM-CP)工艺，即控制轧制和控制冷却以及它们的组合控制。

2.4 低碳贝氏体钢、针状铁素体钢及低碳马氏体钢

具有铁素体-珠光体组织的普通低合金高强度钢和微合金化钢的屈服强度的极限约为460MPa。若要求更高强度和韧性的配合，就需要考虑选择其它类型组织的低合金钢，如采用进一步的相变强化而发展起来的低碳贝氏体钢、针状铁素体钢及低碳马氏体钢。这类钢主要是适当降低钢的含碳量以改善韧性，由此造成的强度损失可通过合金化和随后的控制轧制和控制冷却的相变强化得到补偿；如再配合加入微合金化元素如铌以细化晶粒，则可进一步提高韧性。

2.4.1 低碳贝氏体钢

低碳贝氏体钢是指碳的质量分数为0.10%～0.15%、在使用状态组织为贝氏体的低合金高强度结构钢的总称。低碳贝氏体钢通常采用轧制空冷或控制冷却，直接获得贝氏体组织。由于贝氏体的相变强化，低碳贝氏体钢与相同碳含量的铁素体-珠光体型钢相比，具有更高的强度和良好的韧性，屈服强度可达450～980MPa。

钢中的主要合金元素是保证在较宽的冷却速度范围内获得以贝氏体为主的组织。这类合金元素是能显著推迟先共析铁素体和珠光体转变，而对贝氏体转变推迟较少的钼和硼。钼和硼对过冷奥氏体恒温转变曲线的影响如图2-12所示。$w_{Mo}>0.3\%$能显著推迟珠光体的转变，而微量的硼（$w_B=0.002\%$）在奥氏体晶界上有偏析作用，可有效推迟铁素体的转变，且对贝氏体转变的影响较小。因此，钼和硼是贝氏体钢中必不可少的主加元素。另外，在低碳贝氏体钢中，下贝氏体组织比上贝氏体组织具有更高的强度和较低的韧-脆转变温度（图2-13）。低碳贝氏体钢除了含有Mo、B元素外，还含有Mn、Cr、Ni等元素。这样，可以使先共析铁素体和珠光体转变进一步推迟并能使Bs转变点降低，以保证获得下贝体组织。为了进一步强化低碳贝氏体钢，微合金化元素铌、钛、钒的细化晶粒和析出强化的作用也是必不可少的。在考虑保证贝氏体钢强度的同时，同样必须保证良好的韧性、焊接性和成形性等工艺性

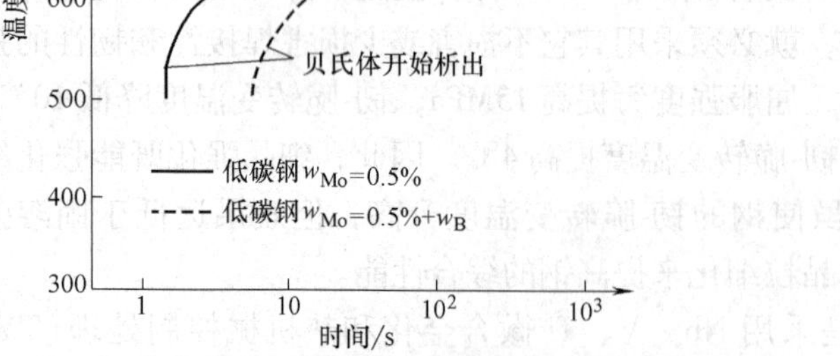

图2-12 低碳钼钢和钼硼钢的过冷奥氏体恒温转变开始曲线

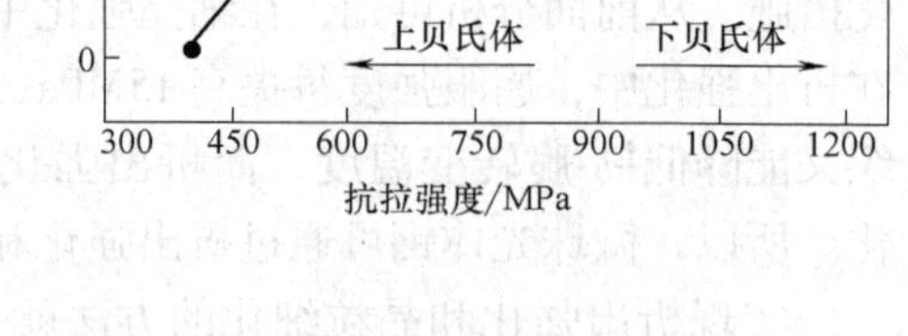

图2-13 低碳贝氏体钢上贝氏体与下贝氏体的抗拉强度与韧-脆转变温度的关系

能。因此，钢中碳的质量分数一般控制在0.10%～0.15%范围内。

低碳贝氏体钢的化学成分一般为：w_{C}＝0.10%～0.15%，w_{Mo}＝0.3%～0.6%，w_{Mn}＝0.6%～1.6%，w_{B}＝0.001%～0.005%，w_{V}＝0.04%～0.10%，$w_{Nb或Ti}$＝0.01%～0.06%，并经常含有w_{Cr}为0.4%～0.7%。14MnMoV和14MnMoVBRE是我国发展的低碳贝氏体钢，其屈服强度为490MPa级，主要用于制造容器的板材和其它钢结构。

2.4.2 针状铁素体钢

虽然微珠光体钢在强度、焊接性、低温冲击韧度等方面比铁素体-珠光体钢有了很大的改善，但对于一些强度、焊接性、低温冲击韧度等要求更高的场合，就必须采用针状铁素体型低合金高强度结构钢。

20世纪70年代初，为了适应高寒地带大口径石油天然气输送管线工程对材料高强度、低温韧性、焊接性等综合性能不断增长的要求，在Mn-Nb系HSLA钢的基础上，降碳(w_{C}≤0.06%)提锰(w_{Mn}＞1.6%)加钼(w_{Mo}＝0.15%～0.54%)，发展了X—70级低C-Mn-Mo-Nb系针状铁素体钢。这种针状铁素体钢控轧状态的屈服强度可达470～530MPa，夏比V形缺口冲击平台能可达165J，韧-脆转变温度(DBTT)可低于－60℃。

针状铁素体的组织由细小的多边形铁素体、高密度位错亚结构的针状铁素体、少量的贝氏体和岛状马氏体及奥氏体组成。主要强化作用的晶粒细化、位错强化及碳化物析出强化，固溶强化作用较小。

针状铁素体的合金化设计原则是低碳和控制轧制。针状铁素体钢的两种典型成分见表2-8。

表2-8 典型针状铁素体钢的化学成分 (%)

	w_{C}	w_{Si}	w_{Mn}	w_{P}	w_{S}	w_{Mo}	w_{Nb}	w_{Cu}	w_{Ni}	w_{V}	w_{Al}	w_{N}	w_{Ce}	w_{Cr}
Mo-Nb	0.06	0.31	4.80	0.004	0.010	0.31	0.10	0.20	0.16		0.004	0.010	0.024	0.09
Mo-Nb-V	0.08	0.27	1.90	0.004	0.003	0.24	0.05	0.24	0.20	0.06	0.036	0.007		

针状铁素体钢实际上也应属于超低碳贝氏体钢，它是在低合金钢的基础上，在钢中碳的质量分数低于0.06%时，添加适量的Mn、Mo、Nb等其它元素，形成一种具有高密度位错($10^{10}/cm^{2}$)亚结构的“针状铁素体”组织的钢。有时，该钢还具有极少量的其它组织。为了进一步提高钢的焊接性和低温冲击韧度而采用低碳或超低碳(w_{C}≤0.06%)；为了推迟先共析铁素体和珠光体的转变，使贝氏体型铁素体(简称为贝氏铁素体)的形成温度低于450℃以获得贝氏体组织，常加入钼和锰进行合金化；铌形成Nb(C，N)可细化晶粒和起析出强化作用。因此，针状铁素体钢的主要强化机制可归纳为：极细的贝氏铁素体晶粒或板条、高的位错密度、细小弥散分布的碳氮化物、固溶在贝氏铁素体中的碳等间隙原子的强化和固溶在铁素体中合金元素的置换式固溶强化。

严格地说，针状铁素体钢主要是指碳的质量分数小于0.06%的低合金高强度结构钢。针状铁素体钢的典型成分为0.06%C-1.9%Mn-0.3%Mo-0.06%Nb，其屈服强度高于470MPa，伸长率大于20%，室温吸收能量大于80J并具有较好的低温韧性。超低碳贝氏体钢则主要是指碳的质量分数小于0.03%的钢，其典型成分为0.02%C-1.72%Mn-0.18%Mo-0.04%Nb-0.01%Ti-0.001%B。由于碳含量更低，它不仅具有更好的低温冲击韧度，而且有更好的焊接性，已成功地应用于现场焊接条件及苛刻的寒冷地带的管线用钢。

这类钢通过合理的成分设计并采用先进的控制扎制和控制冷却技术，可以保证得到极细的晶粒和针状铁素体片，更高位错密度的细小亚结构和更弥散的 Nb(C，N)沉淀析出，使针状铁素体钢的屈服强度可达到 700 ~ 800MPa，并具有高的韧性。因此，这类超低碳贝氏体钢被称为21世纪的控轧钢。

2.4.3 低碳马氏体钢

工程机械上相对运动的部件和低温下使用的部件，要求具有更高的强度和良好的韧性。为了满足这一要求，通常对钢进行淬火和自回火处理以发掘材料的最大潜力。这类钢碳的质量分数通常都低于0.16%，属于低碳低合金高强度结构钢。淬火回火处理后钢的组织为低碳回火马氏体，因此，这类钢通称为低碳马氏体钢。为了使钢得到比较好的淬透性，防止发生先共析铁素体和珠光体转变，加入钼、铌、钒、硼及控制合理含量的锰和铬与之配合，铌还作为细化晶粒的微合金化元素起作用。常见的有 BHS 系列钢种，其中 BHS—I 钢的成分为 0.10% C-1.80% Mn-0.45% Mo-0.05% Nb，其生产工艺为锻轧后空冷或直接淬火后自回火。锻轧后空冷得到贝氏体、马氏体、铁素体混合组织，其性能为：屈服强度 828MPa、抗拉强度 1049MPa、室温吸收能量 96J，疲劳断裂周期较长，可用来制造汽车的轮臂托架。若直接淬火成低碳马氏体，屈服强度为 935MPa，抗拉强度达到 1197MPa，室温吸收能量为 32J，可制造汽车的下操纵杆。这种具有极高强度、优异低温韧性和疲劳性能的材料可保证部件的安全可靠性。BHS 钢还用来生产车轴、转向联动节和拉杆等，也可用于冷镦、冷拔及制作高强度紧固件。Mn-Si-V-Nb 系低碳合金钢是另一种低碳回火马氏体钢，其屈服强度可达 860 ~ 1116MPa，室温吸收能量为 46 ~ 75J。

低碳回火马氏体钢具有高的强度、韧性和疲劳强度，达到了合金调质钢经调质热处理后的性能水平。

2.5 双相钢

在低合金高强度结构钢中有一类要求具有足够的冲压成形性，称为低合金冲压钢。传统的低合金高强度结构钢难以满足这方面的要求，因此发展了双相低合金高强度结构钢。

所谓双相钢，是指显微组织主要是由铁素体和 5% ~ 20%(体积分数)的马氏体所组成的低合金高强度结构钢，即在软相铁素体基体上分布着一定量的硬质相马氏体。图 2-14 所示为 F-M 双相钢的典型组织，图中黑色组织为马氏体。实际上，生产中钢的组织内还包含少量的贝氏体和脱溶的碳化物。

双相钢中马氏体的体积分数增加，则抗拉强度提高，而屈服强度开始降低，随后在马氏体约为 10% 体积分数时提高。双相钢的屈服强度取决于铁素体与马氏体之间的硬度比，通常当马氏体的含碳量增加时，屈服强度提高。马氏体的最高体积分数为 20% 时，可获得强度-韧性最佳匹配的双相钢。

这种铁素体 + 马氏体组织组成的钢，由于基体为铁素体，可以保证钢具备良好的塑性、韧性和冲压成形性，一定的马氏体可以保证钢的高强度。因此，双相低合金高强度钢具有以下特点：①低的屈服强度，且是连续屈服，无屈服平台和上、下屈服；②均匀的伸长率，且总的伸长率较大，冷加工性能好；③塑性变形比 γ 值很高；④加工硬化率 n 值大。

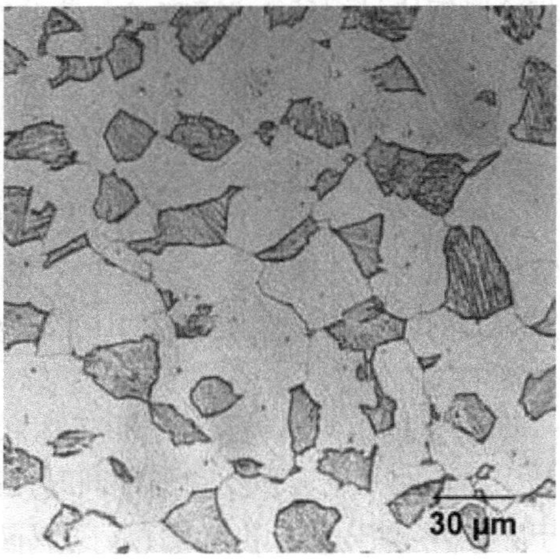

图 2-14　F-M 双相钢的典型组织

双相钢按生产工艺分为退火双相钢和热轧双相钢。图 2-15 所示为双相钢的不同生产工艺。

热处理双相钢工艺称为亚临界温度退火，故热处理双相钢又叫做退火双相钢。其具体工艺是将热轧的板材或冷轧的薄板在两相区（γ + α）加热退火，在铁素体的基体上形成一定数量的奥氏体，然后空冷或快冷，得到铁素体 + 马氏体组织。这类钢的化学成分可以在很大范围内变动，从普通低碳钢到低合金钢均可。当钢长时间在（γ + α）两相区退火时，合金元素将在奥氏体与铁素体之间重新分配，C、Mn 等奥氏体形成元素富集于奥氏体中，这样提高了过冷奥氏体的稳定性，抑制了珠光体转变，在空冷条件下即能转变成马氏体。这里要控制退火温度，以控制奥氏体量和奥氏体中的合金元素的含量及其稳定性。若采用 $w_{Mn} > 1.0\%$ 和 $w_{Si} = 0.5\% \sim 0.6\%$ 的低碳低合金钢，在生产工艺上更容易得到双相钢。

热轧双相钢工艺是指在加热状态下，通过控制冷却得到铁素体 + 马氏体的双相组织。这就要求钢在热轧后从奥氏体状态时冷却，首先形成 70% ~ 80%（体积分数）的多边形铁素体，未转变的奥氏体因富集碳和其它合金元素而具有足够的稳定性，使它不发生珠光体和贝氏体转变，冷却时直接转变为马氏体，这就要求从合金元素含量和风冷速度上来控制。这类钢比一般的低合金高强度钢含有较高的 Si、Cr、Mo 等合金元素，典型的化学成分为 $w_C = 0.04\% \sim 0.10\%$，$w_{Mn} = 0.8\% \sim 1.8\%$，$w_{Si} = 0.9\% \sim 1.5\%$，$w_{Mo} = 0.3\% \sim 0.4\%$，$w_{Cr} = 0.4\% \sim 0.6\%$，以及微合金元素 V 等。生产工艺为 1150 ~ 1250℃加热，870 ~ 925℃终轧，空冷到 455 ~ 635℃卷取。极低碳和合金元素硅是为了提高钢的临界点 A_3，促使形成较多含量的多边形先共析铁素体。锰、钼、铬等提高钢淬透性的元素是为了防止卷取时剩余奥氏体转变为珠光体和贝氏体，最终冷却得到马氏体。

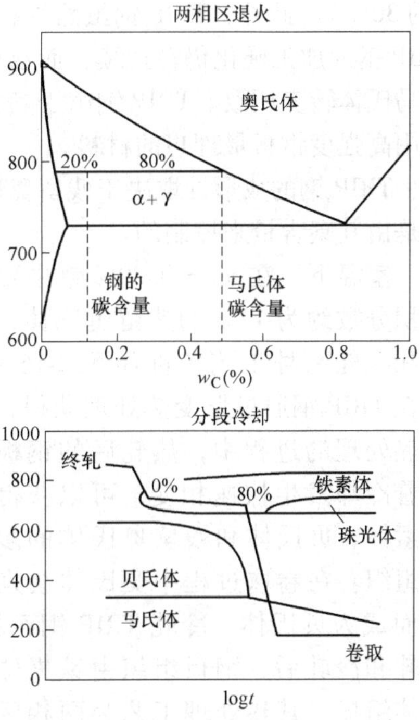

图 2-15　双相钢的不同生产工艺

由于双相钢具有良好的特性，目前已得到广泛的应用。根据双相钢的用途不同，除了冲压型双相钢外还有非冲压型双相钢。冲压型双相钢主要是板材，典型的用途是汽车大梁和滚型车轮，还用于汽车的前后保险杠、发动机悬置梁等；非冲压型双相钢有棒材、线材、钢筋、薄壁无缝钢管等产品，钢材经热轧后控制冷却，得到铁素体加马氏体双相钢组织，然后经冷拔、冷镦等工艺制成成品。由于冷却条件良好，可以使用较少的合金元素，降低成本。如用于高速线材轧制生产散卷控制冷却得到的双相钢丝，钢种为 09Mn2Si、07Mn2SiV；热轧双相冷镦钢棒材钢种为08SiMn2；薄壁双相无缝钢管用钢为07MnSi等。

2.6 相变诱发塑性(TRIP)钢

金属及合金在相变过程中由于塑性增长，在低于母相的屈服强度下会产生塑性变形，这种特性被称为相变诱发塑性(TRIP)。钢在马氏体相变时有明显的相变塑性现象，而且随着外加应力的增高，塑性增大。TRIP效应是一种既增加钢的强度而又没有破坏强度和韧性之间平衡的机制。

TRIP钢的组织由铁素体、贝氏体和残留奥氏体三相组成。TRIP效应是钢中残留奥氏体向马氏体转变，使得强度和塑性同时提高。这种残留奥氏体在室温下比较稳定，但在变形过程中，TRIP钢中的残留奥氏体转变成高强度的高碳马氏体，同时伴随着体积膨胀，因而抑制了塑变的不稳定，增加了均匀延伸的范围，故使得强度和塑性同时提高。

TRIP钢具有类似于双相钢的低屈强比(0.58)，但在相同的抗拉强度下，其伸长率要高(约30%)。此外，TRIP钢虽然具有比双相钢低的初始加工硬化速率，但在更高的应变下，TRIP钢的加工硬化仍在持续，而双相钢则消失。这是由于TRIP钢中的应变导致奥氏体持续向马氏体转变所致。TRIP钢由于其独特的强韧化机制和高的强韧性，被公认为是新一代汽车用高强度钢板最理想的材料。

TRIP钢的成形性取决于残留奥氏体的数量和稳定性，而残留奥氏体的体积分数和稳定性是由其碳含量来控制的。

室温下，在 $w_C=0.20\%$ 钢中要获得体积分数约为12%的残留奥氏体，其热轧和冷轧两种工艺条件如图2-16所示。热轧TRIP钢通过形变热处理获得，在形变热处理的过程中，热轧后的钢板组织随着冷却发生快速相变，可以获得包含铁素体、贝氏体和残留奥氏体的多相显微组织。在卷取过程中奥氏体会发生相变而成为贝氏体。冷轧TRIP钢经粗轧、热轧和冷轧后，钢板组织由铁素体和奥氏体组成，其热处理工艺为两相区退火加贝氏体区等温淬火，然后空冷至室温。在贝氏体区等温处理时，大部分奥氏体转变为贝氏体，少量保留下来，最终钢板的组织中包含铁素体、贝氏体和残留奥氏体。

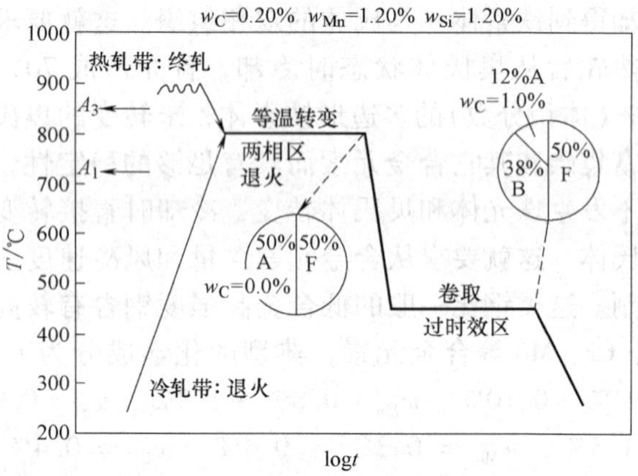

图2-16 TRIP钢热轧带钢和冷轧薄板的生产工艺

Matsumuraetal提出了基础成分为C-Mn-Si的TRIP钢：$w_C=0.12\%\sim0.55\%$，$w_{Mn}=0.2\%\sim2.5\%$，$w_{Si}=0.4\%\sim1.8\%$。由于高的硅含量易在钢板表面形成 Mn_2SiO_4，使钢板的可镀性下降。近年来，开发了用铝取代部分或全部硅的TRIP钢，可解决此问题。

2.7 建筑用抗震耐火钢

当代的建筑钢结构以节能环保、综合技术经济指标佳、抗震性能好等受到越来越广泛的重视和应用。同混凝土结构相比，钢结构的缺点是防火防腐性能较差。耐火钢正是为了满足现代建筑结构发展的要求而开发的具有功能性的新型建筑结构用钢。

20世纪70年代开始，法国Creusot-Ioire公司就开发出一种能够承受900～1000℃火灾温度的含钼耐火钢，由于其制造成本昂贵，没有实现商业应用。20世纪80年代后期，澳大利亚对耐火钢进行了开发，并首次提出针状铁素体组织与沉淀强化型第二相组元(Nb或V)可以提高钢的高温强度。之后，日本、韩国、欧洲以及其他国家和地区都相继开发出了具有良好高温性能的系列耐火钢。此外，还开发出了多功能性的耐火钢，如易焊接耐火钢、抗震耐火钢和耐大气腐强耐火钢等。目前，耐火钢在日本、韩国及欧美国家已经获得广泛的应用。我国也从20世纪90年代中期开始了建筑用耐火钢的研究与开发。

抗震耐火钢属于具有特殊性能的专用低合金高强度结构钢系列。

2.7.1 抗震耐火钢的性能要求

为了保证钢结构的性能，建筑用钢必须具有低的屈强比、抗层状撕裂性能好和良好的焊接性能。同普通建筑用钢相比，耐火钢不但要求具备上述性能，还要求具有良好的高温强度。耐火钢要求的良好的高温性能不同于通常的耐热钢，耐火钢是在常温下承载，要求在遇到火灾的短时(1～3h)高温条件下能够保持较高的屈服强度，属于低合金结构用钢。

某一温度下屈服强度与常温屈服强度的比率是衡量耐火性能的一个重要参数。在钢结构安全设计规范中，常温下钢材屈服强度的2/3相当于该材料的长期允许应力值，当发生火灾时，如果耐火钢的屈服强度仍然能保持此值，建筑物就不会倒塌。因此，要求耐火钢在某一高温下的屈服强度不低于室温屈服强度的2/3。

建筑物的防火性能不仅仅取决于所用的钢材，还取决于防火设计系统和耐火涂层的厚度。因此，最重要的是确定允许的耐火温度与钢的生产成本之间的最佳配合。提高钢的耐火温度可以减少防火涂层的厚度，但耐火温度设定过高，合金元素的添加量随之增加，这将增加钢材成本，并影响钢材的焊接性能。耐火温度的设定是耐火钢技术要求的关键，一般设定在600℃为宜。

结构设计的构思是希望尽量提高钢结构吸收地震能量的能力。若钢的屈强比较高，地震发生时就会产生局部应力集中和局部大变形，结构只能吸收较少的能量，因此，低屈强比是提高建筑结构地震时吸收能量的一个必要条件。一般要求抗震耐火钢的屈强比不大于80%，对于地震高发地区，要求屈强比不大于70%。

综上所述，建筑用抗震耐火钢的技术指标要求如下：①良好的高温强度，600℃时的屈服强度不小于2/3常温屈服强度；②满足普通建筑用钢的标准要求，室温力学性能等同或优于普通建筑用钢；③高的抗震性能，室温屈强比不大于80%，降低屈服强度波动范围；④良好的焊接性能，优于普通建筑用钢。

2.7.2 抗震耐火钢的合金化原则

耐火钢的关键性能要求是高温强度。耐火钢的高温强化机理通常包括两个方面，即固溶强化作用和第二相的析出强化作用。钼和铬是提高钢的高温强度最为有效的合金元素。钼、铬等元素固溶于铁素体中，强化了铁素体基体，可以显著提高钢的高温强度。但是，钢中添加大量的这类合金元素，将大幅度增加生产成本，这对使用量大且面广的结构材料来说是不可行的。另外，钼、铬等合金元素增加钢的淬透性，提高碳当量，对焊接性能不利。

耐火钢的另一个主要强化方式是碳化物的析出强化作用。在耐火钢中，析出相提高高温强度的一个首要条件就是这些析出相必须具有良好的高温稳定性。相对而言，微合金化元素铌、钒、钛的析出物具有良好的高温稳定性，对提高高温强度会产生有益的影响。大量研究表明，微合金化元素铌、钒、钛的碳化物、氮化物和碳氮化物在铁素体基体中的析出，可显著提高钢的高温强度。

2.7.3 典型抗震耐火钢

各国对多种合金系的耐火钢都进行了研究，目前生产的耐火钢有 Mo-Nb、Mo-Nb-Ti、Mo-V、Mo-Cr-Nb、Mo-Cr-Nb-V 合金系钢等，为了提高钢的耐候性，还研制了 Mo-Cr-Cu、Mo-Cr-Cu-V-Ti-Ni 合金系钢。国内外生产的耐火钢典型化学成分见表 2-9。

表 2-9 耐火钢的典型化学成分 （%）

制造厂	w_C	w_{Si}	w_{Mn}	w_{Mo}	w_{Nb}	w_{Cr}	w_V	w_{Ti}	w_{Cu}	备注
川崎制铁	0.05	0.25	0.90	0.45	0.02			0.01		
佳友金属	0.11	0.16	0.79	0.36		0.58			0.32	耐火耐候钢
韩国浦项	0.05～0.15	≤0.55	≤1.00	0.30～0.90	0.01～0.06	0.02～0.06				
武钢	0.08	0.27	1.36	0.57	0.017	0.33	0.046	0.013	0.45	0.52Ni
马钢	0.10	0.33	1.00	0.50	0.03	0.36				
鞍钢	0.07	0.22	0.87	0.30	0.021	0.45	0.019			

2.8 工程构件用钢的发展趋势

近几十年来，工程构件用钢特别是低合金高强度结构钢的发展取得了前所未有的进步。这中间涉及新钢种的发展比较少，而涉及将冶金及材料科学与工程的研究成果和新工艺技术与现有钢种结合的比较多。工程构件用钢的发展有两个共同的目标：一是采用新的节能冶金技术和工艺，以尽可能地降低生产成本，经济而有效地改善钢材的强度、韧性、冷成形性、焊接性、耐蚀性、耐磨性等综合性能；二是采用微合金化及适当的炼钢添加剂，以节约合金元素。

今后，工程构件用钢的发展趋势将具体表现在以下两个方面。

1. 钢铁冶金新技术

（1）氧气转炉冶炼技术　氧气吹炼可有效地去除钢中的杂质和气体，提高冶金质量。例如，氧气吹炼可使钢中含氮量明显降低，w_N 最低可达 0.001%～0.002%，可有效地防止应变时效。同时，还能提高生产率，降低生产成本。质量较差且成本较高的平炉钢将全部淘汰。

（2）炉外精炼技术　采用炉外精炼技术进行脱气、脱硫，进一步降低钢中的气体含量和硫含量。例如，中间罐冶金、真空处理、钢包吹氩、喷射冶金等。这些新技术的应用，可使低合金高强度结构钢能够满足各种专门用钢的特殊性能要求。通过采用电炉粗炼钢液，钢包精炼炉真空精炼铸锭-中间包芯杆吹氩-真空浇注工艺（双联法），可生产 $w_S \leqslant 0.002\%$ 的加氢用16Mn（HIC）钢。

（3）连铸连轧技术　连铸连轧技术可使连铸坯没有明显的区域偏析，而且偏析较轻，沿长度方向组织结构均匀，非金属夹杂物较少，组织致密，冶金质量高于模铸钢锭。采用连铸技术可提高钢材收得率8%～15%，降低成本10%～20%，减少能耗50%以上。连铸连轧的应用，实质是化学冶金过程和物理冶金过程之间的"紧凑化"和生产流程准连续化及"在线"协同化的表现。

（4）多元微合金化技术　人们早已发现多种合金元素(多元合金)对钢所起的作用大于单个元素(单元)作用的简单叠加，因而，现在包括高合金钢在内，都倾向于多元合金化。目前，对于微量Ti、Nb、V、N、B、RE在钢中的作用已有深入了解，多元微合金化钢的物理冶金问题研究已经取得了进展。

（5）发展控轧控冷技术　采用控轧控冷技术的目的是尽可能细化铁素体晶粒，以获得最高的强度和最佳的韧性与塑性。

2. 工程构件新钢种

（1）超细晶粒钢——超级钢　所谓超级钢，就是利用普通低碳钢或低合金钢，在保证其它性能要求的前提下，通过超洁净化洁净度、超细晶粒化和高度均匀化等手段大幅度提高钢的强度(屈服强度提高1倍)，它比传统钢铁材料具有更高的性能价格比，是优于铝合金、塑料等的新型钢铁材料。

国家"973计划"项目"新一代钢铁材料的重大基础研究"取得的重要成果之一即是实现了400～500MPa超级钢的工业生产及应用。这一成果的主要内容是以普通C-Mn钢为对象，通过对轧制和冷却条件的控制，在成分基本不变的前提下不仅使屈服强度提高一倍，同时还具有良好的综合力学性能。该项成果的一个重要特点是立足于现有的工业生产实际，在产品性能、加工成本以及设备条件之间建立一种优化关系，因而能够迅速地应用于生产实际，并产生良好的经济效益和社会效益。以屈服强度为200MPa级的普碳钢为基本成分，采用成分微调与控轧控冷工艺相结合的技术路线，可将屈服强度提高到400～500MPa，同时保证良好的综合性能。这类产品应用于汽车、建筑等行业，取得了用户降低成本、生产厂多获效益的双赢效果。在普通碳素结构钢Q235的基础上对其化学成分进行调整，提高锰的含量并加入微合金化元素铌，与控制轧制控制冷却工艺相结合，在细晶强化、相变强化和沉淀强化的综合作用下，钢的屈服强度达到500MPa以上，冲击韧度良好，伸长率大于25%。

（2）TRIP钢　相变诱发塑性(Transformation Induced Plasticity，TRIP)可以同时提高钢的强度和塑性。20世纪60年代，Zackay在含铬、镍的高合金奥氏体不锈钢中发现了TRIP效应，并由此研制出TRIP钢。但是，由于价格昂贵且工艺复杂，使其应用受到限制。20世纪70年代中期，Hayami发现双相钢中的残留奥氏体也具有TRIP效应。此后，开展了以廉价硅、锰合金元素为主的TRIP钢的研究工作。

Si-Mn系TRIP钢的化学成分范围是：$w_C = 0.10\% \sim 0.70\%$，w_{Si}、w_{Mn}各为0.8%～2.5%。锰是奥氏体形成元素，硅促进铁素体形成，阻碍渗碳体在奥氏体中析出。低中碳的Si-Mn TRIP钢是在奥氏体和铁素体两相区加热，通过中温贝氏体区的等温，获得铁素体、贝氏体(或马氏体)、残留奥氏体三相组织。高碳Si-Mn TRIP钢则是在奥氏体化后等温，得到贝氏体(或马氏体)、残留奥氏体两相组织。

我国已开发出了低中碳TRIP型热轧和冷轧板带、型钢、无缝钢管等钢材品种，其抗拉强度可达1176MPa，伸长率超过30%。我国的高碳Si-Mn系TRIP钢，其抗拉强度可达1700MPa，屈服强度为1437MPa，伸长率为15%，断面收缩率为44%，冲击韧度为65J/cm^2，断裂韧度为82MPa·$m^{1/2}$。这类钢在今后将会有更大的发展。

本章小结

工程构件用钢包括碳素工程结构钢和低合金高强度结构钢，低合金高强度结构钢是在碳素工程结构钢的基础上，加入少量合金元素而形成的。在工程构件用钢中大量使用的是低合金高强度结构钢，根据工程结构件的一般服役条件，其主要的性能要求为具有足够的强度和韧性、良好的成形工艺性、良好的焊接性以及一定的耐蚀性。低合金高强度结构钢的成分特点是低碳，通过加入Si、Mn、Nb、Ti、V、Al、Cu、P等元素进行微合金化。低合金高强度结构钢通常具有铁素体-珠光体显微组织，合金元素通过固溶强化、析出弥散强化、细化晶粒强化和增加珠光体含量等强化机制提高强度。硅、锰的强化效果十分有效，在低碳情况下，锰能细化晶粒，降低韧-脆转变温度。从细化晶粒来看，Ti、Nb、V、Al等元素是十分有效的，铌、钒还可以产生沉淀强化作用。铜既能提高耐大气腐蚀性，又能产生沉淀强化。磷与其它元素配合，可以发挥其固溶强化和提高耐大气腐蚀性的作用。

在工程结构钢中，细化组织强化和沉淀析出强化及其良好的配合是十分重要的。在微合金化成分设计的基础上，正确地控制轧制和控制冷却工艺是关键因素。在新的科学理论和工艺技术指导下，发展了铁素体-珠光体型、微珠光体型、针状铁素体型、低碳贝氏体型、低碳回火马氏体型、双相型低合金高强度工程结构钢。随着冶金技术的发展，低合金高强度结构钢将会向超低碳、高纯净化、复合微合金化、超细化晶粒方向发展，通过合金化和现代加工技术的配合最大限度地挖掘出材料性能的潜力。

本章主要名词

工程构件用钢(engineering component steel)
碳素钢(carbon steel)
微合金化钢(microalloying steel)
低合金高强度钢(low-alloy high-strength steel)
微珠光体钢(micropearlite steel)
铁素体-珠光体钢(ferrite-pearlite steel)
针状铁素体钢(acicular ferrite steel)
双相钢(biphase steel)
低碳回火马氏体钢(low canbon tempered martensite steel)
低碳贝氏体钢(low canbon bainite steel)

习　题

1. 简述工程构件用钢一般的服役条件、加工特点和性能要求。
2. 工程构件用钢的成分特点如何？通常按用途如何进行分类？
3. 为什么贝氏体型普通低合金钢多采用质量分数为0.5%的钼和微量硼作为基本合金化元素？
4. 什么是微合金化钢？微合金化元素的主要作用是什么？
5. 简述微合金化低合金高强度结构钢的合金化与强韧化之间的关系。
6. 简述低合金高强度结构钢的微合金化与控制轧制技术原理与应用。
7. 什么是双相钢？其成分、组织和性能特点是什么？为什么能在汽车工业上得到大量应用？
8. 举例说明工程构件用钢的设计思路、成分特点、工程应用。
9. 在低合金高强度工程结构钢中大多采用微合金化元素（包括Nb、V、Ti等），试概述它们的主要作用。
10. 何谓超级钢？简述其强韧化原理。
11. 何谓TRIP钢？简述其强韧化原理。

第 3 章 机器零件用钢

机器零件用钢是国民经济各个领域，特别是机械制造工业领域广泛使用和用量最大的钢种。机器零件用钢是制造机械装备中各种构（零）件所使用的工业用钢。各种机械装备如汽车、机车、拖拉机、工程机械、机床、电站设备、飞机及运载设备等，都有多种多样的机械零件，具有代表性的如各种类型的轴件、齿轮、紧固件、轴承、弹簧等，这些构（零）件是机械制造领域广泛使用和用量最大的钢种。各种机械零件虽然差别较大，但工作条件是相似的，主要是承受拉、压、弯、扭、冲击、疲劳等应力，且往往是几种载荷同时作用；工作环境主要是大气、水和润滑油等；工作温度大多在室温到100℃范围之间。根据机械零件的服役条件，将要求其具有良好的力学性能，即具有足够高的强度、硬度、塑性、韧性和疲劳强度等。

机器零件用钢根据其生产工艺和用途，可分为调质钢、低碳马氏体钢、超高强度结构钢、渗碳钢、氮化钢、弹簧钢、轴承钢和易切削钢等。本章将以机器零件用钢的服役条件、失效方式、性能要求和机器零件用钢的合金化、热处理等为主线，讨论主要机器零件用钢，并讨论机械制造中的材料选择问题。

3.1 机器零件用钢的性能要求

3.1.1 典型机器零件的服役条件、失效方式及对性能的要求

机器零件在工作中的服役条件决定了零件的使用寿命和对材料性能的要求，因此机械设计中的选材依据就是零件的服役条件、失效方式以及对材料的性能要求。典型机器零件的服役条件、失效方式及材料选择的一般原则见表 3-1。

表 3-1 典型机器零件的服役条件、失效方式及材料选择的一般原则

零件类型	服役条件	常见失效方式	材料选择的一般标准（主要失效抗力指标）
轴类零件	负荷种类：冲击、疲劳 应力状态：弯、扭 其它因素：磨损	脆性断裂、疲劳、咬蚀、表面局部变化	弯、扭复合疲劳强度
曲轴	负荷种类：疲劳、冲击 应力状态：弯、扭 其它因素：磨损、振动	脆性断裂、表面变化、尺寸变化、疲劳、咬蚀	扭转、弯曲、疲劳强度，耐磨性，循环韧性
连杆	负荷种类：疲劳、冲击 应力状态：拉、压 其它因素：磨损	脆性断裂	拉压疲劳

（续）

零件类型	服役条件	常见失效方式	材料选择的一般标准（主要失效抗力指标）
紧固螺栓	负荷种类：静载荷、疲劳 应力状态：拉、剪切、弯	过量变形、塑性断裂、脆性断裂、疲劳、腐蚀	疲劳、屈服及抗剪强度
齿轮	负荷种类：疲劳、冲击 应力状态：压、弯、接触 其它因素：磨损	脆性断裂、疲劳、咬蚀、表面局部变化、尺寸变化	弯曲和接触疲劳强度、耐磨性、心部屈服强度
螺旋弹簧	负荷种类：疲劳、冲击 应力状态：弯、扭 其它因素：磨损	过量变形、脆性断裂、疲劳、腐蚀	弹性极限、扭转疲劳
板弹簧	负荷种类：疲劳、动载荷 应力状态：弯曲 其它因素：磨损	过量变形、脆性断裂、疲劳、腐蚀	弹性极限、弯曲疲劳
滚动轴承	负荷种类：疲劳、冲击 应力状态：压、接触 其它因素：磨损、温度、介质	脆性断裂、表面变化、尺寸变化、疲劳、腐蚀	接触疲劳、耐磨性、耐蚀性

通常情况下，实际零件的服役条件是比较复杂的，若使材料能够很好地满足零件的服役条件，关键是要找出零件的主要失效抗力指标作为解决矛盾的主要依据。

轴类零件主要承受弯曲和扭转负荷，并受到一定冲击，其常见的失效方式为断轴和磨损，因此对钢材来说，主要是保证其良好的强度及韧性，为了防止颈部磨损，还应具备一定的表面硬度。

弹簧零件中，螺旋弹簧主要承受扭转负荷，板弹簧主要承受弯曲负荷，其主要失效方式是疲劳断裂和过量变形，因此对弹簧钢的要求是具有高的弹性极限和高的疲劳强度。

滚动轴承在工作中承受高的交变载荷，滚动体与套圈之间工作接触面很小，产生大的接触应力，因此要求这类钢具有高的接触疲劳强度、高的硬度和耐磨性，其次还要求一定的韧性，并在大气和润滑介质中具有耐蚀性。

汽车齿轮在工作中传递载荷，轮齿承受弯曲应力，齿表面一方面受到压应力的作用，另一方面啮合的齿之间有接触疲劳和磨损的作用，此外，如果载荷不稳定，齿将受到冲击。因此，对于齿轮用钢，既要考虑弯曲疲劳强度又要考虑接触疲劳强度和耐磨性，同时还要兼顾韧性的要求。

综上所述，不同机器零件服役条件和失效方式不同，其主要失效抗力指标也不同。对机器零件用钢的性能要求需通过钢的成分和热处理两个方面来保证，同时对钢材的冶金质量、淬透性以及热处理后的尺寸稳定性等也要有一定的要求。

3.1.2 成分及热处理对性能的保证

成分及热处理对性能的保证包括两个方面的含义。所谓成分，一方面是指钢的含碳量，另一方面是指钢的合金化；所谓热处理，主要是指钢的淬火和淬火后的回火工艺。

1. 机器零件用钢的合金化特点

机器零件用钢一般为亚共析钢，钢中合金元素总的质量分数一般小于5%，少数钢为

5% ~10%，也就是说大部分机器零件用钢为低合金钢和中合金钢。钢的质量大都是优质钢和高级优质钢，杂质含量控制较严，冶金质量有保证。

机器零件用钢的合金化元素主要有 Cr、Mn、Si、Ni、Mo、W、V、B 等，或是单独加入，或是复合加入。其中，主加元素为 Cr、Mn、Si、Ni，其作用主要是提高钢的淬透性和综合力学性能。辅加元素有 Mo、W、V、B 等，这些元素配合加入到含有上述主加元素的钢中，能降低钢的过热敏感性与回火脆性，进一步提高钢的淬透性。辅加元素的含量一般都不高，通常在千分之几范围内。在大多数情况下，每种合金元素都有一个最佳范围，可使钢获得最佳性能。如果超过一定量，将会导致钢的性能劣化。

机器零件用钢常用合金元素的含量范围见表 3-2。合金元素的主要作用可以归纳为：提高钢的淬透性，降低钢的过热敏感性，提高耐回火性，消除回火脆性。

表 3-2　机器零件用钢常用合金元素的含量范围

合金元素	Si	Mn	Cr	Ni	Mo	V	W	Ti	B
质量分数（%）	0.90 ~ 1.20	1.00 ~ 1.80	0.80 ~ 1.70	1.00 ~ 3.75	0.20 ~ 0.40	0.12 ~ 0.20	0.60 ~ 0.80	0.05 ~ 0.10	≤0.003

2. 机器零件用钢含碳量和回火温度的确定

由于不同机器零件的服役条件和失效方式不同，主要的失效判据也不同，所以应合理选择钢的含碳量和热处理工艺。在一般情况下，某零件制造用材料并不是唯一的，可以由不同成分的钢来制造；同样，某一种钢采用不同的热处理工艺可以制造不同类型的零件。因此，要了解不同碳含量的钢其力学性能与回火温度的关系规律。

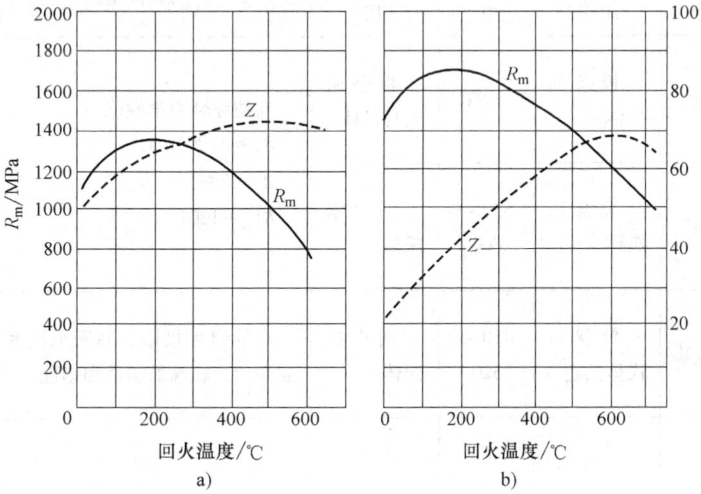

图 3-1　回火温度对低碳和中碳合金钢力学性能的影响
a）低碳合金钢　b）中碳合金钢

如图 3-1 所示，低碳和中碳（合金）钢淬火后，随着回火温度的升高，其一般规律是强度降低，而塑、韧性提高。低碳（合金）钢由于碳含量很低，淬火后得到脆性较低而塑性、韧性足够高的位错型板条马氏体 + 板条相界残留奥氏体 + 自回火析出的碳化物。在低于 250°C 回火时，由于部分消除了内应力，弥散析出的碳化物增多以及板条相界残留奥氏体保持不变，使塑性、韧性都有明显提高，这就得到了一个高的综合力学性能。例如，低碳合金钢 18Cr2Ni4WA 经过淬火 + 低温回火后可以达到很高的力学性能（R_m = 1200 ~ 1300MPa，Z = 50% ~60%，a_K = 120 ~ 140J/cm^2），其显微组织为低碳回火马氏体 + 板条相界残留奥氏体 + 碳化物（图 3-1a）。

中碳（合金）钢由于含碳量较高，淬火之后得到位错和孪晶马氏体的混合组织，如果也在低温回火（200 ~250℃），虽然强度很高，但是塑性、韧性较低。因此这类钢需要在

550～600℃进行高温回火，得到回火索氏体组织，其力学性能与低碳马氏体相近，R_m = 1200～1300MPa，Z = 60%，a_K = 120～140J/cm^2（图3-1b）。

高碳（合金）钢或者含碳量介于中碳和高碳之间的钢，其力学性能与回火温度的关系如图3-2所示。在300℃以下温度回火时，由于未能消除淬火内应力和高碳马氏体本身固有的脆性，所以都呈脆性断裂，在单向拉伸条件下较难准确地测定各项力学性能指标。大约在350℃回火时，呈现出最大的弹性极限（R_p）和屈服极限（R_{eL}），其显微组织为回火托氏体。

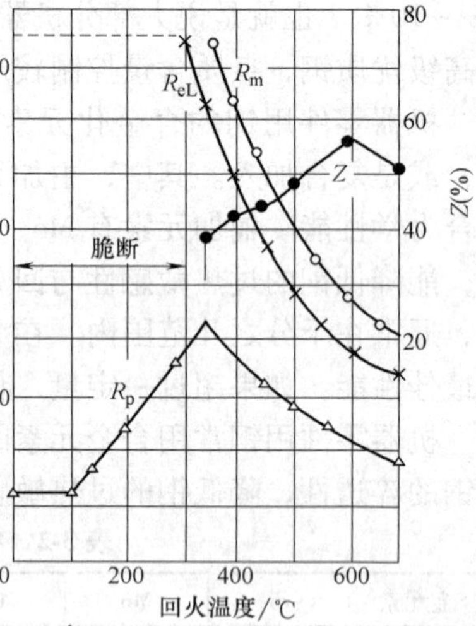

图3-2 回火温度对高碳低合金钢（w_C = 0.82%、w_{Mn} = 0.84%）力学性能的影响

由不同碳含量的钢的力学性能与回火温度的关系可知，对于一种机器零件，根据其服役条件和性能要求，可以在不同的含碳量钢和不同的热处理工艺方法中选择。结构钢碳含量、热处理工艺及应用的选择见表3-3。

表3-3 结构钢碳含量、热处理工艺及应用的选择

碳含量范围	淬火组织	回火温度/℃	回火组织	一般性能	选用途径
低碳	板条马氏体	<250	板条回火马氏体	高的综合力学性能 R_m≈1200MPa， Z≈60%， KV_2≈120J	1）对于要求良好综合力学性能的零件，选择材料的途径为： ① 低碳马氏体型结构钢，采用淬火+低温回火。为了提高耐磨性，可进行渗碳处理 ② 回火索氏体型，选择中碳钢，采用淬火+高温回火。为了提高耐磨性，可进行渗氮处理或高频感应加热淬火等表面硬化工艺方法 2）如果要求更高的强度，则适当牺牲塑性和韧性，可选择中碳钢，采用低温回火工艺 3）如要求高的弹性极限和屈服强度，又要求有较高的塑性和韧性，则选择中高碳钢，进行中温回火（弹簧钢） 4）如零件要求高强度、高硬度、高接触疲劳性和一定的塑性和韧性，可用高碳钢，采用淬火+低温回火（轴承钢）
中碳	混合马氏体	550～600	回火索氏体		
中高碳	针状马氏体为主	420～520	回火托氏体	高的弹性极限、屈服强度和屈强比，较高的塑性和韧性	
高碳	针状马氏体+碳化物+残留奥氏体	<200	回火马氏体+碳化物+残留奥氏体	高硬度，高强度，具有一定的塑、韧性	

3.2 常用机器零件用钢

机器零件中轴、杆、弹簧、轴承类等结构零件，如连杆、螺栓、主轴、半轴、弹簧等，其主要的失效形式是疲劳破坏，主要的性能指标为疲劳强度 S、抗拉强度 R_m、吸收能量 KV(KU)、断裂韧度 K_{IC}等。总体上是要求具有良好的综合力学性能。这类钢主要有调质钢、弹簧钢、轴承钢、低碳马氏体钢、超高强度钢等。

3.2.1 调质钢

结构钢经淬火并高温回火处理后具有良好的综合力学性能，有较高的强韧性。适用于这种热处理的钢种称为调质钢。调质钢在机械零件中是用量最大的。

调质钢的含碳量是在中碳范围内。调质钢淬火得到的马氏体组织经高温回火后，得到在 α 相基体上分布有细小颗粒状碳化物的组织。根据合金元素的含量不同而引起的耐回火性差别和回火温度的不同，可得到回火托氏体或回火索氏体组织，其主要区别在于基体 α 相是否完全再结晶和碳化物颗粒聚集长大的程度。

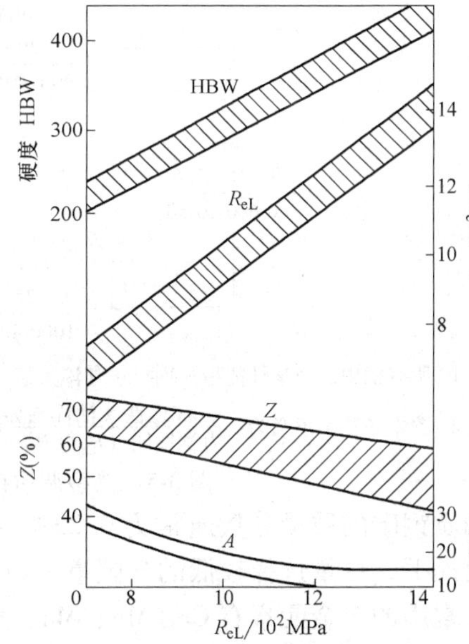

图 3-3　$w_C = 0.25\% \sim 0.45\%$ 的合金结构钢调质后的室温性能各指标间的关系

实验表明，$w_C = 0.25\% \sim 0.45\%$ 的合金结构钢调质后的室温力学性能指标大致相同，如图 3-3 所示。所以，尽管钢的化学成分不同，但得到的屈服强度和塑性指标相近。这意味着不同成分的调质钢，只要其淬透性相当，则可以互换。

碳素结构钢与合金结构钢经调质得到相同的强度和硬度，它们在 R_{eL}和 A 值上很相近，但在断面收缩率 Z 值上存在差别，而强度越高，差别越显著，如图 3-4 所示。尽管如此，由于碳素调质钢价格便宜，在满足淬透性的条件下，仍被广泛应用于机械零件。

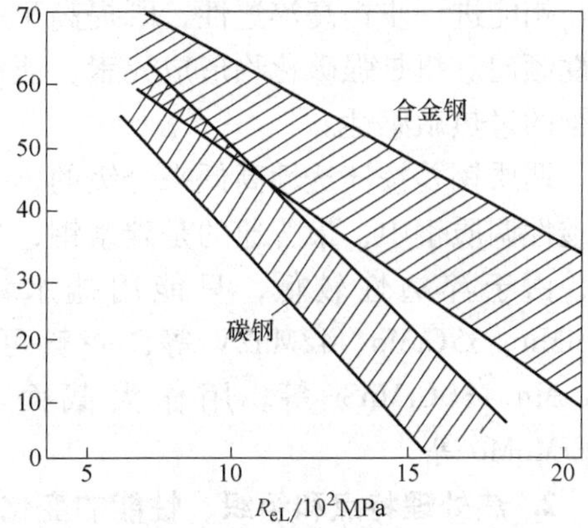

图 3-4　屈服强度相同的碳素结构钢和合金结构钢的断面收缩率比较

若保证调质钢具有综合力学性能，首先要求其具有足够的淬透性，使经淬火后零件的截面上得到尽可能厚而均匀的马氏体层，再加上回火控制碳化物的尺寸和弥散度，可保证达到性能要求。在这里发挥强化作用的元素主要是碳，它是以弥散碳化物的状态控制钢的强度。合金元素的主要作用之一是保证钢有足够的淬透性，在零件截面上得到合适的显微组织，以发挥碳的作用。合金元素的另一主要作用是提高耐回火性，改善回火索氏体的韧性。

1. 合金化与性能特点

合金调质钢是在碳素调质钢的基础上发展起来的。碳素钢在完全淬透并高温回火处理以后，可以满足机械制造上的一般需要，但由于淬透性低，热处理变形大等缺点，需要通过加入合金元素来解决这些矛盾。合金元素的加入有一个由单一元素到复合元素的发展过程，其在淬透性上的反映是由小到大，在性能上的反映则是由单一性能到优良综合性能，从而满足机械制造上不同零件在不同负荷状态的需要。图 3-5 所示为典型调质钢合金化历程及力学性能特点，从 40→40Mn→40CrMn→40CrMnMo 或 40→40Cr→40CrNi→40CrNiMo 的发展过程，可以看出后者都是为了克服前者的矛盾而发展起来的。每加入一种元素，既起到其本身的特殊作用，又起到元素之间的交互作用，从而使合金化达到改善组织、性能的目的。

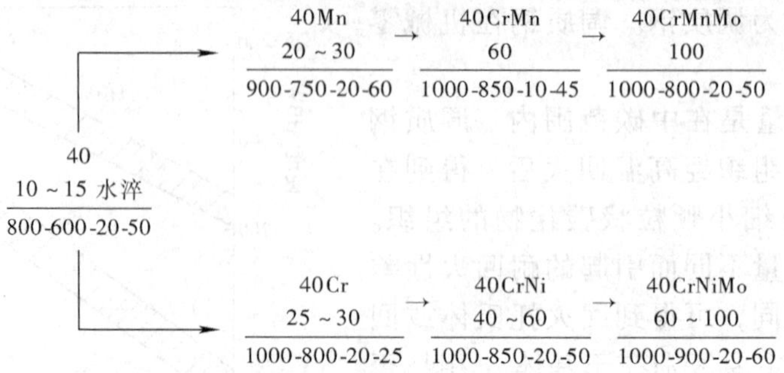

注：1. 所有钢中的力学性能指标均指正常淬火后（在完全淬透情况下）550°回火后的数据。

2. 图中各数字意义为：$\frac{\text{淬透性（油淬临界直径）}}{\text{力学性能（}R_m - R_{eL} - A_{11.3} \text{-} Z\text{）}}$。

图 3-5　典型调质钢合金化历程及力学性能特点

调质钢碳的质量分数通常为 0.25% ~0.45%。根据零件要求可选择含碳量，在保证强度的前提下，尽量选择较低的含碳量，以保证零件的韧性。如要求较高强度，则含碳量取上限值。常用的合金元素有 Cr、Mn、Mo、V、Si、Ni、B 等。

调质钢中铬提高钢的淬透性，同时还提高耐回火性，但是有回火脆性倾向。加入锰能提高钢的淬透性，但容易使钢有过热倾向，并有回火脆性倾向。镍是非碳化物形成元素，能有效地提高钢的基体韧性，并且 Ni-Cr 复合加入，提高淬透性的作用很大，但也有回火脆性倾向。钼能进一步提高淬透性，既提高耐回火性，细化晶粒，又能有效地消除或大大降低回火脆性倾向。钒是强碳化物形成元素，能有效地细化晶粒，如溶入奥氏体能提高淬透性，能降低钢的过热敏感性。

调质钢是按淬透性高低来分级的，一般分为低淬透性钢、中淬透性钢和高淬透性钢。低淬透性调质钢中，最普通的是碳素钢，如 45 钢，用作截面尺寸较小或不要求完全淬透的零件，由于淬透性较低，只能用盐水淬火。低淬透性合金钢有 40Cr、40Mn2、40MnB、42SiMn、35CrMo、42Mn2V 等，一般可用油淬火。中淬透性合金钢有 40CrNi、42CrMo、40CrMn、30CrMnSi 等。用作大截面零件的高淬透性调质钢有 40CrNiMo、37CrNi3、40CrMnMo 等。

2. 热处理特点和组织、性能的变化

调质钢在中碳范围，由于合金元素的影响，许多钢在热加工（锻造、轧制）以后组织上有较大差异。合金元素较少的钢，正火后的组织多半为珠光体，而合金元素较多的钢则为马氏体组织。为了便于切削加工和改善钢件因热加工不当而造成的粗晶组织和带状组织，需要进行预备热处理。

（1）预备热处理　合金调质钢的预备热处理根据其化学成分和组织特点不同可采用退火、正火或正火 + 高温回火处理。

对于合金元素种类及其含量较少的调质钢，在调质前常进行正火预处理，正火后的组织为索氏体；而对于合金元素种类及其含量较多的调质钢，可采用退火或正火 + 高温回火处理。因为正火后的组织可能为马氏体，硬度较高，不利于切削加工，故正火后应进行高温回火（650 ~ 700℃），使其硬度降至200HBW。

（2）调质处理　调质处理是使机械零件达到设计性能要求的关键。淬透性的大小直接影响钢的最后力学性能。

调质钢热处理的第一步工序是淬火，淬火温度必须按照规定的温度加热，淬火冷却介质应根据零件的尺寸大小和钢的淬透性高低来选择，一般合金调质钢都在油中淬火。处于淬火状态的钢，内应力大，脆性很大，不能直接使用，必须要进行第二步工序——回火，其目的是消除内应力，增加韧性，调整强度，获得良好的综合力学性能。

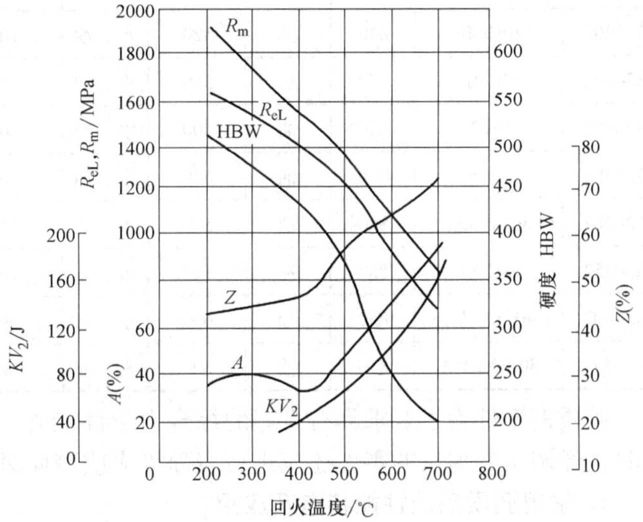

图 3-6　40Cr 钢在不同回火温度与性能的关系（直径 $D = 12$mm，油淬）

调质钢零件一般采用 500 ~ 650℃温度回火，回火的具体温度应根据钢的成分及对性能的要求而定。图 3-6 所示为 40Cr 钢不同回火温度与性能的关系。为了抑制某些合金调质钢（含有 Cr、Mn、Ni 等元素）回火时慢冷造成的第二类回火脆性，回火后要快冷（一般油冷）。但对于大截面零件，中心部位难以达到快冷的目的，为了防止回火脆性，应采用含有钼、钨等元素的调质钢。

常用调质钢调质处理规范及其性能指标见表 3-4。

表 3-4　常用调质钢调质处理规范及其性能指标

统一数字代号	牌号	热处理				力学性能				
		淬火温度/℃	冷却介质	回火温度/℃	冷却介质	R_m/MPa	R_{eL}/MPa	A(%)	Z(%)	KV_2/J
						不小于				
U20452	45	830	水	560 ~ 620	水	700 ~ 850	450 ~ 550	15 ~ 17	40 ~ 45	40 ~ 48
A00452	45Mn2	840	油	550	水、油	885	735	10	45	47
A71402	40MnB	850	油	500	水、油	1000	800	10	45	60
A10422	42SiMn	880	水	590	水	885	735	15	40	47
	42Mn2V	860	油	600	水、油	1000	850	11	45	48

（续）

统一数字代号	牌号	热处理				力学性能				
		淬火温度/℃	冷却介质	回火温度/℃	冷却介质	R_m/MPa	R_{eL}/MPa	A（%）	Z（%）	KV_2/J
						不小于				
A73402	40MnVB	850	油	500	水、油	1050	850	10	45	56
A20402	40Cr	850	油	500	水、油	1000	800	9	45	48
A23402	40 CrV	880	油	650	水、油	885	735	10	50	71
A22402	40CrMn	840	油	520	水、油	1000	850	9	45	48
A30422	42CrMo	850	油	580	水、油	1100	950	12	45	64
A40402	40CrNi	820	油	500	水、油	1000	800	10	45	56
A21382	38CrSi	900	油	600	水、油	980	835	12	50	55
A24302	30CrMnSi	880	油	540	水、油	1100	900	10	45	40
A30352	35CrMo	850	油	560	水、油	1000	850	12	45	64
A34402	40CrMnMo	850	油	600	水、油	980	785	10	45	63
A50403	40CrNiMoA	850	油	600	水、油	980	835	12	55	78

调质钢零件除了要求具有良好的综合力学性能外，往往还要求表层具有良好的耐磨性。这时，经调质处理后的零件还应进行表面淬火或表面氮化处理。

3. 常用调质钢的性能特点及应用

40 钢、45 钢等中碳钢经调质热处理后，其力学性能不高，只适用于尺寸较小、负荷较轻的零件，合金调质钢则可用于尺寸较大，负荷较重的零件。由表 3-4 可见，40CrNiMoA、42CrMo 钢的综合力学性能较好，尤其是强度较高，比相同含碳量的碳素调质钢约高 30% 左右。常用的合金调质钢通常包括以下三种系列：

（1）Mn 钢、Mn-B 钢　主要合金元素锰的作用是强化铁素体和增加淬透性，这类钢可以代替 40Cr，制造截面小于 50mm 的零件。Si-Mn 钢的强度较好，但韧性和塑性较差，退火后硬度偏高，切削加工困难的问题还有待解决。

（2）Cr 钢、Cr-Mo 钢、Cr-Mn 钢、Cr-V 钢　Cr 钢中最常用的钢种是 40Cr，铬的加入主要是增加淬透性，强度有所提高，对塑性、韧性影响不大。Cr-Mo 钢、Cr-V 钢是在 40Cr 钢基础上发展起来的，42CrMo、35CrMo、40CrV 钢中的 Mo、V 不仅能增加淬透性，而且也能细化组织，防止第二类回火脆性，提高钢的塑性和韧性。Cr-Mn 钢中同时加入 Cr、Mn 两种元素，能更好地提高钢的淬透性和强度。但这类钢有回火脆性和过热倾向，因此常在钢中加入 Ti 或 Mo，成为 40CrMnTi 及 40CrMnMo 钢，但韧性稍差。

（3）Cr-Ni 钢、Cr-Ni-Mo 钢　钢中同时加入 Cr 和 Ni，可获得更好的力学性能，即高的强度、韧性和塑性，同时也有很好的淬透性，但 Cr-Ni 钢有回火脆性。35CrNi3MoA、25Cr2Ni4WA 钢具有十分良好的力学性能，可作大截面零件。但这类钢中 Cr、Ni 元素较多（我国缺镍），现在常用 40CrMnMoVB 钢代替 35CrNi3MoA 钢制造大截面零件。

各种调质钢的性能特点和用途举例见表 3-5。

表3-5 各种调质钢的性能特点和用途

牌号	淬透性		性能特点	用途举例
	淬透性值	油淬临界直径/mm		
45	J43-(1.5~3.5)	<5~20(水淬)	小截面零件调质后具有较高的综合力学性能。水淬有时开裂，形状复杂零件可水油淬	制造齿轮、轴、压缩机、泵的运动零件
42Mn2V	J46-9	~25	强度比40Mn2高，接近40CrNi	制造小截面的高负荷重要零件，如螺栓、轴、进气阀等，可用作表面淬火零件代替40Cr或45Cr，表面淬火后硬度和耐磨性较好
40MnVB	J44-(19~22)	25~67	综合力学性能较40Cr好	可代替40Cr或部分代替42CrMo和40CrNi制作重要的调质零件，如柴油机气缸头螺柱、组合曲轴联接螺钉、机床齿轮花键轴等
40Cr	J44-(7~17)	18~48	强度比碳钢高约20%，疲劳强度较高	制造重要的调质零件，如齿轮、轴、套筒、连杆螺钉、螺栓、进气阀等，可进行表面淬火和碳氮共渗
40CrMn	J44-(8~16)	20~47	淬透性比40Cr好，强度高，在某些用途中可以和42CrMo、40CrNi互换，制作较大调质件，回火脆性倾向大	制造在高速与高弯曲负荷下工作的轴、连杆，以及在高速高负荷（无强力冲击负荷）下工作的齿轮轴、齿轮、水泵转子、离合器、小轴等
40CrNi	J44-(10~32)	28~90	强度高、韧性高，淬透性好，有回火脆性倾向	制造截面较大的重载零件，如曲轴、连杆、齿轮轴、螺栓等
42CrMo	J46-(13~42)	39~120	强度、淬透性比35CrMo更高	制造较35CrMo强度更高或截面更大的调质零件，如机车牵引用的大齿轮、增压器传动齿轮、后轴、受负荷很大的连杆等
35CrMo	J42-(11~32)	31~90	强度高、韧性高，淬透性好，500℃以下有高的高温强度	制造在高负荷下工作的重要结构零件，特别是受冲击、振动、弯曲、扭转负荷的零件，如车轴、发动机传动机件、汽轮发电机主轴、叶轮紧固件、在480℃以下工作的连杆螺栓
30CrMnSi	J40-16	~45	截面小于或等于25mm的零件最好采用等温淬火，得到下贝氏体组织，使强度与塑性得到良好配合，使韧性大大提高，而且变形最小。一般在调质或低温回火后使用	制造重要用途零件，在振动负荷下工作的焊接件和铆接件，如高压鼓风机叶片、阀板、高速负荷砂轮轴、齿轮、链轮、紧固件、轴套等，还用于制造温度不高而要求耐磨的零件
37CrNi3		~200	具有高的强度、冲击韧度及淬透性	制造重要零件，如轴、齿轮等
40CrNiMo	J44-(7.5~29)	21~85	一般情况下回火脆性不敏感，大截面零件回火后应油冷，使冲击韧度不致降低。具有良好的室温及低温冲击韧性（-70℃时$KV_2=48J$）	制造要求塑性好、强度高、重要的和较大截面的零件，如中间轴、半轴、曲轴、联轴器等
40CrMnMo	J44-(15~45)	43~150	40CrNiMo的代用钢	制造重要负荷的轴、偏心轴、齿轮轴、齿轮、连杆及汽轮机零件等

注：1. 表中淬透性值用JHRC-*d*表示，*d*为端淬时半马氏体至末端距离。

2. 油淬临界直径是指油淬后心部能获得50%M（体积分数）的最大直径。

40Cr 是合金调质钢中最常用的钢种。下面以 40Cr 钢制造的拖拉机连杆螺栓为例，说明其热处理工艺方法的选定和工艺路线的安排。

例题 连杆螺栓是发动机中一个重要的联接零件，在工作时承受冲击性的、周期变化的拉应力和装配时的预应力。在发动机运转过程中，连杆螺栓如果断裂，就会引起严重事故，因此要求它具有足够的强度、冲击韧度和抗疲劳性能。为了满足上述综合力学性能的要求，试确定 40Cr 钢连杆螺栓的热处理工艺。

解 40Cr 钢连杆螺栓的结构及其热处理工艺如图 3-7 所示。

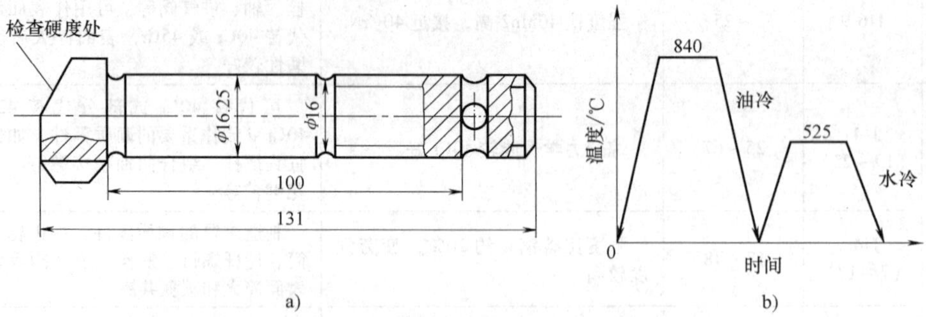

图 3-7 连杆螺栓及其热处理工艺
a）连杆螺栓结构 b）热处理工艺

连杆螺栓的生产工艺路线如下：

下料→锻造→退火（或正火）→机加工（粗加工）→调质→机加工（精加工）→装配。

退火（或正火）作为预备热处理，其主要目的是为了改善锻造组织，细化晶粒，有利于切削加工，并为随后的调质热处理做好组织准备。

调质热处理包括①淬火：加热温度（840±10）℃，油冷，获得马氏体组织；②回火：加热温度（525±25）℃，水冷（防止第二类回火脆性）。

经调质处理后金相组织应为回火索氏体，不允许有块状铁素体出现，否则会降低钢的强度和韧性，其硬度为 30～38HRC（263～322HBW）。

必须指出，凡要求调质零件硬度较高者（如平均硬度大于 285HBW），应先进行粗加工，然后调质。对精度要求高的零件，调质后还需进行精加工。对硬度要求较低者（一般为 170～230HBW，最高平均硬度不超过 285HBW），可采用“锻造余热淬火→高温回火→机加工”工艺方案。此方案中的调质工序与机加工紧紧相连，以便推广锻热淬火（又称为高温形变热处理），即在锻造时控制锻造温度，锻后利用锻造余热进行淬火。锻热淬火不仅可以简化工序、节约工时、降低成本，还可提高调质钢的强韧性，这是由于锻热淬火能明显提高淬透性，回火后容易得到较细的均匀回火马氏体，并且提高了耐回火性所致。

3.2.2 弹簧钢

1. 弹簧的服役条件和性能要求

弹簧钢主要用来制造各种弹性元件或有类似性能要求的零件，特别是各种弹簧，如螺旋弹簧、板簧等，是一种专用结构钢。弹簧钢可以分为热成形弹簧钢和冷成形弹簧钢两大类。热成形弹簧钢一般用于制作大型弹簧或形状复杂弹簧。钢材在热成形之前并不具备弹簧所要求的性能，热成形之后进行淬火和中温回火，获得所要求的性能。冷成形弹簧钢是先通过冷变形或热处理，使钢材具备一定的性能，再用冷成形方法制成一定形状的弹簧。

弹簧的主要作用是储能减振，它一般是在动负荷下工作，即在冲击、振动或长期均匀地周期改变应力的条件下工作，它起到缓和冲击力的作用，使与它配合的零部件不致受到冲击而早期破坏。例如，在各种汽车、机车等车辆上广泛使用的板簧与螺旋弹簧可起到缓和冲击力的作用，使车辆平稳行驶，延长车辆的寿命。板簧主要承受弯曲载荷，主要的失效形式为疲劳破坏；螺旋弹簧根据它的不同用途有压簧、拉簧和扭簧等，主要是承受扭转应力，其主要的失效形式也为疲劳破坏。弹簧的另外一种常见的失效形式是弹性减退，即弹簧材料长期在动、静载荷的作用下，在室温发生塑性变形和弹性模量降低的现象。

弹簧是利用弹性变形来储存能量的零件，可以缓和振动和冲击，在各种机器中有很广泛的用途。根据弹簧的工作条件，对弹簧钢的性能有以下要求：

1）具有好的弹性，即具有较高的弹性极限，以保证其足够的弹性变形能力，避免在高负荷下产生塑性变形。

2）由于弹簧是在频繁的交变应力下工作，所以要求其具备高的疲劳强度、高的屈强比和良好的表面质量，以免产生疲劳破坏。

3）弹簧在工作时往往承受冲击载荷，需要具有足够的韧性。

4）要有一定的淬透性和低的脱碳敏感性。

5）在高温及腐蚀条件下工作的弹簧，应具有良好的耐热性及耐蚀性。

对弹簧钢的材质也有较高的要求，高于一般的工业用钢。弹簧钢应有较好的冶金质量和组织均匀性，要严格控制材料的内部缺陷。由于弹簧工作时表面承受的应力最大，所以弹簧应具有良好的表面质量，不允许有裂纹、夹杂、折叠、严重脱碳等，这些表面缺陷往往会成为应力高度集中的地方和疲劳裂纹源，显著地降低弹簧的疲劳强度。

2. 成分特点

由于对弹簧钢的主要性能要求是高的弹性极限和疲劳强度，因此，弹簧钢采用较高的含碳量。碳素弹簧钢碳的质量分数为 0.60% ~0.75%。合金弹簧钢碳的质量分数一般为 0.46% ~0.70%。合金弹簧钢中所含合金元素主要有 Si、Mn、Cr、V 等，它们的主要作用是提高钢的淬透性和耐回火性，强化铁素体和细化晶粒，从而有效地改善弹簧钢的力学性能，提高弹性极限和屈强比。其中铬、钒还有利于提高弹簧钢的高温强度，而硅对于提高弹簧钢屈强比的作用尤为突出。弹簧钢的纯度对疲劳强度有很大影响，因此，弹簧钢均为优质钢（$w_P \leqslant 0.04\%$，$w_S \leqslant 0.04\%$）或高级优质钢（$w_P \leqslant 0.035\%$，$w_S \leqslant 0.03\%$）。

3. 常用弹簧钢及其热处理特点

（1）热轧弹簧钢及其热处理特点　热轧弹簧钢（热成形弹簧钢）是用以制造各种尺寸较大的热成形螺旋弹簧和板弹簧用钢。常用热轧弹簧钢的化学成分、热处理及力学性能见表 3-6。

65Mn 钢锰的质量分数为 0.90% ~1.20%，属于较高含锰量的优质碳素结构钢。这类钢的淬透性较好，强度较高，但有脱碳敏感性、过热倾向和回火脆性，淬火时易开裂。

硅锰弹簧钢中有 55Si2Mn、60Si2Mn 等，由于含硅量高，可显著提高弹性极限和耐回火性。这类钢用在小于 25mm 的机车车辆、拖拉机上的板弹簧、螺旋弹簧等。

新钢种 55SiMnMoV 钢有更好的淬透性及更高的强度，可代替 55CrVA 钢制造大截面汽车板簧和重型车、越野车的板簧。

表 3-6　热轧弹簧钢的化学成分、热处理及力学性能（GB/T 1222—2007）

类别	统一数字代号	牌号	化学成分（%）				热处理			力学性能			
			w_C	w_{Si}	w_{Mn}	$w_{其它}$	淬火温度/℃	淬火冷却介质	回火温度/℃	R_m/MPa	R_{eL}/MPa	$A_{11.3}$（%）	Z（%）
										不小于			
碳钢	U20652	65	0.62～0.70	0.17～0.37	0.50～0.80	Cr≤0.25	840	油	500	980	785	9	35
碳钢	U20702	70	0.62～0.75	0.17～0.37	0.50～0.80	Cr≤0.25	830	油	480	1030	835	8	30
碳钢	U20852	85	0.82～0.90	0.17～0.37	0.50～0.80	Cr≤0.25	820	油	480	1130	980	6	30
合金钢	U21653	65Mn	0.62～0.70	0.17～0.37	0.90～1.20	Cr≤0.25	830	油	540	980	785	8	30
合金钢	A77552	55SiMnVB	0.52～0.60	0.70～1.00	1.00～1.30	Cr≤0.35 V 0.08～0.16 B 0.0005～0.0035	860	油	460	1375	1225	5	30
合金钢	A11602	60Si2Mn	0.56～0.64	1.50～2.00	0.70～1.00	Cr≤0.35	870	油	480	1275	1180	5	25
合金钢	A21603	60Si2CrA	0.56～0.64	1.60～2.00	0.70～1.00	Cr≤0.35	870	油	420	1765	1570	6	20
合金钢	A21553	55SiCrA	0.51～0.59	1.20～1.60	0.50～0.80	0.50～0.80	860	油	450	1450～1750	1300（$R_{p0.2}$）	6	20
合金钢	A22553	55CrMnA	0.52～0.60	0.17～0.37	0.65～0.95	0.65～0.95	830～860	油	460～510	1225	1080（$R_{p0.2}$）	9	20
合金钢	A23503	50CrVA	0.46～0.54	0.17～0.37	0.50～0.80	Cr 0.80～1.10 V 0.10～0.20	850	油	500	1275	1130	10	40
合金钢	A22603	60CrMnA	0.56～0.64	0.17～0.37	0.70～1.00	0.70～1.00	830～860	油	460～520	1225	1080（$R_{p0.2}$）	9	20
合金钢	A22613	60CrMnBA	0.56～0.64	0.17～0.37	0.70～1.00	B 0.0005～0.0040 Cr 0.70～1.00	830～860	油	460～520	1225	1080（$R_{p0.2}$）	9	20

热轧弹簧钢采用的加工工艺路线如下（以板簧为例）：

扁钢剪断→加热压弯成形后淬火＋中温回火→喷丸→装配。

弹簧钢淬火温度一般为 830～880℃。加热时不允许脱碳，以免降低钢的疲劳强度。因此，在热处理时必须严格控制加热炉内气氛，缩短加热时间。淬火加热后在油中冷却，冷至 100～150℃时即可进行中温回火（400～550℃），获得回火托氏体组织，硬度控制在 40～45HRC 范围内。弹簧热处理后要进行喷丸处理，使其表面强化，并且使表层产生残余压应力，这样能明显提高弹簧的疲劳寿命。例如，60Si2Mn 钢汽车板簧经喷丸处理后，使用寿命可提高5~6倍。

(2) 冷拉（轧）弹簧钢及其热处理特点　在室温经拉丝（拔丝）而成的弹簧钢（丝）称为冷拉弹簧钢（丝），直径较小或厚度较薄的弹簧一般用冷拉弹簧钢丝或冷轧弹簧钢带制成。这类弹簧钢由碳钢（65、65Mn、75、T9）或合金钢（55Si2Mn、60Si2Mn）冷拉而成，冷拉后可获得很高的强度。钢丝在冷拉之前先要经过“淬铅”处理或“索氏体化”处理，以得到强度高、塑性好的最宜于冷拉的索氏体组织。

索氏体化处理是将钢加热到 Ac_3 以上50~100℃，得到奥氏体组织，然后在500~550℃的铅浴里进行等温冷却，使其转变成索氏体组织，最后再经过清理，拉拔到成品所需的尺寸。弹簧经冷卷制成后只进行去应力退火即可。

3.2.3　滚动轴承钢

1. 滚动轴承钢的服役条件和性能要求

轴承钢主要用来制造各种滚动轴承元件，如滚珠，滚柱，轴承内外套圈等，属于一种专用钢，但目前也广泛用于制造各类工具及耐磨零件。

在柴油机、拖拉机、机床、汽车以及其它高速运转的机械中，广泛使用着滚动轴承。滚动轴承的品种很多，但结构上一般均由外套、内套、滚动体（钢球、滚柱、滚针）和保持架等组成。用于制造滚动轴承的钢称为滚动轴承钢（实际上，目前滚动轴承钢已不限于用作滚动轴承）。滚动轴承在工作时，滚动体（指滚珠或滚柱）和套圈均受周期性交变载荷，它们之间呈点接触，因而接触应力可达3000~3500MPa，循环受力次数可达数万次/min。在周期载荷作用下，在套圈和滚动体表面都会产生小块金属剥落而产生疲劳破坏。滚动体和套圈的接触面之间既有滚动，也有滑动，因而产生滚动和滑动摩擦，这些摩擦造成的过度磨损常使轴承丧失精度。

根据滚动轴承的工作条件，对滚动轴承钢有以下性能要求：

1）高而均匀的硬度和耐磨性。轴承钢应有足够的淬透性和淬硬性，经热处理后才能具有高而均匀的表面硬度和耐磨性。套圈的硬度为61~65HRC；钢球的硬度为62~66HRC（$\phi \leqslant 45$mm），60~66HRC（$\phi > 45$mm）。

2）高的接触疲劳强度，能保证轴承在高负荷、高转速循环疲劳的条件下不致过早地产生裂纹、剥落等破坏形式。

3）高的弹性极限和一定的韧性，以避免在高应力条件下产生永久变形。

4）尺寸稳定性好。轴承钢的组织稳定性好，才能保证工作时的精度。对于精密级和超精密级的轴承更为重要。

5）一定的耐蚀性。和大气、润滑油长期接触，要有一定的耐蚀性。

6）具有良好的冷、热加工工艺性。

对于在特殊条件下工作的轴承，还有其它的特殊要求，如高温性能、不锈耐蚀性等。

为了满足轴承的性能要求，对轴承钢来说，正确的化学成分、高的冶金质量和合理的加工处理工艺是三个关键因素。

2. 成分特点

滚动轴承钢一般是指高碳铬钢，其碳的质量分数为0.95%~1.10%，铬的质量分数为0.40%~1.65%，尺寸较大的轴承可采用铬锰硅钢。常见铬轴承钢的化学成分见表3-7。

表 3-7 常见铬轴承钢的化学成分（GB/T 18254—2002）

统一数字代号	牌号	化学成分（%）								
		w_C	w_{Si}	w_{Mn}	w_{Cr}	w_{Mo}	w_P	w_S	w_{Ni}	w_{Cu}
B00040	GCr4	0.95 ~ 1.05	0.15 ~ 0.30	0.15 ~ 0.30	0.35 ~ 0.50	≤0.08	≤0.025	≤0.020	≤0.25	≤0.20
B00150	GCr15	0.95 ~ 1.05	0.15 ~ 0.35	0.25 ~ 0.45	1.40 ~ 1.65	≤0.10	≤0.025	≤0.025	≤0.30	≤0. 25
B01150	GCr15SiMn	0.95 ~ 1.05	0.45 ~ 0.75	0.95 ~ 1.25	1.40 ~ 1.65	≤0.10	≤0.025	≤0.025	≤0.30	≤0.25
B03150	GCr15SiMo	0.95 ~ 1.05	0.65 ~ 0.85	0.20 ~ 0.40	1.40 ~ 1.70	0.30 ~ 0.40	≤0.027	≤0.020	≤0.30	≤0.25
B02180	GCr18Mo	0.95 ~ 1.05	0.20 ~ 0.40	0.25 ~ 0.40	1.65 ~ 1.95	0.15 ~ 0.25	≤0.025	≤0.020	≤0.25	≤0.25

滚动轴承钢的含碳量（w_C = 0.95% ~1.10%）是为了保证其高的硬度和耐磨性，含铬量（w_{Cr} =0.40% ~1.65%）用以增加淬透性及耐磨性。w_{Cr} = 1.50% 时，厚度不超过 25mm 的零件在油中可淬透。铬与碳所形成的（Fe，Cr）$_3$C 合金渗碳体比一般 Fe_3C 稳定，能阻碍奥氏体晶粒长大，减小钢的过热敏感性，使轴承钢淬火后获得细针状或隐晶状马氏体组织，增加钢的韧性。铬还有利于提高低温回火时的耐回火性。含铬量过高（如 w_{Cr} > 1.65%）时，会增加淬火钢中的残留奥氏体量和碳化物分布的不均匀性，其结果是影响轴承的使用寿命和尺寸稳定性。

对于大型轴承（如直径大于 30 ~50mm 的滚动体），在 GCr15 的基础上，还加入适量的硅（w_{Si} =0.40% ~0.65%）和锰（w_{Mn} =0.90% ~1.20%），以便进一步改善淬透性，提高钢的强度和弹性极限，而不降低韧性。

此外，滚动轴承钢对杂质含量要求很严，一般规定硫的质量分数应小于 0.02%，磷的质量分数应小于 0.027%，非金属夹杂物（氧化物、硫化物、硅酸盐等）的含量必须很低，而且在钢中的分布要在规定的级别范围之内。

3. 冶金质量

轴承钢由冶金质量缺陷造成的失效占总失效的 65%，这里是指非金属夹杂物和碳化物不均匀性所造成的冶金质量缺陷。

非金属夹杂物按化学成分可分为：①简单氧化物，如 Al_2O_3、SiO_2 等；②复杂氧化物，包括尖晶石和钙的铝酸盐，尖晶石如 $MnO\cdot Al_2O_3$、$MgO\cdot Al_2O_3$ 等，钙的铝酸盐如 $CaO\cdot 2Al_2O_3$、$CaO\cdot 6Al_2O_3$ 等，其成分不确定；③硅酸盐和硅酸盐玻璃，其成分复杂，可用 $l FeO\cdot mMnO\cdot n\ Al_2O_3\cdot pSiO_2$ 表示；④硫化物，如 MnS、（Mn，Fe）S、CaS 等；⑤氮化物，如 A1N 等。

非金属夹杂物按金相形态（热变形能力）可分为：①脆性夹杂物，如刚玉（Al_2O_3）、尖晶石，沿轧制方向排列，呈点链状分布；②塑性夹杂物，在热变形过程中有良好的塑性，沿轧向呈连续条状分布，属于这类的有 MnS 和铁锰硅酸盐；③球状不变形夹杂物，主要是钙的铝酸盐；④半塑性夹杂物，主要是复相铝硅酸盐，含有 Al_2O_3 或尖晶石氧化物，轧后呈纺锤形。轴承钢按三项夹杂物评级，即脆性夹杂物、塑性夹杂物和球状不变形夹杂物。

轴承钢的接触疲劳寿命随着钢中氧化物级别增加而降低，氧化物主要是指刚玉和尖晶石，其尺寸越大，危害程度也越严重。实验表明，产生危害的临界尺寸为6~8μm。夹杂物的类型对降低轴承的接触疲劳寿命有不同的影响，其危害程度按刚玉、尖晶石、球状不变形夹杂、半塑性铝硅酸盐、塑性硅酸盐、硫化物依次递减。非金属夹杂物可破坏基体的连续性，引起应力集中。特别是刚玉、尖晶石和钙的铝酸盐，它们的膨胀系数比钢小，淬火后周围基体承受附加张应力，并叠加在外力引起的应力集中造成的应力上，可达到很高数值。另外，上述二种硬的氧化物在钢变形时不能随之发生塑性变形，在钢发生热塑性流动时会划伤基体，造成夹杂物边缘上的裂纹或空洞。而硫化物在高温和室温都呈塑性，且膨胀系数大于基体，故其危害程度最小。所以，钢冶炼时彻底脱氧是获得高纯净钢的必要条件，利用真空脱气可极大地提高钢的纯净度。

碳化物的尺寸和分布对轴承的接触疲劳寿命也有很大的影响，大颗粒碳化物和密集的碳化物带都是极为有害的。根据其产生条件，碳化物的不均匀性可分为碳化物液析、带状碳化物和网状碳化物。液析碳化物是由于枝晶偏析引起的伪共晶碳化物，尺寸一般较大，具有高的硬度和脆性。带状碳化物属于二次碳化物偏析，碳化物偏析区沿轧制方向伸长，呈带状分布，直接影响钢的冷、热加工性能，严重损害了轴承的接触疲劳寿命。网状碳化物是由二次碳化物析出于奥氏体晶界所造成的，它降低了钢的冲击韧度。

消除液析碳化物可采用高温均匀化退火，一般在1200℃进行均匀化退火即可消除。要消除带状碳化物偏析，则需要很长的退火时间。控制终轧或终锻温度、控制轧制后冷速或正火可防止和消除网状碳化物。

轴承钢常用钢种是高碳铬轴承钢系列，如GCr15、GCr15SiMn等。此外，根据不同工作条件，还有渗碳轴承钢，如G20CrNiMo、G10CrNi$_3$Mo等；不锈轴承钢，如95Cr18、102Cr17Mo、40Cr13、68Cr17等；高温轴承钢，如Cr4Mo4V等。部分常用轴承钢的性能特点及用途见表3-8。

表3-8 部分轴承钢的性能特点及用途

牌号	统一数字代号	性能特点	用途说明
GCr15	B00150	高碳铬轴承钢的代表钢种，具有高而均匀的硬度、良好的耐磨性和高的接触疲劳寿命，冷、热加工工艺性能良好，对白点形成较敏感，有回火脆性倾向	用于制造壁厚≤12mm、外径≤250mm的各种轴承套圈，制造尺寸范围比较宽的滚动体，如钢球、滚针和各种滚子；也可制造模具、量具及其它要求高耐磨、高接触疲劳强度的零件
GCr15SiMn	B01150	在GCr15钢的基础上增加了Si、Mn合金元素，其淬透性、弹性极限、耐磨性都有明显提高，冷加工塑性中等，可加工性稍差，同样对白点形成较敏感，有回火脆性倾向	用于制造大尺寸的轴承套圈、钢球、各种滚子，轴承零件的工作温度小于180℃；还可用于制造模具、量具以及其它要求高硬度且耐磨的零件
GCr15SiMo	B03150	在GCr15钢的基础上加入Si、Mo合金元素而开发的新型钢种。综合性能良好，淬透性高，耐磨性好，接触疲劳寿命高，其它性能与GCr15SiMn相近	用于制造大尺寸的轴承套圈、滚珠、滚柱；还用于制造模具、精密量具以及其它要求硬度高而耐磨的零部件

（续）

牌号	统一数字代号	性能特点	用途说明
GCr18Mo	B02180	成分相当于瑞典 SKF24 轴承钢，具有高淬透性，其它性能与 GCr15 钢相似	用于制造各种壁厚≤20mm 的大尺寸轴承套圈
G20CrMo	B10200	低合金渗碳轴承钢，渗碳后表面硬度高、耐磨性好，心部强韧性好	适用于制造汽车、拖拉机上承受冲击载荷的轴承零部件，也用于汽车齿轮等
G20CrNiMo	B12200	低合金渗碳轴承钢，渗碳或碳氮共渗后表面硬度高，具有高耐磨性，接触疲劳寿命明显优于 GCr15 钢，淬透性比 G20CrMo 钢好，心部有良好的强韧性配合	制造承受高冲击载荷的轴承，用于汽车、铁路货车的轴承和其它中小型轴承；也可制造汽车、拖拉机齿轮、活塞杆等。G10CrNi3Mo 钢用作承受高冲击载荷的大型轴承，如轧钢机轴承等
G10CrNi3Mo	B12100		
(G)95Cr18	B21800	高碳马氏体型不锈钢，具有高硬度和高耐磨性，在大气、水及某些酸类和盐类的水溶液中具有优良的不锈与耐蚀性	用于制造在海水、河水以及海洋性腐蚀介质中工作的轴承，工作温度可达到 250～350℃，还可做某些仪器、仪表上的微型轴承
(G)102Cr17Mo	B21810		

4. 热处理特点

滚动轴承钢的热处理常采用以下几种工艺：

（1）正火　为了消除锻造毛坯的网状碳化物，可在 900～950℃保温后在空气中冷却，正火后硬度为 270～390HBW。

（2）球化退火　轴承钢球化退火的主要目的是为最终淬火处理做好组织准备，其次是为了便于机加工。在球化退火组织中，碳化物的大小、形状及均匀性主要取决于加工后的珠光体形态和球化退火工艺及冷却方式。球化退火加热温度一般为 780～810℃，冷却方式有连续冷却和等温转变两种，如图 3-8 所示。一般认为连续冷却比等温转变好，可消除过冷奥氏体稳定性的波动对退火组织的影响。轴承钢的球化退火组织对轴承零件的疲劳强度、韧性和耐磨性等有较大的影响。通常供冷加工用的退火钢材，其退火组织应为 2～4 级。

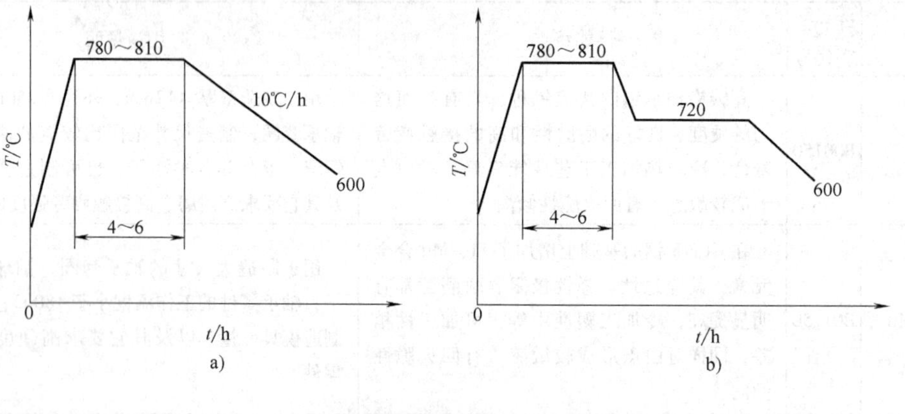

图 3-8　高碳铬轴承钢典型的球化退火工艺

a）连续法　b）等温法

（3）淬火　淬火是很重要的一道工序，淬火加热时要严格控制加热温度，淬火后应得到极细的马氏体（即隐晶马氏体）和较少的残留奥氏体。如对 GCr15 钢及 GCr15SiMn 钢通常采用820~840℃淬火。温度过高会出现过热组织，将引起晶粒粗大，并因碳化物溶入奥氏体过多而使淬火后残留奥氏体增多，导致钢的韧性和疲劳强度降低；如温度过低，会使得奥氏体中溶解的铬量不足，影响淬火后的硬度和耐磨性。滚动轴承钢淬火后的硬度为63~66HRC，残留奥氏体含量较多，一般在5%~8%。

（4）冷处理　对于精密滚动轴承及精密偶件在淬火后要在1~2h内进行冷处理，其规范为在-70~-80℃保温1~2h，使残留奥氏体量降到4%~6%。冷处理可使钢的硬度略有升高，并增加尺寸稳定性。

（5）回火　一般情况下，滚动轴承钢均采用低温回火处理，即150~160℃加热，保温2~5h，以去除应力，提高韧性，并稳定尺寸。为使回火性能均匀一致，回火温度也应严格控制，最好在油中进行。回火后的组织为极细的回火马氏体（体积分数为80%）、分布均匀的细粒状碳化物（5%~10%）以及少量的残留奥氏体（5%~8%），回火后硬度为62~66HRC。

（6）时效　对精密零件，为保证尺寸的稳定性（即在长期存放或使用中不发生变形），除了在淬火后进行冷处理外，还要在磨削后再进行120~130℃保温5~10h的低温时效处理，以消除内应力、稳定尺寸。

轴承钢利用等温淬火工艺，得到$B_{下}$-M复相组织，显著提高强韧性，是近年来取得的一个研究成果。如新型轴承钢GCr18Mo采用870℃加热、230℃×1h油淬、200℃×4h的回火工艺，得到$B_{下}$-M复相组织，其中$B_{下}$的体积分数为37.5%。此时材料的抗弯强度达到4485MPa，比马氏体淬火工艺处理后的材料提高了60%；挠度提高了39%，达到了3.6mm；α_K为108J/cm^2，比全马氏体提高了80%；K_{IC}为47.8MPa·m$^{1/2}$，比全马氏体提高了133%。这种工艺可应用到工作条件比较恶劣、冲击比较大、要求高强韧性的轴承，如大型矿山机械、铁路货车、大型轧机以及煤矿运输装置中的轴承热处理。

滚动轴承的生产工艺路线一般如下：

轧制、锻造→预备热处理（球化退火）→机加工→淬火和低温回火→磨削加工→成品。

滚动轴承钢除了用作轴承外，还可以用作精密量具、冲模、机床丝杠以及柴油机油泵上的精密偶件——喷油嘴等。

3.2.4　低碳马氏体型结构钢

1. 低碳马氏体型结构钢的特点

低碳马氏体型结构钢是指低碳（合金）钢经淬火并低温回火处理，以低碳马氏体组织作为应用状态，并用作结构零件的钢。

一般中碳（合金）结构钢的强度与塑、韧性是一对互为长消的矛盾。为了得到高的塑性和韧性，采用淬火并高温回火处理（调质处理），但势必牺牲强度；若要保持高强度水平，须采用淬火并低温回火处理，又显得塑性、韧性不足。然而对于低碳（合金）结构钢而言，采用淬火加低温回火工艺，则可得到位错型板条马氏体，可实现强度、韧性和塑性的最佳配合。所以，一般的低碳（合金）钢如淬火获得低碳马氏体组织，就可满足许多零件强韧性的要求。

低碳马氏体固溶的碳含量较低，其产生的晶格畸变比中、高碳马氏体小，而且马氏体转变温度比较高，有自回火效应。因此，低碳马氏体的力学性能具有高强度的同时兼有良好的塑性和韧性，其力学性能的变化范围大致为：抗拉强度 $R_m=1150\sim1500$MPa；屈服强度 $R_{eL}=950\sim1250$MPa；断面收缩率 $Z\geqslant40\%$；伸长率 $A\geqslant10\%$；吸收能量 $KV_2\geqslant60$J。这些性能指标和中碳合金调质钢的性能相当。一些常用低碳马氏体结构钢的常规力学性能见表3-9。此外，大量试验表明，低碳马氏体钢不但在静载荷下具有低的缺口敏感性，而且还具有低的疲劳缺口敏感度。低碳马氏体的冷脆倾向比较小，还有良好的工艺性能，冷变形能力良好，焊接性能优良，热处理脱碳倾向小，淬火变形和开裂倾向小。所以，对于在严寒地方室外工作的机件及要求低温下有高强度和高韧性的零件，采用低碳马氏体强化是很合适的。

表3-9　一些常用低碳马氏体结构钢的常规力学性能

牌号	热处理工艺	R_m/MPa	R_{eL}/MPa	A（%）	Z（%）	KV_2/J
15	940℃淬10% NaOH水溶液；200℃回火	1140	940	9.3	39	59
20	910℃淬10%盐水；200℃回火	1530	1310	11.1	45	41
Q345（16Mn）	900℃淬10%盐水；200℃回火	1440	1220	11.4	40.1	49.8
20Mn	880℃淬10%盐水；200℃回火	1500	1260	10.8	42.5	95
20Cr	880℃淬10%盐水；200℃回火	1450	1200	10.5	49	≥70
20MnV	880℃淬10%盐水；200℃回火	1435	1245	12.5	43	89~126
15MnVB	860℃淬10%盐水；200℃回火	1353	1133	12.6	51	95
20MnVB	880℃淬10%盐水；200℃回火	1435	1245	12.5	43	—
20SiMn2MoV	900℃淬油；250℃回火	1511	1238	13.4	58.5	160
25SiMn2MoV	900℃淬油；250℃回火	1676	1378	11.3	51.0	68
25MnTiBRE	850℃淬油；200℃回火	1700	1345	13	57.5	95

低碳马氏体钢碳的质量分数为0.15%～0.25%，以保证淬火后获得板条马氏体组织。低碳马氏体的强化主要是碳的固溶强化。为了提高钢的淬透性和改善其它性能，常加入Cr、Mn、Si、Mo、V、Ni等合金元素。在适量的范围内，Cr、Mn、Mo、Ni都能改善钢的韧性，并降低韧-脆转变温度，而镍的作用尤为明显。加入少量钒能细化奥氏体晶粒，改善钢的韧性。Cr、Mo、Si、V等元素都能有效地提高钢的耐回火性。因为低碳马氏体钢的马氏体相变点 Ms 比较高，在淬火时容易产生自回火现象，所以加入的合金元素最好能适当降低 Ms 点，但也不能过分降低以避免增加淬裂倾向。总的来说，低碳马氏体钢的合金化方向是在保证淬透性的前提下，加入具有高的低温回火抗力和适当降低 Ms 点的元素。

低碳马氏体钢的热处理工艺特点是高温加热、较长时间保温、快速冷却。但是零件的断面尺寸增大，心部有可能淬不透，马氏体数量减少，其综合力学性能将降低。所以，应根据零件的尺寸大小来选择相应淬透性的钢。

2. 低碳马氏体型结构钢的应用

低碳马氏体钢在矿山、汽车、石油、机车车辆、农业机械等制造工业中得到了广泛的应用，在提高产品质量、减轻零件重量及降低成本等方面有着良好的效果。其中，15MnVB、20SiMn2MoV、25SiMn2MoV是有代表性的低碳马氏体钢，也是我国研制开发的低碳马氏体钢，在生产上已经得到了广泛应用。

15MnVB钢利用Mn、V、B元素的合金化作用，提高钢的淬透性，淬火获得全马氏体组织，具有优良的综合力学性能。15MnVB钢用作以冷镦法制造的M20以下的高强度螺栓。机器零件中的许多重要螺栓，如汽车用高强度连杆螺栓、气缸盖螺栓、半轴螺栓等过去一般采用38Cr（或40Cr）钢制造，由于其冷镦性能差，往往造成冷镦开裂、掉头等产生大量废品，而且工艺成本也高。改用15MnVB钢制造后，强度提高，静强度比40Cr螺栓提高了1/3以上，承载能力提高了45%～70%，并且工艺性能良好，不易产生表面裂纹，易于冷镦成形，使模具寿命提高了20%～30%。

20SiMn2MoV和25SiMn2MoV钢利用合金元素Si、Mn、Mo的综合作用来强化马氏体，提高淬透性，同时硅、锰保证了相界残留奥氏体的数量及其稳定性，少量的钒有利于细化奥氏体晶粒，改善韧性，因此具有较高的综合力学性能，应用于石油机械产品的重要零件。例如，吊环是石油钻机提升系统的重要工具之一，主要用于钻井过程的起、下钻，要求安全可靠。以前用35钢正火处理，强度低，产品体积大。采用20SiMn2MoV或25SiMn2MoV钢制造，经淬火并低温回火，其抗拉强度和屈服强度相当于正火态35钢的3倍，因此可以大大减轻吊环的重量。特别是该钢的冷脆转变温度低，在−40℃时其吸收能量KV_2值为52J，比正火态35钢的室温KV_2值还要高。

综上所述，低碳马氏体型结构钢的设计与开发为机械制造工业增添了一类新型钢种，用于代替中碳调质钢，可以大幅度减轻工件重量，提高使用寿命，改善工艺性能和提高产品质量，因而它是机械制造用钢的一个重要分支。

3.2.5 超高强度钢

对于航空航天工业来说，降低飞行器或构件自身的重量至关重要，因此要求材料的比强度（强度/密度）要高，超高强度钢的发展就是为了满足飞行器的这种需要而研制的。铝合金的相对密度比钢小，是钢的1/3，目前高强度铝合金的抗拉强度已达到600MPa左右，这就要求钢的抗拉强度必须提高到1800MPa以上才能与铝合金比较。一般情况下只有当钢的屈服强度超过1400MPa才能在航空航天工业中获得广泛应用。飞行器的速度超过声速后，其表面因与空气摩擦而产生巨大热量，当飞行器的杜瓦尔马赫数（即飞行速度与声速之比）$M=2$时，飞行器表面温度可达100～200℃。对铝合金而言，温度超过150℃以后比强度开始显著降低，因此铝合金是$M\leqslant 2$的飞机的主要结构材料。当$M\geqslant 2$时就需要采用钛合金或超高强度合金钢。超高强度合金钢已大量用于火箭发动机外壳、飞机起落架、机身骨架、高压容器和常规武器的某些零件上，其应用范围还在不断扩大。按成分和使用性能的不同，超高强度合金钢可分为低合金超高强度钢、二次硬化型超高强度钢、马氏体时效钢和超高强度不锈钢四类。

1. 低合金超高强度钢

超高强度结构钢是为了满足飞机、火箭等航空航天器结构上用的高比强度的材料而发展起来的一类结构钢。低合金超高强度钢是以调质钢为基础发展起来的，可用作飞机起落架、飞机机身大梁、火箭发动机外壳、火箭壳体、高压容器等。为了保证钢的高强度，碳的质量分数为0.30%～0.45%，合金元素总的质量分数约为5%。最终热处理为淬火加低温回火，或者采用等温淬火，使用状态下的组织为回火马氏体或下贝氏体。

为了保证零件的高强度，充分保证碳的强化作用，钢必须具有足够高的淬透性，使得整个截面上得到马氏体。这就需要加入一定量的合金元素，主要是 Cr、Mn、Si、Ni、Mo、V 等，进行综合合金化来有效地提高钢的过冷奥氏体的稳定性。硅可以提高钢的淬透性，强化基体，还可以增加钢的耐回火性，并使回火马氏体的脆化温度移向高温，$w_{Si}=1\%\sim2\%$ 可将脆化温度推迟到350℃，使低合金高强度钢能在300～320℃回火，得到强度和韧性的最佳配合。

随着强度的提高，钢的主要问题是防止转化为脆性的倾向。实验表明，低、中强度钢随着强度的不断提高，钢的缺口强度也随之直线上升。但在高强度钢的范围内，随着钢的强度提高，其缺口强度反而降低，缺口敏感性增大，使得疲劳强度值漫散甚至有所降低。钢对各种表面缺陷，如刻痕、焊缝及表面加工造成的缺陷变得十分敏感。

为了改善低合金超高强度钢的韧性，以提高其在服役条件下的安全可靠性，采取的措施是提高钢的纯净度，降低钢中夹杂物、气体及有害杂质元素的含量。采用真空熔炼、真空自耗和电渣重熔后，杂质元素和夹杂物的含量可显著降低。

目前广泛应用的低合金超高强度钢有 40CrNiMo、30CrMnSiNi2、32Si2Mn2MoV 等，国内外常用的低合金超高强度钢及其力学性能见表 3-10。

表 3-10　国内外常用的低合金超高强度钢及其力学性能

牌号	代 号	热处理工艺	R_m /MPa	R_{eL} /MPa	A (%)	Z (%)	KV_2 /J	K_{IC} /MPa·m$^{1/2}$
40CrNi2MoA (40CrNiMoA)	AIS14340 (A50403)	850℃油淬，200℃回火	1960	1605	12.0	39.5	60	67.7
30CrMnSiNi2A		900℃油淬，200℃回火	1795	1430	11.8	50.2	69	67.1
32Si2Mn2MoVA		920℃油淬，320℃回火	1810	1550	12.0	49.3	67.7	79.1
45CrNiMo1VA	D6AC	880℃油淬，550℃回火	1595	1470	12.6	47.4	51	99.2
40Si2Ni2CrMoVA	300M	870℃油淬，300℃回火	1925	1630	12.5	50.6	61	85.1

40CrNiMo 钢是比较成熟的低合金高强度钢，其中合金元素的配合有效地提高了钢的淬透性和回火马氏体的韧性。在40CrNiMo 钢的基础上加入钒和硅，并提高钼的含量，可得到300M 钢（40SiNiCrMoV），其中，钒可细化奥氏体晶粒，硅可提高钢的耐回火性，将回火温度由200℃提高到300℃以上，以改善韧性。故300M 钢具有高的淬透性和强韧性，特别是大截面钢经过真空感应炉冶炼和电渣重熔成锭，再经两次镦粗拔长开坯，由于钢的纯净度大大提高，使得大截面上钢的横向性能得到改善。300M 钢的热处理工艺为：927℃正火，870℃淬火，淬火冷却介质为油，最后经300℃两次回火。在大截面（ϕ300mm）中心的力学性能为：$R_{eL}\geqslant$1520MPa、$R_m\geqslant$1860、$A\geqslant8\%$、$Z\geqslant30\%$，$KV_2\geqslant$39J。纵向和横向的断裂韧性基本一致，其 K_{IC}为75 MPa·m$^{1/2}$。300M 钢用来制造大型飞机的起落架等重要结构材料。

低合金超高强度钢在超高强度钢中发展得最早，其成本低廉，生产工艺比较简单，性能已接近2000MPa 的抗拉强度，因此其产量仍居超高强度钢总产量的首位。随着钢强度的提高，塑性和韧性将不断降低，可能会导致发生材料的早期脆性破坏。构件在工作时，必须有承受应力集中而不致发生脆性破坏的能力，以防止发生突然脆性断裂事故。构件产生应力集中是不可避免的，应力集中来源于构件截面形状的变化以及钢材在冶金和机械加工过程中内部和外表产生的缺陷等。当构件存在钝缺口时（如应力集中系数 $K_e=5$），抗拉强度在1900～2000MPa的钢种，其实际破坏应力尚能与设计破坏应力相当；当构件存在尖锐缺口时（如应力集中系数 $K_e=10$），低合金超高强度钢的抗拉强度水平不能超过1700MPa，否则就会发生低强度下的早期破断。钢的强度越高，其缺口敏感性越大，早期破坏现象就越严重。除此之外，低合金超高强度钢由于是中碳钢，有较大的脱碳倾向，需要在热处理设备和工艺上采取保护措施，且热处理后变形较大，不易校直，焊接性能也不太好，因而需要发展克服这些缺点的新型超高强度钢来弥补其不足。

2. 二次硬化型超高强度钢

二次硬化型超高强度钢是从5%Cr-1.5%Mo热变形模具钢（H11和H13）移植而来的。某些零件要求在较高温度下具有高的力学性能，这些高的力学性能应在550～650℃回火后得到，这时需要钢具有二次硬化效应（回火时析出合金碳化物），在经过高温回火后获得屈服强度大于1550MPa的性能。二次硬化型超高强度钢的热处理工艺和力学性能见表3-11。这类钢具有高的淬透性，可以空气冷却淬火。高温回火时弥散析出 M_7C_3、M_2C 和MC型特殊碳化物，产生二次硬化效应。这类钢还具有较高的中温强度，加之含铬量较多，因而具有较好的抗氧化性和耐蚀性。其主要缺点是塑韧性、焊接性和冷变形性较差，主要用于制造飞机发动机承受中温强度的零部件、紧固件等。

表3-11 二次硬化型超高强度钢的热处理工艺和力学性能

牌号	热处理工艺	R_m /MPa	R_{eL} /MPa	A (%)	Z (%)	K_{IC} /MPa·$m^{1/2}$
4Cr5MoVSi（H11）	1010℃空冷，550℃回火	1960	1570	12	42	37
4Cr5MoV1Si（H13）	1010℃空冷，555℃回火	1835	1530	13	50	23
20Ni9Co4CrMo1V	850℃油冷，550℃回火	1380	1340	15	55	143
30Ni9Co4CrMo1V	840℃油冷，550℃回火	1530	1275	14	50	109
16Ni10Co14Cr2Mo	830℃空冷，-73℃冷处理，510℃回火	1635	1490	16.5	71	175

3. 马氏体时效钢

马氏体时效钢是超低碳的高合金超高强度钢，实际上是以Fe-Ni为基的合金。其基本成分是：$w_C \leqslant 0.03\%$，$w_{Ni}=18\%\sim25\%$，还加入Co、Ti、Al、Mo等元素，C、S、N等元素是以杂质形式存在的，严格控制在很低的含量范围。典型马氏体时效钢的化学成分见表3-12。

表3-12 典型马氏体时效钢的化学成分 （%）

牌号	w_C	w_{Si}	w_{Mn}	w_{Ni}	$w_{Co,Nb}$	w_{Mo}	w_{Ti}	w_{Al}
Ni18Co9Mo5TiAl（18Ni）	≤0.03	≤0.10	≤0.10	17～19	Co 8.5～9.5	4.7～5.2	0.5～0.7	0.05～0.15
Ni20Ti2AlNb（20Ni）	≤0.03	≤0.10	≤0.10	19～20	Nb 0.3～0.5		1.3～1.6	0.15～0.30
Ni25Ti2AlNb（25Ni）	≤0.03	≤0.10	≤0.10	25～26	Nb 0.3～0.5		1.3～1.6	0.15～0.30

通常马氏体中的碳含量增加，强度可大幅度地提高，但是塑性和韧性却显著地下降。这种现象是由间隙固溶强化造成的，这在一般钢中是一个强韧化的基本矛盾。对于超高强度钢，要求具有高的强度和好的塑性和韧性，必须消除这个根本的矛盾因素。强度的提高可通过改变传统的合金化方法，利用其它强化机制来实现。马氏体时效钢的开发是目前利用微观

理论来解决强韧化矛盾，进行优化合金设计的成功例子。

在马氏体时效钢中，镍是主要合金元素，可保证马氏体的形成。镍能有效地降低晶体点阵中的位错运动抗力和位错与间隙原子之间交互作用的能量，促进应力松弛，从而减少脆性断裂的倾向。镍还有利于马氏体中沉淀相的均匀析出，保证钢具有良好的塑性变形特性和高的延展性。为了保证钢的淬透性，必须有高的含镍量，但又不能使 *Ms* 点过低，以减少残留奥氏体，故要控制镍的加入量。钴也能降低位错运动抗力和位错与间隙原子之间交互作用的能量。增加钴的含量能提高 *Ms* 点，有利于板条马氏体的形成，甚至在其它元素处于高浓度情况下，也可形成板条马氏体组织。钼具有双重效应，一方面在凝固时引起偏析，从而诱发各向异性；另一方面通过降低一些合金元素的扩散系数，减少时效时第二相的择优沉淀，从而增加钢在时效后的延展性。铝对马氏体也有一定的强化效应，然而它损害时效前后钢的延展性。硅在其质量分数大于 0.1% 尤其是高于 0.3% 时，会降低钢的塑性。钢中还必须加入能形成金属间化合物的沉淀强化元素，如 Ti、Al、Mo、Nb 等，可形成有序相和拉维斯相。

马氏体时效钢的典型热处理工艺为 815℃固溶处理，随后空冷至室温，转变为马氏体。由于合金中高的含镍量以及超低的碳含量，固溶处理后的淬透性不取决于冷却速率，因而合金常在空气中冷却。固溶处理后其硬度为 30～35HRC，可以很容易地进行进一步的机加工。马氏体时效钢的硬化是通过 480℃时效 3～6h 来完成的，时效处理通常是其最终热处理。马氏体时效钢在固溶处理和时效处理后具有优良的力学性能，在高强度水平下，具有高的比强度以及优越的韧性，还表现出比许多常用合金结构钢具有更强的抵抗氢脆和应力腐蚀的能力，且在固溶处理和时效后均可以进行焊接而不需要预热，这些特点使得马氏体时效钢可以用于许多特定场合。

马氏体时效钢强韧化的机理主要有固溶强化、第二相强化和位错强化等。由于合金元素在时效时大部分已经析出，且都是置换型元素，所以固溶强化效果比较小。在淬火得到的板条马氏体中，位错密度可达到 $10^{11}\sim10^{12}cm^{-2}$，与冷变形金属的位错密度相近。在电镜下观察到的马氏体形态为块状，所以又称为块状马氏体。其位错主要是螺型位错，分布均匀，且可动位错多。第二相强化主要是在时效过程中析出了 Fe_2Mo、Ni_3Al、Ni_3Ti 等金属间化合物，大大提高了钢的强度。典型马氏体时效钢的力学性能见表 3-13。

表 3-13　典型马氏体时效钢的力学性能

牌号	热处理工艺	R_m /MPa	R_{eL} /MPa	A (%)	Z (%)	K_{IC} /MPa · $m^{1/2}$
Ni18Co9Mo5TiAl（18Ni）	815℃固溶 1h 空冷，480℃时效 3h，空冷	1400～1550	1350～1450	14～16	65～70	88～176
Ni20Ti2AlNb（20Ni）	815℃固溶 1h 空冷，480℃时效 3h，空冷	1800	1750	11.0	45.0	—
Ni25Ti2AlNb（25Ni）	815℃固溶 1h 空冷 +705℃时效 4h + 冷处理 +435℃时效 1h	2050	1970	12.0	35.0	—

马氏体时效钢的应用主要有三个方面：①海洋水界领域、航空工业和航天技术领域；②机器零件和结构件；③工模具。在海洋水界以及航空工业和航天技术领域中，许多十分重要的零件均采用上述钢种制造。这些零件包括：直径达到 6m 的大型火箭发动机壳体、空间运

载工具的扭力棒悬挂体、火箭发动机零件、直升机的柔性转动轴、飞机起落架部件、旋转机翼式飞机的铰链结合部件、水翼艇的零部件和潜艇的零部件等。对于结构件来说，马氏体时效钢可以用于制造高压容器、螺栓、紧固件和机枪弹簧、枪管、喷油泵零件、低温工作的零件和机械加工工具的指度盘等。工模具也可以用马氏体时效钢制造，如压铸模、塑料模和一些冷成形模具等。

3.2.6 渗碳钢与氮化钢

在机械装备中许多机械零件主要是在滑动、滚动、接触应力、冲击、磨损等工况条件下工作的，接触疲劳是其主要失效形式，因此，要求钢的表面具有高的硬度、高的接触疲劳抗力和良好的耐磨性，而心部具有一定的塑韧性，这就需要进行表面化学热处理。渗碳钢和氮化钢是为了适用于渗碳热处理和氮化热处理的需要而发展起来的钢种。

1. 渗碳钢

渗碳钢大量用来制造齿轮、凸轮、活塞销等零件。这些零件往往在滑动、滚动等相对运动的工况下工作，工件之间有摩擦，同时还承受了一定的交变弯曲应力和接触疲劳应力，有时还会有一定的冲击力。在这种服役条件下，这些零件常见的失效形式有过量磨损、表面剥落，甚至断裂等。因此，对这些零件的技术要求是表面具有高硬度、高耐磨性、高接触疲劳抗力，而心部应具有良好的综合力学性能。为了满足这样的要求，零件可用渗碳钢制造，通过渗碳淬火工艺，使表面有高的弯曲和疲劳强度及耐磨性，而心部又有高的强度和韧性，也就是表层相当于高碳钢，而心部是低碳钢。

（1）渗碳钢的合金化　渗碳钢的含碳量决定了渗碳零件心部的强度和韧性，从而影响到零件整体的性能。心部过高的含碳量将使零件整体的韧性低，不能在有冲击载荷的状态下使用。一般渗碳钢都是低碳钢，碳的质量分数为0.12%～0.25%，个别钢种可达到0.28%。

渗碳钢中常用的合金化元素有Cr、Mn、Ni、W、Si、V、Ti、Mo等。Cr、Mn、Ni等元素的主要作用是提高渗碳钢的淬透性，以使较大尺寸的零件在淬火时心部能获得大量的板条马氏体组织。根据零件承受负荷大小的不同情况，心部需要的显微组织也有所差别。Ti、V、W、Mo等元素可以阻止奥氏体晶粒在高温渗碳时的长大，能细化晶粒。Cr、Mn、Ni等元素还可改善渗碳层性能。

合金元素对钢的渗碳工艺性能也有重要的影响，碳化物形成元素一方面会增强钢表面吸收碳原子的能力，增加渗碳层表面的碳含量，有利于增加渗碳层深度；另一方面又会阻碍碳在奥氏体中的扩散，因而不利于渗碳层厚度的增加。就总的效果来看，Cr、Mn、Mo元素有利于渗碳层厚度的增加，而钛能减小渗碳层厚度。非碳化物形成元素则相反，会降低钢表面吸收碳原子的能力，减少渗碳层的碳含量，加速碳在奥氏体中的扩散。总的效果是Ni、Si等元素不利于渗碳层厚度的增加。钢中碳化物形成元素含量过高，将在渗碳层中产生许多块状碳化物，造成表面的脆性，所以碳化物和非碳化物形成元素在钢中的含量要适当。锰在渗碳钢中是较好的合金元素，它既可以加速渗碳层形成，又不过多增高渗碳层的含碳量。

（2）常用渗碳钢　渗碳钢都是低碳钢或低碳合金钢。常用渗碳钢按淬透性大小可分为低淬透性钢、中淬透性钢和高淬透性钢三类。应根据零件对淬透性和力学性能的要求，并考虑合金元素对渗碳工艺的影响，合理地选择渗碳钢。常用合金渗碳钢的化学成分、热处理、力学性能及用途举例见表3-14。

表 3-14　常用渗碳钢的化学成分、热处理、力学性能及用途举例

牌号	主要化学成分(%)							热处理/°C				力学性能					毛坯尺寸/mm	用途举例
	w_C	w_{Mn}	w_{Si}	w_{Cr}	w_{Ni}	w_V	$w_{其它}$	渗碳	预备热处理	淬火	回火	R_m /MPa	R_{eL} /MPa	A (%)	Z (%)	KV_2 /J		
15	0.12 ~ 0.19	0.35 ~ 0.65	0.17 ~ 0.37					930	890 ± 10 空	770 ~ 800 水	200	≥500	≥300	15	≥55		<30	活塞销等
20Mn2	0.17 ~ 0.24	1.40 ~ 1.80	0.20 ~ 0.40					930	850 ~ 870	770 ~ 800 油	200	820	600	10	47	60	25	小齿轮、小轴活塞销等
20Cr	0.17 ~ 0.24	0.50 ~ 0.80	0.20 ~ 0.40	0.70 ~ 1.00				930	880 水，油	800	200	850	550	10	40	60	15	齿轮、小轴活塞销等
20MnV	0.17 ~ 0.24	1.30 ~ 1.60	0.20 ~ 0.40			0.07 ~ 0.12		930		880 水，油	200	800	600	10	40	70	15	齿轮、小轴活塞销等也可做锅炉、高压容器管道等
20CrV	0.17 ~ 0.24	0.50 ~ 0.80	0.20 ~ 0.40	0.80 ~ 1.10		0.10 ~ 0.20		930	880	800	200	850	600	12	45	70	15	齿轮、小轴、顶杆活塞销、耐热垫圈等
20CrMn	0.17 ~ 0.24	0.90 ~ 1.20	0.20 ~ 0.40	0.90 ~ 1.20				930		850 油	200	950	750	10	45	60	15	齿轮、轴、蜗杆、活塞销、摩擦轮等
20CrMnTi	0.17 ~ 0.24	0.80 ~ 1.10	0.20 ~ 0.40	1.00 ~ 1.30			Ti 0.06 ~ 0.12	930	880 油	870 油	200	1100	850	10	45	70	15	汽车、拖拉机变速箱齿轮
20Mn2TiB	0.17 ~ 0.24	1.50 ~ 1.80	0.20 ~ 0.40				Ti 0.06 ~ 0.12 B 0.001 ~ 0.004	930		860 油	200	1150	950	10	45	70	15	代 20CrMnTi
20SiMnVB	0.17 ~ 0.24	1.30 ~ 1.60	0.50 ~ 0.80			0.07 ~ 0.12	B 0.001 ~ 0.004	930	860 ~ 880 油	780 ~ 800 油	200	≥1200	≥1000	≥10	≥45	≥70	15	代 20CrMnTi
18Cr2Ni4WA	0.13 ~ 0.19	0.30 ~ 0.60	0.20 ~ 0.40	1.35 ~ 1.65	4.00 ~ 4.50		W 0.80 ~ 1.20	930	950 空	850 空	200	1200	850	10	45	100	15	大型渗碳齿轮和轴类
20Cr2Ni4A	0.17 ~ 0.27	0.30 ~ 0.60	0.20 ~ 0.40	1.25 ~ 1.75	3.25 ~ 3.75			930	880 油	780 油	200	1200	1100	10	45	80	15	大型渗碳齿轮和轴类
15CrMn2SiMo	0.13 ~ 0.19	0.20 ~ 0.40	0.40 ~ 0.70	0.40 ~ 0.70			Mo 0.4 ~ 0.5			860 油	200	1200	900	10	45	80	15	大型渗碳齿轮、飞机齿轮

1）低淬透性渗碳钢，如15Cr、20Cr、15Mn2、20Mn2等。这类钢经渗碳、淬火与低温回火后心部强度较低，锰钢的淬透性比铬钢强些，而切削加工性能差些，渗碳时晶粒易长大。如性能要求较高，这类钢宜采用渗碳后重新加热淬火处理。低淬透性钢的水淬临界直径为20～35mm，低温回火后的心部组织为回火马氏体。这类钢用作受力不太大、心部强度不需要很高的耐磨零件，如柴油机的凸轮轴、挺杆、小齿轮等。

2）中淬透性合金渗碳钢，如20CrMnTi、12CrNi3A、20CrMnMo、20MnVB等。这类钢合金元素总的质量分数在4%左右，其淬透性和力学性能较高，油淬临界直径为25～60mm，主要用于承受中等动载荷的耐磨零件，如汽车变速齿轮、联轴器、齿轮轴、花键套轴等。由于钢中含有Ti、V、Mo等元素，渗碳时奥氏体晶粒长大倾向较小，渗碳后可自渗碳温度预冷到870℃左右直接淬火，经低温回火后，具有良好的力学性能。

3）高淬透性合金渗碳钢，如12Cr2Ni4A、18Cr2Ni4WA、20Cr2Ni4A等。这类钢合金元素总的质量分数小于7.5%，淬火及低温回火后心部强度很高，主要用作重载和强烈磨损的大型零件，如内燃机的主动牵引齿轮、柴油机曲轴等。这类钢的淬透性很好，油淬临界直径在100mm以上，甚至在空气中冷却也能获得马氏体组织。此外，由于钢中含有较多的合金元素，使马氏体转变温度大大降低，渗碳表层在淬火后往往会有大量的残留奥氏体，为减少淬火后的残留奥氏体量，可在淬火后进行冷处理。

（3）渗碳钢的热处理特点　一般渗碳零件的渗碳热处理温度为930℃左右。渗碳后的淬火处理常有直接淬火、一次淬火和二次淬火等方法，而后进行低温回火。碳素渗碳钢和低合金渗碳钢，一般采用直接淬火或一次淬火方法；高合金渗碳钢则采用二次淬火方法。下面以高淬透性渗碳钢20Cr2Ni4A和广泛应用的20CrMnTi钢为例，讨论渗碳钢的热处理工艺规范。

高淬透性渗碳钢由于含有较多的合金元素，渗碳层表面含碳量又高，导致马氏体转变温度大幅度降低。若渗碳后直接淬火，渗碳层中将保留大量的残留奥氏体，使表面硬度降低，因此必须设法降低残留奥氏体的含量。生产中采用的方法有以下三种：

1）淬火后进行冷处理（-60～-100℃），使残留奥氏体继续转变为马氏体。

2）渗碳及正火后进行一次高温回火（600～620℃），从马氏体和残留奥氏体中析出碳化物，随后再加热到较低温度（Ac_1+30～50℃）淬火时，这些碳化物不再溶入奥氏体中，从而减少了奥氏体中的碳及合金元素含量，使马氏体转变温度有所升高，淬火后残留奥氏体的含量自然就少了。最后再进行低温回火，以消除内应力，并提高渗层的强度和韧性。

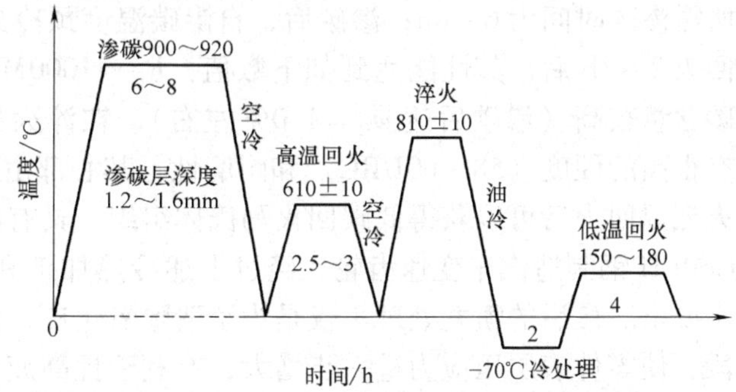

图3-9　20Cr2Ni4A钢齿轮渗碳及随后的热处理规范

若上述两种减少残留奥氏体的办法同时采用，效果更好。图3-9所示为20Cr2Ni4A钢齿轮渗碳及随后的热处理规范图。

3）渗碳后进行喷丸强化，也可以有效地使渗层中的残留奥氏体转变为马氏体。

如图 3-10 所示，20CrMnTi 钢齿轮可在渗碳后预冷到 875℃ 直接淬火。先预冷再淬火是为了减少淬火变形。同时在预冷过程中，渗碳层析出一些二次碳化物，在随后淬火时减少了渗碳层中的残留奥氏体数量。经过这种处理后，20CrMnTi 钢可以获得耐磨性较高的渗碳层，而且零件心部具有较高的强度和良好的韧性。这种钢广泛应用于承受高速、中载并且要求抗冲击和耐磨损的零件，如汽车、拖拉机后桥和变速箱齿轮，离合器轴和车辆上的锥齿轮及主动轴等。

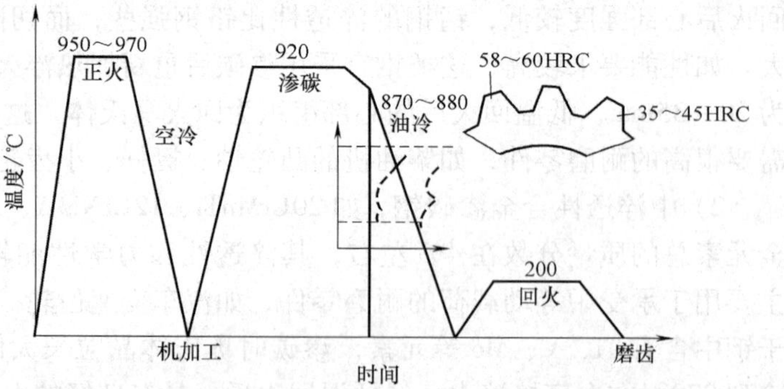

图 3-10　20CrMnTi 钢制造渗碳齿轮的热处理工艺曲线

为了进一步了解渗碳钢的渗碳及渗碳后的热处理，下面以 20CrMnTi 合金渗碳钢制造的汽车变速齿轮为例，分析其热处理工艺。

例题　20CrMnTi 合金渗碳钢制造的汽车变速齿轮，其技术要求为：渗碳层厚度 1.2～1.6mm，表面碳含量 $w_C=1.0\%$，齿顶硬度 58～60HRC，心部硬度 30～45HRC。试确定该渗碳齿轮的热处理工艺，并分析其工艺路线。

解　根据技术要求，确定其热处理工艺如图 3-10 所示。

用 20CrMnTi 钢制造汽车变速齿轮的整个工艺路线如下：

锻造→正火→加工齿轮→局部镀铜→渗碳→预冷淬火、低温回火→喷丸→磨齿（精磨）。

齿轮毛坯在机加工前需正火，其目的是为了改善锻造状态的不正常组织，以利切削加工。20CrMnTi 钢正火后的硬度为 170～210HBW，切削加工性能良好。20CrMnTi 钢的渗碳温度为 920℃，渗碳时间根据所要求的渗碳层厚度确定，经查手册知渗碳层厚 1.2～1.6mm 时所需渗碳时间为 6～8h；渗碳后，自渗碳温度预冷到 870～880℃ 直接油淬，再经 200℃ 低温回火 2～3h 后，其性能达到如下数值：$R_m\approx1000$MPa，$Z\approx50\%$，$KV_2\approx64$J；其表面层由于碳含量较高（渗碳后达 $w_C=1.0\%$ 左右），在淬火低温回火后基本上是回火马氏体组织，具有很高的硬度（58～60HRC）和耐磨性，其心部由于 Cr、Mn 元素提高了钢的淬透性，在淬火低温回火后可以获得低碳回火马氏体组织，具有高的强度和足够的冲击韧度。因此，用 20CrMnTi 钢制造汽车变速齿轮，经过上述冷热加工和热处理后，所获得的性能基本上满足技术要求。最后的喷丸处理不仅是为了清除氧化皮，使表面光洁，更重要的是作为一种强化手段，使零件表层压应力进一步增大，有利于提高疲劳强度。在某些情况下，经过喷丸处理以后要进行精磨，磨去表层 0.02～0.05mm，这样做能提高齿面光洁度，而对强化效果不至于产生不良影响。局部镀铜是在不需要渗碳的部位用镀铜法来防止渗碳。

2. 氮化钢

有些机器零件，如精密机床的主轴等，其工作状况为：在工作时载荷不大，基本上无冲击力；有摩擦，但比齿轮等零件的磨损要轻；同时也受到交变的疲劳应力。对这一类零件的重要要求是能保持高的精度，因此在性能要求上与渗碳钢有所区别。显然，渗碳钢的渗碳处理是不能满足高精度要求的，因此，这类零件常采用氮化钢进行渗氮处理，可达到其性能要求。

氮化是用氮饱和钢的表面的工艺过程，氮化工艺一般在600℃以下进行。氮化钢多为碳含量偏低的中碳铬钼铝钢，氮化的目的在于提高钢的表面硬度、耐磨性、热稳定性和耐蚀性。氮化以前，零件要经过调质热处理以得到稳定的回火索氏体组织，以保证零件最终的使用性能和使用过程中的尺寸稳定性，同时也为获得需要的氮化层做好组织准备。

氮化钢扩散层的结构取决于Fe-N相图（图3-11），当钢在低于共析温度（590℃）范围内进行氮化时，其扩散层由三种相组成：ε（$Fe_{3\text{-}2}N$）、γ（Fe_4N）和α。一般情况下，氮化钢扩散层取决于钢的成分、加热温度和时间，以及氮化后的冷却速度。氮化钢的高硬度和耐磨性主要靠合金氮化物（MoN、AlN等）来保证。但是由于钢中含有一定量的碳，因而氮化时，事实上要形成碳氮化合物相。

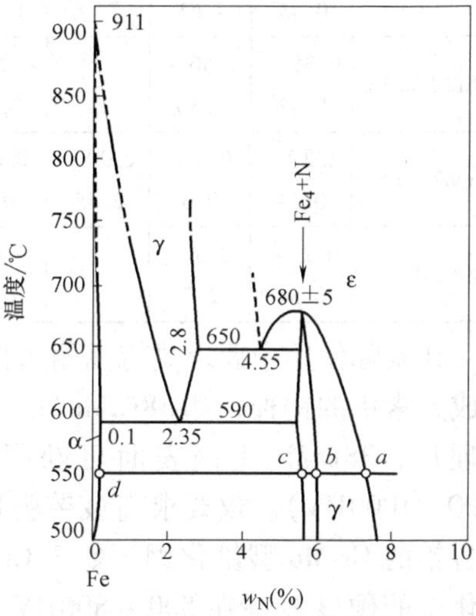

图3-11　Fe-N相图

对于氮化而言，提高氮化层性能最有效的合金元素是Al、Nb、V等，这些合金元素所形成的合金氮化物最稳定，其次是Cr、Mo、W的合金氮化物。合金元素对氮化层深度和表面硬度的影响如图3-12所示。不含铝时，形成的氮化层脆，容易剥落。要得到满意的氮化层，钢中要含质量分数为1%左右的铝。Cr、Mo、Mn元素提高钢的淬透性，以满足调质处理要求。Mo、V元素使调质后的组织在长时间氮化处理时保持稳定，也防止了钢的第二类回火脆性。氮化钢的含碳量比渗碳钢高，一方面是因为服役条件不同，另一方面能获得比较高的硬度，以支撑高硬度表层，保证在过渡区有良好的硬度匹配。

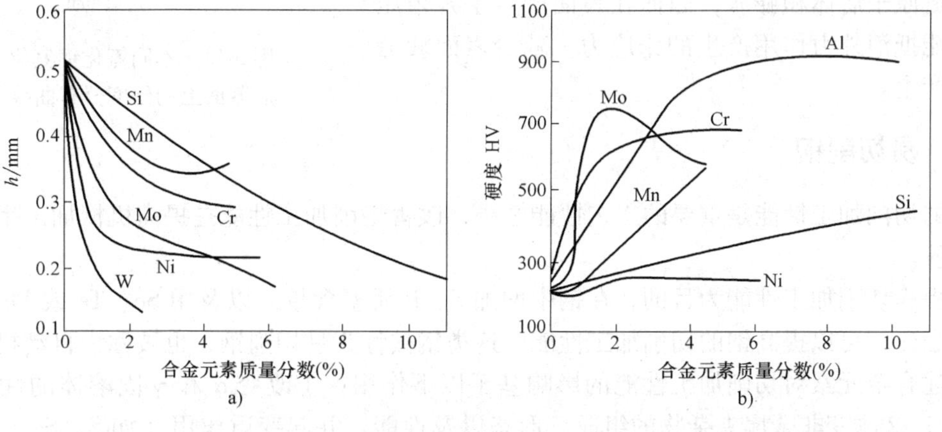

图3-12　合金元素对氮化层深度和表面硬度的影响（550℃氮化24h）

a）对氮化层深度的影响　b）对表面硬度的影响

国际上广泛应用的氮化钢是38Cr2MoAlA（相当于我国的38CrMoAlA）。近年来还开发了一系列氮化用钢，如38Cr2WVAlA、30CrNi2WVAlA、30Cr3WA等。几种氮化钢的化学成分和力学性能见表3-15。

表 3-15　氮化钢的化学成分和力学性能

牌号	化学成分（%）					热处理温度/℃		力学性能				
	w_C	w_{Cr}	w_{Ni}	$w_{Mo(W)}$	$w_{其它}$	淬火	回火	R_m /MPa	R_{eL} /MPa	A (%)	Z (%)	KV_2 /J
38Cr2MoAlA	0.35 ~ 0.45	1.35 ~ 1.65		0.15 ~ 0.25	Al 0.7 ~ 1.1	920 ~ 940（油）	625 ~ 650	1000	850	14	50	90
38Cr2WVAlA	0.35 ~ 0.42	1.50 ~ 1.80		0.20 ~ 0.40	V 0.10 ~ 0.18 Al0.4 ~ 0.7	900 ~ 950（油）	600 ~ 650	1000	850	12	50	90
30CrNi2WVAlA	0.27 ~ 0.34	0.3 ~ 0.6	2.00 ~ 2.45	0.6 ~ 0.8	V 0.10 ~ 0.18	850 ~ 870（油）	540 ~ 620	1050	850	12	55	100
30Cr3WA	0.27 ~ 0.34	2.3 ~ 2.7		0.6 ~ 0.8	V 0.06 ~ 0.12	870 ~ 890	580 ~ 620	1000	850	15	50	100

在实际使用中要求具有高耐磨性的零件应有高硬度的表面氮化层，一般采用含强氮化物形成元素铝的钢种，如38CrMoAl。经调质和表面氮化处理后，38CrMoAl 钢表面可获得最高氮化层硬度（900 ~ 1000HV）。仅要求高疲劳强度的零件，可采用不含铝的 Cr-Mo 型氮化钢，如 35CrMo、40CrV 等，其氮化层的硬度控制在 500 ~ 800HV。不同氮化钢经氮化后截面上的硬度分布如图 3-13 所示。

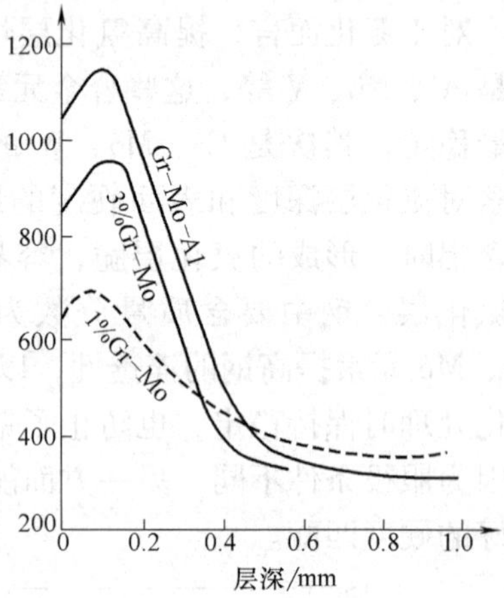

图 3-13　不同氮化钢氮化后截面上的硬度分布曲线

氮化处理提高零件疲劳强度和耐磨性的原因，首先是在表面形成了高硬度的 γ'-Fe_4N 和 ε-$Fe_{3\text{-}2}N$ 层；其次是渗入的氮原子与氮化物形成元素形成弥散的合金氮化物，提高表面氮化层的强度和硬度；另外，表面渗入氮原子后体积膨胀，因而在表面产生了残余压应力，能抵消外力作用产生的张应力，减少表面疲劳裂纹的产生。

3.2.7　易切削钢

钢的切削加工性能是重要的工艺性能之一，改善切削加工性能是提高机械加工生产率的重要手段。

以提高切削加工性能为目的，在钢中增加 S、P 元素含量，以及用 Se、Te 或 Pb 等元素进行合金化，可以提高钢的切削加工性能，这类钢被称为易切削钢，也被称为自动机钢。

上述合金元素对切削加工性能的影响基于以下作用：①改变 α 和 γ 固溶体的性能（如元素 P）；②改变非金属夹杂物的组成、形态以及性能，并起变质作用（如 S、Se、Te 等元素）；③形成金属夹杂，但不溶于固溶体（如元素 Pb）。除了合金化影响以外，切削加工性能还受材料的组织和硬度的影响，即受切削加工前预备热处理的影响。例如，粗晶粒钢切削性好，片状珠光体组织比粒状珠光体组织加工性能好。

表 3-16 和表 3-17 分别列出了几种易切削钢的化学成分、热处理工艺和力学性能数据。易切削钢在牌号前加“易”的汉语拼音字首“Y”。对含有元素 Se 的钢，在牌号后加“S”；

而含元素 Pb 的钢则在 Y 后加“P”；提高 S、P 元素含量的钢除了加“Y”以外，不再加其它符号。

表 3-16 易切削钢的化学成分

钢种	牌号	基本元素含量（%）					
		w_C	w_S	w_P	w_{Pb}	w_{Se}	$w_{其它}$
碳钢（含 S）	Y12	0.08~0.16	0.08~0.20	0.08~0.15	—	—	Mn 0.7~1.0
	Y20	0.17~0.24	0.08~0.15	≤0.06	—	—	Mn 0.7~1.0
	Y40Mn	0.37~0.45	0.18~0.30	≤0.05	—	—	Mn 1.20~1.55
碳钢（含 Pb）	YP40	0.37~0.45	≤0.04	≤0.04	0.15~0.30	—	—
碳钢（含 Se）	Y35S	0.32~0.40	0.06~0.12	≤0.046	—	0.04~0.10	—
铬钢（含 Se）	Y40CrS	0.36~0.44	0.06~0.12	≤0.035	—	0.04~0.10	Cr 0.8~1.1
合金钢（含 Pb）	YP12CrNi	0.09~0.15	≤0.035	≤0.035	0.15~0.30	—	Cr 0.4~0.7 Ni 0.5~0.8
	YP30CrMo	0.27~0.33	≤0.035	≤0.035	0.15~0.30	—	Cr 0.8~1.1 Mo 0.15~0.25

表 3-17 易切削钢的热处理工艺与力学性能

钢种	牌号	热处理温度/℃		$R_{p0.2}$ /MPa	R_m /MPa	A (%)	Z (%)	a_K /J·cm^{-2}
		淬火	回火					
碳钢（含 S）	Y12	热轧态	—	—	420	22	34	—
	Y20	热轧态	—	—	460	20	30	—
	Y40Mn	热轧态	—	—	600	14	20	—
碳钢（含 Pb）	YP40	正火态	—	340	580	19	45	60
碳钢（含 Se）	Y35S	正火态	—	320	540	20	45	70
铬钢（含 Se）	Y40CrS	860，油	500，水	800	1000	10	45	60
合金钢（含 Pb）	YP12CrNi	900~920，油	150~180 空气	450	650	10	—	90
	YP30CrMo	860~880，油	510~560，空气	750	900	12	45	80

3.3 机器零件用钢的选材思路

在机械零件产品的设计与制造中，合理地选择和使用金属材料是一项十分重要的工作，不仅要考虑材料的性能以适应零件的工作条件并保证其使用寿命，而且要考虑材料的加工工艺性能和经济性，以便提高零件的生产率，降低成本，减少消耗等。本节就一般结构零件的选材思路作一简要介绍。

3.3.1 选择材料的基本原则

1. 材料的使用性能原则

材料的成分、热处理工艺、组织、性能之间是密切相关的，其相互关系可用图 3-14 表示。在设计零件并进行选材时，应根据零件的服役条件和失效形式找出所选材料的主要力学性能指标，这是保证零件耐用的先决条件。

如汽车、拖拉机或柴油机上的连杆螺栓，在工作时整个界面不仅承受均匀分布的拉应力，而且拉应力是周期变动的，其损坏形式除了由于强度不足引起过量塑性变形而失效外，多数情况下是由于疲劳破坏而造成断裂。因此对连杆螺栓材料的力学性能除了要求有高的屈服强度外，还要求有高的疲劳强度。由于该螺栓是整个截面均匀受力，因此材料的淬透性也需要考虑。

前面的表3-1列举了一些典型零件的工作条件、主要失效形式以及主要力学性能指标。可见，零件实际受力情况是复杂的，而且选材时还应考虑到短时过载、润滑不良、材料内部缺陷等影响因素，因此力学性能指标经常成为材料选用的主要依据。

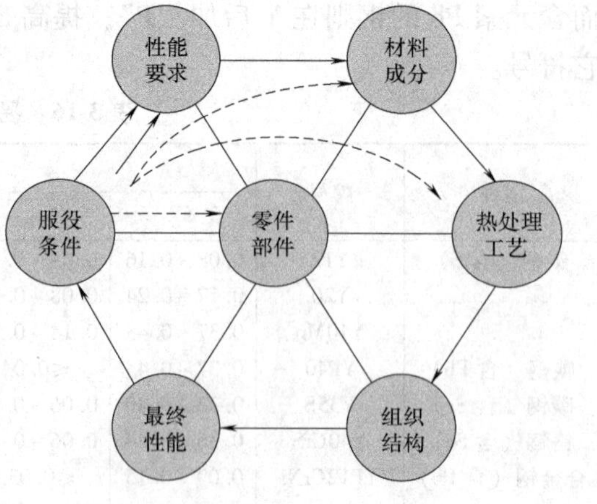

图3-14　材料的成分、热处理工艺、组织与性能之间的关系

在工程设计上，材料的力学性能数据一般是以该材料制成的试样进行力学性能试验测得的，它虽然能表明材料性能的高低，但由于试验条件与机械零件的实际工作条件有差异，因而，严格来说，材料的力学性能数据仍不能确切地反映机械零件承受载荷的实际能力，况且目前用此方法来进行生产检验还存在着一定的困难。生产中最常用的检验材料力学性能的方法是硬度检验法，因为硬度检验法不破坏零件，比较方便，而且硬度与力学性能之间存在一定的关系，因此零件图样上一般都以硬度作为主要的热处理技术条件。

2. 材料的工艺性能原则

现代工业所用的机械设备大部分是由金属零件装配而成的，所以金属零件的加工是制造机械设备的重要步骤。用金属材料制造零件的基本加工方法通常有下列四种：铸造、压力加工、焊接和机械加工。热处理是作为改善机械加工性能和使零件得到所要求的性能而安排在有关工序之间的。

材料工艺性能的好坏对零件的加工生产有着直接影响。几种重要的工艺性能如下：

（1）铸造性能　包括流动性、收缩、偏析、吸气性等。

（2）锻造性能　包括可锻性（塑性与变形抗力的综合）、抗氧化性、冷镦性、锻后冷却要求等。

（3）切削加工性能　包括粗糙度、切削加工性等。

（4）焊接性能　包括形成冷裂纹或热裂的倾向、形成气孔的倾向、热影响区的大小等。

（5）热处理工艺性能　包括淬透性、变形开裂倾向、过热敏感性、回火脆性倾向、氧化脱碳倾向、冷脆性等。

一般来说，碳钢的锻造及切削加工性能较好，其力学性能可以满足一般零件的工作要求，因此碳钢的用途较广泛，但它的强度不高，淬透性较差，所以，制造大截面、形状复杂和高强度的淬火零件时，常选用合金钢。合金钢的淬透性好、强度高，但其锻造、切削加工等工艺性能较差。

在小批量生产时，工艺性能的好坏并不显得突出，而大批量生产时，工艺性能则可以成为决定因素。例如某厂试制一种24SiMnWV钢作为20CrMnTi钢的代用材料，虽然其力学性能较20CrMnTi钢为优，但因其正火后硬度较高，切削加工性能差，不能适应大批量生产的要求而未被采用。

在设计零件时，也要注意材料的热处理工艺性能。如零件的结构形状复杂，应选用淬透性较好的钢，例如油淬钢，它的淬火变形较小。

通过改变工艺规范、调整工艺参数、改进刀具和设备、变更热处理方法等途径，可以改善金属材料的工艺性能。

3. 材料的经济性原则

零件制造的经济性涉及材料的价格、加工成本、国家资源情况、生产设备的可能性等因素。在满足使用性能的前提下，选用零件材料时还要注意降低零件的总成本以及资源情况。零件的总成本包括材料本身的价格和与生产有关的其它一切费用。

在金属材料中，碳钢和铸铁的价格是比较低廉的，因此在满足零件使用性能的前提下应尽量选用碳钢和铸铁（尤其是球墨铸铁），它们不仅具有较好的加工工艺性能，而且可降低成本。

低合金钢由于强度比碳钢高，总的经济效益比较显著，有扩大使用的趋势。

在选材时还应该考虑国家的生产和供应情况，所选钢种应尽量少而集中，以便采购和管理。

总之，作为设计和工艺人员，在选材时必须了解我国的工业发展形势，要按照国家标准，结合我国的生产和资源条件，从实际情况出发，全面考虑材料的力学性能、工艺性能和经济性等方面的因素。

3.3.2 选择材料的基本思路及方法

1. 机械零件加工工艺路线

机械零件种类千差万别，其加工工艺也各不相同，通常是根据零件的形状、尺寸、精度和性能要求等条件，综合考虑制订零件的加工工艺路线。在确定材料后，还需要考虑合适的型材，例如，筒状零件最好选用管材，圆形零件最好选择棒材，然后再确定加工工艺路线。总的来说，零件的加工工艺路线大体上分为以下三类：

（1）性能要求不高的零件　一般用铸铁和碳钢制造。其工艺路线比较简单，一般为：毛坯（由铸造或塑性加工得到）→正火（退火）→机械加工→成形零件。若直接用型材加工，则大部分不需要进行热处理。

（2）性能要求较高的零件　一般用各种合金钢制造，如轴、齿轮、弹簧等。其工艺路线为：毛坯→预备热处理（正火、退火）→粗加工→最终热处理（淬火回火或渗碳淬火等）→精加工。

（3）性能要求高的精密零件　多用合金钢经过多种工艺制造，如精密丝杠、主轴等。其通常的工艺路线为：毛坯→预备热处理（正火、退火）→粗加工→热处理（调质等工艺）→半精加工→氮化处理→精加工→去应力退火→零件。

2. 选材的基本方法

具体选材方法不可能规定千篇一律的步骤，必须视零件的具体服役条件而定，如果是一般常用零件（如轴类零件和齿轮等），可以参考同类型产品中零件的有关情况和国内外失效分析报告，找出主要和次要失效抗力指标，进行选材。如果是新设计的关键零件，还要根据实际工况运转时的服役条件，进行系统地试验，结合力学性能试验，综合确定该零件的主要和次要失效抗力指标。下面简要介绍选材的基本方法。

1）分析零件的工作条件、尺寸形状和应力状态，确定零件的技术要求。

2）通过分析和试验，结合同类零件失效分析的结果，找出实际运转中零件的主要和次要失效抗力指标作为选材依据。

3）根据所要求的主要力学性能指标，正确地选择钢种。首先选择合适的含碳量，然后根据技术要求，利用淬透性曲线或有关手册资料进行选材。

综合考虑延长使用寿命、减轻重量和节约成本等因素，分析是否可能以低碳马氏体钢代替调质钢；以碳钢或低合金钢代替高合金钢；以弹簧钢或工具钢制造结构零件等。

4）综合考虑钢种满足次要失效抗力指标的可能性和必要的工艺措施。

5）审核所选钢种是否满足工艺性能要求（包括锻造性能、切削性能和热处理工艺性能等）。

6）审核所选钢种在保证实现先进工艺和现代化生产组织方面的可能性。

7）考虑所选钢种的生产经济性和热处理的生产成本。

8）提出所选钢种在供应状态下的技术要求。

3. 钢材选择的典型实例

（1）轴类零件的常规选材方法　例如，一根 $\phi 45\text{mm} \times 192\text{mm}$ 的发动机轴，承受的最大扭转应力为176MPa，弯曲应力为563MPa，试选择合适的钢材。

首先，由于扭转所产生的切应力尚不及弯曲所产生的切应力的一半，因而，只考虑弯曲时所产生的应力。

对于轴类零件，弯曲应力在轴的中心线上接近于零，显然没有必要全部淬透，如果淬透还有可能产生淬火裂纹，同时也对表面残余应力不利（淬透时表面容易产生拉应力）。

其次，考虑轴是在疲劳载荷下工作的，因此根据疲劳强度和硬度的关系曲线，可以确定若要有效地抵抗疲劳载荷，应该通过热处理使轴的硬度值达到36HRC（图3-15）。而要想调质后得到这样的硬度，淬火后就必须得到45HRC的硬度（图3-16）。

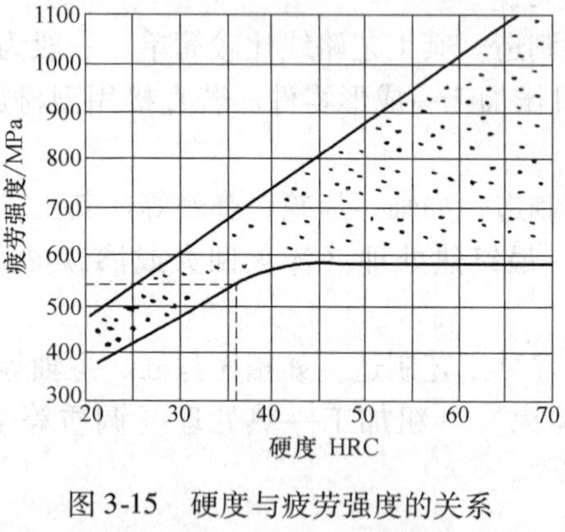

图3-15　硬度与疲劳强度的关系

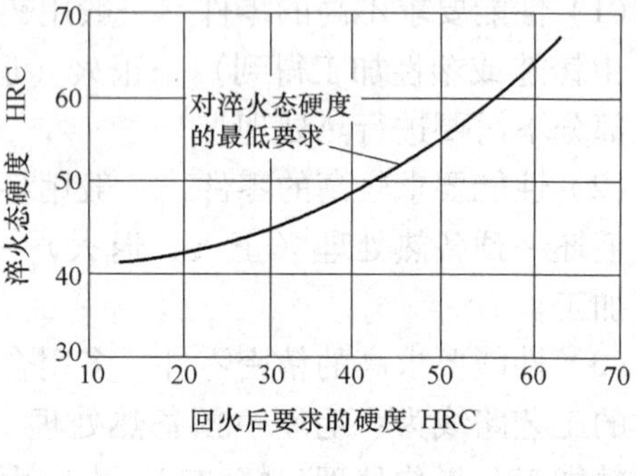

图3-16　钢回火后的硬度与淬火硬度的关系

由于轴类零件一般选用中碳钢制造，对于 $w_C = 0.4\%$ 的钢来说，在组织中应有体积分数不少于80%的马氏体（图3-17），即受弯、扭零件距其表面1/4R（即距中心3/4R）处应有80%的马氏体。由图3-18可知，直径为45mm的轴，在油中淬火时，其距离中心3/4R处的冷速是同顶端淬火样品11mm处的冷速相同的。因而所选择的钢材其端淬样品距顶端11mm处能否达到45HRC，是判断该钢是否合格的标准。

根据40Cr、35CrMo和40CrMnMo钢的端淬曲线，查出距顶端11mm处的硬度值分别是

40Cr：32HRC；35CrMo：37HRC；40CrMnMo：49HRC（图3-19）。

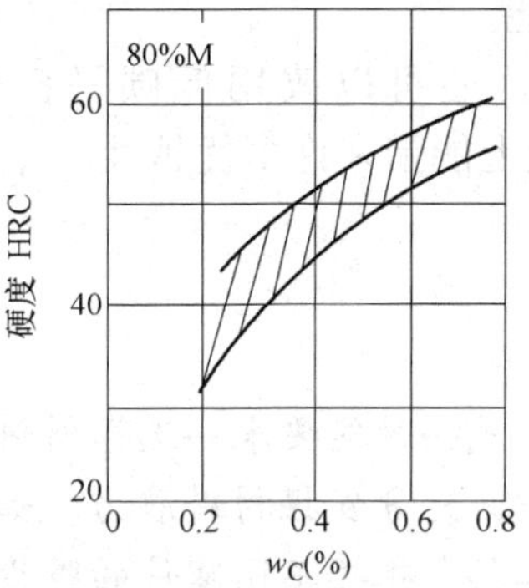

图3-17 淬火钢硬度与马氏体数量及含碳量的关系

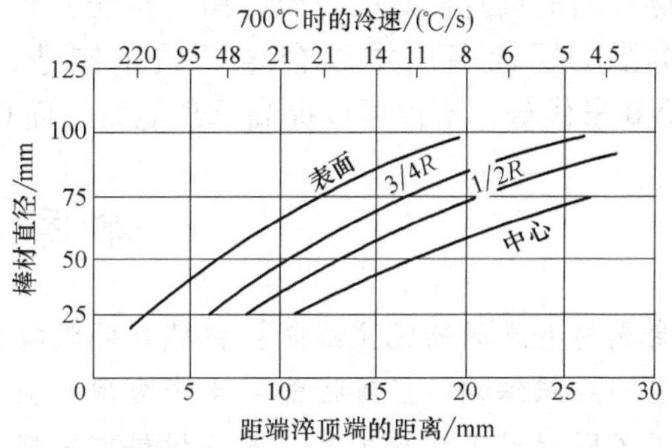

图3-18 淬火棒材沿截面径向各点的冷却速度与顶端淬火试样沿长度各点的冷却速度的对应关系（油淬）

因此，应选用40CrMnMo来制造这根轴，其距离表层1/4R处能达到49HRC，超过了规定数值45HRC，保证淬透性有一定储备，从而可以保证性能安全可靠。

（2）高强度冷镦螺栓的选材问题 螺栓是机械装备中最重要的零件之一，它起着联接、紧固、密封、定位等作用。除了简单定位的螺栓之外，在安装时均需要预紧，因而螺栓均承受静拉伸载荷。预紧力越大，则联接强度和紧固度、密封性越高。要克服联接件之间的相对位移，避免螺栓承受弯曲、剪切载荷，必须要设计足够高的预紧力。许多螺栓，例如连杆螺栓、气缸盖螺栓、机翼螺栓、桥梁螺栓等，除了承受预紧力以外，还要承受脉动载荷的作用，有时还会出现冲击载荷。因此，螺栓的失效往往是过载拉伸或疲劳断裂。所以高强度螺栓用钢必须有足够高的抗拉强度，以抵抗拉长、拉断、滑扣和磨损，同时要具有较高的疲劳抗力和冲击韧度，以抵抗疲劳失效和冲击断裂。

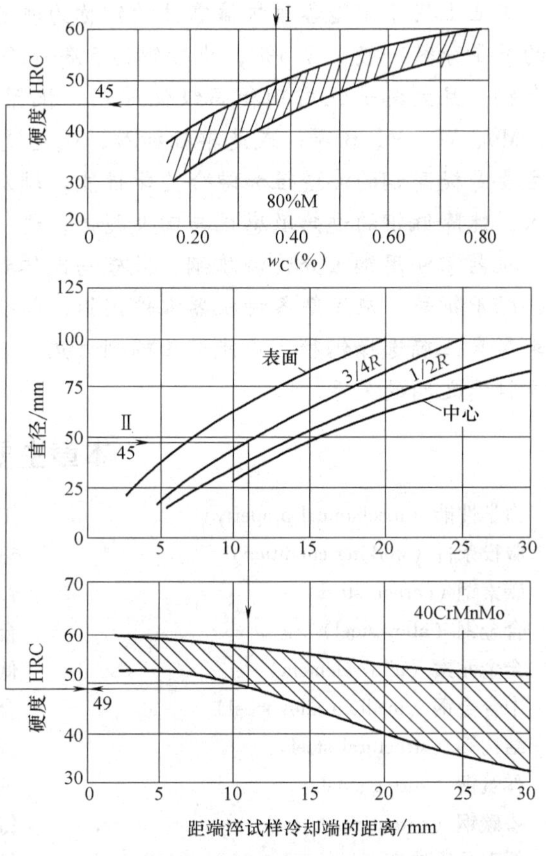

图3-19 用淬透性带选择钢材的步骤

众所周知，螺栓具有多缺口的结构特性，这就决定了它是在高应力集中状态下工作。由于制造精度及安装不当等因素的影响，会产生偏斜拉伸的附加载荷。因此，螺栓用钢也必须具有足够的塑性和韧性，以降低对偏斜、缺口应力集中和表面质量的敏感性。

螺栓可能在严寒地区或江河湖泊附近以及石油化工等各种腐蚀环境下工作，所以，还要求螺栓用钢具有低的韧-脆转变温度和一定的耐蚀性，这样才能保证其工作的安全可靠。

中小型螺栓大多采用冷镦成形六角螺栓头，采用搓螺纹或滚压螺纹方式生产螺纹，这就要求螺栓用钢具有良好的冷镦、搓（滚压）螺纹等工艺性能。

高强度螺栓多用中碳合金调质钢制造，如40Cr等，还可以改用低碳马氏体钢如15MnVB来代替，不仅可以提高承载能力，而且在工艺性能上能带来许多优越性。

本章小结

金属材料学的研究主线是：机械零件服役条件→失效方式→性能要求→选择材料→热处理工艺→组织结构→最终性能→生产应用。应寻求最佳方案，充分发掘材料潜力。如同一零件可用不同材料及相应工艺，同一材料可采用不同的强化工艺。根据不同零件的服役条件来改进工艺，以达到提高零件使用寿命的目的。强化工艺不同，组织有所不同，但都有可能满足零件的性能要求。

工业上用于制造各种机械零件的钢称为机器零件用钢，一般为亚共析钢。钢中合金元素总的质量分数一般小于5%，少数钢为5%～10%，即大部分机器零件用钢为低合金钢和中合金钢，且大都是优质钢和高级优质钢。机器零件用钢的合金化元素主要有Cr、Mn、Si、Ni、Mo、W、V、B等，或是单独加入，或是复合加入。主加元素为Cr、Mn、Si、Ni，其作用主要是提高钢的淬透性和综合力学性能。辅加元素有Mo、W、V、B等，这些元素的配合加入，能降低钢的过热敏感性与回火脆性，进一步提高淬透性。

机器零件用钢可分为调质钢、低碳马氏体钢、超高强度结构钢、渗碳钢、氮化钢、弹簧钢、轴承钢等。应了解各种机器零件用钢，学会根据机器零件的服役条件、失效形式、性能要求等来正确选择钢种；应能够正确制订热处理工艺，并能够分析热处理工艺与显微组织、力学性能之间的关系。

本章主要名词

力学性能（mechanical property）
服役条件（working condition）
碳素钢（carbon steel）
合金钢（alloy steel）
合金元素（alloy element）
中合金钢（medium alloy steel）
结构钢（structural steel）
弹簧钢（spring steel）
渗碳钢（carburizing steel）
低碳马氏体钢（low carbon martensite）
马氏体时效钢（martensite aging steel）
易切削钢（automatic steel，free cutting steel）
工艺规范（technical specifications）
热处理工艺（heat-treat technology）
普通碳素钢（common straight carbon steel）
合金化（alloying）
低合金钢（low alloy steel）
合金结构钢（alloy structural steel）
调质钢（quenched and tempered steel）
轴承钢（bearing steel）
氮化钢（nitrided steel）
低合金高强度钢（low-alloy high-strength steel）
超高强度钢（super-strength steel）

习　题

1. 解释下列名词：

结构钢，优质碳素钢，调质钢，弹簧钢，渗碳钢，氮化钢，低碳马氏体钢，低合金高强度结构钢，马氏体时效钢，超高强度钢。

2. 对于不同的机器零件，其服役条件和失效方式不同，主要失效抗力指标也不同。机器零件用钢的性能是通过钢的成分和热处理两个方面来保证的。试以2～3种典型的机器零件为例，说明如何通过钢的化学成分和热处理工艺来保证机器零件用钢的使用性能。

3. 调质钢中常用哪些合金元素？这些合金元素在钢中的主要作用是什么？

4. 某工厂原来使用45MnSiV钢生产ϕ8mm高强度调质钢筋，要求$R_m > 1450$MPa，$R_{eL} > 1200$MPa，$A > 6\%$。热处理工艺是920℃±20℃油淬，470℃±10℃回火。因该钢缺货，库存有25MnSi钢，请考虑是否可以代用？如可以代用，热处理工艺如何调整？

5. 弹簧钢的主要性能要求是什么？为什么弹簧钢中碳的质量分数一般为0.50%～0.75%？试选择一种弹簧钢，并制订其热处理工艺。

6. 弹簧为什么要求较高的冶金质量和表面质量？弹簧钢的强度极限高，是否就意味着弹簧的疲劳极限高？为什么？

7. 直径25mm的40CrMnMo钢棒料，经过正火后难以切削，为什么？

8. 钢的切削加工性与材料的组织和硬度之间有什么关系？为获得良好的切削性能，中碳钢和高碳钢各自应经过什么样的热处理？得到什么样的金相组织？

9. 滚动轴承钢常含有哪些合金元素？各起什么作用？滚动轴承钢对冶金质量、表面质量和原始组织都有哪些要求？为什么？

10. 试分析齿轮的服役条件及性能要求。在机床、汽车拖拉机及重型机械上，常分别选用哪些材料作齿轮？应用哪些热处理工艺？

11. 汽车、拖拉机的发动机曲轴常用调质钢来制造，而变速箱的花键轴往往用渗碳钢来制造，汽车、拖拉机的变速箱齿轮和后桥齿轮多用渗碳钢来制造，而机床变速箱齿轮又多用中碳（合金）钢来制造，试分析其原因。上述两种轴类零件和三种齿轮在材料选择、热处理工艺以及其它强化工艺上，可能采取哪些不同措施？

12. 某精密镗床主轴用38CrMoAl钢制造，某重型齿轮铣床主轴选择了20CrMnTi钢制造，某普通车床主轴材料为40Cr钢。试分析说明它们各自应采用什么样的热处理工艺及最终的组织和性能特点（不必写出热处理工艺具体参数）。

13. 20Mn2钢渗碳后是否适合于直接淬火？为什么？

14. 何谓马氏体时效钢？其时效强化与铝合金时效有什么不同？它是怎样实现优异的强韧性结合的？

15. 试分析低碳马氏体型结构钢的优越性及其应用范围。

16. 试用强度和韧性的矛盾关系来简述超高强度钢的发展。

第4章 工具钢

在工业生产中，对所使用的各种材料要进行加工、成形，这就需要采用各种不同的工具。用来制造刃具、模具和量具的钢统称为工具钢。由于各种工具使用的场合不同，对它们的性能要求也不同。

工具钢按用途不同可分为刃具钢、模具钢和量具钢，按化学成分可分为碳素工具钢和合金工具钢。

用来进行切削加工的工具用钢，其工作部分主要在切削刃部，称为刃具钢。刃具钢在切削过程中受到弯曲、剪切、冲击、振动、摩擦等高应力的作用，在工作部位将产生热量，使刃部温度升高，有可能升高到500～600℃甚至更高，同时刃部也发生磨损。因此，要求刃具钢具有高的硬度和耐磨性、一定的韧性和塑性，有的刃具钢还要求具有一定的热硬性。

用于金属成形加工的工具钢称为模具钢，根据其工作状态可分为冷作模具钢、热作模具钢和塑料模具钢。冷作模具在室温下工作，如冲模、冷镦模、冷挤压模、切边模、精整模等，要求高硬度、高耐磨性和一定的韧性。热作模具用于加工赤热金属或液态金属，使之成形，模具温度周期升降，受到“热疲劳”作用，还受到很大的压力、冲击、磨损和冲蚀，要求在高温下具有高的硬度和强度、抗热疲劳性和良好的韧性。塑料制品大部分用模压成形，塑料模具钢也因此逐渐发展成为专用钢系列。

量具钢用来制作量规、塞规、卡尺、样板等用以测量工件尺寸和形状的刃具，为了保证测量的准确性，要求其具有高的硬度、高的耐磨性和良好的尺寸稳定性。

4.1 工具钢的成分及性能特点

4.1.1 工具钢的化学成分特点

大多数工具是在承受很大局部压力和强烈磨损的条件下工作的，所以工具钢的主要矛盾是强度、韧性和耐磨性之间的合理平衡，而影响这个主要矛盾的因素主要有基体的成分、性能以及第二相碳化物的性质、数量、形态和分布。

为了使工具钢获得高的硬度、耐磨性、热稳定性以及足够的强度和韧性，在化学成分上要求具有高的含碳量，碳的质量分数通常为0.6%～1.3%。高的含碳量可以保证钢淬火后得到高碳马氏体，从而得到高的硬度和变形抗力；同时，高的含碳量可以形成足够数量的碳化物，以保证高的耐磨性。为了保证工具钢具有足够的淬透性以及合金碳化物的形成，需要加入一定的合金元素。所加入的合金元素主要是使钢具有高的硬度和耐磨性的碳化物形成元素，如Cr、W、Mo、V等。在低合金工具钢中，也辅助加入一些Mn和Si，主要是减少工具在热处理时的变形，并增加钢的淬透性和耐回火性。

由于工具钢的含碳量较高，其塑性和韧性较结构钢为差。为了改善工具钢的塑韧性，减小热处理时淬裂的可能性，工具钢对钢材的纯洁度要求较高，对硫、磷的质量分数一般均限制在 0.02% ~0.03% 以下。

4.1.2 工具钢的热处理性能特点

由工具钢的成分特点可知，工具钢的含碳量和形成碳化物的合金元素含量均较高，因而钢中碳化物数量也较多。碳化物的形状及其在钢中的分布对工具的力学性能和使用寿命影响很大。通常都要求碳化物呈颗粒状，而且颗粒应细小且分布均匀。这样不仅对于保证工具钢的优良切削性能、耐磨性和韧性十分重要，而且对于保证热处理工艺性能，如防止或减轻过热敏感性，减小热处理变形淬裂倾向等，也是十分重要的。

通常，碳素工具钢和低合金工具钢的预备热处理采用球化退火工艺，以获得铁素体基体加细小均布的颗粒状碳化物组织。有时为了消除网状和片状碳化物，往往在球化退火之前进行一次正火处理。对于高碳高合金钢，如高速钢和高铬冷变形模具钢等，其退火后的组织也应获得粒状珠光体，一次碳化物的形状与分布也要求细小均匀，这些一次碳化物的改善取决于轧制和锻造工艺。

工具钢的最终热处理工艺往往是采用不完全淬火处理，其淬火温度一般是在碳化物与奥氏体共存的两相区内。这是由于碳化物的存在不仅可以阻止奥氏体晶粒的长大，使钢保持细小晶粒，从而能在高硬度条件下保证钢具有一定的韧性，而且剩余碳化物的存在也有利于工具钢耐磨性的提高。

工具钢的回火主要是为了消除热处理淬火应力，在能够消除有害应力的前提下，要尽量保持钢的高硬度。由于合金元素的加入，使钢的回火抗力提高，因而，含有合金元素的种类和数量不同的各种工具钢，它们的回火温度可能有较大的差异，这一点与结构钢的回火是不相同的。

4.2 刃具用钢

4.2.1 刃具的工作条件和对刃具钢的性能要求

在工业生产中有大量使用的刃具，如车刀、铣刀、拉刀、钻头、丝锥、板牙等，下面以常用的车刀和钻头为例，来分析它们的工作条件和基本性能要求。

车刀在工作时主要是承受压应力和弯曲应力，并受到很大的机械摩擦力，在工作过程中由于机床主轴的振动，也会受到一定的冲击作用。车刀的形状比较简单，在进行连续切削时，切削速度高，因此刃部温度高，其正常的损坏形式是刃部变钝，但有时也会出现折断、崩刃和塑性变形等。因而刃具在低速切削时，要求钢具有高的硬度、高的耐磨性和高的弯曲强度；而在高速切削时，不仅要求钢具有高的强度、高的硬度和高的耐磨性，还要求钢在高温下保持高的硬度。

钻头为长杆状刃具，刃部长而薄，其工作是在金属内部进行钻削，工作时承受高的扭转应力、高的轴向压应力以及径向力引起的弯曲应力。为了防止钻头发生折断或崩刃，要求钢材具有足够高的弯曲强度和韧性。此外，钻头在连续钻削时，其刃部与工件之间有很大的摩擦，且工作切削刃全部为金属所包围，产生的热量不易消散，特别是钻深孔时，情况更为严重。由于钻头的上述工作条件，对钻头用钢也要求有高的强度、高的硬度、高的耐磨性和良好的热稳定性。

如上所述，虽然不同刀具其工作条件有所差异，但在服役过程中，刀具的实际工作部分只是刃部的一个局部区域，该区域在切削时因应力很高而强烈地摩擦和磨损。由于切削发热，刃部工作温度可达到500～600℃以上，同时还受到一定的冲击和振动。根据刀具的工作条件，对刃具钢提出以下性能要求：

（1）高的硬度　刀具必须具有比被加工工件更高的硬度，一般切削金属用的刀具，其刃口部位硬度要高于60HRC。

（2）高的耐磨性　耐磨性与钢的硬度有关，也与钢的组织有关，硬度越高，耐磨性越好。在淬火回火状态及硬度基本相同的情况下，碳化物的硬度、数量、颗粒大小和分布等对耐磨性有很大影响。实践证明，在回火马氏体的基体上分布着细小的碳化物颗粒，能提高钢的耐磨性。

（3）高的热硬性　对切削刀具，不仅要求其在室温下有高的硬度，而且在温度较高的情况下也能保持高硬度，这种性能称为“热硬性”。热硬性的高低与耐回火性和碳化物的弥散沉淀等有关。钢中加入W、V、Nb等元素可显著提高其热硬性。

（4）足够的强度、塑性和韧性　切削时刀具要受到各种冲击的作用，因此，刀具钢还要求具有一定的强度、韧性和塑性，以免刃部在冲击、振动作用下发生折断和崩刃。

4.2.2　碳素工具钢

碳素工具钢碳的质量分数一般为0.65%～1.35%，牌号从T7到T13。碳素工具钢的优点是容易锻造及切削加工，而且价格便宜，在工业生产中的用量约占全部工具钢的60%。

碳素工具钢除了钢的纯度以外，含碳量的高低对钢的性能是一个决定性因素。含碳量越高，钢的强度和耐磨性越高，而塑性、韧性越差。常用的工具钢牌号有T7、T8、T9、T10、T11、T12、T13，随着牌号数字的升高，钢的硬度和耐磨性增高，而塑性和韧性逐渐降低。因此，T7钢、T8钢用于中硬度、较高韧性的工具，如冲模等。T9钢、T10钢、T11钢用于中韧性、高硬度的工具，如车刀、钻头等。T12钢、T13钢具有极高的硬度和耐磨性，但塑性、韧性很低，主要用于量具、锉刀、精车刀等。

常用碳素工具钢的成分、热处理规范及用途见表4-1。

碳素工具钢的淬透性低，为了获得足够的淬硬层，通常要用水作淬火冷却介质（水淬可淬透15～18mm，油淬仅能淬透5～7mm），因此容易产生淬火变形和开裂，特别是形状复杂的工具。碳素工具钢的回火抗力差，随着回火温度的升高，硬度单调下降，产生软化。

如前所述，工具钢的性能不仅取决于化学成分，而且钢中的杂质元素、非金属夹杂物，偏析、特别是渗碳体的形态及分布等，对钢的力学性能均有较大影响。因此除了熔炼过程外，钢的锻造和热处理也极为重要。

（1）锻造　锻造是工具生产的头道工序，其目的除了锻成具有一定形状和尺寸的坯件外，还可焊合内部气孔，使组织致密；锻碎大块碳化物，使碳化物分布均匀。碳素工具钢一般可锻性较好，锻造过程中要特别注意防止工件表面脱碳，加热时间应尽可能的短，要控制锻造比，锻造比一般要大于4，锻造后在空气中冷却。

表4-1 常用碳素工具钢的成分、热处理规范及用途（按GB/T 1298—2008修正）

牌号	统一数字代号	化学成分（%）					淬火温度/℃	淬火冷却介质	回火后硬度HRC	用途
		w_C	w_{Mn}	w_{Si}	w_P	w_S				
T7 T7A	T00070 T00073	0.65～0.74	≤0.40	≤0.35	≤0.035 ≤0.030	≤0.030 ≤0.020	800～820	水	≥62	承受振动及冲击载荷，要求韧性较好的工具，如錾子、锤子、手钳、镰刀、木工用工具、农用工具等
T8 T8A	T00080 T00083	0.75～0.84	≤0.40	≤0.35	≤0.035 ≤0.030	≤0.030 ≤0.020	780～800	水	≥62	承受振动与冲击载荷，要求足够韧性和较高硬度的工具，如金属剪切刀、扩孔钻、钢印、冲头、木料锯片等
T8Mn T8MnA	T01080 T01083	0.80～0.90	0.40～0.60	≤0.35	≤0.035 ≤0.030	≤0.030 ≤0.020	780～800	水	≥62	横纹锉刀、手锯条、煤矿用凿、石油凿等
T9 T9A	T00090 T00093	0.85～0.94	≤0.40	≤0.35	≤0.035 ≤0.030	≤0.030 ≤0.020	760～780	水	≥62	要求有一定韧性和硬度较高的工具，如冲模、凿岩工具和木工工具等
T10 T10A	T00100 T00103	0.95～1.04	≤0.40	≤0.35	≤0.035 ≤0.030	≤0.030 ≤0.020	760～780	水 油	≥62	不受冲击、要求有足够韧性和较高硬度的工具，如车刀、刨刀、丝锥、板牙、卡尺、冲模、锉刀和凿岩工具等
T11 T11A	T00110 T00113	1.05～1.14	≤0.40	≤0.35	≤0.035 ≤0.030	≤0.030 ≤0.020	760～780	水 油	≥62	工作时刃口不受热的工具，如锉刀、丝锥、刮刀、切烟叶刀、冲孔模等
T12 T12A	T00120 T00123	1.15～1.24	≤0.40	≤0.35	≤0.035 ≤0.030	≤0.030 ≤0.020	760～780	水 油	≥62	不受冲击、切削速度不高、刃口不受热的工具，如车刀、铣刀、铰刀、拉刀、切烟叶刀、刮刀和冲孔模等
T13 T13A	T00130 T00133	1.25～1.35	≤0.40	≤0.35	≤0.035 ≤0.030	≤0.030 ≤0.020	760～780	水 油	≥62	不受振动、要求高硬度、切削硬金属的工具，如刮刀、锉刀、雕刻工具、剃刀等

注：回火温度均在180～200℃。

（2）球化退火　为了使渗碳体呈球状并均匀分布，必须进行球化退火，球化退火的加热温度一般为730～800℃。在加热过程中一部分渗碳体溶入奥氏体中，残留的渗碳体自发地趋于球形以减小其自由能。在随后的缓慢冷却过程中继续析出的渗碳体也接近于球形，因而获得细小均匀分布的球状珠光体。

（3）淬火　碳素工具钢在加热过程中具有过热敏感性，晶粒容易长大。为了防止过热，在满足其它要求的情况下，要尽可能选取最低的加热温度（760～800℃）。为了防止淬火变形及开裂，在淬火时要实现均匀冷却。

（4）回火　为了消除淬火应力，防止工具变形和开裂，工具钢淬火后要立即回火。回火温度因工具的种类与用途不同而稍有差异，刃具通常采用 180～200℃ 回火，螺纹工具（如板牙）采用 200～250℃ 回火。

例题　钳工用的 T12A 钢冷滚制手用丝锥（图 4-1），经最终热处理后，要求其工作部位的硬度为：59～61HRC（＜M6）；60～62HRC（≥M6～M12）；61～63HRC（≥M12）。要求丝锥柄部的硬度为：30～52HRC（≤M8）；30～45HRC（＞M8）。为了在使用时不被扭断，心部硬度要求为 30～42HRC，以保证一定的韧性。要求最大弯曲变形度为 0.06～0.08mm；金相组织为淬火马氏体针小于等于 2.5 级、残留碳化物网小于等于 3 级，不允许脱碳。

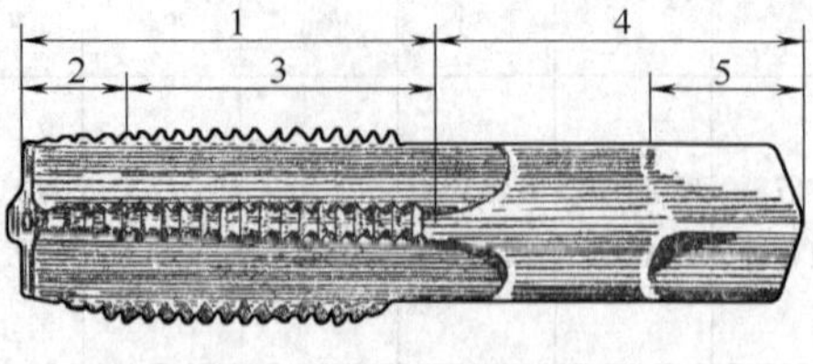

图 4-1　手用丝锥的构造

1—工作部分　2—切削部分　3—校准部分
4—柄部　5—方头

解：根据技术要求，用 T12A 钢冷滚制的手用丝锥的加工工艺路线如下：

原材料下料→正火（原始组织为退火态时采用）→球化退火（原始组织球化不良时采用）→机加工（大量生产时多用冷滚牙法制成螺纹）→淬火→低温回火→柄部处理→清洗、发黑处理→检查。

为了改善其切削加工性，并为最终热处理做好组织准备，同一批材料的硬度波动范围一般应在 30HBW 之内，其组织应为残留碳化物网小于等于 3 级的球状珠光体。

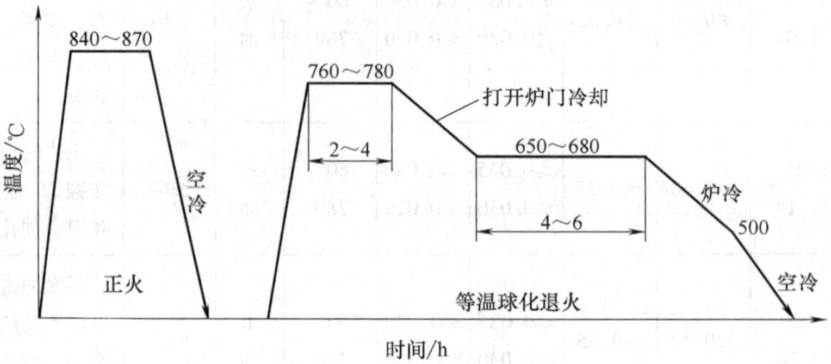

图 4-2　T12A 钢正火与球化退火工艺曲线

若原材料为退火态，则必须用正火处理消除网状二次渗碳体，随后再进行球化退火，其工艺如图 4-2 所示。若原材料组织球化不良，网状碳化物大于 3 级，可采用正火加高温回火予以消除（图 4-3）。

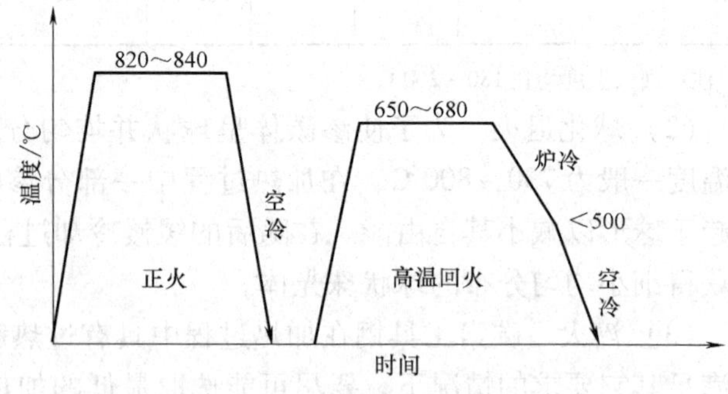

图 4-3　T12A 钢正火与高温回火工艺曲线

由于 T12A 钢滚制手用丝锥热处理后不再进行磨削加工，因此淬火变形要求很严，并希望心部有一定的韧性。根据生产经验，可采用贝氏体等温淬火，其工艺曲线如图 4-4 所示。为了防止丝锥齿部脱碳，淬火加热时采用盐浴炉。＜M12 的丝锥在硝盐浴（50%

硝酸钾＋50%亚硝酸钠）中等温冷却；≥M12的丝锥，先在碱浴（85%氢氧化钾＋15%亚硝酸钠，另加6%～8%的水）中分级淬火，然后转入硝盐浴中等温30～45min后空冷。等温温度采用210～220℃，一方面是为了得到下贝氏体，降低内应力，提高力学性能，另一方面是为了控制丝锥的变形。

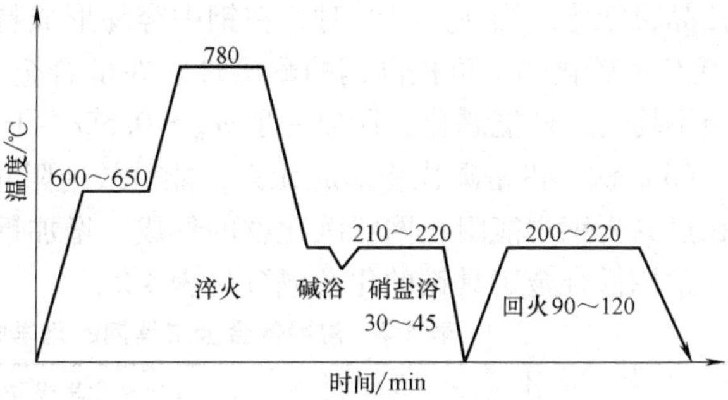

图4-4 T12A钢滚制丝锥淬火回火工艺

由于在淬火时柄部已与切削部分一起淬硬，为了使柄部硬度降低到要求范围内，可把丝锥倒挂，使柄部的1/3～1/2浸入570～600℃的硝盐浴中进行高温回火，回火时间按规格大小不同，加热15～30s，然后迅速水冷，以防止热量传至刃部，影响其硬度。

T12A钢冷滚制手用丝锥采用上述工艺淬火后，将得到以下金相组织：

表层——下贝氏体＋马氏体＋少量残留奥氏体＋粒状残留渗碳体，厚度为2～3mm。

心部——托氏体＋下贝氏体＋马氏体＋少量残留奥氏体＋粒状残留渗碳体。

表层与心部之间是过渡层。

实践证明，这样的淬火组织能够满足手用丝锥的工作条件及上述技术条件的要求。

4.2.3 低合金工具钢

1. 低合金工具钢的合金化特点

为了弥补碳素工具钢的不足而加入合金元素，如Cr、Si、Mn、W、V等，这些合金元素的加入提高了钢的淬透性，可采用油淬等缓慢冷却的方式，减少了变形开裂。为了避免碳化物的不均匀性，合金元素总的质量分数一般不大于4%，一般$w_{Cr}=0.5\%\sim1.5\%$，$w_{Si}=0.6\%\sim1.5\%$，$w_{Mn}=1\%\sim2\%$，$w_W\leqslant5\%$，$w_V\leqslant0.3\%$。低合金工具钢中合金元素的加入往往采用两种或两种以上合金元素的复合加入，以起到扬长避短的作用。下面分析低合金工具钢中主要合金元素的作用。

（1）铬　铬是碳化物形成元素，当$w_{Cr}<3\%$时，只形成合金渗碳体并部分溶入奥氏体中。铬在低合金工具钢中一般质量分数在1%左右，由于合金渗碳体较稳定，所以在淬火加热时阻碍奥氏体晶粒长大。铬可以提高过冷奥氏体的稳定性，因而提高钢的淬透性。铬可以形成合金渗碳体，又可以溶入奥氏体中，因而能阻止渗碳体型碳化物的长大，又能提高马氏体的分解温度，提高钢的耐回火性。

（2）硅　硅是非碳化物形成元素，对铁素体具有明显的强化作用。在钢加热时溶入奥氏体，增加钢的淬透性。硅在回火过程中能阻止马氏体的分解和渗碳体的聚集，因而能提高钢的耐回火性。硅是石墨化元素，在高碳钢中，高温加热时易引起脱碳和促进石墨化，通常同时添加钨、铬等合金元素，减少脱碳倾向。由于硅强化铁素体的作用明显，使退火钢的硬度提高，因而增加了切削加工的难度。

（3）锰　锰能提高钢的淬透性，增加钢淬火后残留奥氏体的数量，可减小钢的变形。但是，锰增加钢的过热倾向。

（4）钨　钨是强碳化物形成元素，在工具钢中能形成稳定的碳化物，防止钢的过热，保证晶粒细化。当 $w_W > 1\%$ 时，在钢中容易形成特殊碳化物 $M_{23}C_6$；而 $w_W > 5\%$ 时，容易形成 M_6C 型碳化物，可提高钢的耐磨性。在低合金工具钢中，若钨的含量太多，会使碳化物分布不均匀，性能恶化，所以一般 $w_W = 0.5\% \sim 1.5\%$。

（5）钒　钒是碳化物形成元素，能有效地阻止奥氏体晶粒长大，降低钢的过热敏感性。钒在过共析钢中能阻止网状碳化物的形成，增加钢回火后的韧性。

常用低合金工具钢的化学成分见表 4-2。

表 4-2　常用低合金工具钢的化学成分（GB/T 1299—2000）

统一数字代号	牌号	化学成分（%）							交货状态硬度 HBW
		w_C	w_{Si}	w_{Mn}	w_P 不大于	w_S 不大于	w_{Cr}	w_W	
T30100	9SiCr	0.85～0.95	1.20～1.60	0.30～0.60	0.030	0.030	0.95～1.25	—	241～197
T20111	CrWMn	0.90～1.05	≤0.40	0.80～1.10	0.030	0.030	0.90～1.20	1.20～1.60	255～207
T30000	8MnSi	0.75～0.85	0.30～0.60	0.80～1.10	0.030	0.030	—	—	≤229
T30060	Cr06	1.30～1.45	≤0.40	≤0.40	0.030	0.030	0.50～0.70	—	241～187
T30201	Cr2	0.95～1.10	≤0.40	≤0.40	0.030	0.030	1.30～1.65	—	229～179
T30200	9Cr2	0.80～0.95	≤0.40	≤0.40	0.030	0.030	1.30～1.70	—	217～179
T30001	W	1.05～1.25	≤0.40	≤0.40	0.030	0.030	0.10～0.30	0.80～1.20	229～187

2. 低合金工具钢的热加工特点

低合金工具钢的热加工特点与碳素工具钢基本相同。含碳量较高和碳化物数量较多的工具钢，如 Cr06、9Cr2 等，其碳化物往往分布不均匀，尤其是大尺寸钢件，这就需要采用反复镦粗拔长的方法进行锻造，选择合适的锻造工艺，终锻温度在 Ar_{cm} 以下，但不低于 800℃，终锻后快冷至 500～600℃，然后缓慢冷却。

低合金工具钢在锻造后均需进行球化退火处理，退火得到粒状珠光体组织，以利于切削加工，为最终热处理做好组织准备。球化退火一般采用等温退火工艺，等温退火后由退火温度以（40～50）℃/h 冷至 700℃左右，等温 4h，再炉冷到 600℃出炉。一些常用低合金工具钢的球化退火工艺见表 4-3。

表 4-3　常用低合金工具钢的球化退火工艺

牌号	加热温度/℃	等温温度/℃
9SiCr	790～810	700～720
CrWMn	770～790	680～700
Cr06	760～790	620～660
Cr2	770～790	680～700
W	780～800	650～680

如果由于热加工质量不高，钢中存在有严重的网状碳化物，则等温退火处理不能使碳化物完全球化。在这种情况下，为了消除网状碳化物，可以先进行加热，温度高于 Ac_{cm} 等温后空冷正火，再进行退火处理。

低合金工具钢最终热处理的基本原则与碳素工具钢相同，但由于合金元素的加入，改变了钢的临界温度，同时使钢的淬透性增加，降低了过热敏感性，提高了耐回火性等，因此，低合金工具钢的热处理规范与碳素工具钢有所不同。例如，低合金工具钢的淬火加热温度高于碳素工具钢，加热温度范围也比碳素工具钢为宽，获得同样硬度的回火温度也有适当提高，淬火冷却可采用油冷，也可以采用熔盐分级淬火，还可以采用等温淬火，这些冷却方式可以大为减小刀具的淬火变形和开裂倾向。常用低合金工具钢的热处理工艺及应用见表4-4。下面简要说明一些刃具用合金工具钢的特点及应用。

表4-4 常用低合金工具钢的热处理工艺及应用

牌号	淬火				回火		用途举例
	加热温度/℃		硬度 HRC		温度/℃	硬度HRC	
	油冷	熔盐中冷却①	油冷	熔盐中冷却			
9SiCr	865～875	870～880	63～64	62～64	160～180	61～63	用于形状较复杂、变形要求小的薄刃工具，如搓丝板、铰刀等；也可做冲模等
CrWMn	820～840	830～850	63～65	61～63	170～200	60～62	用于耐磨性要求较高、变形要求小的工具，如长丝锥、拉刀等；也可做量规和形状复杂的高精度冲模、精密丝杠等
Cr2	830～850	830～860	62～65	61～63	150～170	60～62	用于低速切削工具；也可做冲模、样板、冷轧辊等
9Cr2	820～850		62～65		150～170	60～62	用于低速切削工具，如丝锥、拉刀等；也可做冲模、切边模、样板、冷轧辊等
W	800～820（水冷）		62～64（水冷）		150～180	59～61	用于丝锥、铰刀和特殊切削工具

① 9SiCr、CrWMn钢的淬火冷却介质温度为160～200℃，Cr2钢的为150～170℃。

W钢淬火后的硬度和耐磨性与碳素工具钢相比为好，韧性也较好，热处理变形小，在水中淬火时不易产生淬火裂纹。冶金条件及杂质含量对W钢的淬透性影响较大，W钢的耐回火性不高。

Cr06钢的含碳量较高（$w_C = 1.30\% \sim 1.45\%$），淬火后硬度和耐磨性比较高。这种钢的碳化物数量比较多，轧制后碳化物分布比较均匀，冷轧成钢带后，适合于制作刀片。

Cr2钢的化学成分与滚动轴承钢GCr15相近，但其冶金质量要求比GCr15低。

CrWMn钢具有较高的含碳量，一方面满足了碳化物形成元素形成一定量过剩碳化物的需要，另一方面在淬火加热时又有足够的碳溶入奥氏体中，从而保证了钢淬火后具有高的硬度和耐磨性。在钢中铬主要增加淬透性，尤其与钨一起加入时影响更大。钨还可以形成一些稳定的碳化物，阻止奥氏体晶粒长大。锰除了增加淬透性以外，还能使Ms点大为降低，增加残留奥氏体含量。CrWMn钢淬火变形小，适于制作要求淬火变形小和形状复杂的工具。

9SiCr钢由于硅、铬的作用，具有较高的淬透性和耐回火性，碳化物比较分散细小，热处理时的变形也比较小。硅能有效地强化铁素体，提高钢的强度，但这种钢在热加工和热处理时脱碳倾向大，退火后的硬度较高，不利于切削加工。9SiCr钢一般情况下油淬临界直径小于40mm；淬火后残留奥氏体的体积分数为6%~8%，经过约250℃回火后，硬度仍然大于60HRC。9SiCr钢适于制作形状较复杂、变形要求小的工件，特别是薄刃工具，如丝锥、钻头、铰刀等。

例题 用9SiCr钢制作的手用圆板牙（图4-5），要求热处理后的硬度为60~63HRC，并具有足够韧性，表层不允许脱碳。试确定其加工工艺路线，并分析钢中合金元素的作用及热处理工艺特点。

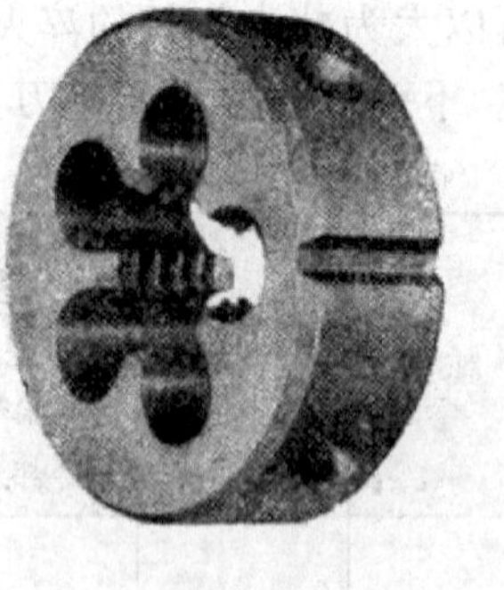

图4-5 手用圆板牙实物图

解：9SiCr钢是常用的一种合金刃具钢，但也可作为冷冲模具钢使用。9SiCr钢相当于在T9钢基础上增加质量分数为1.2%~1.6%的硅和0.95%~1.25%的铬。硅属于非碳化物形成元素，溶入钢中可提高淬透性，又可增加耐回火性，还能显著地强化铁素体；铬属于碳化物形成元素，由于9SiCr钢中铬的质量分数小于3%，因而只能形成合金渗碳体 $(Fe, Cr)_3C$，在正常退火或淬火加热时部分溶入奥氏体，使过冷奥氏体稳定性增加，提高钢的淬透性。9SiCr钢适于制作截面尺寸较大并要求淬透的或截面较薄要求变形较小的、形状较复杂的工具。

9SiCr钢制作的手用圆板牙加工工艺路线为：

下料→球化退火→机械加工→淬火+低温回火→磨平面→抛槽→开口。

9SiCr钢的球化退火一般采用等温退火，其工艺如图4-6所示，球化退火目的同碳素工具钢。由于硅、铬合金元素的加入，使钢的相变点（Ac_1、Ac_{cm}）提高了，因此9SiCr钢球化退火的加热温度与等温温度也相应提高。退火后的硬度在197~241HBW范围内适宜于机加工。淬火+低温回火的热处理工艺如图4-7所示。为了防止脱碳，淬火加热采用盐浴炉；为了保证合金元素充分溶解，淬火加热时间应比碳素工具钢适当延长，一般低合金工具钢应采用30~45s/mm；为了防止变形与开裂，淬火加热应在600~650℃盐浴炉中预热后，再放入850~870℃盐浴炉中加热。淬火冷却采用等温冷却，等温温度为（180±20）℃，等温时间为30~45min。等温停留时，部分过冷奥氏体将转变为下贝氏体，从而使钢的硬度、强度和韧性得到良好的配合。由于硅、铬的加入而提高了钢的耐回火性，可在190~200℃下回火，回火时间为60~90min。9SiCr钢经等温淬火+低温回火后的金相组织为回火马氏体+部分下贝氏体+少量残留奥氏体+细小颗粒状的残留渗碳体。

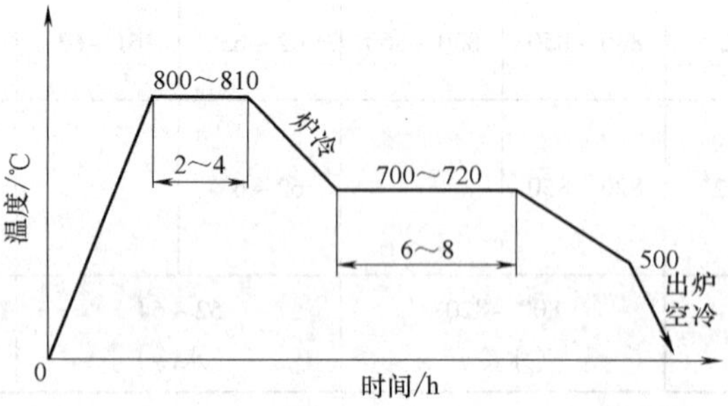

图4-6 9SiCr钢等温球化退火工艺

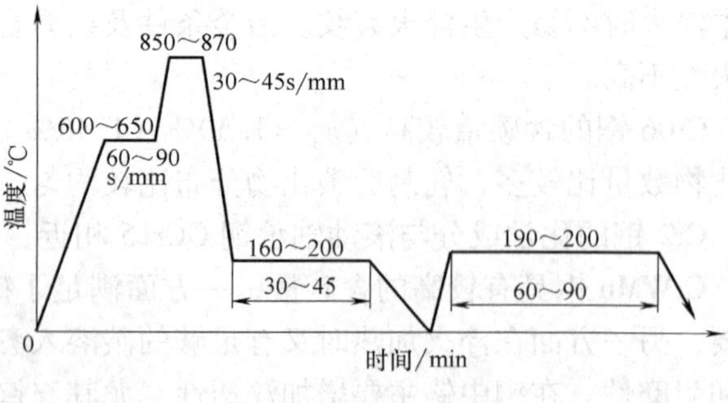

图4-7 9SiCr钢圆板牙淬火回火工艺

4.2.4 高速钢

1. 高速钢及其分类

在高速切削过程中，刀具的刃部温度可达600℃以上，低合金工具钢难以满足这种高速切削加工的要求。以9SiCr钢为例，当其工作温度高于300℃时，硬度就降低到了60HRC以下。因此，就必须设计能在高速切削条件下具有足够热稳定性的钢，这就是高速钢。高速钢是通过大量合金元素合金化的高碳高合金钢，它在600℃工作时仍能保持60HRC以上的硬度，从而保证了刀具的切削性能和耐磨性，所以，高速钢是机械制造工业中最广泛使用的工具材料之一。我国使用的高速钢牌号及化学成分见表4-5。

表4-5 我国高速钢牌号及其化学成分（GB/T 9943—2008） （%）

牌号	统一数字代号	w_C	w_{Mn}	w_{Si}	w_{Cr}	w_V	w_W	w_{Mo}	w_{Co}
W3Mo3Cr4V2	T63342	0.95 ~ 1.03	≤0.40	≤0.45	3.80 ~ 4.50	2.20 ~ 2.50	2.70 ~ 3.00	2.50 ~ 2.90	—
W4Mo3Cr4VSi	T64340	0.83 ~ 0.93	0.20 ~ 0.40	0.70 ~ 1.00	3.80 ~ 4.40	1.20 ~ 1.80	3.50 ~ 4.50	2.50 ~ 3.50	—
W18Cr4V	T51841	0.73 ~ 0.83	0.10 ~ 0.40	0.20 ~ 0.40	3.80 ~ 4.50	1.00 ~ 1.20	17.20 ~ 18.70	—	—
W2Mo8Cr4V	T62841	0.77 ~ 0.87	≤0.40	≤0.70	3.50 ~ 4.50	1.00 ~ 1.40	1.40 ~ 2.00	8.00 ~ 9.00	—
W2Mo9Cr4V2	T62942	0.95 ~ 1.05	0.15 ~ 0.40	≤0.70	3.50 ~ 4.50	1.75 ~ 2.20	1.50 ~ 2.10	8.20 ~ 9.20	—
W6Mo5Cr4V2	T66541	0.80 ~ 0.90	0.15 ~ 0.40	0.20 ~ 0.45	3.80 ~ 4.40	1.75 ~ 2.20	5.50 ~ 6.75	4.50 ~ 5.50	—
CW6Mo5Cr4V2	T66542	0.86 ~ 0.94	0.15 ~ 0.40	0.20 ~ 0.45	3.80 ~ 4.40	1.75 ~ 2.20	5.90 ~ 6.70	4.70 ~ 5.20	—
W6Mo6Cr4V2	T66642	1.00 ~ 1.10	≤0.40	≤0.45	3.80 ~ 4.50	2.30 ~ 2.60	5.90 ~ 6.70	5.50 ~ 6.50	—
W9Mo3Cr4V	T69341	0.77 ~ 0.87	0.20 ~ 0.40	0.20 ~ 0.40	3.80 ~ 4.40	1.30 ~ 1.70	8.50 ~ 9.50	2.70 ~ 3.30	—
W6Mo5Cr4V3	T66543	1.15 ~ 1.25	0.15 ~ 0.40	0.20 ~ 0.45	3.80 ~ 4.50	2.70 ~ 3.20	5.90 ~ 6.70	4.70 ~ 5.20	—
CW6Mo5Cr4V3	T66545	1.25 ~ 1.32	0.15 ~ 0.40	≤0.70	3.75 ~ 4.50	2.70 ~ 3.20	5.90 ~ 6.70	4.70 ~ 5.20	—
W6Mo5Cr4V4	T66544	1.25 ~ 1.40	≤0.40	≤0.45	3.80 ~ 4.50	3.70 ~ 4.20	5.20 ~ 6.00	4.20 ~ 5.00	—
W6Mo5Cr4V2Al	T66546	1.05 ~ 1.15	0.15 ~ 0.40	0.20 ~ 0.60	3.80 ~ 4.40	1.75 ~ 2.20	5.50 ~ 6.75	4.50 ~ 5.50	Al：0.80 ~ 1.20

（续）

牌号	统一数字代号	w_C	w_{Mn}	w_{Si}	w_{Cr}	w_V	w_W	w_{Mo}	w_{Co}
W12Cr4V5Co5	T71245	1.50～1.60	0.15～0.40	0.15～0.40	3.75～5.00	4.50～5.25	11.75～13.00	—	4.75～5.25
W6Mo5Cr4V2Co5	T76545	0.87～0.95	0.15～0.40	0.20～0.45	3.80～4.50	1.70～2.10	5.90～6.70	4.70～5.20	4.50～5.00
W6Mo5Cr4V3Co8	T76438	1.23～1.33	≤0.40	≤0.70	3.80～4.50	2.70～3.20	5.90～6.70	4.70～5.30	8.00～8.80
W7Mo4Cr4V2Co5	T77445	1.05～1.15	0.20～0.60	0.15～0.50	3.75～4.50	1.75～2.25	6.25～7.00	3.25～4.25	4.75～5.75
W2Mo9Cr4VCo8	T72948	1.05～1.15	0.15～0.40	0.15～0.65	3.50～4.25	0.95～1.35	1.15～1.85	9.00～10.00	7.75～8.75
W10Mo4Cr4V3Co10	T71010	1.20～1.35	≤0.40	≤0.45	3.80～4.50	3.00～3.50	9.00～10.00	3.20～3.90	9.50～10.50

注：硫、磷的质量分数均小于等于0.030。

对于高速钢，按照其化学成分和性能特点可分为以下几类：

（1）钨系高速钢　典型牌号为W18Cr4V（简称18-4-1），是工业生产中最广泛应用的钢种。

（2）钨钼系高速钢　W6Mo5Cr4V2（简称6-5-4-2）、W6Mo5Cr4V3等应用最为普遍。

（3）一般含钴高速钢　如W18Cr4VCo5、W6Mo5Cr4V2Co5。这类钢热硬性高，但是价格昂贵，并且钴资源稀缺，现在一般提倡高速钢中不加钴和少加钴。

（4）超硬高速钢　典型牌号为W6Mo5Cr4V2A1，具有高硬度（65～70HRC）、高热硬性（600℃时为54～55HRC）的特点，一般认为达到了超硬型钴高速钢的水平，而成本比钴高速钢降低2～4倍。

习惯上又把钨系和钨钼系高速钢称为通用型高速钢，而把其它类型高速钢称为特殊用途高速钢或高性能高速钢。

国外使用的高速钢与我国使用的高速钢有一定差异，部分国外高速钢的化学成分见表4-6。

表4-6　部分国外高速钢的化学成分　（%）

牌号	w_C	w_{Cr}	w_W	w_{Mo}	w_V	w_{Co}	w_{Si}	w_{Mn}
美国ASTM								
T1	0.65～0.80	3.75～4.50	17.25～18.75	—	0.90～1.30	—	0.20～0.40	0.10～0.40
T2	0.80～0.90	3.75～4.50	17.50～19.00	≤1.00	1.80～2.40	—	0.20～0.40	0.20～0.40
T4	0.70～0.80	3.75～4.50	17.50～19.00	0.40～10.00	0.80～1.20	4.25～5.75	0.20～0.40	0.10～0.40
T15	1.50～1.60	3.75～5.00	11.75～13.00	≤1.00	4.50～5.25	4.75～5.25	0.15～0.40	0.15～0.40
M1	0.78～0.88	3.50～4.00	1.40～2.10	8.20～9.20	1.00～1.35	—	0.20～0.50	0.15～0.40
M2	0.78～0.88	3.75～4.50	5.50～6.75	4.50～5.50	1.75～2.20	—	0.20～0.45	0.15～0.40

（续）

牌号	w_C	w_{Cr}	w_W	w_{Mo}	w_V	w_{Co}	w_{Si}	w_{Mn}
美国 ASTM								
M4	1.25 ~ 1.40	3.75 ~ 4.75	5.25 ~ 6.50	4.25 ~ 5.50	3.75 ~ 4.50	—	0.20 ~ 0.45	0.15 ~ 0.40
M41	1.05 ~ 1.15	3.75 ~ 4.50	6.25 ~ 7.00	3.25 ~ 4.25	1.75 ~ 2.25	4.75 ~ 5.75	0.15 ~ 0.50	0.20 ~ 0.60
德国 DIN								
S12-1-4-5	1.30 ~ 1.45	3.80 ~ 4.50	11.50 ~ 12.50	0.70 ~ 1.00	3.50 ~ 4.00	4.50 ~ 5.00	≤0.45	≤0.40
S6-5-3	1.17 ~ 1.27	3.80 ~ 4.50	6.00 ~ 6.70	4.70 ~ 5.20	2.70 ~ 3.20	—	≤0.45	≤0.40
S18-0-1	0.70 ~ 0.78	3.80 ~ 4.50	17.50 ~ 18.50	—	1.00 ~ 1.20	—	≤0.45	≤0.40
日本 JIS								
SKH2	0.73 ~ 0.83	3.80 ~ 4.50	17.20 ~ 18.70	—	1.00 ~ 1.20	—	≤0.45	≤0.40
SKH51	0.80 ~ 0.88	3.80 ~ 4.50	5.90 ~ 6.70	4.70 ~ 5.20	1.70 ~ 2.10	—	≤0.45	≤0.40
SKH55	0.87 ~ 0.95	3.80 ~ 4.50	5.90 ~ 6.70	4.70 ~ 5.20	1.70 ~ 2.10	4.50 ~ 5.00	≤0.45	≤0.40
俄罗斯 ГОСТ								
P18	0.73 ~ 0.83	3.80 ~ 4.40	17.00 ~ 18.50	≤1.00	1.00 ~ 1.40	—	0.20 ~ 0.50	0.20 ~ 0.50
P9K5	0.90 ~ 1.00	3.80 ~ 4.40	9.00 ~ 10.00	≤1.00	2.30 ~ 2.70	5.00 ~ 6.00	0.20 ~ 0.50	0.20 ~ 0.50
P12M3	0.95 ~ 1.05	3.80 ~ 4.30	12.00 ~ 13.00	≤1.00	2.50 ~ 3.00	5.00 ~ 6.00	0.20 ~ 0.50	0.20 ~ 0.50

2. 高速钢中合金元素的作用

（1）碳的作用　高速钢中碳的质量分数一般为0.70% ~1.15%，在某些钢中可以达到1.40%，而最普遍的情况是在0.70% ~0.90%范围内。碳在高速钢中是重要元素，对高速钢的性能影响很大，它保证形成碳化物所需要的碳和保证马氏体能够获得的高硬度。随着钢中碳含量的增加，淬火回火后硬度和热硬性都相应地提高。在钢件设计时，应遵循碳和碳化物形成元素之间的定比关系（经验公式），以获得最大的二次硬化效应。定比碳经验关系式为

$$C(\%) = 0.033\%W + 0.063\%Mo + 0.20\%V + 0.060\%Cr$$

上式中元素符号均为质量分数。从上式可知，钢中增加V量时，必须相应地增加C含量。因为，V是比W、Mo、Cr等元素更强的碳化物形成元素，它优先形成了VC，夺走了大量的C。所以，每增加1%的V，就应该增加0.2%的C。

高速钢中碳含量的增加也带来一些问题：①由于碳含量增加，使钢中碳化物总量增加，碳化物不均匀性加重；②淬火后残留奥氏体量增多，需要多次回火才能消除；③钢的固相线温度降低，使淬火温度下降。因此，除了高钒高速钢由于钒的需要而把碳的质量分数提高到1.15% ~1.40%以外，一般高速钢碳的质量分数均在0.70% ~0.90%的范围内。

（2）钨的作用　钨是高速钢的主要合金元素，也是使高速钢具有热硬性的主要元素。钨在高速钢中主要形成 M_6C 型碳化物，是共晶碳化物的主要组成。在淬火加热时，未溶 M_6C 型碳化物阻碍奥氏体晶粒长大，一部分 M_6C 型碳化物溶入奥氏体。碳化物的溶解提高了奥氏体的合金度，由于钨和碳的结合力较强，提高了马氏体的耐回火性，在560℃回火时析出 W_2C，产生弥散强化，并且提高钢的耐磨性。当钨的质量分数大于20%时，钢中碳化物不均匀性明显增加，从而使钢的强度、塑性大为降低。

高合金钢的导热性比较差，特别是钨强烈降低钢的热导率，因此，高速钢等高合金钢的加热和冷却过程，必须缓慢进行。

（3）钼的作用　钼在高速钢中有类似于钨的作用，质量分数为1%的钼可取代1.5%～2.0%的钨。W6Mo5Cr4V2就是以钼代替部分钨的作用。由于钼高速钢的合金元素含量较少，碳化物数量和不均匀性降低，故钼高速钢比W18Cr4V钢具有较好的塑性、良好的力学性能和工艺性能。但钼高速钢的脱碳敏感性和过热敏感性较大。

（4）钒的作用　钒能显著提高高速钢的热硬性，并能提高硬度和耐磨性，同时还能有效地细化晶粒，降低钢的过热敏感性。钒是强烈形成碳化物的元素，在钢中主要是以VC存在，也少量溶于其它类型碳化物中。淬火加热时，VC部分溶于奥氏体中，淬火后使马氏体耐回火性提高，强烈阻碍马氏体分解，在一定温度下又以VC弥散析出，从而产生二次硬化。淬火加热时未溶的VC起阻止晶粒长大的作用。高速钢中加钒的主要目的是使钢具有良好的热硬性，含钒量提高，热硬性亦有明显提高，如W18Cr4V钢中钒的质量分数从1.2%提高到1.9%时，其热硬性由610℃提高到628℃。但由于VC的硬度较高，使钢的磨削性变差。

（5）铬的作用　铬的作用主要是提高钢的淬透性。铬在高速钢中主要存在于M_6C中，由于铬的溶入使M_6C的稳定性下降，在高温时容易溶解。还有一部分铬能形成$M_{23}C_6$型碳化物，它的稳定性更低，在加热时几乎全部溶解于奥氏体中，从而保证了钢的淬透性。目前，绝大部分高速钢中都含有4%左右质量分数的铬。铬也增强高速钢的耐蚀性和抗氧化能力，减少粘刀现象，改善刃具的切削能力。

（6）钴的作用　钴可显著提高钢的热硬性。钴为非碳化物形成元素，淬火加热时溶于奥氏体，淬火后存在于马氏体中，增强马氏体的耐回火性，提高二次硬化效果。钴与钨、钼原子之间的结合力强，因此可降低钨、钼原子的扩散速率，减慢合金碳化物的析出和聚集长大速度，增加热硬性。一般钢中钴的质量分数主要为5%、8%和12%三个级别，都是高热硬性高速钢。钴对高速钢性能也有不利影响，如降低钢的韧性、增大钢的脱碳倾向等。

（7）微合金元素的作用　为了改善高速钢的性能，人们研究了微量合金元素对钢组织和性能的影响。在高速钢中加入的微量氮可溶于碳化物中，形成合金碳氮化合物，使碳化物稳定性增高，减小聚集倾向。氮可细化奥氏体晶粒，提高晶界的开始熔化温度，因而提高了淬火温度和合金元素溶解量，增加了淬火回火硬度和热硬性。同时也提高了抗弯强度和挠度，改善了韧性。一般高碳超硬高速钢中可加入质量分数为0.05%～0.10%的氮。

稀土元素加入高速钢中，降低了硫在晶界的偏聚，可明显改善其在900～1150℃间的热塑性。我国生产的含稀土高速钢有W18Cr4VRE、W12Mo2Cr4VRE。由于有较高的热塑性，可适应刃具的热扭轧工艺。

3. 高速钢中的组成相和碳化物

在普通型钨系和钨-钼系高速钢中，含有高钨、钼和铬、钒等合金元素，平衡态组织为合金铁素体和合金碳化物。合金碳化物为M_6C、$M_{23}C_6$、MC等碳化物类型。

M_6C型碳化物是以钨或钼为主的碳化物，其组成为Fe_2W_4C～Fe_4W_2C或Fe_2Mo_4C～Fe_4Mo_2C。在钨-钼系高速钢中，主要合金碳化物为$Fe_2(W、Mo)_4C$～$Fe_4(W、Mo)_2C$，钨、钼系可互换，并溶有一定量铬、钒等元素。$M_{23}C_6$型碳化物是以钨、钼、铬为主，并溶入铁等元素的（Cr、Fe、Mo、W、V）$_{23}C_6$。MC型碳化物是以钒为主的VC，也能溶解少量的钨、钼、铬等元素。在热处理过程中，还存在含钨、钼的 M_2C 型介稳定碳化物，即 W_2C 或 Mo_2C。

高速钢属于高合金莱氏体钢，其相图比较复杂。图 4-8a 为 W18Cr4V 钢的变温截面图（伪二元相图），图 4-8b 为 W6Mo5Cr4V2 钢的变温截面图。二者的变温截面图基本相似，只是 W6Mo5Cr4V2 钢的结晶温度略低。

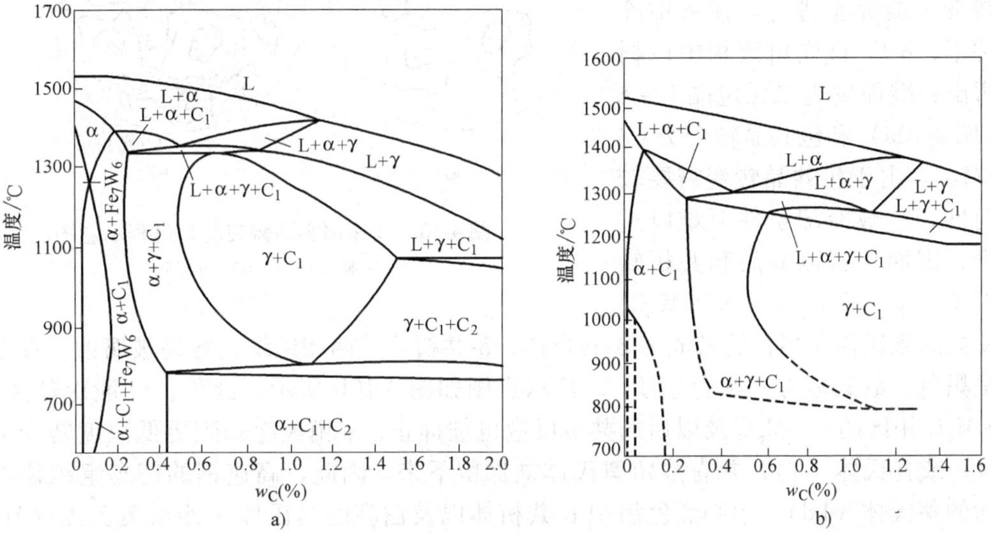

图 4-8 高速钢的变温截面图

a）W18Cr4V 钢 b）W6Mo5Cr4V2 钢

以碳的质量分数为 0.70%～0.80%，近似于 18-4-1 钢的成分为例，分析当钢液接近于平衡冷却时，发生下列反应：

1）开始结晶时 L→δ（余 L），由液体中析出的 δ-Fe 呈树枝状（图 4-9a）。

2）冷却到 1400℃时发生 L + δ→γ 三相包晶转变。γ 在 δ 相周围形核，随着温度降低，γ 向 δ 及 L 两个方向长大，使后二者减少，但尚未耗尽（图 4-9b）。

3）在 1345℃附近很窄的温度范围内发生 L + δ→γ + M_6C 的包共晶转变，M_6C 沿 γ 周围形核成长（图 4-9c）。

4）在 1330～1300℃之间发生 L→γ + M_6C 的共晶转变，一直到完全凝固，形成由奥氏体和碳化物组成的莱氏体，其中碳化物（M_6C）呈鱼骨状，骨络之间为 γ 相，（图 4-9d）。这时结晶已完成，其组织为 γ + Ld。随着温度的下降，发生固态相变。

5）凝固后继续冷却时，由奥氏体中析出合金碳化物，在 870～800℃之间发生 γ + M_6C→α 的包析反应，冷到 800℃左右

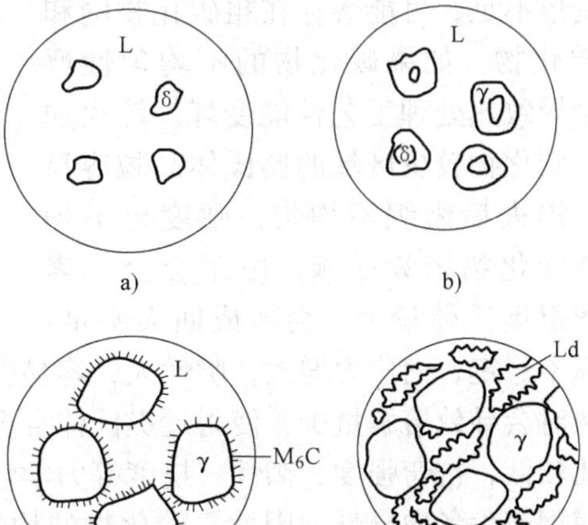

图 4-9 高速钢接近平衡凝固时的冷却过程示意图

γ—奥氏体 Ld—莱氏体

发生共析反应 $\gamma \to \alpha + M_6C + Fe_3C$。实际上，W18Cr4V 钢在共晶结晶时还会出现 VC，并在随后冷却时，由奥氏体中析出 VC 和 $M_{23}C_6$ 型碳化物，在低温下未发现 Fe_3C 存在。

高速钢在实际铸锭凝固时的冷却速度大于平衡冷却，合金元素来不及扩散，在结晶和固态相变过程中的转变不能完全进行。在铸锭冷却条件下，δ-Fe 首先由液相中以树枝晶析出，继而发生二元包晶 $L + \delta \to \gamma$（图 4-10a）和包共晶转变 $L + \delta \to \gamma + M_6C$。由于包共晶转变需要较长的时间，一般冷却条件下难以进行完全，因而代替以共晶和共析转变，即 $L \to \gamma + M_6C$、$\delta \to \gamma + M_6C$，前者使共晶莱氏体增多，后者成为δ-共析体，δ-共析体是两相组织，容易被腐蚀，在金相组织上呈黑色，故又称为“黑色组织”，其示意图如图 4-10b 所示。此外，一般冷却条件下，在 $\gamma + M_6C$ 相区的 $\gamma \to M_6C$ 及以后的共析反应也被抑止，γ 相被冷却到更低温度转变为马氏体（M）或托氏体（T），并有残留奥氏体被保留下来。因此，高速钢的铸态组织往往是由鱼骨状的莱氏体（Ld）、中心黑色组织δ-共析体以及白亮的马氏体 + 残留奥氏体（$M + \gamma'$）所组成，如图 4-11 所示。

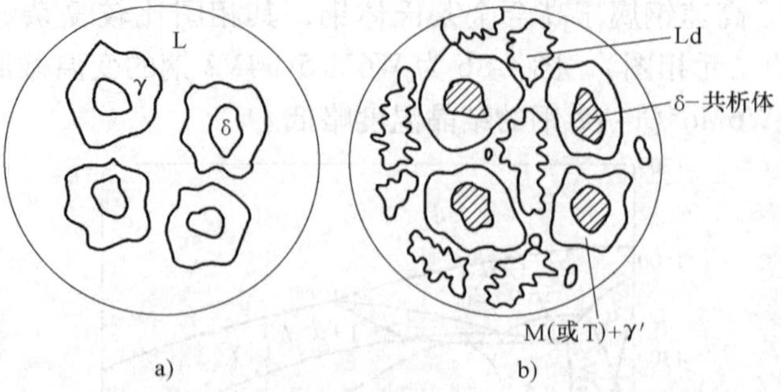

图 4-10 高速钢实际铸锭冷却过程示意图
a）高温状态 b）冷却后

铸态高速钢组织很不均匀，分布着大量不均匀的粗大共晶碳化物，这些共晶碳化物必须经过锻轧将其破碎，使其尽量成为均匀分布的颗粒状碳化物。铸态高速钢在锻造时，必须要有足够的锻造比，如果锻轧变形不足，可能会存在粗碳化物网和带状碳化物。如果碳化物的不均匀性严重，会导致热处理工艺性能变坏。淬火加热时，碳化物较少区域的奥氏体晶粒容易长大，淬火后组织不均匀，硬度也不均匀；在碳化物密集区域，由于合金元素多，残留奥氏体量大，会造成回火不足，使组织不稳定，内应力增大，脆性大，容易变形开裂，工作时易引起崩刃。粗大碳化物在淬火加热时会导致溶解量少，使附近奥氏体合金度低，热处理后刃具的硬度、热硬性和耐磨性都会比较低，抗弯强度、韧性、挠度等力学性能会因碳化物不均匀而降低。碳化物不均匀还可能使钢产生各向异性，因此，碳化物的均匀分布程度是考核高速钢质量的主要技术指标之一。

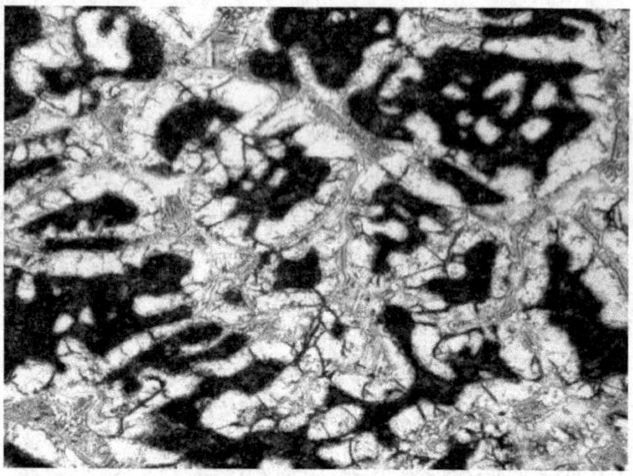

图 4-11 W18Cr4V 钢的铸态组织（500×）

改善铸态高速钢中碳化物不均匀性的主要措施是采用锻造工艺，通过正确的锻造，使共晶碳化物得以破碎，并呈颗粒状均匀分布。实践证明，锻造比一般不低于 10，经过反复拉拔和镦粗，锻造时先轻锤快打，后重锤锻打。要严格控制终锻温度，过低容易导致锻造开裂，过高会产生晶粒粗大，形成所谓的萘状断口。锻后要缓慢冷却，随后进行退火。高速钢退火后的组织为索氏体 + 碳化物（图4-12），硬度为207～255HBW。

图4-12 W18Cr4V钢的退火组织（500×）

4. 高速钢的热处理

（1）退火 高速钢锻造以后必须进行退火处理，其目的不仅在于降低钢的硬度，以利于切削加工，而且也为淬火做好组织准备。高速钢的 Ac_1 在820～840℃范围内，退火温度选择略高于 Ac_1。普通退火工艺为860～880℃，保温2～3h，此时，大部分合金碳化物未溶入奥氏体中，奥氏体稳定性较小，冷却时易转变成粒状珠光体。为了缩短退火时间，也可采用等温退火，即从860～880℃迅速冷却到720～750℃，保温后炉冷至500℃出炉。高速钢普通退火和等温退火工艺如图4-13所示。W18Cr4V钢退火后的显微组织如图4-12所示。

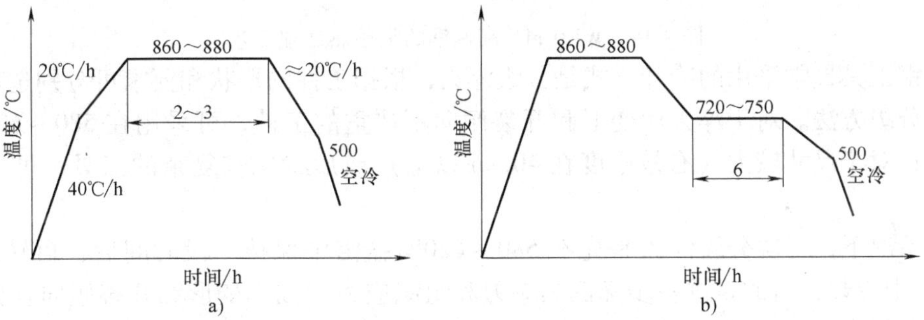

图4-13 高速钢退火工艺曲线

a）普通退火工艺 b）等温退火工艺

（2）淬火 高速钢的淬火是通过加热获得高合金的奥氏体，而后淬火获得高合金的马氏体，再通过高温回火时析出的弥散合金碳化物产生二次硬化，使钢具有高的硬度和热硬性。高速钢中的合金碳化物 M_6C、$M_{23}C_6$ 和MC比较稳定，必须在高温下才能将其溶解。在三种碳化物中 $M_{23}C_6$ 稳定性最差，在900℃以上大量溶解，M_6C 在1037℃以上开始溶解，而MC型碳化物在1100℃以上才逐渐溶解。所以，虽然高速钢的 Ac_1 为820～840℃，但其淬火加热温度必须在 Ac_1 +400℃以上。因此，高速钢淬火加热保温时间的确定要有一个基本原则，即保证一定量的碳化物溶入奥氏体中，而奥氏体晶粒不致长大。按照这个原则，对于一定的淬火温度，要有一个合适的保温时间。高速钢的保温时间控制很严格，一般是以秒来计算与控制的。

由于高速钢是高合金钢，其导热率低，淬火加热温度又很高，所以工件在加热时都要进行预热。预热可减少工件在淬火加热过程中的变形和开裂倾向，缩短高温保温时间，减少氧化脱碳，还可以准确地控制炉温稳定性。根据情况可采用一次预热和二次预热，一般直径小的工具采用在800～850℃一次预热工艺。对于大型刃（工）具则采用两次预热工艺，第一次在500～600℃，第二次在800～850℃，预热时间一般为淬火加热时间的2倍。

高速钢的冷却很重要，方式也很多，可根据工件的不同情况进行选择。W18Cr4V 钢的常用热处理工艺如图 4-14 所示。高速钢的淬透性较大，即使在空气中冷却也可得到大量的马氏体和较高的硬度。但是为了保证钢的热硬性和避免在高温时产生氧化，高速钢一般不采用空冷。对于形状简单、尺寸在 30 ~ 40mm 以下的工具可以采用直接油冷淬火，为了避免开裂，在油中的冷却时间也不宜太长，最好保持到当工具从油中取出时，附在上面的油能着火，即保证工具的温度在 200℃以上。

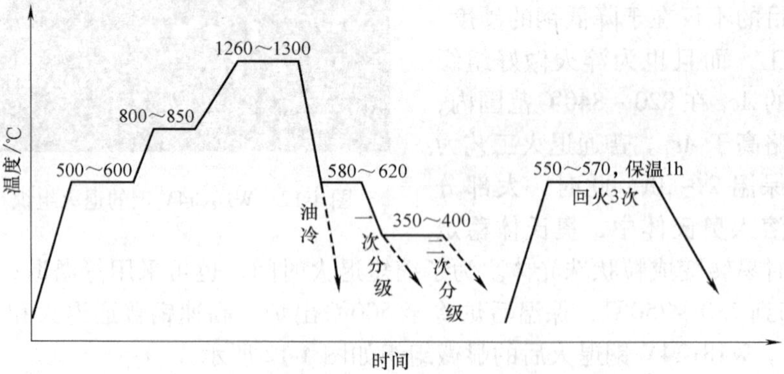

图 4-14　W18Cr4V 高速钢的常用热处理工艺

高速钢工具最常采用的冷却方式是分级淬火，根据工件的形状和要求可分别选用一次分级或多次分级方法。对于淬火后变形和开裂倾向不严重的工件，可采用在 580 ~ 620℃ 一次分级淬火；对于尺寸较大（有效厚度在 40mm 以上）或形状比较复杂的工具，可采用二次分级淬火。

一般情况下，二次分级淬火是先在 580 ~ 620℃ 盐浴中保持一段时间后，再转入 350 ~ 400℃ 硝盐中冷却，目的是进一步降低热应力和组织应力，减小变形和开裂倾向。分级冷却后，可在空气中冷至 150℃ 左右及时回火。高速钢的正常淬火组织是马氏体 + 碳化物 + 残留奥氏体（体积分数为 30% 左右）。W18Cr4V 钢 1280℃ 淬火后的组织如图 4-15 所示。

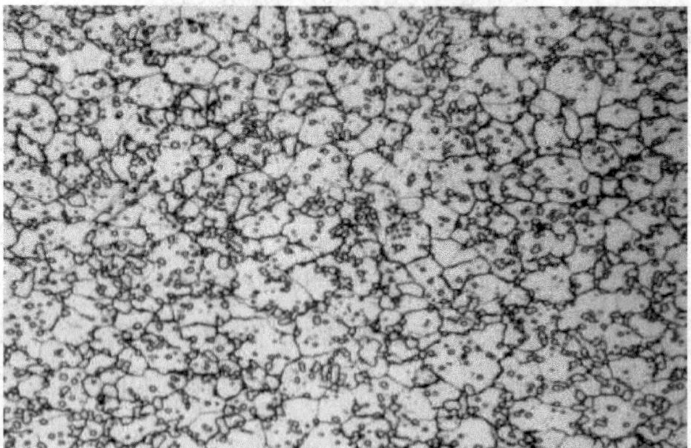

图 4-15　W18Cr4V 钢 1280℃ 淬火后的组织（500 ×）

（3）回火　为了消除淬火应力，稳定组织，减少残留奥氏体的数量，达到所需要的力学性能，高速钢一般进行三次 560℃ 保温 1h 的回火处理。

如上所述，高速钢淬火后的组织为马氏体 + 碳化物 + 残留奥氏体，其中过剩碳化物在回火时不发生变化，只有马氏体和残留奥氏体发生转变，从而引起性能的变化，图 4-16 所示为回火温度对 W18Cr4V 和 W6Mo5Cr4V2 钢力学性能的影响。

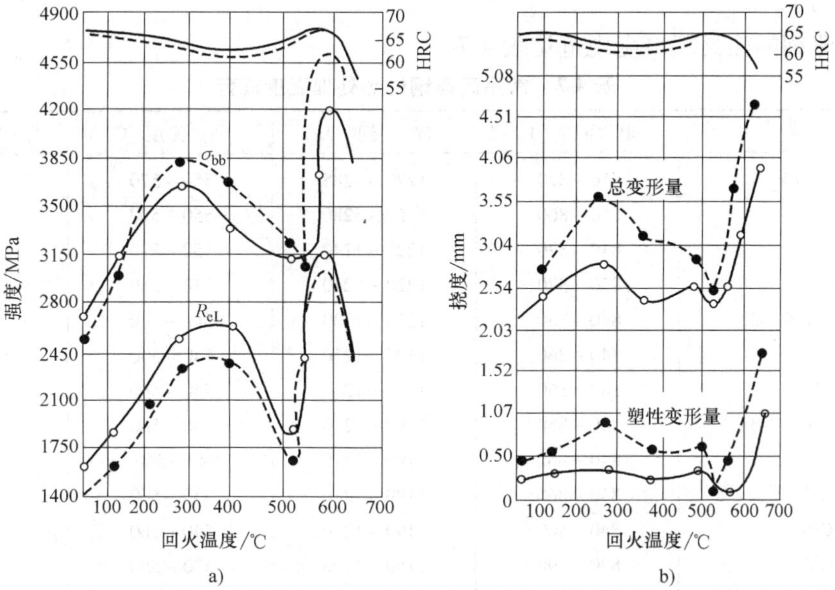

图 4-16 回火温度对 W18Cr4V 和 W6Mo5Cr4V2 钢力学性能的影响
（W18Cr4V 钢，1280℃奥氏体化，W6Mo5Cr4V2 钢，1215℃奥氏体化）
a）强度 b）塑性
——W18Cr4V ----W6Mo5Cr4V2

高速钢在回火过程中，在 150～400℃温度范围内，大约在 270℃自马氏体中析出 ε-碳化物，然后逐步转变为 Fe_3C 并聚集长大。在 400～500℃回火温度范围内，马氏体中的铬向碳化物中转移，与此同时，渗碳体型的碳化物逐渐转变为弥散的富铬的合金碳化物 M_6C。使钢的硬度逐渐上升。在 500～600℃之间回火时，钢的强度、硬度和塑性均有提高，而在 550～570℃时可达到硬度、强度的最大值。在此温度区间，自马氏体中析出弥散的钨（钼）及钒的碳化物，使钢的硬度明显提高，这种现象称为二次硬化。与此同时，在 500～600℃之间，残留奥氏体得到松弛，其中析出了部分碳化物，这使得残留奥氏体中合金元素和碳的含量下降，*Ms* 点温度升高。这种贫化的残留奥氏体在回火过程中转变为马氏体，使钢的硬度有所提高，这种现象称为二次淬火，但其硬化效果不如二次硬化效果显著。

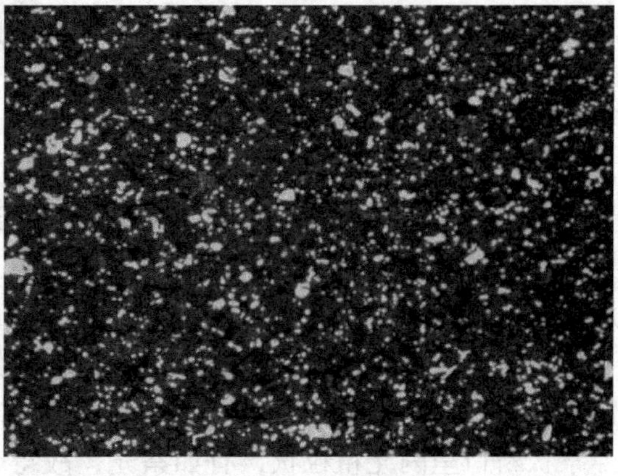

图 4-17 W18Cr4V 钢的回火组织（500×）

高速钢淬火组织中有大量的残留奥氏体，经过一次回火后仍有 10% 的残留奥氏体未转变，经过两次回火，残留奥氏体量可降至 5% 以下。第一次回火只对淬火马氏体回火，而在回火冷却过程中转变的二次马氏体产生了新的淬火应力；经第二次回火后，可使二次马氏体得到回火；同时，在第二次回火冷却过程中转变的马氏体又会产生新的内应力，因此需要进行第三次回火。正常回火后的硬度为63～66HRC，组织为回火马氏体加碳化物（图4-17）。

常用高速钢的热处理温度规范见表4-7。

表4-7 常用高速钢的热处理温度规范

牌 号	退火温度/℃	淬火温度/℃	回火温度/℃	回火硬度 HRC
W18Cr4V（18-4-1）	850～870	1270～1285	550～570	≥63
9W18Cr4V	840～860	1260～1280	550～570	≥63
W9Mo3Cr4V	840～870	1220～1240	550～570	≥63
W12Cr4V5Co5	850～870	1220～1240	530～550	≥65
W6Mo5Cr4V2（6-5-4-2）	840～860	1210～1230	540～560	≥63
9W6Mo5Cr4V2	840～860	1190～1210	540～560	≥65
W6Mo5Cr4V2Al	840～860	1230～1240	540～560	≥65
W6Mo5Cr4V3（6-5-4-3）	840～860	1190～1210	540～560	≥64
W2Mo9Cr4V2	840～860	1190～1210	540～560。	≥65
W6Mo5Cr4V2Co5	840～860	1190～1210	540～560	≥64
W6Mo5Cr4V2Co8	840～860	1190～1210	540～560	≥64
W7Mo4Cr4V2Co5	870～890	1180～1200	530～550	≥66

5. 高速钢刃具的热处理缺陷

高速钢的淬火温度选择与控制是很严格的，因为淬火温度很高，稍有不当，就会使组织恶化。高速钢热处理时经常产生的缺陷有过热、欠热、过烧、变形开裂、硬度不足、脱碳、萘状断口等，下面简要介绍过热、欠热、过烧等缺陷的特征及形成原因。

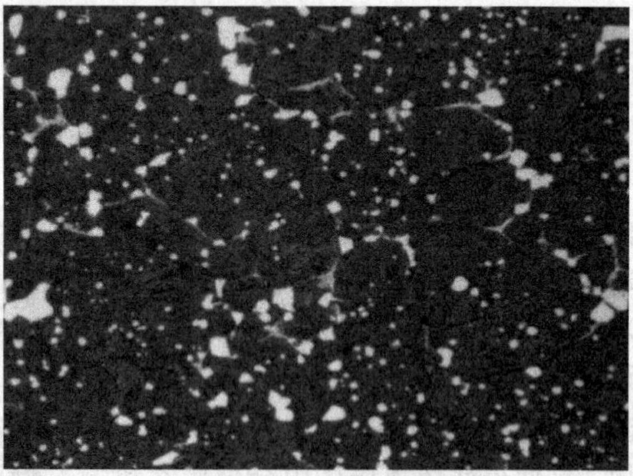

图4-18 高速钢的过热组织（500×）

由于淬火加热温度过高，造成晶粒过度长大，碳化物溶解过多，并且未溶碳化物发生粘连、拖尾、角状化，而且由于奥氏体中合金度过高，即使后面冷却很快，也会在奥氏体晶界上析出碳化物，呈网状分布，这种现象称为过热（图4-18）。

如果温度再高，接近于钢的熔化温度，导致晶界熔化，出现铸态组织特征，主要为鱼骨状共晶莱氏体及黑色组织，这就是所谓的过烧（图4-19）。钢出现过烧时，脆性很大，不能使用，是不可挽救的缺陷。

欠热是淬火温度过低，大量碳化物未溶，使得合金元素溶入奥氏体量过少，影响钢的使用性能。

萘状断口呈闪光粗粒状，有如萘光，故得名，其金相组织为粗大的晶粒（图4-20）。产生萘状断口的刀具，其强度、韧性极低，使用时易崩刃或折断，是一种不可挽救的缺陷。萘状断口的形成主要是由于终锻温度过高（1050～1100℃），而且变形量又在10%～15%之间，或由于需返修而进行两次淬火，其间未经退火而造成的。为防止萘状断口的产生，应严格控制终锻温度，两次淬火之间必须进行充分退火。

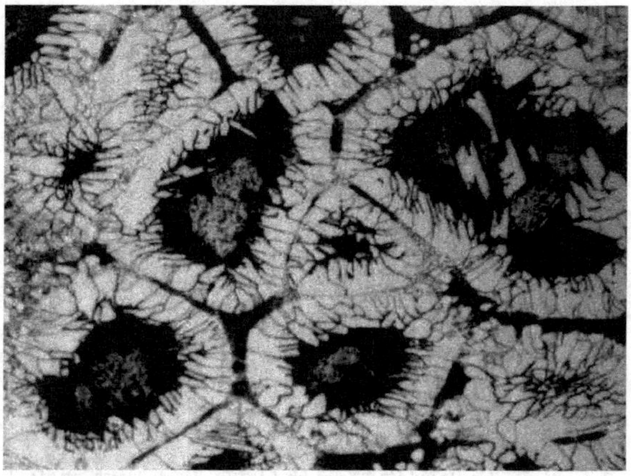

图4-19 高速钢的过烧组织（500×）

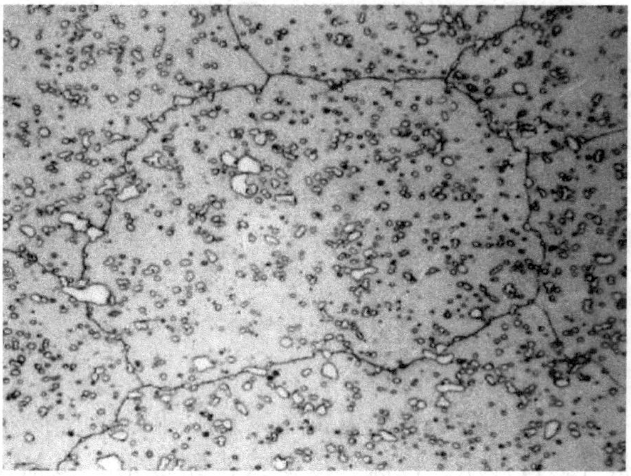

图4-20 高速钢的萘状断口（500×）

例题 用W18Cr4V钢制作直径为240mm的剃齿刀，如图4-21所示。技术要求为：滚刀刃部硬度63～66HRC，成品内孔公差为A级（0.05～0.08mm）。试确定其加工工艺路线及淬火和回火热处理工艺。

解： 剃齿刀在切削加工齿轮时，因受到零件及切屑的高速摩擦而产生大量的热，使剃齿切削刃部温度升高（500～600℃），同时还会受到冲击和振动，因而要求滚刀刃部应具有高的热硬性、耐磨性及足够的强度和韧性。根据以上分析，应选择W18Cr4V钢制造，其淬火、回火工艺如图4-22所示。

W18Cr4V钢剃齿刀的加工工艺路线如下：

下料→锻造→球化退火→粗切削加工→淬火＋回火→精加工（精磨成成品）→防锈处理后入库。

W18Cr4V钢剃齿刀在其淬火、回火过程中经常出现键槽胀大、内孔开裂，以及在使用过程中随着放置时间增长而使内孔涨大的现象，为此，在淬火、回火热处理过程中应采取以下措施：

1）为了防止其内孔变形超差与开裂，采用稍低的淬火温度，并采用两次预热、两次分级淬火、最后等温的方法，尽量降低其热应力和组织应力。等温后空冷至150℃左右及时回火，即淬火冷却到室温后停留时间不超过30～60min，以防止由于停留时间过长，内应力重新分布和集中，导致其产生变形或裂纹。同时，停留时间过长也会引起奥氏体稳定化，降低回火效果。

2）在560℃三次回火过程中，采用低温（＜500℃）入炉、缓慢升温、回火后缓慢冷却的方法，以防止回火过程中可能引起的开裂。

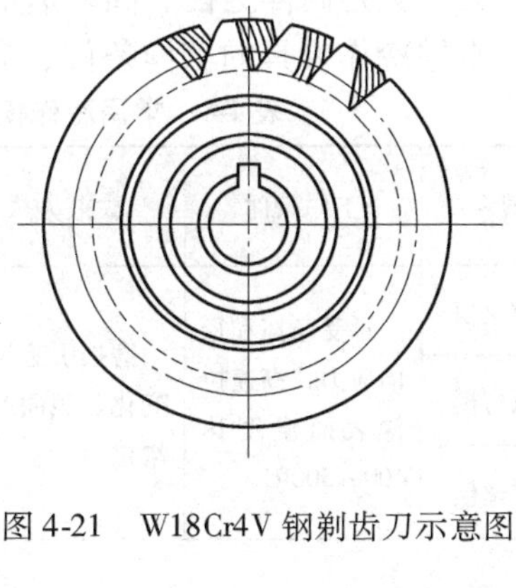

图4-21 W18Cr4V钢剃齿刀示意图

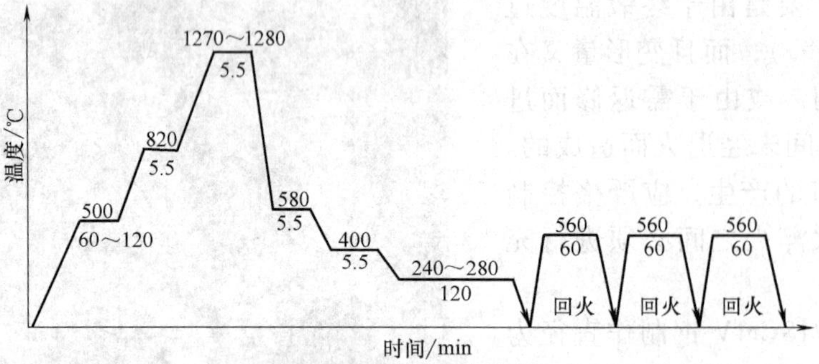

图 4-22　W18Cr4V 钢剃齿刀的淬火、回火工艺曲线

3）为了防止剃齿刀在热处理过程中键槽胀大，除了采用上述措施外，还须用专用淬火夹具，并把键槽放在下面，不使键槽在侧面，以防止加热时被拉长。

4）为了防止使用过程中内孔胀大，对等温处理后冷却至室温的剃齿刀进行 560℃三次回火后再进行稳定化处理（370℃保温 6～8h），或 560℃二次回火后冷处理（－70℃，4～6h），然后再进行二次 560℃的回火处理，以消除冷处理时产生的内应力。注意：冷处理适用于夏季。

W18Cr4V 钢剃齿刀采用上述工艺处理后的金相组织为部分下贝氏体＋回火马氏体＋残留奥氏体＋粒状碳化物，硬度及其变形量均在技术要求范围之内。

4.3　冷作模具钢

冷作模具钢是指使金属在冷态下变形或成形所使用的模具钢。冷作模具通常是将板材、棒材等通过冲压、拉深、冷镦或冷挤成形，包括拉深模、拉丝模、压弯模、冷镦模、挤压模、冲裁模（冲孔、冲头、落料、修边、剪切模等）等。这些冷作模具虽然冷变形工艺不同，模具的服役条件有所区别，但它们也具有共同的特点，即模具工作温度不高，主要承受高的压应力或冲击力，和金属之间有强烈的摩擦等。所以冷作模具钢的主要性能要求为具有高硬度和高耐磨性，同时具有一定的韧性。在工艺上则要求具有足够的淬透性，淬火变形要小。

一般中小型模具常用碳素工具钢及低合金工具钢制造，如 T12、9Mn2V、Cr2、CrWMn 等。另一类是高淬透性、高耐磨的高碳高铬钢、基体钢等。

常用冷作模具的工作条件、失效方式、性能要求及所用钢种见表 4-8。

表 4-8　常用冷作模具的工作条件、失效方式、性能要求及所用钢种

模具种类	工作条件	失效方式	性能要求	牌　号		
				简单（轻载）	复杂（重载）	重载
拉丝模	承受摩擦和径向应力，高速拉深表面温度达 400～500℃	磨损引起尺寸变化、表面产生沟槽	高硬度、高耐磨性、一定的热稳定性	T10A、9Mn2V	—	Cr12MoV
压弯模				T10A、9Mn2V	—	Cr12MoV
拔丝模				T10A、9Mn2V	—	Cr12MoV

（续）

模具种类	工作条件	失效方式	性能要求	牌号		
				简单（轻载）	复杂（重载）	重载
冲裁模	承受压、弯、冲击和磨损载荷	磨损；因结构、热处理不当产生刃口剥落、镦粗、折断等	高的弯曲和抗压强度，高的耐磨性和足够的韧性，热处理变形小	Cr12、Cr12MoV	Cr12、Cr12MoV	—
冲孔模				T10A、9Mn2V、GCr15	CrWMn、9Mn2V	Cr12MoV
冲头				T10A、9Mn2V	Cr12MoV	W18Cr4V、W6Mo5Cr4V2
切边模				T10A、9Mn2V	9SiCr、CrWMn	—
冷镦模	冲头承受多冲压缩、冲击疲劳、多冲磨损，凹模多冲磨损、径向应力	冲头磨损、镦粗、下陷、折断；凹模拉毛、磨损、疲劳、塌陷等	足够的抗压强度、屈服强度、弯曲疲劳强度和耐磨性，有足够的韧性	T10A、9Mn2V	基体钢、Cr12MoV	基体钢、Cr12MoV
冷挤压模	承受高的压缩应力、弯曲应力、摩擦应力	冲头镦粗、断裂、凹模磨损、裂纹、剥落等	高的弯曲疲劳强度、高的抗压强度和剪切抗力	T10A、9Mn2V	9Mn2V、9SiCr、Cr12MoV	Cr12MoV W18Cr4V、W6Mo5Cr4V2

4.3.1 碳素工具钢和低合金工具钢

目前常用的碳素工具钢主要有T8、T10A、T12A，其中T10A用量最大。这类钢的主要优点是加工性能好，价格便宜，但由于其淬透性低，热处理时变形又比较大，耐磨性较差，只适宜制作小尺寸、形状简单、工作负荷较小的模具。对于一些形状复杂、工作负荷大的大中型模具，碳素工具钢难以胜任，要采用低合金或高合金工具钢来制造。

常用的低合金工具钢有9Mn2V、9SiCr、CrWMn、GCr15等。和碳素工具钢相比，这类钢具有较高的淬透性，热处理变形小，耐磨性也比较好，可制造尺寸较大、形状比较复杂、精度要求相对较高的模具。下面以工业生产中常用的冷作模具钢9Mn2V为例，来了解该类钢的特点。

9Mn2V钢是在T9钢的基础上加入合金元素锰、钒而形成的低合金工具钢，由于钢中含有质量分数为2%的锰和1%的钒，提高了钢的淬透性，该钢的油淬临界直径约为30mm。由于锰的存在，使马氏体相变临界点 Ms 降低，在室温下有较多的残留奥氏体（20% ~22%），使得钢淬火时变形比较小。但是，锰具有促进晶粒长大、增大钢的过热敏感性的缺点。钒是碳化物形成元素，适量的钒能克服锰的缺点，降低钢的过热敏感性，细化晶粒，并且少量的VC提高了钢的耐磨性。9Mn2V钢的不足之处是硬度稍低，耐回火性较差，一般的回火温度在200℃以下，并且VC使钢的磨削性能变差。9Mn2V钢符合我国的资源特点，它克服了T10钢淬透性低、变形大的缺点，又没有CrWMn钢网状碳化物难以消除的缺陷，所以几乎可以制作各种类型的冷作模具。

4.3.2 高铬和中铬模具钢

高铬和中铬模具钢是高碳铬系合金钢，我国常用的高铬和中铬模具钢的化学成分见表

4-9。这类钢具有淬透性好、淬火变形小、耐磨性高等优点，所以被广泛用于制造负荷大、耐磨性要求高、生产批量大、热处理变形要求小的形状复杂的冷作模具。

表 4-9 常用高铬和中铬模具钢的化学成分（GB/T 1299—2000）

牌号	统一数字代号	化学成分（%）							供货状态硬度 HBW
		w_C	w_{Si}	w_{Mn}	w_{Cr}	w_{Mo}	w_W	w_V	
Cr12	T21200	2.00 ~ 2.30	≤0.40	≤0.40	11.50 ~ 13.00	—	—	—	217 ~ 269
Cr12MoV	T21201	1.45 ~ 1.70	≤0.40	≤0.35	11.00 ~ 12.50	0.40 ~ 0.60	—	0.15 ~ 0.30	207 ~ 255
Cr4W2MoV	T20421	1.12 ~ 1.25	0.40 ~ 0.70	≤0.40	3.50 ~ 4.00	0.80 ~ 1.20	1.90 ~ 2.00	0.80 ~ 1.10	≤255
Cr5Mo1V	T20501	0.95 ~ 1.05	≤0.50	≤1.00	4.75 ~ 5.50	0.90 ~ 1.40	—	0.15 ~ 0.50	202 ~ 229

1. 高碳高铬型模具钢

高碳高铬型钢是铬的质量分数为12%左右的高碳亚共晶莱氏体钢，典型的牌号有 Cr12、Cr12MoV，其化学成分见表 4-9，这类钢含有较高的碳（w_C = 1.4% ~ 2.3%）和大量的铬（w_{Cr} = 11% ~ 13%），还有少量的钼和钒。在退火态含有体积分数为 16% ~ 20% 的 $(Cr, Fe)_7C_3$ 碳化物，其中也可能会溶入少量的钼和钒。这些碳化物在高温淬火时大量溶解于奥氏体中，增加了钢的淬透性。在高温（500℃左右）回火时，合金元素又从马氏体中析出，产生二次硬化，增加了耐回火性，从而提高了钢的硬度和耐磨性。此外，由于高温淬火加热后，*Ms* 点降低，使淬火组织中存在大量的残留奥氏体，可以保证微小的体积变形。这类钢中碳化物不均匀性比较严重，尤其是含碳量较高的 Cr12 钢。在 Cr12 基础上加入钼、钒，除了进一步提高钢的耐回火性，增加淬透性以外，还能细化晶粒，改善韧性。

高碳高铬型钢的组织与性能和高速钢有许多相似之处，其铸态组织也有网状共晶莱氏体存在，需通过锻造或轧制将共晶碳化物破碎，减少碳化物的不均匀分布。

高碳高铬型钢锻造以后通常采用等温球化退火处理，其退火工艺曲线如图 4-23 所示。由于钢中大量铬的存在，使 A_1 温度升高到 800 ~ 820℃，所以退火温度一般推荐为 850 ~ 870℃，等温时间为 3 ~ 4h。退火后获得索氏体型珠光体 + 粒状碳化物组织，硬度为 207 ~ 267HBW。

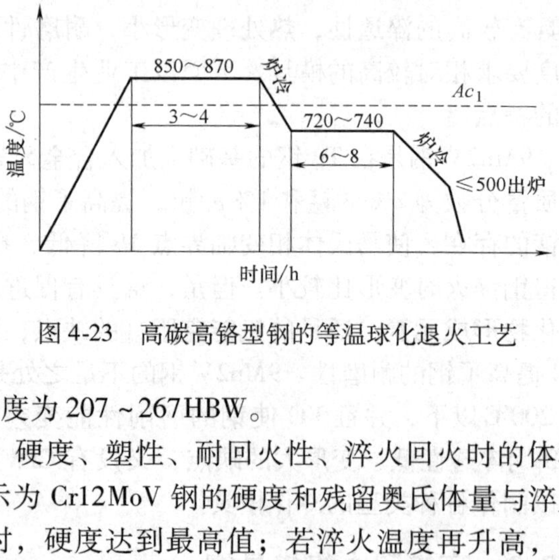

图 4-23 高碳高铬型钢的等温球化退火工艺

高碳高铬型钢的组织和性能（包括强度、硬度、塑性、耐回火性、淬火回火时的体积变形等）与淬火温度有很大关系。图 4-24 所示为 Cr12MoV 钢的硬度和残留奥氏体量与淬火温度的关系，由图可见，淬火温度在 1050℃时，硬度达到最高值；若淬火温度再升高，由于奥氏体中合金元素含量增多，使 *Ms* 点降低，从而导致残留奥氏体量增多，在 1100℃时残留奥氏体的体积分数可达到 80%，硬度急剧下降。

高碳高铬型钢的淬火、回火处理通常有一次硬化法和二次硬化法两种工艺方法。

一次硬化法是采用较低的淬火和回火温度。较低的淬火温度可使晶粒细小，钢的强韧性较好。通常 Cr12MoV 钢的淬火加热温度采用 980～1030℃，若希望得到较高的硬度，淬火温度可取上限；Cr12 钢的淬火温度采用 950～980℃。低温淬火处理后，钢中的残留奥氏体量大约为 20%。回火温度一般在 200℃左右，回火温度升高则硬度降低，强度和韧性提高。一次硬化处理使钢具有高的硬度和耐磨性，较小的热处理变形。大多数 Cr12 型钢制作的冷作模具均采用此工艺。

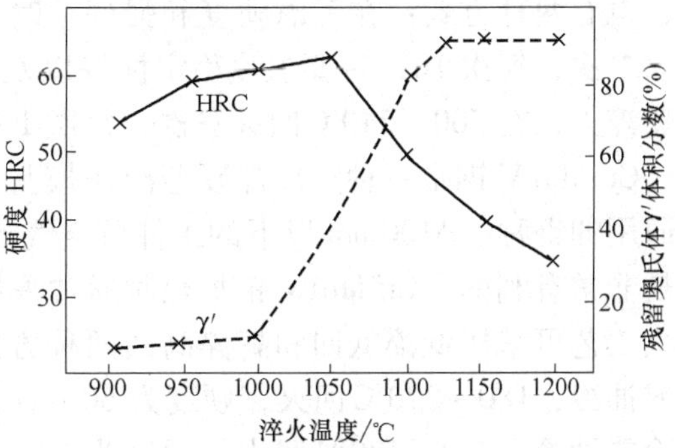

图 4-24　Cr12MoV 钢的硬度、残留奥氏体量与淬火温度的关系

二次硬化法是采用高的淬火温度，进行多次高温回火，以达到二次硬化的目的。Cr12MoV 钢的淬火温度为 1050～1100℃，淬火后钢中有大量的残留奥氏体，硬度较低。然后采用较高的温度（490～520℃）进行 3～4 次回火，回火后硬度达到 60～62HRC。硬度的提高主要是由于残留奥氏体在回火过程中转变成了马氏体。为了减少回火次数，对于尺寸不大、形状简单的模具可以进行冷处理（－78℃）。高碳高铬型钢淬火后在室温停留 30～50min 后残留奥氏体会发生稳定化，因而冷处理应在淬火后立即进行，随后再进行 490～520℃回火，硬度可提高至 60～61HRC。二次硬化处理适合于工作温度较高且载荷不大，或淬火后表面需要氮化的模具。

2. 高碳中铬型模具钢

高碳中铬型钢是常用的冷作模具钢，其典型牌号有 Cr6WV、Cr4W2MoV 和 Cr5Mo1V。这类钢的含碳量相对较低，铬含量低，属于过共析钢。由于凝固时的偏析，其铸态组织中仍有部分莱氏体共晶。这类钢中的碳化物也是以 Cr_7C_3 型为主，并有少量 M_6C 和 MC 型，且分布较均匀。退火态含有体积分数大约为 15% 的碳化物。这类钢具有耐磨性好和热处理变形小的特点，适于制作既要求耐磨性，又要具有一定韧性的冷作模具。

Cr6WV 钢的锻造加热温度为 1100～1150℃，始锻温度以 1050～1100℃为宜，终锻温度以 850～900℃为宜，锻后通常采用砂冷或灰冷。退火加热温度为 830～860℃，保温 4h，等温温度为 720～750℃，保温 5～6h，退火后硬度为 241HBW。

Cr6WV 钢的淬火温度通常采用 960～980℃，未溶碳化物大约为 5%，具有细小的奥氏体晶粒。若加热温度过高，会引起晶粒长大，而使强度、韧性下降。Cr6WV 钢常用热油淬火，一般不采用分级淬火或空冷，也不宜直接淬冷油。这种钢的淬火开裂倾向大于高碳高铬钢，因此，在热处理过程中应注意预热和热介质淬火，并注意及时回火。该钢的耐回火性不高，为了保持高硬度，可在 160～200℃回火 2～3h，硬度为 58～62HRC。这种钢用于代替高碳高铬模具钢制作冲模、冷镦模和冷挤压模，其耐磨性稍低于高碳高铬钢，现在，GB/T 1299—2000 标准中已不再列入此钢。

Cr4W2MoV 钢是一种代替高碳高铬钢的高碳中铬钢，其成分特点是降低碳和铬的含量，合金元素总量减少 1/3，但性能与 Cr12 型钢接近。Cr4W2MoV 钢含有 W、Mo、V 等合金元素，能细化奥氏体晶粒，提高钢的淬透性和耐回火性。该钢的热处理工艺与高碳高铬钢相似，也有两种方式：在考虑硬度和强韧性时，可采用960～980℃淬火温度，经260～320℃回火二次，每次1h；对要求热稳定性好以及需要进行化学热处理时，则采用1020～1040℃加热淬火，在500～540℃回火三次，每次1～2h。

Cr5Mo1V钢是一种空冷淬硬型冷作模具钢，与美国的A2钢（Cr5MoV）相同，是国际上通用的钢种。ϕ100mm以下的工件可空气淬火，这对于形状复杂、要求热处理变形小的模具是非常有利的。Cr5Mo1V钢加热时通常采用300～400℃和800～850℃二次预热，热处理淬火工艺可采用低淬低回和高淬高回两种方式：低淬低回工艺为940～960℃淬火加热，空冷或油冷，180～220℃回火，硬度为60～64HRC；高淬高回工艺为980～1010℃淬火加热，空冷或油冷，510～520℃回火，硬度为57～60HRC。该钢热处理后既有较好的耐磨性，又有良好的韧性和抗回火软化能力。其正常热处理后的耐磨性优于CrWMn钢，而韧性优于Cr12型高碳高铬钢。该钢适用于要求具备好的耐磨性和良好韧性的冷作模具，如下料模、冲裁模、冲头、剪刀片等。

4.3.3 新型冷作模具钢

工业生产中有一些重载荷模具，如重载冷镦模、冲裁模等，要求模具具有高的强度、高的耐磨性和良好的韧性。为了适应冷镦模和厚板冲剪模等重载模具的工作要求，先后发展了一系列高韧性、高耐磨性的冷作模具钢，其中具有代表性的钢种有8Cr8Mo2V2Si、Cr8Mo2V2WSi等，属于新型冷作模具钢。我国普遍使用的是7Cr7Mo2V2Si钢，其主要成分为：$w_{C}=0.75\%$，$w_{Si}=1.0\%$，$w_{Cr}=7.0\%$，$w_{Mo}=2.5\%$，$w_{V}=2.0\%$。这类钢总的合金元素质量分数为12%左右，有良好的淬透性，热处理变形小。在退火状态下，钢中碳化物以VC为主，还有少量$M_{23}C_6$和M_6C型碳化物。淬火加热时，随着淬火温度的升高，碳化物逐渐溶于奥氏体中。当加热温度超过1180℃时，奥氏体晶粒明显长大，所以，淬火温度应在1100～1150℃，此时剩余碳化物量大约为3%的VC。由于VC的硬度高达2093HV，提高了钢的耐磨性，且剩余碳化物总量不高，使钢具有良好的韧性。经1150℃淬火后，奥氏体晶粒度为8级，并含有不超过15%（体积分数）的残留奥氏体。在500～550℃之间回火时出现二次硬化峰，这是由于VC的析出和残留奥氏体分解产生的。对于要求强韧性好的模具，采用低淬火温度1100℃加热，550℃回火2～3次。对要求高耐磨性和在高冲击负荷下工作的模具，采用高温1150℃加热淬火，560℃回火2～3次。

粉末冶金冷作模具钢是另一种新型冷作模具钢，采用粉末冶金法，用水雾化法将钢液雾化成细小的钢粉末，通过快速凝固，使每颗粉末中的高合金莱氏体得到细化，显著改善烧结后钢的韧性。同时这种方法还可以生产用传统冶金方法难以生产的高碳高合金冷作模具钢，使钢中含有更多的硬质碳化物VC，如粉末冶金高碳高钒冷作模具钢CPM10V，其主要成分为：$w_{C}=2.45\%$，$w_{V}=10\%$，$w_{Cr}=5\%$，$w_{Mo}=1.3\%$，具有更高的耐磨性。

4.3.4 基体钢

基体钢是指其成分含有高速钢淬火组织中除过剩碳化物以外的基体化学成分的钢种。这种钢既具有高速钢的高强度、高硬度，又因为不含有大量的碳化物而使钢的韧性和疲劳强度优于高速钢；既可以用作冷热变形模具钢，也可以作为超高强度钢使用。通常W18Cr4V和W6Mo5Cr4V2高速钢正常淬火后的碳化物和基体成分见表4-10。

表 4-10 高速钢淬火后的碳化物和基体成分

钢 种	热处理状态	碳化物		基体成分（%）				
		质量分数（%）	类型	w_C	w_W	w_{Mo}	w_{Cr}	w_V
W18Cr4V	退火态	27.0	$M_6C+M_{23}C_6+MC$	—	2.1		3.1	0.1
	1100℃油淬	27.2	M_6C	0.34	5.2		4.5	0.35
	1200℃油淬	18.9	M_6C	0.45	6.6		4.5	0.65
	1300℃油淬	15.9	M_6C	0.57	8.7		4.5	1.0
W6Mo5Cr4V2	退火态	21.4	$M_6C+M_{23}C_6+MC$	—	0.9	1.5	2.2	0.2
	1050℃油淬	16.5	M_6C	0.33	0.9	1.5	4.3	1.1
	1150℃油淬	15.0	M_6C	0.42	1.3	1.8	4.3	1.5
	1250℃油淬	13.5	M_6C	0.53	2.1	2.4	4.4	1.8

对于基体钢而言，尚没有确切的定义，凡是在高速钢基体成分上添加或调整合金元素及其含量，以改善钢的性能，适应某些生产要求的钢种，均称为基体钢。我国研制并生产应用的基体钢化学成分见表 4-11。

表 4-11 部分基体钢的化学成分 （%）

牌 号	代号	w_C	w_{Cr}	w_W	w_{Mo}	w_V	w_{Nb}	w_{Si}	w_{Mn}
6Cr4W3Mo2VNb	T20432	0.60 ~ 0.70	3.80 ~ 4.40	2.50 ~ 3.50	1.80 ~ 2.50	0.80 ~ 1.20	0.20 ~ 0.35	≤0.40	≤0.40
6Cr4Mo3Ni2WV	CG—2	0.55 ~ 0.64	3.80 ~ 4.40	0.90 ~ 1.20	2.80 ~ 3.30	0.90 ~ 1.20	1.90 ~ 2.20Ni	≤0.40	≤0.40
5Cr4Mo3SiMnVAl	T20403	0.47 ~ 0.57	3.80 ~ 4.30	—	2.80 ~ 3.40	0.80 ~ 1.20	0.30 ~ 0.70Al	0.80 ~ 1.10	0.80 ~ 1.10
6W6Mo5Cr4V2	T20465	0.55 ~ 0.65	3.70 ~ 4.30	6.00 ~ 7.00	4.50 ~ 5.50	0.70 ~ 1.10	—	≤0.40	≤0.60
7Cr7Mo3V2Si	LD	0.70 ~ 0.80	6.50 ~ 7.50	—	2.00 ~ 3.00	1.20 ~ 1.70	—	0.70 ~ 1.20	≤0.50

6Cr4W3Mo2VNb 钢是用量较大的高韧性高耐磨性冷作模具钢，简称为 65Nb 钢，它是在 W6Mo5Cr4V2 钢淬火基体成分的基础上适当提高碳含量，并加入少量铌合金化后形成的新钢种。6Cr4Mo3Ni2WV 钢是在 W6Mo5Cr4V2 钢淬火基体成分上添加了质量分数为 2% 的镍，用以改善塑性、韧性和疲劳抗力。5Cr4Mo3SiMnVAl 钢采用了碳化物形成元素铬、钼、钒与非碳化物形成元素硅、铝和弱碳化物形成元素锰的综合合金化设计思路。6W6Mo5Cr4V2 钢是在 W6Mo5Cr4V2 钢淬火基体成分的基础上降低了碳含量，以提高钢的塑性和韧性。7Cr7Mo3V2Si 钢代号为 LD，也是具有高韧性、高耐磨性的冷作模具钢，它具有较高的含碳量，提高了铬的含量，以保证钢的淬透性和耐蚀性，增加了钼的含量，代替钨的作用，同时利用硅强化基体。

6Cr4W3Mo2VNb 钢中碳的质量分数为 0.65%，较高的含碳量可以增加碳化物数量，提高钢的耐磨性，同时加入钒、铌可有效细化晶粒，提高韧性，改善钢的工艺性能。这种钢容易锻造，锻后缓冷，退火后硬度小于等于 217HBW。该钢的淬火加热温度为 1080～1180℃，回火温度为 520～580℃，两次回火。由于该钢具有较高的耐回火性，所以可进行气体软氮化或离子氮化，以提高表面的耐磨性。该钢适于制作形状复杂、冲击负荷较大或尺寸较大的冷作模具，如冷挤压模、冷镦模、温锻模的凸模、冲头等。也可以作热作模具的工作零件。

6Cr4Mo3Ni2WV 钢既可用作冷变形模具，也可兼作热变形模具。对于冷变形模具，其热处理工艺为 450℃及 850℃两次预热，1120℃淬火加热保温，油冷，520～560℃保温 2h 回火两次，最终硬度为 59～62HRC。对于热变形模具，将回火温度提高到 620～650℃，保温 2h 回火两次，最后硬度为 50～54HRC。

5Cr4Mo3SiMnVAl 钢的含碳量在国产基体钢中是最低的，能够较好地满足冷热变形模具的不同要求。用于冷变形模具的热处理工艺是 500℃及 850℃两次预热，1090～1120℃加热保温，油冷，510℃保温 2h 回火两次，最终硬度为 60～62HRC。对于热变形模具，将回火温度提高到 560℃或 600～620℃，保温 2h 回火两次，最后硬度为 52～54HRC。

4.3.5 硬质合金

硬质合金是金属陶瓷的一种，它是以金属碳化物（如 WC、TiC、TaC 等）为基体，再加入适量金属粉末（如 Co、Ni、Mo 等）作粘结剂而制成的具有金属性质的粉末冶金材料。

1. 硬质合金的性能特点

（1）高硬度、耐磨性好、高热硬性　这是硬质合金的主要性能特点。硬质合金是以高硬度、耐磨性好、高热稳定性的碳化物作为骨架，起到坚硬耐磨的作用，常温下其硬度可达到 86～93HRA（相当于 69～81HRC），热硬性可达到 900～1000℃。所以硬质合金作为切削刀具使用时，其耐磨性、切削速度和寿命都比高速钢显著提高。

（2）抗压强度及弹性模量高　抗压强度可达到 6000MPa，高于高速钢；但抗弯强度低，仅有高速钢的 1/3～1/2。弹性模量很高，为高速钢的 2～3 倍；但韧性很差，为淬火钢的 30%～50%。

硬质合金还有良好的耐蚀性和抗氧化性，但其抗弯强度低、脆性大、导热性差，在加工、使用过程中要避免冲击和温度急剧变化，不能采用一般的切削方法加工，只能采用电加工（电火花、线切割）和专门的砂轮磨削。

2. 硬质合金的分类

常用硬质合金按成分和性能特点分为三类，其代号与用途见表 4-12。

表 4-12　常用硬质合金的代号和应用范围

类　别	代　号①	应用范围
钨钴类硬质合金	YG3X	铸铁、非铁金属及其合金的精加工、半精加工，不能承受冲击载荷
	YG6X	普通铸铁、冷硬铸铁、高温合金的精加工、半精加工
	YG6	铸铁、非铁金属及其合金的半精加工和粗加工
	YG8	铸铁、非铁金属及其合金、非金属材料的粗加工，也可用于断续切削
	YG6A	冷硬铸铁、非铁金属及其合金的半精加工，也可用于高锰钢、淬硬钢的半精加工和精加工

（续）

类 别	代 号①	应用范围
钨钴钛类硬质合金	YT30	碳素钢、合金钢的精加工
	YT15	碳素钢、合金钢在连续切削时的粗加工、半精加工，也可用于断续切削时的精加工
	YT5	碳素钢、合金钢的粗加工，可用于断续切削
通用硬质合金	YW1	高温合金、高锰钢、不锈钢等难加工材料及普通钢料、铸铁、非铁金属及其合金的半精加工和精加工
	YW2	高温合金、不锈钢、高锰钢等难加工材料及普通钢料、铸钢、非铁金属的粗加工和半精加工

① 代号中的“X”代表该合金是细颗粒合金；不加 X 的为一般颗粒合金。“A”代表含有少量 TaC 的合金。

（1）钨钴类硬质合金　由碳化钨和钴组成，常用代号有 YG3、YG6、YG8 等。代号中“YG”为“硬”、“钴”两字的汉语拼音字首，后面的数字表示钴的含量（质量分数×100）。如 YG6 表示钴的质量分数为 6%，余量为碳化钨的钨钴类硬质合金。

（2）钨钴钛类硬质合金　由碳化钨、碳化钛和钴组成，常用代号有 YT5、YT15、YT30 等。代号中“YT”为“硬”、“钛”两字的汉语拼音字首，后面的数字表示 TiC 的含量（质量分数×100）。如 YT15 表示 TiC 的质量分数为 15%，余量为碳化钨及钴的钨钴钛类硬质合金。

硬质合金中碳化物的含量越多，钴含量越少，则硬质合金的硬度、热硬性及耐磨性越高，但强度及韧性越低。当含钴量相同时，钨钴钛合金由于含有 TiC，故硬度、耐磨性较高，同时，由于这类合金表面形成一层氧化钛薄膜，切削时不易粘刀，故有较高的热硬性，但其强度和韧性比钨钴合金低。

（3）通用硬质合金　通用硬质合金是在成分中添加 TaC 或 NbC 来取代部分 TiC，其代号用“硬”和“万”两字的汉语拼音字首“YW”加顺序号表示，如 YW1、YW2。它的热硬性高（>1000℃），其它性能介于钨钴类与钨钴钛类之间，既能加工钢材，又能加工铸铁和非铁金属，故称为通用或万能硬质合金。

3. 硬质合金的应用

在机械制造中，硬质合金主要用于制作切削刀具、冷作模具、量具和耐磨零件。

钨钴类合金刀具主要用于切削加工产生断续切屑的脆性材料，如铸铁、非铁金属、胶木及其它非金属材料；钨钴钛类合金主要用于切削加工韧性材料，如各种钢。在同类硬质合金中，由于钴量多的硬质合金韧性较好，适宜粗加工，而含钴量少的适宜精加工。

通用硬质合金既可切削脆性材料，又可切削韧性材料，特别是对于不锈钢、耐热钢、高锰钢等特殊性能钢种，其切削加工效果更好。

硬质合金也用于冷拔模、冲模、冷挤压模及冷镦模。在量具的易磨损工作面上镶嵌硬质合金，可使量具的使用寿命和可靠性都得到提高。许多耐磨零件，如机床顶尖、无心磨导杠和导板等，也都采用硬质合金。

4.4 热作模具钢

热作模具钢是指使金属在加热态或液态下变形或形成一定形状所使用的模具钢。热作模具是在反复加热和冷却条件下进行工作的。在金属的热变形过程中，变形加工过程完成得越慢，模具受热的时间就越长，受热的程度就越严重，同时许多模具还会受到比较大的冲击力。热作模具苛刻的工作条件要求其模具钢具有高的抗热塑性变形能力、高的韧性、高的抗热疲劳性及良好的抗热烧蚀性。根据模具的工作条件，热作模具钢通常可分为四大类：热锤锻模具钢，热挤压、热镦锻模具钢，压铸用模具钢和塑料用模具钢。

热作模具钢的化学成分与合金调质钢相似，碳的质量分数一般为0.3%～0.6%，并含有Cr、Mn、Ni、Mo、W、Si、V等合金元素，属于亚共析钢。低含碳量可保证热作模具钢具有足够的韧性，合金元素的作用是增加钢的淬透性、强化铁素体、防止回火脆性、提高热疲劳抗力等。

我国常用热作模具钢及其化学成分见表4-13。

表4-13 常用热作模具钢及其化学成分 (%)

牌号	代号	w_C	w_{Si}	w_{Mn}	w_{Cr}	w_{Mo}	w_W	w_V	$w_{其他}$
5CrNiMo	T20103	0.50～0.60	≤0.40	0.50～0.80	0.50～0.80	0.15～0.30	—	—	1.40～1.80Ni
5CrMnMo	T20102	0.50～0.60	0.25～0.60	1.20～1.60	0.60～0.90	0.15～0.30	—	—	—
4CrMnSiMoV	T20101	0.75～0.85	0.80～1.10	0.80～1.10	1.30～1.50	0.40～0.60	—	0.20～0.40	—
5Cr4Mo3SiMnVAl	T20403	0.47～0.57	0.80～1.10	0.80～1.10	3.80～4.30	2.80～3.40	—	0.80～1.20	0.30～0.70Al
8Cr3	T20300	0.45～0.55	≤0.40	≤0.40	3.20～3.80	—	—	—	—
3Cr2W8V	T20280	0.30～0.40	≤0.40	≤0.40	2.20～2.70	—	7.50～9.00	0.20～0.50	—
4Cr5MoSiV1	T20502	0.32～0.42	0.80～1.20	≤0.40	4.50～5.50	1.00～1.50	—	0.80～1.10	—
4Cr5MoSiV	T20501	0.33～0.43	0.80～1.20	0.20～0.50	4.75～5.50	1.10～1.60	—	0.30～0.60	—
4Cr5W2SiV	T20520	0.32～0.42	0.80～1.20	≤0.40	4.50～5.50	—	1.60～2.40	0.80～1.00	—
3Cr3Mo3W2V	T20323	0.32～0.42	0.60～0.90	≤0.65	2.80～3.30	2.50～3.00	1.20～1.80	0.80～1.00	—
5Cr4W5Mo2V	T20452	0.40～0.50	≤0.40	≤0.40	3.40～4.40	1.50～2.10	4.50～5.30	0.70～1.10	—
4Cr3Mo3SiV	T20303	0.35～0.45	0.80～1.20	0.25～0.70	3.00～3.75	2.00～3.00	—	0.25～0.75	—
4Cr5MoSiV	H11	0.35	1.00	0.30	5.00	—	1.50	0.40	—
4Cr5MoSiV1	H13	0.35	1.00	0.30	5.00	—	1.50	0.90	—

4.4.1 热锤锻模具钢

热锤锻模具是在高温下通过冲击强迫金属成形的工具。模具在工作过程中经受巨大的冲击负荷，同时承受压应力、拉应力和附加的弯曲应力。被锻金属在模具型腔内流动，产生强烈的摩擦力。模具型腔表面经常与高温金属接触，被加热至300~400℃，局部温度高达500~600℃，且由于经常受到反复加热和冷却，因此，极易产生热疲劳裂纹。热锤锻模具的常见失效方式是型腔尺寸被磨损和产生纵向、横向以及网状裂纹（龟裂），即所谓的热疲劳。因此，热锤锻模具钢应具有较高的高温强度和耐磨性、良好的耐热疲劳性和导热性以及高的淬透性，以保证整个模具截面具有均匀的力学性能、良好的抗烧蚀性和抗热冲刷能力以及良好的冲击韧度和低的回火脆性倾向。

热锤锻模具钢碳的质量分数为0.45%~0.60%，以保证足够的硬度和冲击韧度。通常加入Cr、Ni、Mn、Mo、W、V、Si等合金元素，以提高钢的各种性能。铬能增加钢的淬透性，提高耐回火性，改善钢的冲击韧度；镍能显著地提高冲击韧度，和铬共同作用能显著提高钢的淬透性；锰可代替镍，但锰增加钢的过热敏感性并容易引起回火脆性；硅能提高钢的强度、耐回火性和耐热疲劳性，但硅含量较高时（$w_{Si}>1\%$），会增加回火脆性，降低冲击韧度，钼和钒都能有效地细化晶粒，减少过热敏感性，提高耐回火性；钼（钨）最重要的作用是降低钢的回火脆性，因此，不仅是热锤锻模具钢含有钼，几乎所有的热作模具钢都含有钼（钨）元素。

工业生产中使用最广泛的是5CrNiMo和5CrMnMo钢。一般中小型热锤锻模具都采用5CrMnMo钢制造，大型热锤锻模具采用5CrNiMo钢制造。例如，模高小于400mm的中、小型热锤锻模具，常采用中等淬透性的5CrMnMo等钢种；而模高大于400mm的大型热锤锻模具，常采用高淬透性的5CrNiMo钢及新型钢种4CrMnSiMoV和5Cr2NiMoSiV等。

热作模具钢的热处理主要包括：①锻造后退火，以消除锻造应力、降低硬度，以利切削加工，并为随后的淬火作组织准备；②淬火及回火，回火后可获得均匀的回火托氏体和索氏体组织。

大、中型热锤锻模的热处理工艺过程比较复杂，要求也比较严格。一些热锤锻模具钢的淬火工艺见表4-14。淬火处理时要注意保护模面和模尾，以避免氧化和脱碳。淬火过程中要注意预热和预冷，加热时一般在450℃左右预热，升温速度不得大于50℃/h。加热保温后，将锻模自炉中取出，在空气中预冷到780℃左右，然后淬火，一般都采用油冷，油温不超过70℃。由于锻模的热容量大，为使其均匀冷却，须使用油循环冷却。在油中冷至150~200℃取出，此时锻模表面所附着的油不会燃烧而呈现冒青烟现象。淬火后必须立即回火，绝对不允许冷至室温。因为在空气中冷却会产生马氏体转变，使锻模内应力增大，容易造

表4-14 一些热锤锻模具钢的淬火工艺

牌　　号	淬火温度/℃	冷却介质	硬度　HRC
5CrNiMo	830~860	油	53~58
5CrMnMo	820~850	油	52~58
5Cr2NiMoVSi	960~1010	油	54~61
4CrMnSiMoV	860~880	油	56~58

成开裂。锻模自油中取出后，装入炉温为250~350℃的回火炉内进行保温，然后将炉温缓慢升至回火温度。

热锤锻模由型腔和模尾两部分组成，锻模模面和模尾的硬度要求是不同的，大中型模的型腔部位要求硬度为36~42HRC；模尾部位要求硬度为30~35HRC。为了降低模尾硬度，生产上常使用一些特殊的工艺方法。回火温度的确定要根据钢种及所要求的硬度而定，一些热锤锻模的回火温度与硬度见表4-15。在实际生产中可根据模具尺寸、形状和生产批量等因素来选择不同钢种。

表4-15　一些热锤锻模的回火温度与硬度

牌　　号	锻模类型	回火温度/℃	硬度　HRC	模尾回火温度/℃	模尾硬度　HRC
5CrNiMo	小型	490~510	44~47	620~640	34~37
	中型	520~540	38~42	620~640	34~37
	大型	560~580	34~37	640~660	30~35
5CrMnMo	小型	490~510	41~47	600~620	35~39
	大型	520~540	38~41	620~640	34~37
5Cr2NiMoVSi	大型	600~680	35~48		
4CrMnSiMoV	小型	520~580	44~49		
	中型	580~630	41~44		
	大型	610~650	38~42		
	特大型	620~660	37~40		

5CrMnMo及5CrNiMo低合金钢，经820~860℃淬火加热，在空气中预冷到大约780℃油淬后，可在520~580℃回火。对于热稳定性高的5Cr2NiMoVSi和4CrMnSiMoV钢，可以提高其回火温度。5Cr2NiMoVSi钢在960~1010℃加热淬火后经600~680℃回火，硬度可达35~48HRC。4CrMnSiMoV钢经880℃左右加热淬火后，根据模具尺寸大小选择回火温度，一般为520~660℃，回火后硬度为37~49HRC。

4.4.2　热挤压模具钢

与热锤锻模具相比，热挤压模具工作时与被挤压的金属接触时间较长，模具受热的温度往往更高。热挤压模具还承受很大的压应力和摩擦力，要求具有高的热稳定性、高温强度、耐热疲劳性和高的耐磨性。这类模具的尺寸一般都不大，按主要合金成分可将其模具钢分为三类：铬系、钨系和钼系热挤压模具钢。

铬系模具钢中铬的质量分数大约为5%，并加入Mo、W、V、Si等元素。这类钢的淬透性比较高，具有较高的强度和韧性，抗氧化性好。常用的钢种有4Cr5MoSiV、4Cr5MoSiV1、4Cr5W2SiV等，其热处理规范及力学性能见表4-16。铬系模具钢是主要的热作模具钢，常用于制作较小的热锻模、钢及铜的热挤压模、铝及铜合金的压铸模等。

钨系模具钢成分中含有较多的钨，就其基体成分而言，实际上是一种低碳的高速钢成分，使用最多的是3Cr2W8V钢。钨系模具钢的主要特点是具有高的热稳定性，含钨量越高，热稳定性越好。合金中的铬增加钢的淬透性，使模具具有较好的抗氧化性；钨提高热稳定性和耐磨性。3Cr2W8V钢中由于大量合金元素的加入，使共析点向左移，因此其含碳量虽然较低，但属于过共析钢。较低的含碳量保证了钢的塑性和韧性，碳化物形成元素铬、钨提高钢的临界点温度，因而提高抗热疲劳性能，同时在高温下与低合金热作模具钢相比具有更高的强度和硬度。

表 4-16 常用铬系热挤压模具钢的热处理规范及性能

牌 号	热处理工艺	硬度 HRC	R_m /MPa	R_{eL} /MPa	A (%)	Z (%)	K /J
4Cr5MoSiV	1000℃淬火，580℃二次回火	51	1745	—	13.5	45	55
4Cr5MoSiV1	1010℃淬火，566℃二次回火	51	1830	1670	9.0	28	19
4Cr5W2SiV	1050℃淬火，580℃二次回火	49	1870	1660	9.5	42.5	34

注：4Cr5MoSiV1 钢采用 CVN 冲击试样，其余为梅氏试样。

3Cr2W8V 钢的始锻温度为 1080～1120℃，终锻温度为 850～900℃，锻造后先在空气中较快地冷却到 700℃，随后缓慢冷却。退火工艺为 830～850℃保温 3～4h 后，以小于 40℃/h 的速度炉冷至 400℃，然后出炉空冷，也可采用等温退火工艺。退火状态组织为铁素体基体上分布着 M_2C 和 $M_{23}C_6$ 型碳化物，硬度小于等于 241HBW。3Cr2W8V 钢的成品热处理一般采用 800～850℃预热，1080～1150℃淬火加热。如强调高温性能时（如压铸模），采用上限加热温度，使合金碳化物充分溶解，保证钢的高硬度和高的热硬性。对于承受冲击载荷、要求韧性好的模具（热锻模），则采用下限淬火温度。淬火冷却通常采用油冷，为了减少淬火变形，可以进行分级淬火。淬火后的组织为马氏体 + 过剩碳化物 + 残留奥氏体，硬度为 50～55HRC。回火温度通常采用 560～600℃，回火两次。为了避免回火脆性，回火后采用油冷，然后再经 160～200℃补充回火。回火后的组织为回火马氏体 + 过剩碳化物，硬度为 40～48HRC。实际生产中也可以根据具体热模的大小及性能要求选择合适的热处理工艺，3Cr2W8V 钢不同淬火温度下的回火温度与硬度的关系见表 4-17。

表 4-17 3Cr2W8V 钢不同淬火温度下的回火温度与硬度的关系

淬火温度 /℃	淬火硬度 HRC	回火硬度 HRC				
		500℃	550℃	600℃	625℃	650℃
1050	49	46	47	43	40	36
1075	50	47	48	44	41	37
1100	52	48	49	45	42	40
1150	55	49	53	50	47	45
1250	57	—	54	52	—	49

钼系模具钢的性能介于铬系和钨系之间，即热稳定性比铬系要好，韧性比钨系要好。工业生产中应用最广泛的是 3Cr3Mo3V、3Cr3Mo3VNb 钢，常用于制作热挤压模和中、小型热锻模。

3Cr3Mo3VNb 钢是在 3Cr3Mo3V 钢的基础上加入了铌，在钢中形成稳定的 NbC，阻止晶粒长大，以改善高温性能和提高韧性。3Cr3Mo3VNb 钢的奥氏体等温转变曲线与 3Cr2W8V 钢类似，属于过共析钢，*Ms* 点大约为 385℃。3Cr3Mo3VNb 钢常用的淬火加热温度为 1020～1120℃，如采用上限淬火温度，晶粒为 8～9 级，高温强度较高，而韧性低些。采用下限淬火温度时，晶粒细小（10 级），室温下的冲击韧度较高。要满足强度和韧性的综合要求，可采用 1060～1090℃的淬火加热温度。

4.4.3 压铸模具钢

压力铸造是在高的压力下，使液态金属挤满型腔进而成形的工艺。压铸模在工作中反复与炽热金属接触，被多次反复加热与冷却，其工作型腔易产生热疲劳和磨损，且型腔与高速注入的炽热金属接触，易发生化学作用。

实际使用中的压铸模的失效方式是在机械、热和化学作用下，模具型腔变得粗糙，产生磨损、损伤、腐蚀以及裂纹等，从而使压铸出来的铸件表面不光洁、尺寸不准确，导致模具报废。因此，要求压铸模具钢具有高的耐热疲劳性、较高的导热性、良好的耐磨性和耐蚀性以及较高的高温强度等。

目前常用的压力铸造大致可分为铝合金、锌合金、镁合金、铜合金和钢铁材料等五大类，这些金属的熔点、压铸温度、模具工作温度和硬度要求见表4-18。压铸模具钢的选择首先要根据浇注金属的温度和种类来决定。

表4-18 压铸金属的熔点、压铸温度、模具工作温度和硬度要求

压铸金属种类	锌合金	铝合金	镁合金	铜合金	钢铁材料
熔点/℃	400～450	580～740	630～680	850～920	1345～1520
压铸温度/℃		≈680		≈930	1470～1600
模具工作温度/℃		<593		600～700	800～850
模具硬度要求 HRC	48～51	40～48	40～48	37～45	42～44

铝合金、锌合金及镁合金是低熔点金属，压铸这些合金的模具可以选择30CrMnSi、40Cr、5CrMnMo等低合金钢来制造。压铸铝合金、镁合金的模具材料常选用3Cr2W8V、H13和4Cr5MoSiV1钢。压铸锌合金的模具材料可采用5CrMnMo钢，也可使用40Cr调质钢。常用压铸模具材料的选择见表4-19。

表4-19 常用压铸模具材料的选择

压铸材料	生产批量/件		
	5×10^4	25×10^4	100×10^4
铝合金、镁合金	4Cr5W2VSi 4Cr5MoSiV 4Cr5MoSiV1 （42～46HRC）	4Cr5W2VSi 4Cr5MoSiV1 （42～46HRC）	H13（AISI） 4Cr5MoSiV1 4Cr3Mo3SiV （42～46HRC）
锌合金 （铸件尺寸为25～50mm）	3Cr2Mo （35～40HRC）	3Cr2Mo （35～40HRC）	H13（AISI） 4Cr5MoSiV1 （42～46HRC）
锌合金 （铸件尺寸为50～100mm）	3Cr2Mo （35～40HRC）	3Cr2Mo （35～40HRC）	H13（AISI） 4Cr5MoSiV1 （42～46HRC）
铜合金	H20，H21（AISI） 4Cr4WCo4V2Mo（H19） 3Cr2W8V （35～40HRC）	Y4（4Cr3Mo2MnVNbB） 3Cr2W8V 3Cr3Mo3W2V（HM—1） H21（AISI）	— Y4 GH761 —

铜合金和钢铁材料的熔点比较高，压铸温度一般在950℃以上，模具表面的接触温度也在650℃以上，模具的工作条件相对比较苛刻。所以，一般的钢制模具难以满足生产要求，需要采用以难熔金属为基的合金，如钼基合金、钨基合金等。

4.4.4 塑料模具用钢

随着工业技术的发展，塑料制品的应用越来越广泛，尤其是在电子、电器及仪表工业中。国内外采用塑料制品代替金属、木材、皮革等传统资源性材料制品已成为发展趋势，因此，近年来塑料制品成型用模具的需求量迅速增加，许多工业发达国家或地区塑料制品成型用模具的产值已经超过了冷作模具的产值，在模具制造业中占据首位。目前研究开发的专门用于塑料制品成型模具的系列牌号还比较少，基本上都是其它模具材料应用于塑料模具。但是随着塑料模具的大量应用，许多国家已经形成了范围很广的塑料模具用材料系列，包括碳素钢、渗碳型塑料模具钢、时效硬化型塑料模具钢、预硬型塑料模具钢、易切削塑料模具钢、耐蚀塑料模具钢、马氏体时效钢、镜面塑料模具钢以及铜合金、铝合金等。塑料制品很多是采用模压成型的，无论是热塑性塑料还是热固性塑料的成型，压制塑料的工作温度通常在200～250℃范围。部分塑料品种，如含氯、氟的塑料，在压制时会放出有害气体，对模具型腔有一定的侵蚀作用。

根据塑料模的工作条件和特点，对塑料模具用钢提出以下要求：

1）模具加工表面应有较低的粗糙度，因此要求模具材料夹杂物少，组织均匀，表面硬度高。

2）表面具有较高的耐磨性和一定的耐蚀性，能长期保持一定的表面粗糙度。

3）有足够的强度、硬度和良好的韧性，能承受一定的负荷而不变形。

4）热处理变形要小，以保证互换性和配合精度，这点对于精密产品更为重要。

塑料模具用钢范围十分广泛，但作为塑料模具专用钢并已纳入国家标准的仅有几种，主要为合金塑料模具钢。常用的塑料模具钢及其化学成分见表4-20。

表4-20 常用合金塑料模具钢的化学成分 (%)

牌号	统一数字代号	w_C	w_{Si}	w_{Mn}	w_{Cr}	w_{Mo}	w_{Ni}	w_V	$w_{其它}$
SM3Cr2Mo	T22022	0.28～0.40	0.20～0.80	0.60～1.00	1.40～2.00	0.30～0.55	—	—	—
SM3Cr2Ni1Mo	T22023	0.32～0.42	0.20～0.80	1.00～1.50	0.30～0.55	1.40～2.00	0.80～1.20	—	—
SM3Cr2NiMo	T22024	0.30～0.40	0.20～0.40	1.00～1.50	0.30～0.55	1.40～2.00	0.80～1.20	—	—
3Cr2MnNiMo	—	0.32～0.40	0.20～0.40	1.10～1.50	0.25～0.40	1.70～2.00	0.85～1.15	—	—
SM1	—	0.55～0.70	—	1.00～1.50	1.00～1.50	≤1.00	1.20～2.00	≤1.00	S≤0.20
8Cr2MnWMoVS	—	0.75～0.85	≤0.40	1.30～1.70	2.30～2.60	0.50～0.80	—	0.10～0.25	W0.70～1.10

（续）

牌　号	统一数字代号	w_C	w_{Si}	w_{Mn}	w_{Cr}	w_{Mo}	w_{Ni}	w_V	$w_{其它}$
SM1CrNi3	T22010	0.05 ~ 0.15	0.10 ~ 0.37	0.35 ~ 0.75	1.25 ~ 1.75	—	3.25 ~ 3.75	—	—
SM2CrNi3MoAl1S	T22011	0.20 ~ 0.30	0.20 ~ 0.50	0.50 ~ 0.80	1.20 ~ 1.80	0.20 ~ 0.40	3.00 ~ 4.00		Al1.00 ~ 1.60
SM4Cr5MoSiV	—	0.33 ~ 0.43	0.80 ~ 1.25	0.20 ~ 0.60	4.75 ~ 5.50	1.10 ~ 1.60	—	0.30 ~ 0.60	—
SM4Cr5MoSiV1	—	0.32 ~ 0.45	0.80 ~ 1.25	0.20 ~ 0.60	4.75 ~ 5.50	1.10 ~ 1.75	—	0.80 ~ 1.20	—
SMCr12Mo1V1	—	1.40 ~ 1.60	0.10 ~ 0.60	0.10 ~ 0.60	11.0 ~ 13.0	0.70 ~ 1.20	—	0.50 ~ 1.10	—
SM20Cr13	T22132	0.16 ~ 0.25	≤1.00	≤1.00	12.0 ~ 14.0	—	—	—	—
SM40Cr13	T22134	0.36 ~ 0.45	≤0.60	≤0.80	12.0 ~ 14.0	—	—	—	—
SM3Cr17Mo	T22171	0.28 ~ 0.35	≤0.80	≤1.00	16.0 ~ 18.0	0.75 ~ 1.25	≤0.60	—	—

塑料模具用钢应根据模具的工作条件和生产情况，结合模具材料的基本性能和相关因素来选择，既要考虑模具的使用性，又要综合考虑其经济性及技术上的先进性，有时还需要考虑模具材料的通用性。塑料模具的制作成本比较高，材料费用仅占模具成本的一小部分，一般为10% ~20%，因此，模具材料一般优先选用工艺性好、性能稳定和使用寿命长的材料。常用塑料成型用模具钢的选择见表4-21。

非合金塑料模具专用钢主要有SM45、SM50、SM55等，工业生产中用量比较大，主要用于一般零件塑料件上。对于中、小型且不很复杂的模具，现在还较多地采用T7A、T10A、9Mn2V、Cr2、CrWMn等工具钢制造。在热处理时要采取措施使变形尽量减小，使用硬度一般为45 ~55HRC。对于大型、精密塑料模具，可采用SM4Cr5MoSiV、SM4Cr5MoSiV1或空冷微变形钢。如要求较高耐磨性时可选用SMCr12Mo1V1和Cr12MoV钢。

渗碳型塑料模具用钢一般不宜采用结构钢中的渗碳钢，如20Cr、20CrMnTi等。对于塑料模具零件，从工作性质、服役条件和对性能的要求来看，大多数没有必要采用渗碳钢和渗碳工艺来强化。有些复杂而精密的模具可使用SM1CrNi3、12Cr2Ni4A等渗碳钢制造，以减小淬火变形，也可采用空冷微变形钢和预硬钢制作。预硬钢是将模块预先进行热处理，供使用者直接进行成形和切削加工，不再进行热处理。预硬钢的使用硬度一般为30 ~40HRC，过高的硬度将使可加工性变坏。常用的预硬钢有40CrMo、5CrNiMo等传统钢和专门开发的塑料模具钢SM3Cr2Mo、SM3Cr2Ni1Mo、8Cr2MnWMoVS等。

对于成型时会产生有害气体的塑料用模具，可采用SM20Cr13、30Cr13、40Cr13Mo、95Cr18等不锈钢制作。SM20Cr13、30Cr13制作的模具可在950 ~1000℃加热淬火，油中冷却，在200～220℃回火。即使是大型模具，热处理后硬度也可达到45～50HRC。这类模具不需要镀铬。

表4-21 常用塑料成型用模具钢的选择

类别	名 称	生产批量/件			
		$<10^5$	$10^5\sim(5\times10^5)$	$(5\times10^5)\sim10^6$	$>10^6$
热固性塑料	通用型塑料，酚醛，三聚氰胺，聚酯等	SM45，SM50，SM55，渗碳钢	SM4Cr5MoSiV1，渗碳合金钢	Cr5MoSiV1，Cr12，Cr12MoV	Cr12MoV，Cr12MoV1，7Cr7Mo2V2Si
	加入纤维或金属粉等增强型塑料	渗碳合金钢	渗碳合金钢，Cr5Mo1V，SM4Cr5MoSiV1	Cr5Mo1V，Cr12，Cr12MoV	Cr12MoV，SMCr12Mo1V1，7Cr7Mo2V2Si
热塑性塑料	通用型塑料，聚乙烯，聚丙烯，ABS等	SM45，SM55，SM3Cr2Mo，渗碳合金钢	3Cr2NiMnMo，SM3Cr2Mo，渗碳合金钢	SM4Cr5MoSiV1，5NiCrMnMoVCaS，时效硬化钢，SM3Cr2Mo	SM4Cr5MoSiV1，时效硬化钢，Cr5Mo1V
	尼龙、聚碳酸酯等工程塑料	SM45，SM55，3Cr2NiMnMo，SM3Cr2Mo，渗碳合金钢	SM3Cr2Mo，3Cr2NiMnMo，时效硬化钢，渗碳合金钢	SM4Cr5MoSiV1，5NiCrMnMoVCaS，Cr5Mo1V	Cr5Mo1V，Cr12，Cr12MoV，SMCr12Mo1V1，7Cr7Mo2V2Si
	加入增强纤维或金属粉等的增强工程塑料	3Cr2NiMnMo，SM3Cr2Mo，渗碳合金钢	SM4Cr5MoSiV1，Cr5Mo1V，渗碳合金钢	SM4Cr5MoSiV1，Cr5Mo1V，Cr12MoV	Cr12，Cr12MoV，SMCr12Mo1V1，7Cr7Mo2V2Si
	添加阻燃剂的塑料	SM3Cr2Mo+镀层	30Cr13，Cr14Mo	95Cr18，Cr18MoV	Cr18MoV+镀层
	氟化塑料	Cr14Mo，Cr18MoV	Cr14Mo，Cr18MoV	Cr18MoV	Cr18MoV+镀层
	聚氯乙烯	SM3Cr2Mo+镀层	30Cr13，Cr14Mo	95Cr18，Cr18MoV	Cr18MoV+镀层

塑料模具在淬火加热时要注意保护，防止表面氧化和脱碳。回火后，模具的工作表面要经过研磨和抛光，最好是进行镀铬，以防止腐蚀、粘附，同时也可提高模具的耐磨性。

4.5 量具用钢

量具钢用于制作各种测量工具，如千分尺、量规、量块等。量具在工作过程中一般不受大的载荷，但为了保证测量精度，不容许有较大的变形或尺寸变化，因此，量具应具有较高的硬度、耐磨性以及尺寸稳定性。

量具钢没有单独的专用钢，都是选用各类结构钢和工具钢等常用钢种来制造。简单量具可用高碳钢制作，复杂的高精度量具一般用低合金刃具钢（或高碳不锈钢）制作。如CrWMn钢，它的淬透性较高，淬火时可缓慢冷却，同时因为含碳量高，淬火组织中有较多的残留奥氏体，淬火变形很小。

在工业生产中，对量具钢的基本要求为：①量具的工作部位应具有高的硬度

(≥62HRC)和耐磨性，以保证其在长期使用过程中不因磨损而失去原有的精度；②量具在使用过程中和保存期间应具有尺寸稳定性，以保证高的精度；③量具在使用过程中偶尔受到碰撞和冲击时，不致发生崩落和破坏。

由于量具的用途和所要求的精度不同，所选用的钢种和热处理工艺也不同。精度较低、形状简单的量具如量规等，可采用T10A、T12A、9SiCr等钢制作。10钢、15钢经渗碳、淬火及低温回火，或50钢、55钢、60钢、60Mn钢、65Mn钢经感应加热表面淬火后可用来制作精度不高、耐冲击的样板、直尺等量具。

高精度的量具如塞规、量块等，常用热处理变形小的钢如GCr15、CrWMn和CrMn钢制作。这些钢用作量具时，其热加工和退火工艺与一般过共析低合金钢相同，常用淬火工艺见表4-22。淬火温度和冷却条件都会影响自然时效，从而影响量具的尺寸变化。淬火温度一般取下限，即在保证淬火硬度的前提下，尽量降低淬火加热温度，以减少时效因素。淬火冷却一般采用油冷。

表4-22　量具用钢的常用淬火工艺

牌号	淬火温度/℃	冷却介质	淬火后硬度　HRC	回火温度/℃	回火后硬度　HRC
GCr15	830～860	油（20～40℃）	62～66	130～170	62～65
CrMn	830～860	油（20～40℃）	62～66	130～170	62～65
CrWMn	820～850	油（20～40℃）	62～66	130～170	62～65

精密量具的热处理工艺也是比较复杂的，其关键在于通过热处理后，能够使量具在长期的使用中不发生变形。一般量具都采用淬火加低温回火的热处理工艺，其组织是回火马氏体和残留奥氏体，并残存有一定的淬火应力。这种组织状态在长期放置和使用过程中将发生变化，从而使量具的尺寸也发生变化。对于精密量具，这种变化是不允许的。尺寸变化的原因主要是残留奥氏体转变为马氏体，使尺寸增大，以及残余应力在量具内部重新分布和消失所引起的尺寸变化。为使量具尺寸和形状稳定，确保其精度，对于要求较高的精密量具，淬火温度应适当低些，同时在淬火后立即将其冷至－80℃左右，甚至在液氮中进行冷处理，然后取出再进行正常回火。图4-25所示为CrWMn钢量块退火后的热处理工艺曲线，为了进一步提高量具的尺寸稳定性，在精磨或研磨之前，必须进行时效处理，进一步消除内应力，必要时这种处理要重复多次。

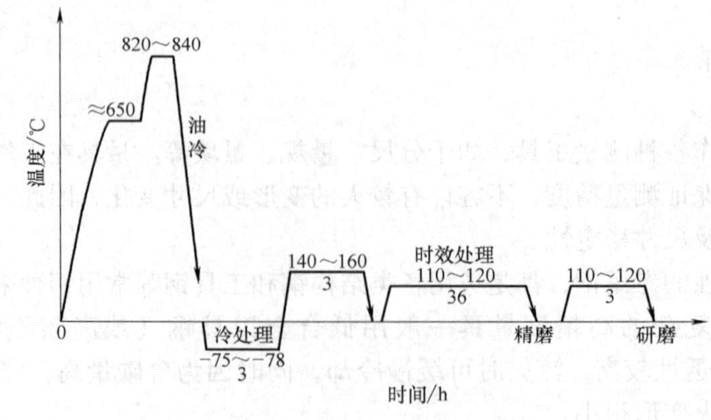

图4-25　CrWMn钢量块退火后的热处理工艺

4.6 典型模具的材料选择举例

和其它材料应用一样，模具的材料选择和热处理工艺制订，必须统筹考虑其服役条件、失效方式和性能要求，正确处理强度、硬度、磨损与韧性之间的关系。下面以冷镦六方螺母的冲头和凹模为例，分析模具钢材选择的基本思路。

图4-26～图4-29分别为冷镦六方螺母成形的四道工序。六方螺母由坯料开始，通过四道工序加工而成形，每一道工序都有其特定的作用，金属的变形规律各不相同，模具（冲头和凹模）的受力条件也各不相同。

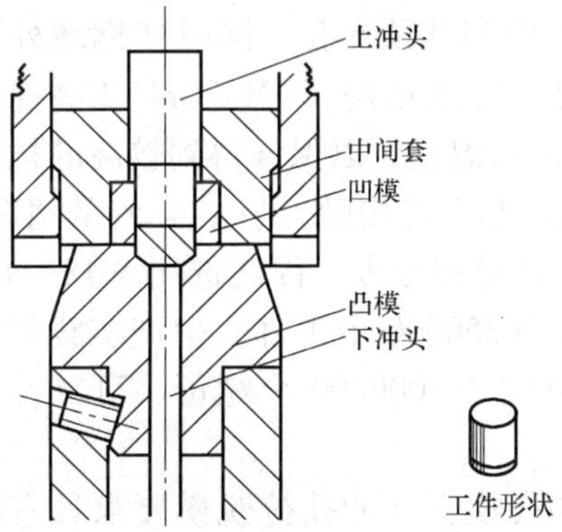

图4-26 冷镦六方螺母的第一道工序（镦压）

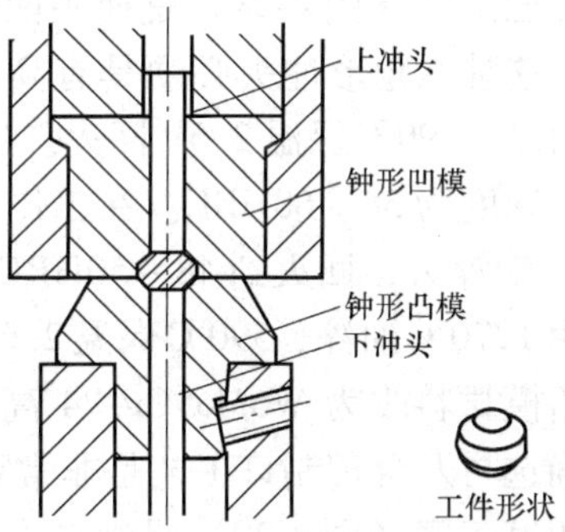

图4-27 冷镦六方螺母的第二道工序（镦压和预成形）

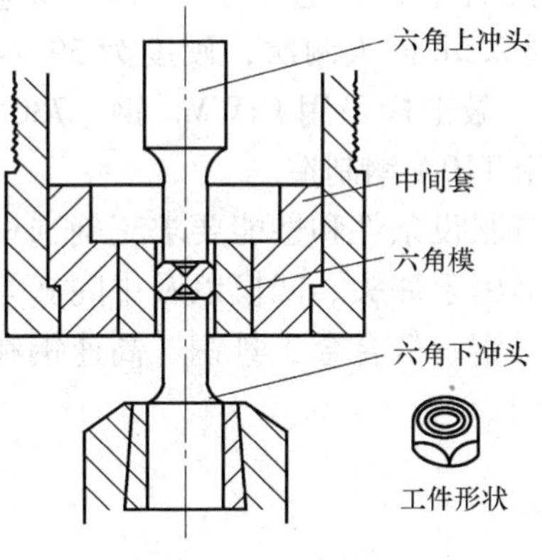

图4-28 冷镦六方螺母的第三道工序（成形和预冲孔）

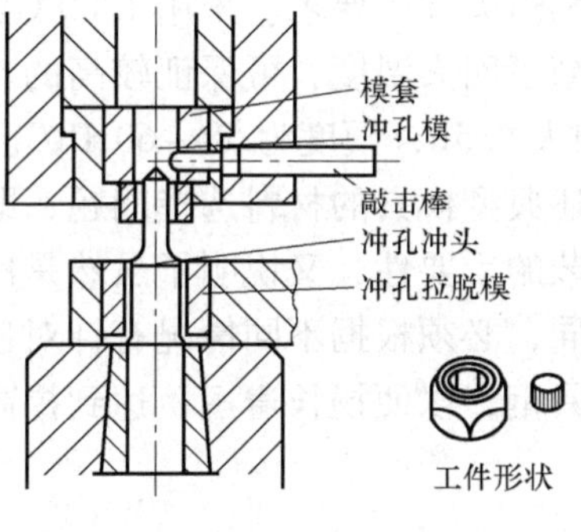

图4-29 冷镦六方螺母的第四道工序（冲孔）

第一道工序（图4-26）是把预先截好的棒料镦压，并在一端预成形。图中所示的上、下两个冲头是被精确导向的。由于钢坯料与上下冲头端面侧向移动很小，摩擦力较小，因而耐磨性要求不是很高，所以选用价格便宜的碳素工具钢T10A来制造两个冲头。冲头经780℃加热淬火（水淬），再经230℃回火3h，硬度为58～60HRC。图4-26中的中间套（预应力圈）事实上是一个模套，用于上冲头的导向并压紧凹模，因而它不需要高的耐磨性，但要求必须具有高的强度、良好的韧性和低的缺口敏感性，并易于加工制造。这个预应力圈选用热变形模具钢4Cr5MoSiV（即H11钢）来制造，该钢具有二次硬化特性，可以在回火后稳定尺寸。4Cr5MoSiV钢预应力圈通过995℃加热后空冷，然后在565℃保温2.5h两次回火，回火后硬度为48～50HRC。

凹模承受一定的磨损，同时要求高的强度和硬度。可选择W18Cr4V或W6Mo5Cr4V2高速钢制造。由于磨损条件是中等程度，上述两种钢处理到60～62HRC是适当的。

第二道工序（图4-27）是进一步镦压，使两端面经受较重的预变形。上下两个冲头仍用T10A钢制造，并与第一道工序的冲头处理到同样的硬度。由于冲头直径比较小，也可选用油淬钢（如CrWMn钢）或空淬钢（Cr5Mo钢），以防止变形。如图中钟形凹模体积较大，承受径向拉应力，要求具有高的韧性，因而选择Cr2钢（表4-2）来制造，经830℃加热喷水冷却内孔得到薄壳淬火，190℃回火3h，硬度为60～62HRC。

第三道工序（图4-28）是使用两个六角形冲头，使钢坯预穿孔，同时使钢坯外形成六角形状。这种六角形冲头必须具有高的硬度和耐磨性，因此选用W6Mo5Cr4V2高速钢，经1215℃油淬，590℃保温2.5h回火。这里适当提高了回火温度，以保证得到较高的抗弯强度和塑性，硬度为58～60HRC。在工作过程中，中间套不与工件接触，与图4-26的情况相似，选用H11钢淬火，回火到48～50HRC。六角模的内表面磨损较大，因此选用W18Cr4V高速钢，采用1270℃油淬，590℃保温2.5h回火两次，可冲350000个工件。生产实践表明，如果将六角模材料改为W6Mo5Cr4V4高钒高速钢，则可生产1000000个螺母。可见，关键部件的正确选材及合理制订工艺是非常重要的。

第四道工序（图4-29）是螺母中间孔的冲制。冲孔模套和冲孔拉脱模要求具有高的抗压强度和硬度，可以与图4-26一样，选用H11钢，但耐磨性不够，因此选用Cr5MoV钢，经950℃加热后空冷，210℃回火2.5h，硬度达到59～61HRC。冲孔冲头要求具有高的韧性，耐磨性较高的高碳高铬钢（如Cr12MoV钢）难以达到要求，因而选用W18Cr4V高速钢来兼顾韧性和耐磨性的要求。采用1260℃油淬，590℃保温2.5h回火两次，硬度为59～61HRC。由于提高了回火温度，可保证较高的抗弯强度和塑性。敲击棒采用CrWMn钢，780℃油淬，200℃回火2.5h，硬度为58～60HRC。当然也可以选用T10A钢制造。

上述典型模具的材料选择问题，既说明了根据模具服役条件和性能要求正确选材，合理制订工艺的重要性，又说明了虽然是冷镦六方螺母，但由于冲头、凹模以及中间套等受力状态的不同，必须根据不同情况有针对性地选用碳素工具钢、低合金工具钢、高速钢和冷、热变形模具钢，以便扬长避短，达到提高模具寿命的目的。

本章小结

工具钢是最重要的工业用钢之一，它所制造的工具要求具有比被加工材料更高的硬度、强度及更好的耐磨性，同时也必须具有一定的塑性和韧性。所以强度、耐磨性与塑性、韧性的合理配合是工具钢的主要矛盾。工具钢的合金化和热处理工艺基本上都是围绕这个主要矛盾进行优化设计的。

工具钢的合金化目的主要是提高淬透性、改变碳化物类型、提高耐回火性、改善力学性能等。热处理的主要目的是使钢具有一定的强度和韧性，热处理工艺的制订要尽可能保证基体的化学成分、降低淬火应力、减小变形开裂倾向和稳定组织。

工具钢使用状态的组织一般都有第二相碳化物，它对钢的性能起着重要的作用。对于一定成分的钢，在淬火加热时碳化物的溶解量决定了基体的含碳量和合金元素含量，在回火过程中基体成分的变化和碳化物析出程度主要取决于回火温度和时间。碳化物的形状、大小、数量和均匀性对工具的性能有很大影响，因此，工具钢的锻造和预处理工艺非常重要，它决定了工具钢最终热处理前的组织状态，特别是碳化物的形态和分布，是保证最终热处理性能质量的前提。工具钢的最终热处理比结构钢更要精确。对于不同的工具需要采取不同的热处理工艺参数，从而得到不同的性能，适用于不同服役条件或不同性能要求特点的工具。

硬质合金具有高硬度、耐磨性好、高热硬性的性能特点，在机械制造中，硬质合金主要用于制造切削刀具、冷作模具、量具和耐磨零件。硬质合金按成分和性能特点分为三类，即钨钴类硬质合金、钨钴钛类硬质合金和通用硬质合金。

本章主要名词

普通碳素钢（common straight carbon steel）
低合金工具钢（low-alloy tool steel）
模具钢（die steel）
莱氏体钢（ledeburite steel）
冷镦模（cold heading die）
切边模（trimming die）
冲裁模（cutting die）
压铸模（die casting die）
热硬性（hot hardness）
碳素钢（carbon steel）
冷作模具钢（cold-working die steel）
量具钢（measuring tool steel）
塑料模具钢（plastics die steel）
预热（preheating）
萘状断口（naphthalene fracture）
过烧组织（burnt structure）
低合金钢（low-alloy steel）
刃具钢（cutting tool steel）
高速钢（high speed steel）
硬质合金（hard alloy）
冷挤压模（cold extruding die）
精整模（finishing die）
冲头（punch pin）
热挤压模（hot extruding die）
回火脆性（temper embrittlement）
合金工具钢（alloy tool steel）
热作模具钢（hot-working die steel）
基体钢（matrix steel）
耐磨性（wear resistance）
二次硬化（secondary hardening）
热疲劳（thermal fatigue）
过热组织（overheated structure）

习　题

1. 解释下列名词：

基体钢，莱氏体钢，热硬性，二次硬化，过烧组织，萘状断口，黑色组织。

2. 在使用性能和工艺性能的要求上，工具钢和机器零件用钢有什么不同？

3. 试用合金化原理分析说明9SiCr、9Mn2V、CrWMn钢的优缺点。

4. 在热处理过程中9SiCr和60Si2Mn都有不同程度的脱碳倾向，为什么？

5. 直径为25mm的40CrNiMo钢棒料，经过正火后难以切削，为什么？

6. 试分析比较工具钢T9和9SiCr的不同：

1）为什么9SiCr钢的热处理加热温度比T9钢高？

2）直径为ϕ30～40mm的9SiCr钢在油中能淬透，相同尺寸的T9钢能否淬透？为什么？

3）T9钢制造的刀具，其刃部受热到200～250℃时硬度和耐磨性已迅速下降而失效；9SiCr钢制造的刀具，其刃部受热至230～250℃时硬度仍不低于60HRC，耐磨性良好，还可正常工作，为什么？

4）为什么 9SiCr 钢适宜制作要求变形小、硬度较高和耐磨性较高的圆板牙等薄刃工具？

7. 指出下列合金钢的类别、用途及热处理特点：

GCr15，9SiCr，40CrNiMo，Cr12MoV，5CrMnMo。

8. 与高速钢相比，硬质合金有哪些优缺点？指出 YG6、YT15 的类别、成分和用途。

9. 试比较热作模具钢和合金调质钢的合金化和热处理特点，并分析合金元素作用的异同。

10. 用 9SiCr 钢制成圆板牙，其工艺路线为：锻造→球化退火→机械加工→淬火→低温回火→磨平面→开槽开口。试分析球化退火、淬火及回火的目的以及它们的大致工艺。

11. 分析碳和合金元素在高速钢中的作用及高速钢的热处理工艺特点。

12. 基体钢的设计思路是什么？其性能特点如何？

13. 有一批 W18Cr4V 钢制钻头，淬火后硬度偏低，经检验是淬火加热温度出了问题。淬火加热温度可能会出现什么问题？怎样从金相组织上去判断？

14. 高速钢每次回火为什么一定要冷到室温再进行下一次回火？为什么不能用较长时间的一次回火来代替多次回火？

15. 高速钢在退火态、淬火态和回火态各有什么类型的碳化物？这些不同类型的碳化物对钢的性能起什么作用？

16. 高速钢（W18Cr4V）的 A_1 点温度在 800℃左右，为什么常用的淬火加热温度却高达 1260～1290℃？

17. 高速钢和经过二次硬化的 Cr12 型钢都有很高的热硬性，能否作为热作模具钢使用？为什么？

18. 对热锤锻模的回火硬度要求是：小型模具硬度略高，大型模具硬度略低；模面硬度较高，模尾硬度较低。为什么？

19. 热锤锻模、热挤压模和压铸模的主要性能要求有什么异同点？

20. 对于形状复杂的 5CrNiMo（5CrMnMo）钢制造的热锤锻模，为了减少变形、防止开裂，在淬火工艺操作上应该采取哪些措施？

21. 常用哪些热处理措施来保证量具的尺寸稳定性？

第 5 章　特殊性能钢

特殊性能钢是指具有特殊的物理性能、化学性能及力学性能的钢种，包括不锈钢、耐热钢、耐磨钢等。由这些钢制成的机械构件可在一定的高温、酸、碱、盐介质中或磨损条件下工作。

5.1　不锈钢

不锈钢是对在自然环境或一定介质中具有耐蚀性的一类钢种的统称，但有时把能够抵抗大气或弱腐蚀性介质腐蚀的钢叫做不锈钢，而把能够抵抗强腐蚀性介质腐蚀的钢称为耐酸钢，因此不锈钢按耐蚀性又可细分为不锈钢和耐酸钢。耐蚀性是不锈钢最主要的性能指标，为了提高金属材料的耐蚀性，减少腐蚀消耗并延长其使用寿命，几十年来，人们研究并生产出了一系列不锈钢。本节在概述金属腐蚀的基本概念以及提高金属耐蚀性的途径的基础上，主要介绍工业上常用的铁素体、马氏体、奥氏体不锈钢及超高强度不锈钢的成分、组织、性能及应用。

5.1.1　概述

1. 不锈钢的分类

不锈钢的分类方法很多，主要按钢的金相组织、化学成分和用途特性等来分类。

（1）按金相组织分类　不锈钢按其正火状态的组织可分为铁素体不锈钢、马氏体不锈钢、奥氏体不锈钢、沉淀硬化不锈钢和铁素体-奥氏体双相不锈钢等。这是最基本的分类方法。

（2）按化学成分分类

1）按不锈钢的主要化学成分，基本上可分为铬不锈钢和铬镍不锈钢两大类，分别以Cr13 型和 Cr18Ni9 型为代表，其它不锈钢一般是在此基础上发展起来的。

2）按不锈钢的主要节约元素，可以分为节镍不锈钢、无镍不锈钢和节铬不锈钢等。这类钢常以一些更价廉的元素代替镍和铬，如 Cr-Mn-N 和 Cr-Mn-Ni-N 不锈钢等。在我国开发了多种以锰、氮代替镍的不锈钢，使用效果良好。

3）按不锈钢的一些特征组成元素，可以分为高硅不锈钢、高钼不锈钢等。

4）按不锈钢中碳、氮和杂质元素的控制含量，可以分为普通不锈钢、低碳和超低碳不锈钢以及高纯不锈钢，如 Cr18Mo2 不锈钢、超低碳 00Cr18Mo2（新标准为 019Cr19Mo2NbTi）不锈钢和超高纯 000Cr18Mo2 不锈钢。

（3）按用途和特点分类

1）按照使用介质环境，可分为耐硝酸不锈钢、耐硫酸不锈钢、耐海水不锈钢等。

2）按照耐蚀性能，可分为耐应力腐蚀不锈钢、耐点蚀不锈钢和耐磨蚀不锈钢等。

3）按照功能特点，可分为无磁不锈钢、易切削不锈钢、高强度不锈钢、低温和超低温不锈钢及超塑性不锈钢等。

我国不锈钢的国家标准采用最基本的分类方法，即按金相组织分类。

2. 不锈钢的牌号

2008 年，我国发布了不锈钢新牌号标准。新牌号与旧牌号在标识上基本没有太大变动，主要的化学元素标识都没有变动，只有碳含量标识和个别钢种里面的化学元素发生了变动。

（1）旧牌号　含碳量以千分之几表示，如 1Cr17Mn6Ni5N 钢中碳含量为千分之一；2Cr13、7Cr17 分别表示碳的质量分数为 0.2% 和 0.7%。如果 $w_C \leqslant 0.08\%$ 为低碳，标识为“0”，如 0Cr18Ni9；$w_C \leqslant 0.03\%$ 为超低碳，标识为“00”，如 00Cr17Ni14Mo2。

（2）新牌号　含碳量以万分之几表示，如 12Cr17Mn6Ni5N 钢中碳的质量分数为 0.12%；06Cr19Ni10 钢中碳的质量分数为 0.06%；022Cr17Ni12Mo2 钢中碳的质量分数为 0.022%，其它标识基本不变。

3. 金属腐蚀的基本类型

金属腐蚀是其表面在介质中直接的化学反应或电化学反应的结果。钢在高温下氧化称为化学腐蚀。钢在电解质作用下，不同部位之间，如不同的相之间、同一相的晶界和晶内之间由于电极电位不同而构成的原电池腐蚀称为电化学腐蚀。在实际生产中电化学腐蚀更为普遍。工程中常见的腐蚀类型有均匀腐蚀、点腐蚀、晶间腐蚀、应力腐蚀、磨损腐蚀、腐蚀疲劳等。

（1）均匀腐蚀　均匀腐蚀是一种最常见的腐蚀，又称为一般腐蚀或连续腐蚀。其特点是，腐蚀发生在与腐蚀介质相接触的整个金属表面上，使金属有效截面不断减小，直到破坏。均匀腐蚀的情况如图 5-1a 所示，它容易察觉，并损耗或破坏了大量金属材料。但从技术观点来看，其危险性不大，不会因均匀腐蚀造成预先毫无察觉的失效事故。金属材料耐均匀腐蚀的能力通常用腐蚀速度表示，即单位面积金属在单位时间内的失重来表示；或用腐蚀速率表示，即每年腐蚀掉金属的深度来表示。

（2）点腐蚀　点腐蚀又称为孔蚀，是发生在金属表面局部区域的一种腐蚀形式，如图 5-1b 所示。它往往是由于不锈钢表面钝化膜的局部破坏所引起的，另外，不锈钢表面的缺陷如疏松、非金属夹杂物等也是引起点腐蚀的重要原因。这种腐蚀破坏多数出现在含有氯离子和氯化物盐的溶液中，孔蚀一旦形成，便迅速向金属厚度的深处发展，直至将金属穿透。因此，点蚀也是一种危害性较大且常见的腐蚀破坏形式。不锈钢点腐蚀倾向的大小一般用单位面积上的腐蚀坑数量及最大深度来评定。

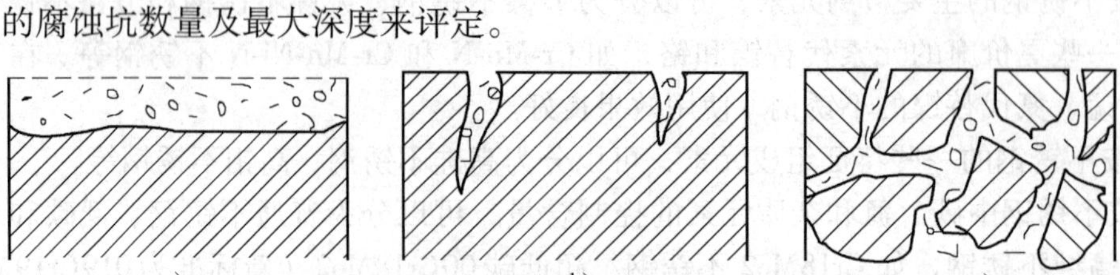

a)　　b)　　c)

图 5-1　各种腐蚀类型

a）均匀腐蚀　b）点腐蚀　c）晶间腐蚀

（3）晶间腐蚀 沿金属晶界进行的腐蚀称为晶间腐蚀。晶间腐蚀是一种危害性很大、容易造成设备突然事故的破坏形式。图5-1c示意地表示了晶间腐蚀的行为，因为已发生晶间腐蚀的金属在外形上没有任何变化，因此不易察觉，但实际上金属已丧失强度。在生产中可用弯曲法、声音法、电阻法以及失重等方法测定不锈钢的晶间腐蚀敏感性，并有具体规定。

（4）应力腐蚀 应力腐蚀是指处于拉应力状态下的金属在特定的腐蚀介质（如氯化物、盐、碱的水溶液，某些硝酸盐和部分化合物的溶液，以及蒸气介质等）中，沿某些显微路径发生腐蚀而导致的破坏。随着拉应力增大，发生破裂的时间缩短，当取消应力时，钢的腐蚀量很小，并且不发生破裂。

应力腐蚀破坏的特征是裂纹与拉应力方向垂直，断口呈脆性破坏，断口附近有许多裂纹，裂纹的显微路径有沿晶界分布和穿晶分布或两种分布形态兼有的特征。金属应力腐蚀断裂是具有选择性的，一定的金属在一定的介质中才会产生。例如，低碳钢在浓的碱液中（称为碱脆）；奥氏体不锈钢在热浓氯化物溶液中（称为氯脆）等。

（5）磨损腐蚀 金属中同时存在着腐蚀和机械磨损，两者互相加速的腐蚀叫做磨损腐蚀。除了机械运动外，腐蚀介质流体和金属表面间的相对运动也能引起这种腐蚀。另外，气泡腐蚀也是磨损腐蚀的一种特殊形式，例如运动的螺旋桨、叶轮可使液体压力降低，从而使液体蒸发形成气泡，当叶轮使压力再次升高时，则会使气泡破裂。破裂的冲击波使金属表面的保护膜破坏，加剧了腐蚀，最后导致气泡腐蚀破坏。

（6）腐蚀疲劳 腐蚀疲劳是在交变应力作用下金属在腐蚀介质中的腐蚀破坏。例如，汽轮机叶片、水泵零件、船舶螺旋桨轴及在腐蚀介质中工作的弹簧等，均可因腐蚀疲劳而被破坏。

腐蚀疲劳的过程是，首先在零件表面因介质作用形成腐蚀坑，然后在介质和交变应力的作用下，发展成为疲劳裂纹，并逐渐扩展直到零件疲劳断裂。断口保持疲劳破坏的特征，在显微分析时裂纹多为穿晶形式。

4. 不锈钢的性能要求

（1）耐蚀性要求 耐蚀性是不锈钢最重要的性能指标，这里耐蚀性的含义是对具体工作介质而言的。某种不锈钢在某种介质中具有耐蚀性，而在另一种介质中不一定耐蚀，在工程中可根据使用工作介质的不同来选择不同的不锈钢。例如，在弱腐蚀性介质中服役的金属构件可选择不锈钢；而在酸、碱、盐介质中服役的金属构件可选择耐酸钢。

（2）力学性能要求 力学性能是对金属材料的基本要求，不锈钢也不例外。在使用中可根据工作载荷形式或应力大小来选择不锈钢的类型及所能达到的不同强度、硬度、塑性及韧性等水平。

（3）工艺性能要求 不锈钢材料有板材、管材、型材等各种类型，需要冷、热加工成形，许多构件还要经过切削加工，还有许多构件需要焊接连接，因此对不锈钢也有一定的工艺性能要求。例如，某些需要焊接连接的不锈钢构件，要求其具有良好的焊接性，且焊接热影响区的耐蚀性不应下降，晶粒不粗大，力学性能良好。

5. 不锈钢的合金化原理

合金化是提高钢的耐蚀性的主要途径，其作用是：①提高金属的电极电位；②使金属易于钝化；③使钢获得单相组织，并具有均匀的化学成分、组织结构和金属的纯净度，其目的是避免形成微电池。

（1）不锈钢的钝化 不锈钢具有良好的耐蚀性是由于它的表面能产生钝化。所谓钝化是指某些金属在特殊环境下失去了金属活性，呈现出与惰性金属相似的特性。钝化可改变金属的表面状态，使其电极电位升高。

钝化机制认为：金属与周围介质之间生成一层极薄的氧化膜——钝化膜，这层钝化膜作为金属与介质间的一个屏障，降低金属的溶解速率。这种钝化膜在一定条件下是致密的，不易溶解，即使损坏还可以再钝化。钝化膜的存在使阳极反应过程受到阻滞，从而提高了金属的化学稳定性和耐蚀性。另外，在钝化膜的下面及膜的表面又有氧的吸附层，吸附的氧能饱和金属表面原子的未饱和位，就会产生钝性，使化学反应速率显著减小，这就是钝化的原因。

钢中加入铬、铝、硅等元素，可在钢的表面生成 Cr_2O_3、Al_2O_3 和 SiO_2 等致密的钝化膜，起到防腐蚀作用，其中铬是最有效的元素。

（2）电极电位的提高　研究表明，当铬元素加入铁中形成固溶体时，固溶体的电极电位能显著提高，如图 5-2 所示。

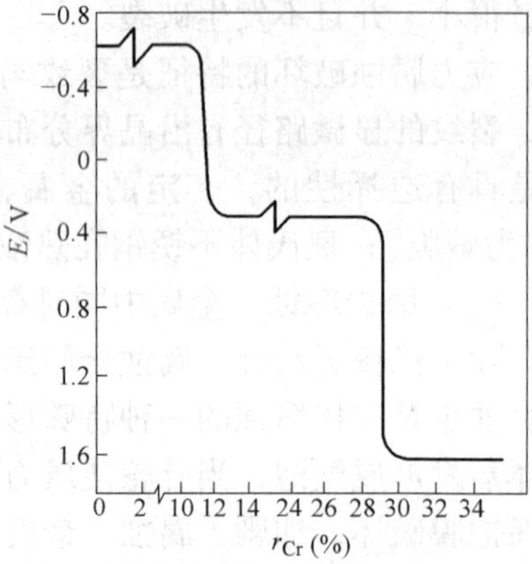

图 5-2　Cr 对 Fe-Cr 合金电极电位影响

随着含铬量的提高，钢的电极电位呈跳跃式增高，即当铬含量达到 1/8、2/8、3/8…原子比时，铁的电极电位就发生跳跃式增高，腐蚀也跳跃式地显著减弱，这一规律称为 $n/8$ 规律。根据钢中碳与铬的作用，11.7% 就是构成不锈钢的最低限度铬需要量（质量分数）。但由于碳是钢中必然存在的元素，它能与铬形成一系列的碳化物，为使钢中固溶体的含铬量不低于 11.7%，铬的含量应适当提高一些，这就是实际应用的不锈钢中铬的质量分数不低于 13% 的原因。

（3）单相组织的形成　合金元素能使钢在室温呈单相组织，当钢中加入质量分数为 12.7% 的铬时，它能封闭 γ 相区，获得单相铁素体组织；当铬、镍复合加入时，可获得单相奥氏体组织，从而减少了微电池数量，可减轻电化学腐蚀。

5.1.2　铁素体不锈钢

由 Fe-Cr 相图（图 5-3）可知，在铬的质量分数达到 13% 时，由于铬具有稳定铁素体的作用，Fe-Cr 合金中将没有奥氏体相变，从高温到低温都保持铁素体。

1. 铁素体不锈钢的特点

常用铁素体不锈钢的牌号、热处理、力学性能及用途举例见表 5-1。铁素体不锈钢的耐蚀性（对硝酸、氨水等介质）和抗氧化性较好，特别是抗应力腐蚀性能较好，但加工性能和力学性能较差，还存在室温脆性，因而限制了其应用。在生产上铁素体不锈钢多用于受力不大的耐酸和抗氧化结构件。

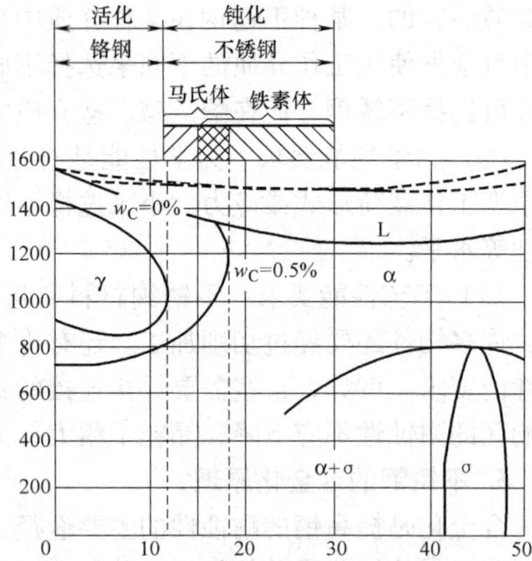

图 5-3　Fe-Cr 相图及其铬钢的分类

2. 铁素体不锈钢的组织性能

（1）晶粒粗大　铁素体不锈钢的铸态组织晶粒粗大，不能通过加热及冷却过程中的相变来细化，只能通过压力加工（热轧、锻造）来碎化。当加工温度超过再结晶温度后，晶粒长大倾向明显。

生产中需要将这类钢的终轧、终锻温度控制在 750℃或更低的温度，此外向钢中加入少量的钛来控制晶粒长大。

表 5-1　马氏体、铁素体不锈钢的牌号、热处理、力学性能及用途举例

类别	统一数字代号	新牌号	旧牌号	热处理规范				力学性能（不小于）						用途举例
				淬火温度/℃	冷却剂	回火温度/℃	冷却剂	R_m/MPa	R_{eL}/MPa	A（%）	Z（%）	KV_2/J	HBW	
马氏体型	S41010	12Cr13	1Cr13	950～1000	油	700～750	油、水	540	345	25	55	78	159	耐弱腐蚀性介质、受冲击负荷及要求较高韧性的零件，如汽轮机叶片、水压机阀、结构架、螺栓、螺母等
	S42020	20Cr13	2Cr13	920～980	油	700～750	油、水	635	440	20	50	63	192	
	S42030	30Cr13	3Cr13	920～980	油	200～300	—	—	—	—	—	—	48HRC	有较高硬度及耐磨性的热油泵轴、阀片、阀门、弹簧、手术刀片及医疗器械零件
	S42040	40Cr13	4Cr13	1050～1100	油	200～300	—	—	—	—	—	—	50HRC	
	S43110	14Cr17Ni2	1Cr17Ni2	950～1050	油	275～350	空	1080	—	10	—	39	—	要求较高强度的耐硝酸及某些有机酸腐蚀的零件设备
	S44090	95Cr18	9Cr18	1000～1050	油	200～300	油、空	—	—	—	—	—	55HRC	不锈钢切片机械刃具、剪切刃具、手术刀片、高耐磨耐蚀零件
	S46990	90Cr18-MoV	9Cr18-MoV	1050～1075	油	100～200	油	—	—	—	—	—	55HRC	
铁素体型	S11348	06Cr13Al	0Cr13Al	780～830	空	—	—	410	177	20	60	78	183	耐水蒸气、碳酸氢铵母液及热含硫石油的腐蚀设备
	S11710	10Cr17	1Cr17	780～850	空	—	—	450	205	22	50	—	183	硝酸工厂设备如吸收塔、硝酸热交换器、酸槽、输送管道等，食品工厂设备

（续）

类别	统一数字代号	新牌号	旧牌号	热处理规范				力学性能（不小于）						用途举例
				淬火温度/℃	冷却剂	回火温度/℃	冷却剂	R_m/MPa	R_{eL}/MPa	A（%）	Z（%）	KV_2/J	HBW	
铁素体型	S11790	10Cr17-Mo	1Cr17Mo	780～850	空	—	—	450	205	22	60	—	183	同上，比10Cr17抗盐溶液性强
	S11203	022Cr12	00Cr12	700～820	空	—	—	265	196	22	60	—	183	汽车排气处理装置、锅炉燃烧室、喷嘴等
	S13091	008Cr-30Mo2	00Cr30-Mo2	900～1050	水	—	—	450	295	20	45	—	228	耐乙酸、乳酸等有机酸的设备及苛性碱设备等

（2）σ相析出　铁素体不锈钢在550～850℃长期停留时将析出σ相，使钢变脆。σ相为高硬度的FeCr金属间化合物，析出时还伴随有体积变化，故引起很大脆性。σ相又常常沿晶界析出，还可引起晶间腐蚀。已有σ相脆性的钢重新加热到820℃以上，随后快冷，可消除脆性。

（3）475℃脆性　在高铬铁素体钢中，当铬的质量分数大于15%时，在400～525℃范围内长时间加热，或在此温度范围内缓冷时，钢在室温下会变得很脆，并且最高脆化温度在475℃左右，这种脆性称为475℃脆性，可以通过高于475℃温度加热（600～650℃），随后快冷来消除。大量研究表明，引起475℃脆性的原因是：在475℃加热时，铁素体内的铬原子趋于有序化，形成许多富铬小区域，它们与母相共格，引起点阵畸变和内应力，使钢的韧性降低，强度升高。

3. 铁素体不锈钢的压力加工及热处理

高铬铁素体不锈钢的晶粒粗化倾向很大，因此在热压力加工时，一般采用较低的始锻（轧）和终锻（轧）温度，通常采用的始锻温度为1040～1120℃，终锻温度为700～800℃，以得到细晶粒。为了消除热压力加工应力，获得成分均匀的铁素体组织，消除晶间腐蚀倾向，高铬铁素体不锈钢热锻（轧）后常采用淬火和退火两种热处理工艺，如图5-4所示。

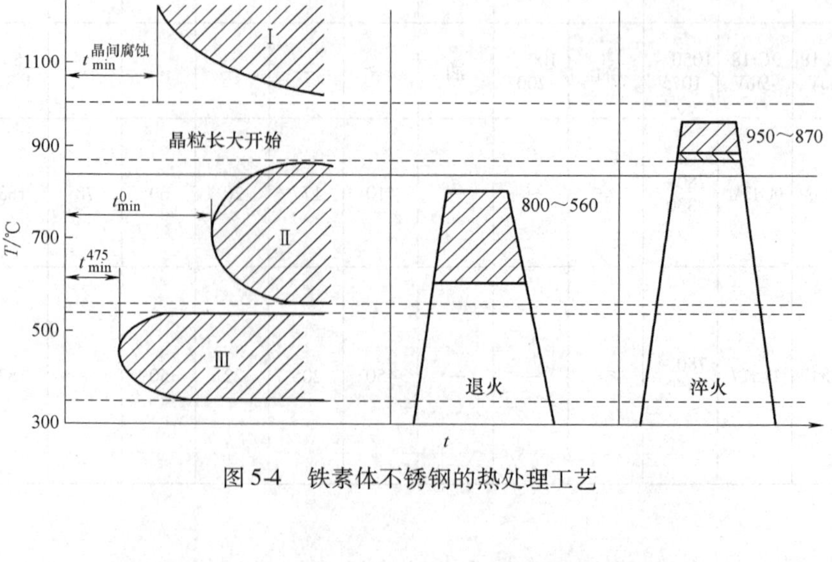

图5-4　铁素体不锈钢的热处理工艺

5.1.3 马氏体不锈钢

马氏体不锈钢是一种既耐腐蚀又能通过热处理强化的不锈钢。这类钢的耐蚀性、塑性和焊接性能较奥氏体、铁素体不锈钢要差，但由于它具有较好的力学性能（高的强度、硬度及耐磨性）和耐蚀性，所以是机械工业中广泛使用的钢种。

1. 马氏体不锈钢的成分特点

常用马氏体不锈钢的牌号、热处理、力学性能及用途举例见表5-1。这类钢的成分特点是：铬的质量分数为12%~18%，大多数钢种（20Cr13、30Cr13、40Cr13、95Cr18）碳含量较高，有些钢种还含有一定量的镍，有时还加入钼、铜、铌等元素以改善钢的性能。

2. 马氏体不锈钢的组织性能

Cr13型马氏体不锈钢经锻轧后空冷即可得到马氏体组织。为了降低硬度，改善其切削加工性能，同时为了消除构件内应力和防止开裂，应进行软化处理。将锻件加热至850~900℃保温1~3h后随炉冷却至600℃后空冷进行退火处理。12Cr13与20Cr13钢一般进行调质处理，得到回火索氏体组织，主要制作要求高的塑性及韧性并受冲击载荷的零件，如汽轮机叶片、水压机阀、热能设备配件等；95Cr18钢则采用淬火+低温回火处理，获得回火马氏体组织，硬度可达56~59HRC，常用作滚动轴承部件；30Cr13与40Cr13钢低温回火后硬度可达50HRC以上，常用作医疗器械和不锈钢刃具。

14Cr17Ni2钢是在Cr13型钢的基础上提高铬的含量并加入质量分数为2%的镍，这样的合金化设计可保持奥氏体相变，使钢仍然能通过淬火获得马氏体组织而强化。在马氏体不锈钢中，14Cr17Ni2钢的耐蚀性是最好的，强度也是最高的，该钢具有较高的耐电化学腐蚀性能，在海水和硝酸中具有很好的耐蚀性，因此在船舶尾轴、压缩机转子等制造中有广泛的应用。

3. 马氏体不锈钢的焊接

马氏体不锈钢高温加热后空冷具有淬硬倾向，因此在焊接时要特别注意以下几点：

1）正确确定焊缝化学成分，选择合适的焊接材料，焊缝成分应与母材一致。

2）严格制定焊前预热和焊后回火热处理工艺，并认真实施。

3）高碳马氏体不锈钢的焊接性差，一般不作焊接材料使用。

5.1.4 奥氏体不锈钢

奥氏体不锈钢具有较好的耐蚀性（通常称为耐酸钢）、冷加工成形性、焊接性等一系列优点，因此应用最为广泛，除了用作耐蚀构件外，还可用于高温承受低载荷的热强钢。这类钢的缺点是强度低，不能通过淬火强化，但可通过形变强化（冷加工硬化）达到提高强度的目的。

1. 奥氏体不锈钢的成分特点

常用奥氏体不锈钢的牌号、热处理、力学性能及用途举例见表5-2。这类钢含有较低的碳，而铬、镍含量较高，使钢在室温下获得单相奥氏体组织。我国为了节约镍的消耗，用Mn-N来替代镍；为了进一步改善钢的耐蚀性，还向钢中添加Ti、Nb、Mo、Cu等元素。加入钛、铌是为了稳定碳化物，提高耐晶间腐蚀的能力；加入钼可增加不锈钢的钝化作用，防止点腐蚀，提高钢在有机酸中的耐蚀性；铜可以提高钢在硫酸中的耐蚀性；硅使钢的抗应力腐蚀断裂的能力提高。

表 5-2　奥氏体不锈钢的热处理、力学性能及用途举例

统一数字代号	新牌号	旧牌号	热处理		力学性能（不小于）					用途举例
			淬火温度/℃	冷却介质	R_m/MPa	R_{eL}/MPa	A（%）	Z（%）	HRW	
S30403	022Cr19Ni10	00Cr19Ni10	1010～1150	水	480	177	40	60	≤187	具有良好的耐蚀性及耐晶间腐蚀性能，为化学工业用的良好耐蚀材料
S30210	12Cr18Ni9	1Cr18Ni9 1Cr18Ni9Ti	1010～1150 920～1150	水 水	520 520	205 205	40 40	60 50	≤187	耐硝酸、冷磷酸、有机酸及盐、碱溶液腐蚀的设备零件
S30408	06Cr19Ni10	0Cr18Ni9	1010～1150	水	520	205	40	60	≤187	耐酸容器及设备衬里、输送管道等设备和零件，抗磁仪表，医疗器械，有较好的耐晶间腐蚀性
S31608	06Cr17Ni12-Mo2	0Cr17Ni12-Mo2	1010～1150	水	520	205	40	60	≤187	耐硫酸、磷酸、蚁酸及醋酸等腐蚀性介质的设备，有良好的耐晶间腐蚀性能
S31603	022Cr17Ni12-Mo2	00Cr17Ni12-Mo2	1010～1150	水	480	177	40	60	≤187	耐蚀性要求高的焊接构件，尤其是尿素，硫铵、尼龙等生产设备

2. 18-8 型奥氏体不锈钢的热处理特点

奥氏体不锈钢的热处理一般有三种形式，即固溶处理、消除应力处理和稳定化处理。

（1）固溶处理　固溶处理就是把钢加热到 Fe-C 相图中的 *ES* 线以上，使碳化物溶解。奥氏体不锈钢的固溶处理温度一般为 1050～1150℃，钢中的含碳量越高，所需要的固溶处理温度也越高。为了保证高温下得到的奥氏体不发生分解，一直稳定到室温，固溶处理后的冷却速度要快，多采用水冷，保证在室温下得到单相奥氏体组织。图 5-5 所示为奥氏体不锈钢的两种固溶处理工艺。

（2）稳定化处理　稳定化处理只是在含有钛、铌的奥氏体不锈钢中使用，其处理工艺的一般原则为：高于碳化铬的溶解温度而低于碳化钛的溶解温度。稳定化退火温度通常采用 850～950℃，保温 2～4h 后空冷，将碳化铬转变为特殊碳化物 TiC 或 NbC，这样就比较彻底地消除了晶间腐蚀倾向。

（3）消除应力处理　消除应力处理通常用于以下两种情况，一是用于消除钢经冷加工后的内应力，使钢在伸长率无显著变化的情况下，其屈服强度和疲劳强度有很大提高。这种消除应力处理可在较低的温度下进行，一般在 250～450℃下保温 1～2h 后空冷。对于不含

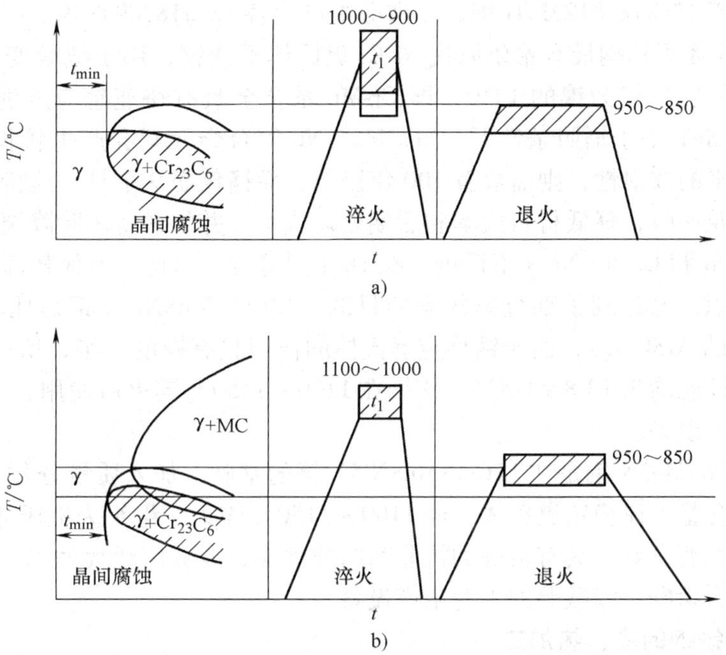

图5-5 奥氏体不锈钢的固溶处理工艺

钛和铌的钢，以及虽含钛和铌但未经稳定化处理的钢，消除应力处理温度应不超过450℃，以免析出碳化铬，使钢对晶间腐蚀敏感。二是用于消除钢经冷加工后对应力腐蚀的敏感性及焊接内应力，这种处理需要在较高温度下进行，一般要在850℃以上进行。对于不含钛、铌的钢加热后应快冷至540℃再空冷，以迅速通过碳化铬析出的温度区间，防止晶间腐蚀。

3. Cr-Mn-N 及 Cr-Mn-Ni-N 型不锈钢

镍是形成稳定奥氏体的主要元素，但在我国属于较为稀缺和昂贵的金属元素，研究开发以锰、氮代替镍的奥氏体不锈钢，一直是耐蚀性金属材料的发展方向之一。目前这类钢大体可分为三种类型：第一种是以锰全部取代镍的Cr-Mn不锈钢；第二种是以锰、氮共同取代镍的Cr-Mn-N不锈钢；第三种是在18-8型的基础上以锰、氮部分代替镍的Cr-Mn-Ni、Cr-Mn-Ni-N不锈钢。

（1）Cr-Mn不锈钢　锰是奥氏体形成元素，但稳定奥氏体的作用不如镍，所以在低碳高铬的钢中，单纯加入锰是得不到稳定的奥氏体组织的；而 $w_{Cr}<15\%$ 时，提高锰含量又会对耐蚀性产生不良影响，因此，Cr-Mn奥氏体钢无法作为强腐蚀性介质的耐蚀材料使用。Cr17Mn9是典型的两相钢，其铁素体和奥氏体数量大体相同，耐蚀性与 $w_{Cr}=17\%$ 的钢相近，主要用于食品行业。

（2）Cr-Mn-N不锈钢　在Cr-Mn钢中加入氮，可以进一步提高奥氏体的稳定性，并能扩大奥氏体中的极限含铬量，提高室温强度和高温强度而不降低室温韧性，并能抑制σ相析出，对耐蚀性没有影响。但是，氮含量受溶解度和冶金条件的限制，一般其质量分数都在0.3%～0.5%及以下。

06Cr17Mn13Mo2N钢是我国开发的Cr-Mn-N不锈钢，具有奥氏体、铁素体双相组织，其晶间腐蚀、应力腐蚀的倾向较奥氏体不锈钢要小，力学性能与焊接性能也较好。但由于δ铁素体相的存在，使钢的冷热加工性能较差，易生成σ相。该钢在1050℃淬火后使用，在醋酸中的耐蚀性优于12Cr18Ni12MoTi钢，在磷酸中可代替12Cr18Ni9Ti钢。

Cr-Mn-N奥氏体不锈钢最有希望取代Ni-Cr奥氏体不锈钢，用于核聚变反应堆第一壁的结构材料。锰的放射性仅为镍的1/10，即Cr-Mn系合金具有快速感应放射性衰减的特性。研究表明，在14MeV中子辐照条件下，Ni、Mo、Nb等合金元素会产生较长寿命的放射线，若要达到安全水平的放射性，则需放置100年以上，而锰仅需9个月，这特别有利于反应堆部件的最后处理及回收，降低材料成本和后期处理成本，并将环境风险降至最低限度。

（3）Cr-Mn-Ni和Cr-Mn-Ni-N不锈钢　在18-8型基础上以锰、氮代替部分镍，即可获得单一的奥氏体组织，又达到了部分替代镍的目的。12Cr18Mn8Ni5N钢是比较有代表性的钢种（相当于美国的AISI202），由于锰稳定奥氏体的作用只有镍的一半，所以该钢的耐蚀性、力学性能、焊接性能均与18-8钢相当。该钢在1100～1150℃淬火后使用，可代替18-8钢用于硝酸及化肥生产设备。

12Cr18Mn10Ni5Mo3N钢是在12Cr18Mn8Ni5N钢的基础上加入质量分数为2.5%～3.5%的钼，并提高锰含量，以稳定奥氏体，经1100～1150℃淬火，组织为奥氏体+少量铁素体，工艺性能和力学性能良好，具有良好的抗晶间腐蚀性能，能够广泛代替12Cr18Ni12Mo3Ti不锈钢，用于尿素、磷酸、醋酸等的工业生产设备。

4. 奥氏体不锈钢的冷、热加工

奥氏体不锈钢具有良好的冷加工变形能力。18-8型奥氏体不锈钢经过大变形量冷轧后，其强度将大大提高，而塑性降低。其强化原因除了点阵畸变外，还与钢在形变条件下奥氏体稳定性降低，而引起形变诱发相变（部分奥氏体转变为马氏体）有关。具有奥氏体稳定组织的钢，在冷变形时不发生奥氏体向马氏体的转变，钢的强度增加是由形变冷作硬化所引起的，因此其强化效果较小。经强烈冷作硬化的奥氏体不锈钢可以制作高强度不锈钢弹簧，用于钟表和特殊仪器设备上。

奥氏体不锈钢在焊接中的一个重要问题就是防止焊缝出现热裂，热裂经常发生在焊缝金属或接近母材金属的焊缝热影响区内。在高温下，单相奥氏体组织不锈钢对热裂更为敏感。大量研究表明，与焊缝金属或熔融金属接触的母材的晶界存在低熔点液态夹层与热裂有关。由于晶界强度不够，裂纹可沿已经凝固的晶界继续扩展。单相奥氏体钢的焊缝组织是粗大柱状晶，组织有方向性，低熔点液态夹杂物分布集中，容易在凝固收缩时引起热裂。另外，钢中碳及硫都能促进热裂发生，也应尽量降低它们的含量。

5. 奥氏体不锈钢的晶间腐蚀、应力腐蚀及点腐蚀

晶间腐蚀、应力腐蚀和点腐蚀是奥氏体不锈钢在使用中最为普遍和经常发生的腐蚀破坏形式，也是奥氏体不锈钢在使用中的最主要缺点。

（1）奥氏体不锈钢的晶间腐蚀　奥氏体不锈钢焊接后，在离焊缝不远处会产生严重的晶间腐蚀。这是由于在焊缝周围有一个温度为450～800℃的热影响区，在热影响区内沿晶界析出$(Cr、Fe)_{23}C_6$型碳化物，从而使晶界产生贫铬区。当析出时间不太长时，由于铬的扩散速度较慢，贫铬区得不到恢复，使晶界附近的铬含量降低到$n/8$限度以下，因而耐蚀性能显著下降。

晶间腐蚀不但在铬钢和Cr-Ni钢中出现，而且在Ni、Cu、Al基合金中也存在。当奥氏体不锈钢在450～800℃下工作或进行人工时效时也会出现晶间腐蚀。含碳量较高及含有非碳化物形成元素Ni、Si、Co等会促进形成晶间腐蚀；含碳量较低及含有碳化物形成元素

Mn、Mo、W、V、Nb等阻碍形成晶间腐蚀。防止奥氏体不锈钢晶间腐蚀的措施有：①降低钢中的碳量；②钢中加入强碳化物形成元素（Ti、Nb），形成特殊碳化物，消除晶间贫铬区；③经1050～1100℃淬火，以保证固溶体中碳和铬的含量。

（2）奥氏体不锈钢的应力腐蚀　应力腐蚀常发生在石油化工装置中的压力容器、输送管线、换热器管线等所使用的奥氏体不锈钢中，一般认为它是应力和电化学腐蚀共同作用的结果。奥氏体不锈钢，特别是18-8型奥氏体不锈钢的屈服强度较低，很容易变形，在拉应力作用下，奥氏体不锈钢表面的局部区域将产生滑移，当位错在滑移面上移出表面后，就使钢表面的局部钝化膜遭受破坏。当表面局部钝化膜遭受破坏时，裸露出的表面为阳极，周围连续的钝化膜为阴极，组成腐蚀微电池。在含有氯离子和浓的氢氧根离子（OH）介质中，发生阳极溶解，形成腐蚀小坑，这种腐蚀小坑向纵深发展，并在拉应力作用下最后导致穿晶腐蚀破裂。

目前，防止奥氏体不锈钢应力腐蚀的方法主要从三个方面来考虑：①降低拉应力，例如焊接接头消除应力退火可以避免或减轻应力腐蚀破坏，另外提高奥氏体不锈钢的屈服强度也可提高耐应力腐蚀性；②改善奥氏体不锈钢的使用介质条件，例如，降低或控制介质中的氯离子和氢氧根离子（OH）含量，向介质中加入无机缓蚀剂或有机缓蚀剂，都可以降低应力腐蚀敏感性；③可以适当改变钢的化学成分来提高其应力腐蚀抗力，例如，可采用高镍奥氏体不锈钢，或在奥氏体不锈钢中加入硅，还有应尽量减少钢中磷、砷、锑、铋等杂质元素含量。

（3）奥氏体不锈钢的点腐蚀　一般认为，点腐蚀是由于腐蚀性阴离子（如氯离子）在氧化膜表面上吸附后穿过钝化膜所致。这种钝化膜的局部破坏会形成许多尺寸较小的蚀孔，如果钢的钝化能力很强，破坏的钝化膜可再钝化，小蚀孔就不再成长，否则小蚀孔将继续扩大，不断向金属深处发展，直至将金属穿透。

提高不锈钢抗点蚀性最好的方法是合金化，钢中加入Cr、Mo、N等元素可显著提高抗点蚀能力；Ni、Si、RE等元素也有一定作用。

5.1.5 沉淀硬化不锈钢

沉淀硬化不锈钢包括两种，一种是以Cr18Ni9钢为基础发展起来的奥氏体-马氏体型沉淀硬化不锈钢；另一种是以Cr13型马氏体不锈钢为基础发展起来的低碳马氏体型沉淀硬化不锈钢。这两类钢都是在最后形成马氏体的基础上经过时效处理，产生沉淀强化而得到超高强度的。典型沉淀硬化型不锈钢的化学成分见表5-3。

表5-3　典型沉淀硬化型不锈钢的化学成分　（%）

统一数字代号	新牌号	旧牌号	w_C	w_{Si}	w_{Mn}	w_{Cr}	w_{Ni}	w_{Mo}	w_{Cu}	$w_{其它}$
S51740	05Cr17Ni4Cu4Nb	0Cr17Ni4Cu4Nb	≤0.07	≤1.00	≤1.00	15.50～17.50	3.00～5.00	—	3.00～5.00	Nb 0.15～0.45
S51770	07Cr17Ni7Al	0Cr17Ni7Al	≤0.09	≤1.00	≤1.00	16.00～18.00	6.50～7.50	—	≤0.50	Al 0.75～1.50
S51570	07Cr15Ni7Mo2Al	0Cr15Ni7Mo2Al	≤0.09	≤1.00	≤1.00	14.00～16.00	6.50～7.50	2.00～3.00	—	Al 0.75～1.50

1. 奥氏体-马氏体型沉淀硬化不锈钢

奥氏体-马氏体型沉淀硬化不锈钢含碳量低，在室温下主要是不稳定的奥氏体组织，有较好的塑性和压力加工性能以及焊接性能。这类钢在成分设计时使 *Ms* 点略低于室温，以便通过各种处理使不稳定奥氏体转变成低碳马氏体，然后再通过时效沉淀析出金属间化合物以提高强度。

钢中的时效沉淀强化元素有 Al、Ti、Mo，它们又是铁素体形成元素，为了得到单一的奥氏体组织，应加入适量的 Ni、Mn、Cu 等元素与之平衡。经固溶处理后，这类钢均含有一定量的铁素体。钢中含有少量 δ 铁素体对调整 *Ms* 点是非常有益的，因为纯奥氏体钢在 600 ~800℃时碳化物析出缓慢，有 δ 铁素体存在有利于 $M_{23}C_6$ 首先在 δ/γ 相界析出，$M_{23}C_6$ 的析出使钢中特别是奥氏体中的合金元素含量降低，进而提高了 *Ms* 点，有利于使不稳定奥氏体转变成马氏体。这类钢的热处理工艺有三种类型。

（1）高温固溶（1050℃）+塑性变形+低温调节处理（750℃，90min，空冷）+时效（550 ~575℃，90min） 低温调节处理能使 *Ms* 点升高，在 750℃空冷至室温时获得一定量的马氏体，而后通过时效进一步强化。这种处理工艺比较简单，但沿奥氏体晶界有碳化物析出，塑性较低，所以采用较高的时效温度。

（2）高温固溶（1050℃）+塑性变形+高温调节处理（950℃，90min，空冷）+冷处理（-70℃，8h）+时效（500 ~525℃，60min） 高温调节处理能使奥氏体晶界没有碳化物析出，奥氏体（也即冷处理后的马氏体）的含碳量和合金化程度增加，通过冷处理获得必要的马氏体量，时效后具有良好的塑性和较高的强度。

（3）高温固溶（1050℃）+高温调节处理（950℃，90min，空冷）+室温塑性变形+时效（475 ~500℃，60min） 此方法是通过室温塑性变形获得必要的马氏体量，高温调节处理使 *Ms* 点位于室温附近。冷塑性变形还有细化嵌镶块的作用，因此可获得更高的性能。为了获得必要数量的马氏体，冷轧时变形量以不小于 60% 为宜。

2. 马氏体型沉淀硬化不锈钢

以马氏体型沉淀硬化不锈钢（代号为 17—4PH）和半奥氏体（奥氏体-马氏体）型沉淀硬化不锈钢（代号为 17—7PH）及 0Cr15Ni7Mo2Al（相当于 PH15—7Mo）为代表，简称 PH 不锈钢。20 世纪 60 年代开始，我国发展了奥氏体型、半奥氏体型、马氏体型沉淀硬化不锈钢和马氏体时效不锈钢。

马氏体 PH 钢通常以马氏体状态（含体积分数低于 10% 的铁素体）供货。以代表钢种 05Cr17Ni4Cu14Nb 为例，其化学成分保证了经高温固溶处理后空冷到室温时为马氏体和少量铁素体组织。这种组织的 PH 不锈钢的加工性能优于马氏体不锈钢，但不如奥氏体 PH 不锈钢，较难进行深度冷成形，再经时效处理会产生沉淀硬化。这种钢的优点是热处理工艺简单，通过改变时效处理温度，可在相当宽的范围内调整力学性能，其耐蚀性与 18-8 型不锈钢相似，优于普通马氏体不锈钢；焊接性能较好，不需焊前预热。但缺点是对缺口敏感性大，当温度高于 425℃时，强度显著下降。该类钢适宜制作汽轮机低压末级动叶片，以及要求耐酸腐蚀性高同时要求强度高的零部件，除制成棒、板、管、丝外，还可制成一般铸件、锻件和精密铸件。

5.1.6 超高强度不锈钢

超高强度不锈钢是在不锈钢的基础上发展起来的。不锈钢要获得高的强度，通常采用在马氏体基体上产生沉淀强化的方法，即加入合金元素 Ti、Mo、Al 等，形成新的沉淀强化相，如 Fe_2Mo、Ni_3Mo、Ni_3Ti、Ni_3Al 等，使得该类钢具有较高的抗拉强度和良好的耐蚀性。根据钢的组织和热处理工艺不同，可分为马氏体沉淀硬化不锈钢和半奥氏体沉淀硬化不锈钢。常用的有马氏体沉淀硬化不锈钢 0Cr17Ni4Cu4Nb（17—4PH）、半奥氏体沉淀硬化不锈钢 0Cr15Ni7Mo2Al（PH15—7Mo）等。

马氏体沉淀硬化不锈钢是在 0Cr17Ni4Cu4Nb（17—4PH）钢的基础上，通过减 Cr 增 Ni 以消除 δ 铁素体，并加入 Mo、Ti、Al、Nb 等强化元素，经高温奥氏体区固溶处理后，冷却时发生马氏体转变，然后经过 425～600℃时效，从过饱和的马氏体基体中析出弥散的金属间化合物而产生的沉淀强化。马氏体沉淀硬化不锈钢是最早应用的超高强度不锈钢，其耐蚀性和焊接性都比一般的马氏体不锈钢好，对氢脆不敏感，热处理工艺简单，经固溶处理和不同温度时效后，其抗拉强度可达到 1000～1400MPa。其缺点是高温性能差，在 300～400℃使用有脆性倾向。该类钢适宜制作耐酸性高同时又要求强度高的零部件。

半奥氏体沉淀硬化不锈钢是在 Cr17Ni17 钢的基础上加入强化元素发展起来的。钼、铝等形成金属间化合物，在马氏体基体上析出，产生沉淀强化。钢经固溶处理后，在室温下为奥氏体及少量 δ 铁素体组织。这类钢最大的特点是可用热处理方法来控制马氏体的相变温度，使钢在成形或制造零件过程中处于奥氏体状态，然后经硬化处理转变为马氏体，并通过进一步时效强化，提高强度。这类钢可通过热处理工艺控制奥氏体和马氏体的相对数量，从而达到强度和韧性的合理配合。但其缺点是化学成分和热处理温度的控制范围很窄，热处理工艺复杂，性能波动比较大。该类钢常用于制造飞机薄壁结构及各种化工设备用管道、容器等。

5.1.7 不锈钢的应用实例

1. 不锈钢在医疗器械上的应用

由于不锈钢具有清洁、防锈、耐用等优点，医疗器械上广泛使用马氏体型不锈钢。30Cr13 与 40Cr13 钢低温回火后获得回火马氏体＋碳化物＋少量残留奥氏体组织，硬度可达 50HRC 以上。图 5-6 所示为 40Cr13 钢手术剪刀的淬火和低温回火处理工艺。

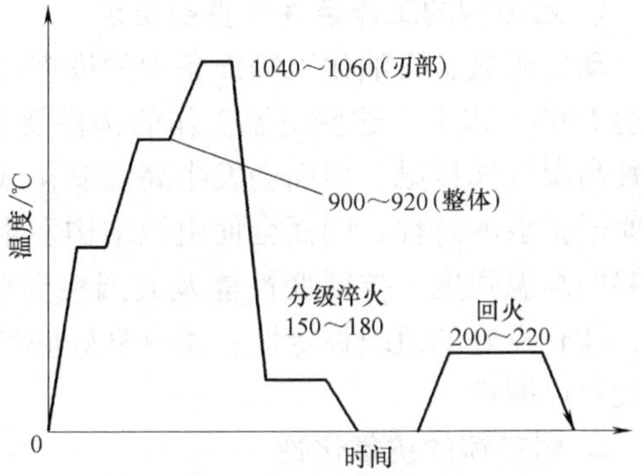

图 5-6 40Cr13 钢手术剪刀的淬火和低温回火处理工艺

2. 不锈钢在模具中的应用

（1）沉淀硬化型不锈钢 05Cr17Ni4Cu4Nb 钢是一种马氏体沉淀硬化不锈钢，因其碳含量低，耐蚀性优于马氏体不锈钢，而接近奥氏体不锈钢。该钢热处理工艺简单，固溶温度为 1040℃，水冷，热处理后可获得单一板条状马氏体，硬度为 32～34HRC；具有良好的切削加工性能，便于模具的加工成形，经 460～480℃时效后，模具的硬度可达到 40HRC。由于加热温度较低，模具变形较小，硬度和强度皆有所提高，可获得综合的力学性能。该类钢制模具可采用离子渗氮表面处理，表面硬度可达 900HV 以上，大大延长了模具的使用寿命。

（2）奥氏体型不锈钢　12Cr18Ni9Ti 钢属于奥氏体型不锈钢，具有较高的抗晶间腐蚀性能，在各种状态下都能保持稳定的奥氏体组织，可在强磁场中部产生磁感应。该钢的冷拉坯料退火温度为970℃，水冷，固溶温度为1030～1160℃，水冷，组织为奥氏体，时效温度为800℃，保温10h，或700℃保温20h，组织为奥氏体＋碳化物。时效后强度和其它力学性能均有所提高，但硬度仍然较低（＜200HBW），为了保证其耐磨性，一般还需进行渗氮处理。该钢经固溶后呈单相奥氏体组织，因此在强磁场中不产生感应，适宜制作无磁模具和耐蚀塑料模具。

3. 不锈钢在汽车工业中的应用

当前，汽车工业的技术发展面临着四大挑战，即减少污染、节约能源、降低成本和安全措施。在汽车尾气排放中采用强制控制措施，因此不锈钢在排气系统上得到应用。国际上现代轿车发动机的排气系统都采用不锈钢制造，其中80%为铁素体不锈钢（022Cr12、022Cr11Ti、10Cr15、10Cr17、019Cr19Mo2NbTi 等）制造，每辆车大约使用不锈钢23～25kg；按每年生产200万辆车计算，铁素体不锈钢年消耗量为5万t。汽车上的其它零件，如消声器、紧固件、冲压件以及一些零部件等也都需要用不锈钢制造。

5.2　耐热钢

能够在高温下工作的钢称为耐热钢。耐热钢一般分为两类，一类叫做抗氧化钢，这类钢的主要失效原因是高温氧化，而承受的载荷并不大，例如工业炉窑的炉衬板、炉栅等；另一类叫做热强钢，这类钢在高温下工作时，承受的载荷较大，失效的主要原因是由于高温强度不足、高温脆性和蠕变开裂，例如高温螺栓、蜗轮叶片和高温蒸汽管道等。

5.2.1　概述

1. 耐热钢的工作条件和性能要求

动力机械、石油化工等设备中的许多构件都是在300℃以上的温度下工作的，有的甚至高达1200℃以上。这些高温工作的构件要承受各种载荷，有的还受到冲击作用；同时还与各种高温气体接触，表面会发生高温氧化或燃气腐蚀；钢在高温下长期工作时，其内部将发生原子扩散的过程，因而会使组织结构发生变化。因此，对耐热钢性能的基本要求是：①有足够的高温强度、抗蠕变性能及高温疲劳强度；②有足够高的化学稳定性，即抗高温氧化性；③有良好的组织稳定性；④有良好的导热性，热膨胀系数要小；⑤有良好的铸造性、焊接性及可锻性。

2. 耐热钢的抗氧化性

所谓抗氧化性，是指钢在高温下迅速被氧化，但在氧化后能在金属材料表面形成一层连续而致密的并能牢固附在其表面的氧化膜，这层膜可起保护作用，使材料不再继续被氧化。

钢在高温下与空气接触将产生氧化，表面生成的氧化膜共有三层，最表层是 Fe_2O_3，中间为 Fe_3O_4，与钢接触的一层是 FeO。FeO 为立方点阵的疏松结构，Fe 离子在其中很容易扩散，使 FeO 层增厚加快，因此，当 FeO 出现时，钢的氧化速度剧增。要提高钢的抗氧化性，必须阻止 FeO 的出现。钢中加入合金元素，形成致密而稳定的氧化膜，阻止铁离子和氧离子通过氧化膜的扩散，从而提高钢的抗氧化性。合金元素对钢的氧化速度的影响如图5-7

所示。

铬是提高抗氧化能力的主要元素，铬能形成附着性很强的致密而稳定的氧化物 Cr_2O_3，提高钢的抗氧化性。铝也是能单独提高钢的抗氧化能力的元素，但由于它的加入增大钢的脆性，故只能作为辅助元素加入，一般加入质量分数控制在3%以下。硅也能提高钢的抗氧化能力，而其它元素的影响不大。少量的稀土元素，由于具有净化晶界的作用，使高温下晶界优先氧化的现象几乎消失，因而可以提高耐热钢的抗氧化性，特别是在1000℃以上时有效。

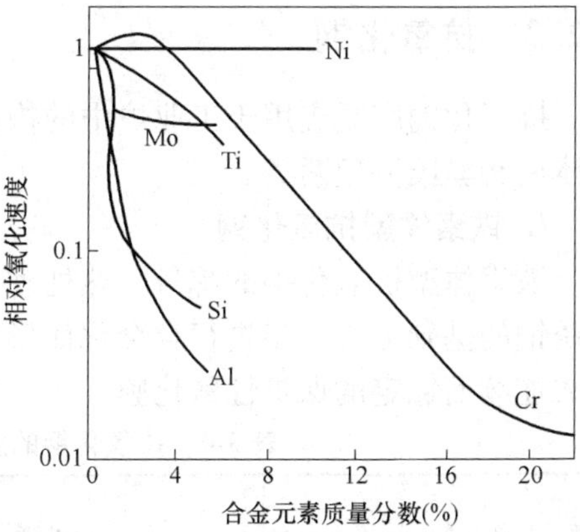

图5-7　合金元素对钢的氧化速度的影响

3. 耐热钢的热强性

金属零件在高温下长时间承受载荷作用，有可能出现两种情况的失效：一种是在远低于其抗拉强度的应力作用下产生断裂；另一种是在工作应力低于屈服强度的情况下，工件会连续而缓慢地发生塑性变形而导致失效；如蒸汽锅炉及化工设备中的一些高温高压管道，在长期的使用中，会产生缓慢而连续的塑性变形，使零件失效。

由于温度和时间的影响，金属在低温下与高温下的断裂形式也会发生变化，由低温穿晶断裂（韧性断裂）过渡到高温的晶间断裂。金属强度是由晶粒和晶界共同决定的。温度升高，原子结合力降低，晶内和晶界强度都要降低，但由于晶界缺陷较多，原子扩散较晶内快，因此晶界强度比晶内下降要快。到了一定温度，原来室温下晶界强度高于晶内强度的状况会转变为低于晶内强度，如图5-8所示。

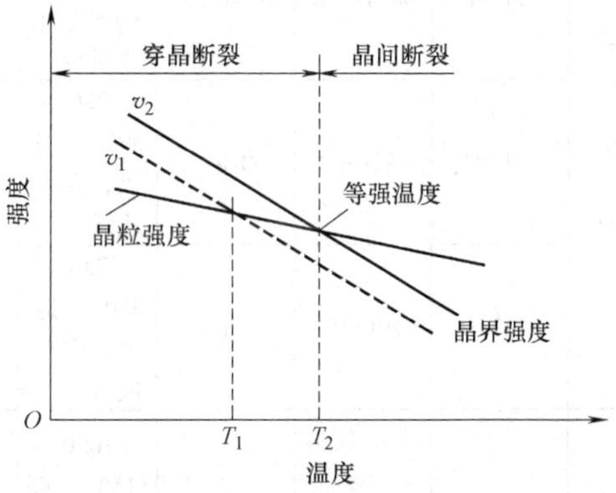

图5-8　温度对晶内强度和晶界强度影响

综上所述，金属在高温下的力学性能与温度和加载时间有关，其高温强度或热强性不能用室温下的 R_{eL} 和 R_m 作为设计依据。热强性是指耐热钢在高温和载荷作用下抵抗塑性变形和破坏的能力，包括材料在高温条件下的瞬时性能和长时性能。

瞬时性能是指在高温条件下进行常规力学性能试验所测得的性能指标，如高温拉伸、高温强度和高温冲击等，其特点是高温短时加载。瞬时性能指标只能作为选材的一个参考指标。

长时性能是指材料在高温及载荷共同长时间作用下所测得的性能指标，包括蠕变强度、持久强度、应力松弛、高温疲劳强度和冷、热疲劳等。

提高钢热强性的基本原理是提高钢基体的原子结合力，使其具有对抗蠕变有利的组织结构。主要强化途径有基体强化、晶界强化、弥散相的析出强化（沉淀强化）、热处理强化和形变强化等。

4. 耐热钢的牌号

耐热钢的牌号与不锈钢的牌号标识相同。

5.2.2 抗氧化钢

抗氧化钢广泛应用于工业炉中的构件，如炉底板、料架、马弗罐、辐射管等，主要有铁素体型和奥氏体型两类。

1. 铁素体型抗氧化钢

铁素体型抗氧化钢的牌号、热处理、力学性能及用途举例见表5-4。这种钢是在铁素体不锈钢的基础上进一步进行合金化而形成的钢种。由于具有单相铁素体基体，钢的表面容易形成连续而稳定的保护性氧化膜。

表5-4 抗氧化钢的牌号、热处理、力学性能及用途举例

类型	统一数字代号	新牌号	旧牌号	热处理温度/℃	R_{eL}/MPa	R_m/MPa	A（%）	Z（%）	用途举例
					不小于				
铁素体型	S12550	16Cr25N	2Cr25N	780～880退火，快冷	275	510	20	40	抗氧化性强，1082℃以下不产生易剥落的氧化皮，用于燃烧室
	S11348	06Cr13Al	0Cr13Al	780～830退火，空冷或缓冷	177	410	20	60	由于冷却硬化少，可用来制作燃气透平压缩机叶片、退火箱、淬火台架等
	S11203	022Cr12	00Cr12	780～820退火，空冷或缓冷	196	365	22	60	耐高温氧化，可用来制作要求焊接的部件，如汽车排气阀净化装置、锅炉燃烧室、喷嘴等
	S11710	10Cr17	1Cr17	780～850退火，空冷或缓冷	205	450	22	50	制作900℃以下的耐氧化部件，如散热器、炉用部件、油喷嘴等
奥氏体型	S30850	22Cr21Ni12N	2Cr21Ni12N	1050～1150固溶，快冷；730～780时效，空冷	430	820	26	20	以抗氧化为主的汽油及柴油机排气阀
	S30920	16Cr23Ni13	2Cr23Ni13	1030～1150固溶，快冷	205	560	45	50	980℃以下可反复加热的抗氧化钢，用于加热炉部件、重油燃烧器等
	S31020	20Cr25Ni20	2Cr25Ni20	1050～1180固溶，快冷	205	590	40	50	1035℃以下可反复加热的抗氧化钢，用于炉用部件、喷嘴、燃烧室等
	S30408	06Cr19Ni10	0Cr18Ni9	1010～1150固溶，快冷	205	520	40	60	通用耐氧化钢，可承受870℃以下反复加热

（续）

类型	统一数字代号	新牌号	旧牌号	热处理温度/℃	R_{eL}/MPa	R_m/MPa	A（%）	Z（%）	用途举例
					不小于				
奥氏体型	S30908	06Cr23Ni13	0Cr23Ni13	1030～1150 固溶，快冷	205	520	40	60	比06Cr19Ni10耐氧化性好，980℃以下可反复加热，用于炉用材料
	S31008	06Cr25Ni20	0Cr25Ni20	1030～1180 固溶，快冷	205	520	40	60	比06Cr25Ni20耐氧化性好，可在1035℃加热，用于炉用和汽车净化装置材料
	S35750	26Cr18Mn12Si2N	3Cr18Mn12Si2N	1100～1150 固溶，快冷	390	685	35	45	有较高的高温强度和抗氧化性，且有较好的抗硫及抗增碳性，用于吊挂支架、渗碳炉构件，加热炉传送带、料盘、炉爪等
			1Cr18Ni9Ti	920～1150 固溶，快冷	205	520	40	50	有良好的耐热性及耐蚀性，用做加热炉管、燃烧室筒体、退火炉罩等
	S38240	16Cr20Ni14Si2	1Cr20Ni14Si2	1080～1130 固溶，快冷	295	590	35	50	具有较高的高温强度及抗氧化性，对含硫气氛较敏感，在600～800℃有析出相的脆化倾向，适于制作承受应力的各种炉用构件
	S38340	16Cr25Ni20Si2	1Cr25Ni20Si2	1080～1130 固溶，快冷	295	590	35	50	

铁素体型抗氧化钢加热时没有相变，晶粒比较粗大，韧性较低，但其抗氧化能力强，对于含硫气氛具有耐蚀作用。

2. 奥氏体型抗氧化钢

奥氏体型抗氧化钢的牌号、热处理、力学性能及用途举例见表5-4。这种钢是在奥氏体不锈钢的基础上进一步进行合金化而形成的钢种。由于具有单相奥氏体基体，钢具有更好的加工性和热强性。

5.2.3 热强钢

1. 珠光体热强钢

珠光体热强钢在正火状态下的组织为珠光体+铁素体，它的含碳量较低，工艺性、导热性好，价格便宜，其工作温度可达500～620℃。按用途不同可分为锅炉钢管、紧固件和转子用钢等几大类。

常用珠光体热强钢的典型牌号、热处理工艺、力学性能及用途举例见表5-5。

表 5-5 珠光体热强钢的典型牌号、热处理工艺、力学性能及用途

类别		牌号	热处理	力学性能（不小于）				用途举例
				R_m/MPa	R_{eL}/MPa	A（%）	Z（%）	
低碳珠光体热强钢	锅炉钢管用钢	16Mo	880℃空冷，630℃空冷	400	250	25	60	管壁温度<450℃
		12CrMo	900℃空冷，650℃空冷	420	270	24	60	管壁温度<510℃
		15CrMo	900℃空冷，650℃空冷	450	300	22	60	管壁温度<560℃
		12CrMoV	970℃空冷，750℃空冷	450	230	22	50	
		12Cr1MoV	970℃空冷，750℃空冷	500	250	22	50	管壁温度<570~580℃
		12MoWVBR	1000℃空冷，760℃空冷	650	510	21	71	管壁温度<580℃
		12Cr2MoWSiVTiB（钢研102）	1025℃空冷，770℃空冷	600	450	18	60	管壁温度<600~620℃
		12Cr3MoVSiTiB	1050~1090℃空冷，720~790℃空冷	640	450	18		管壁温度<600~620℃
中碳珠光体热强钢	叶轮、转子、紧固件用钢	24CrMoV	900℃油淬，600℃水或油冷	800	600	14	50	450~600℃工作的叶轮，<525℃紧固件
		25Cr2MoVA	900℃油淬，620℃空冷	950	800	14	55	<540℃紧固件
		25Cr2Mo1VA	1040℃空冷，670℃空冷	750	600	16	50	<565℃紧固件
		25Cr1Mo1VA	970~990℃及930~950℃二次正火，680~700℃空冷	650	450	16	40	<535℃整锻转子
		35CrMo	850℃油淬，560℃油或水冷	1000	850	12	45	<480℃螺栓，<510℃螺母
		35CrMoV	900℃油淬，630℃水或油冷	1100	950	10	50	500~520℃叶轮及整锻转子
		35Cr2MoV	860℃油淬，600℃空冷	1250	1050	9	35	<535℃叶轮及整锻转子
		34CrNi3MoV	820~830℃油淬，650~680℃空冷	870	750	13	40	<450℃叶轮及整锻转子
		20Cr1Mo1VNbTiB	1050℃油淬，700℃回火4~6h（上贝氏体）					570℃紧固件
		20Cr1Mo1VTiB	1050℃油淬，700℃回火4~6h（上贝氏体）					570℃紧固件

（1）锅炉钢管用珠光体热强钢　这类钢要求500~600℃的高温持久强度和一定的抗氧化性，以及良好的热加工工艺性。其成分特点是：w_C=0.08%~0.20%，使钢具有良好的加工工艺性能，如冷热塑性变形性能、焊接性等，碳化物相对量少，使珠光体不易球化、石墨化，有利于组织稳定；加入Cr、Mo元素进行固溶强化，提高钢的热强性；加入Cr、Mo、V、Ti元素可形成稳定的碳化物，以阻止珠光体球化和碳化物聚集长大，其中强碳化物形成

元素在500～750℃范围内析出MC型或M_3C型碳化物，产生弥散相强化；限制Al、Si元素含量，以阻止钢的石墨化进程。

锅炉钢管用珠光体热强钢的热处理一般采用正火加高温回火，如果希望得到贝氏体组织，则可使正火后的冷却速度快些。这类钢的正火温度较高，以使碳化物能够比较完全地溶解和均匀分布，并得到适当的晶粒度。回火主要是使固溶体中析出弥散分布的碳化物，实现沉淀强化，并且使组织更加稳定。

（2）紧固件用热强钢　高温下工作的紧固件首先要求高的松弛稳定性，以使紧固件长期保持一定的预紧应力；还要求一定的持久塑性和抗氧化性，以保证紧固件在长期使用中不出现脆性断裂和氧化咬合；同时应具有较高的室温力学性能，特别是室温屈服强度，以使紧固件在装配预紧时不发生屈服。

1）25Cr2Mo1V是常用的高温紧固件用钢，它是在珠光体Cr-Mo-V钢的基础上，适当增加碳含量以提高室温屈服强度，并增加Cr、Mo、V元素的含量以增加正火后贝氏体的转变量。研究表明，这种钢中的回火贝氏体组织具有最佳的松弛稳定性，但持久塑性较低，其紧固件在长期运行后，碳化物会沿晶界析出，容易导致脆性断裂。当这类钢沿晶界析出碳化物后，可以重新进行一次正火＋高温回火，以使碳化物重新溶入奥氏体中，从而消除晶界碳化物，提高韧性。

2）20Cr1Mo1VNbTiB和20Cr1Mo1VTiB是我国研制的两种高温紧固件用钢，其含碳量比常用的25Cr2Mo1V有所降低，加入碳化物稳定元素Nb、Ti等，并加入硼强化晶界，从而使这类钢具有高的持久强度和持久塑性，可以在570℃左右具有较高的持久强度和塑性，且抗松弛性能较好，组织稳定，无缺口敏感性，热脆性低，用作570℃以下工作的紧固件。

3）22Cr12NiMoWV属于强化的Cr12型马氏体不锈耐热钢，目前用来制造30～60万kW的大型汽轮机高温紧固件，而且在我国的应用越来越多。该钢热处理工艺为1055～1070℃加热油淬，700～710℃回火，硬度为287～299HBW，冲击韧度为40～62J/cm²。

（3）汽轮机转子用钢　汽轮机转子在过热蒸汽的作用下，承受很大的复杂应力，这种钢要求具有轴向和径向均匀一致的高的综合力学性能，以及高的蠕变强度、持久强度和组织稳定性，高的抗氧化和抗蒸汽腐蚀的能力，良好的淬透性和工艺性。因为不要求焊接和冷弯，故这类钢常采用中碳珠光体热强钢，如35Cr2MoV、33Cr3WMoV等。

2. 马氏体热强钢

（1）汽轮机叶片用钢　汽轮机叶片的工作温度为450～620℃，但要求更高的蠕变强度、耐蚀性和耐腐蚀磨损性能。低碳的Cr13型马氏体不锈钢虽有高的抗氧化性和耐蚀性，但组织稳定性较差，只能用作450℃以下的汽轮机叶片等。在Cr13型马氏体不锈钢的基础上进一步合金化，发展了Cr12型马氏体耐热钢。

Cr12型马氏体热强钢是通过加入Mo、W、V、Nb、N、B等元素来进行综合强化的。加入Mo、W元素后，可使Cr13型钢中的$Cr_{23}C_6$、Cr_7C_3两种碳化物转变为$(Cr、Mo、W、Fe)_{23}C_6$合金碳化物，产生了一定的弥散强化作用。V、Nb、Ti等更强的碳化物形成元素在钢中形成MC型复合碳化物，更为稳定，并且使绝大部分Mo、W进入固溶体，从而提高了钢的热强性和使用温度。加入B可以强化晶界，有利于提高热强性，但Mo、W、V、Nb、Ti都是铁素体形成元素，容易使钢在高温加热时产生高温铁素体，对钢的蠕变强度和韧性不利，影响钢的加工工艺性。为此，可以加入质量分数为1%～2%的镍，以扩大奥氏体区，保证淬火加热时得到单相奥氏体。叶片用马氏体热强钢的牌号、热处理、性能及用途见表5-6。

（2）内燃机气阀用钢　内燃机进气阀在300～400℃下工作，一般采用40Cr、38CrSi钢就能满足要求。而排气阀的端部在燃烧室中，工作温度常在700～850℃，还要受到燃气的高温腐蚀、氧化腐蚀和冲刷腐蚀磨损。由于阀门的高速运动，还使阀门产生机械疲劳和热疲劳，所以工作条件非常苛刻。气阀用钢应具有高的热强性、硬度、韧性、耐高温氧化性、耐蚀性等，并要求在高温下具有良好的组织稳定性和加工工艺性。常用气阀钢的牌号、热处理、性能及用途见表5-6。

马氏体型阀门钢由于基体再结晶温度的限制，只能用于750℃以下的阀门。在更高温度下工作的阀门需要采用奥氏体型热强钢，早期应用的典型钢种是40Cr14Ni14W2Mo。该钢经固溶处理后，再时效析出碳化物进行强化，其使用温度不超过750℃，现已经被50Cr21Mn9Ni4N奥氏体钢所代替。我国还开发了无铬、镍的60Mn18Al5MoV奥氏体阀门钢，用于代替马氏体型阀门钢。

表5-6　马氏体热强钢的典型牌号、热处理、性能及用途

类别	统一数字代号	新牌号	旧牌号	热处理温度/℃	性能及用途
阀门用钢	S45110	12Cr5Mo	1Cr5Mo	900～950油冷，600～700空冷	能耐石油裂化过程中产生的腐蚀，用于制作再热蒸汽管、石油裂解管、蒸汽轮机气缸衬套、阀、活塞杆、紧固件等
	S48040	42Cr9Si2	4Cr9Si2	1020～1040油冷，700～780油冷	有较高的热强性，用于制作内燃机进气阀、轻负荷发电机的排气阀等
	S48140	40Cr10Si2Mo	4Cr10Si2Mo	1020～1040油冷，120～160空冷	有较高的热强性，用于制作内燃机进气阀、轻负荷发电机的排气阀等
	S48380	80Cr20Si2Ni	8Cr20Si2Ni	1030～1080油冷，100～180快冷	用于制作耐磨性为主的吸气阀、排气阀、阀座等
叶片用钢	S45610	12Cr12Mo	1Cr12Mo	950～1000油冷，700～750快冷	用于制作汽轮机叶片
	S46250	18Cr12MoVNbN	2Cr12MoVNbN	1100～1170油冷，600℃以上空冷	用于制作汽轮机叶片、盘、叶轮轴、螺栓等
	S47010	15Cr12WMoV	1Cr12WMoV	1000～1050油冷，680～700空冷	有较高的热强性、良好的减振性及组织稳定性，用于制作工作温度小于590℃的汽轮机叶片、紧固件、转子及轮盘等
	S41010	12Cr13	1Cr13	950～1000油冷，700～750快冷	用于制作工作温度小于450℃的汽轮机变速级叶片
	S45710	13Cr13Mo	1Cr13Mo	970～1020油冷，650～750快冷	用于制作汽轮机叶片及高温、高压蒸汽用机械部件

（续）

类别	统一数字代号	新牌号	旧牌号	热处理温度/℃	性能及用途
叶片用钢	S42020	20Cr13	2Cr13	920～980油冷，600～750快冷	淬火状态下硬度高、耐蚀性良好，用于制作汽轮机叶片
	S43110	14Cr17Ni2	1Cr17Ni2	950～1050油冷，275～350空冷	用于制作能较高程度地耐硝酸及有机酸腐蚀的零件、容器和设备
	S47310	13Cr11Ni2W2MoV	1Cr11Ni2W2MoV	1000～1020快冷，660～710快冷	具有良好的韧性和抗氧化性能，在淡水和湿空气中具有较好的耐蚀性，用于制作工作温度小于450℃的要求高耐蚀和高强度的叶片等

3. 奥氏体热强钢

奥氏体热强钢具有更好的热强性，同时还有良好的塑性、韧性、焊接性和冷成形性等。虽然奥氏体钢的切削性能较差，但其高温性能好，因而得到广泛应用。奥氏体热强钢分为固溶强化型、碳化物沉淀强化型、金属间化合物强化型三类。

（1）固溶强化型　这类钢是在18-8型奥氏体不锈钢的基础上加入Mo、W、Nb等元素而形成的。这些合金元素提高了固溶体的原子间结合力，起到强化固溶体的作用；还形成了NbC，可强化晶界。由于Cr、Mo、W、Nb都是铁素体形成元素，为了保持单相奥氏体组织，应适当提高镍含量，或同时降低铬含量。这类钢具有良好的焊接性能及冷热压力加工性能，其热处理为固溶淬火处理。

（2）碳化物沉淀强化型　这类钢的特点是既有较高的铬、镍含量，以形成奥氏体，又具有Mo、W、Nb、V等强碳化物形成元素和较高的含碳量，以形成稳定的碳化物，并配合固溶淬火和时效沉淀的热处理。

（3）金属间化合物强化型　这类钢的特点是含碳量很低，一般$w_C \leqslant 0.08\%$，合金中的强化相为Ni_3Al及Ni_3Ti金属间化合物。为了得到这种强化相，钢中镍的质量分数较高（25%～40%），一部分镍要保证获得奥氏体，另一部分镍要形成金属间化合物；同时还含有Al、Ti、Mo、V、B等元素。铝、钛和镍形成金属间化合物；钼溶于奥氏体产生固溶强化作用，并减缓奥氏体中铁的扩散速度，提高合金的高温强度及塑性，减小缺口敏感性；钒和硼能强化晶界，提高合金的持久塑性。

5.3　高温合金

珠光体、马氏体型热强钢的使用温度通常在650℃以下，对于在更高温度下工作的构件则需要采用高温合金。高温合金主要为奥氏体型，包括奥氏体钢、铁基合金、镍基合金和钴基合金。奥氏体钢有铬镍钢、铬锰氮钢和铬锰镍氮钢等，就其热强性而言，通常只能在750℃以下使用。

5.3.1 铁基高温合金

铁基高温合金包括固溶强化型和时效硬化型两类。大多数铁基高温合金中的含碳量都比较低。时效硬化型合金主要是以沉淀析出金属间化合物来强化的，这类高温合金的特点是含碳量较低（质量分数一般为0.08%），合金中的强化相是γ-Ni_3（Al，Ti）型金属间化合物，该沉淀相具有和奥氏体相同的晶体结构，只是点阵常数有差异，所以可起到沉淀强化作用。为了保证获得奥氏体组织，并能形成金属间化合物强化相，钢中镍的含量通常比较高，质量分数为25%～40%，同时含有Al、Ti、Mo、V、B等合金元素。铝、钛、镍形成γ'相，钼能溶解于奥氏体，产生固溶强化，并降低铁的扩散速度，从而提高合金的高温强度。硼、钒能强化晶界，硼还能使晶界的网状沉淀相变为断续沉淀相，提高合金的持久塑性。我国用GH表示高温合金系列，常用奥氏体型高温合金的成分见表5-7。

表5-7　常用奥氏体型高温合金的成分　（%）

牌号	w_C	w_{Cr}	w_{Ni}	w_{Mo}	w_W	w_{Si} ≤	w_{Mn} ≤	w_{Ti}	$w_{其它}$
GH1015	≤0.08	19.0～22.0	34.0～39.0	2.50～3.20	4.8～5.8	0.60	1.50	—	Nb 1.10～1.60，B≤0.01，Ce≤0.05
GH1040	≤0.12	15.0～17.5	24.0～27.0	5.50～7.00	—	0.50～1.00	1.00～2.00	—	N 0.10～0.20
GH1131	≤0.10	19.0～22.0	25.0～30.0	2.80～3.50	4.8～6.0	0.80	1.20	—	Nb 0.70～1.30，B≤0.05，N≤0.15～0.30
GH2036	0.34～0.40	11.5～13.5	7.0～9.0	1.10～1.40	—	0.30～0.80	7.50～9.50	≤0.12	Nb 0.25～0.55，V1.25～1.55
GH2130	≤0.08	12.0～16.0	35.0～40.0	—	5.0～6.5	0.60	0.50	2.40～3.20	Al 1.40～2.20，B≤0.02，Ce≤0.02
GH2132	≤0.08	13.5～16.5	24.0～27.0	1.00～1.50	—	1.00	2.00	1.75～2.30	Al≤0.40，B≤0.01～0.10，V 0.1～0.5
GH2135	≤0.08	14.0～16.0	33.0～36.0	1.70～2.20	1.7～2.2	0.50	0.40	2.10～2.50	Al≤2.00～2.80，B≤0.015，Ce≤0.03
GH2136	≤0.06	13.0～16.0	24.5～28.5	1.00～1.75	—	0.75	0.35	2.40～3.20	Al≤0.35，B≤0.005～0.025，V 0.01～0.10

燃气轮机的高温部件多在600℃以上工作，这些部件主要使用铁基、镍基和钴基高温合金，这些合金具有优异的高温强度、抗氧化性和耐蚀性，并且具有良好的抗辐照性能和低温性能。GH1131合金是固溶强化型铁基合金，在高温下长期使用具有良好的综合性能，用于

900℃以下工作的燃烧室和其它高温零部件。GH2130是时效硬化型铁基合金，工艺性能好，在800℃以下长期使用时组织及性能稳定，主要应用于工作温度为700~800℃的增压器涡轮、燃气涡轮叶片等。GH2132合金是时效硬化型铁基合金，在650℃以下具有良好的综合性能，工艺性良好，主要用于650℃以下工作的涡轮盘，也可用于铸造零件。

5.3.2 镍基高温合金

耐热钢和铁基耐热合金的最高使用温度一般只能达到750~850℃，对于在更高温度下使用的耐热部件，则采用镍基和难熔金属为基的合金。镍是面心立方结构，没有同素异构转变，熔点为1454℃，而铁的$\gamma \rightarrow \delta$转变为1394℃。镍的抗蚀电位为-0.25V，铁为-0.44V，其钝化性能也优于铁。因此，镍基合金具有比铁基合金更高的耐热温度，又由于它具有良好的工艺性能，所以镍基高温合金是当前广泛使用的高温合金。形变镍基合金的使用温度达到950℃，铸造镍基合金的使用温度达到1050℃。

镍基高温合金按其生产方式可分为铸造和变形两种合金。随着合金化程度和组元数的增加，合金的再结晶温度和热强度越来越高，但其熔点则越来越低，使得变形温度范围变窄、塑性变差，所以使用温度越高的镍基合金，其锻造性能也越差。现在的发展趋势是，对于要求耐热温度高的镍基合金，更多地采用铸造合金。

各国的镍基高温合金主要是在英国的Nimonic合金（Ni80Cr20）的基础上发展起来的，现在的镍基高温合金品种已经很多，我国常用的镍基高温合金见表5-8。

表5-8 镍基合金成分及最高使用温度

牌号	合金成分（%）									最高使用温度/℃
	w_C	w_{Cr}	w_W	w_{Mo}	w_{Ti}	w_{Al}	w_V	w_{Co}	$w_{其它}$	
GH4033	≤0.06	19.0~22.0	—	—	2.3~2.7	0.55~0.95	—	—	Ce≤0.01，B≤0.01，Si≤0.06，Mn≤0.35	800
GH 4037	≤0.10	13.0~16.0	5.0~7.0	2.0~4.0	1.8~2.3	1.7~2.3	0.1~0.5	—	Ce≤0.02，B≤0.02，Fe≤5.0，Mn≤0.50，Si≤0.60	850
GH4049	≤0.07	9.5~11.0	5.0~6.0	4.5~5.5	1.4~1.9	3.7~4.4	0.2~0.5	14~16	Ce≤0.02，Fe≤1.5，B=0.025	900
GH3128	≤0.06	19.0~22.0	7.5~9.5	7.5~9.0	0.4~0.7	0.35~0.70	—	—	Fe≤3，Ce≤0.05，B=0.05，Zr<0.10，Si≤0.5，Mn≤0.28	950
K3	0.11~0.18	10.0~12.0	4.8~5.5	3.8~4.5	2.3~2.9	5.3~5.9	—	4.5~5.5	Ce<0.01，B=0.01~0.03，Zr<0.1，Si、Mn≤0.5	>900
M17	0.14~0.20	8.5~9.5	—	2.5~3.5	4.7~5.3	4.8~5.7	0.6~0.9	1.4~1.6	B=0.014~0.020，Si、Mn≤0.5，Zr=0.05~0.09	980

5.4 耐磨钢

耐磨钢主要是指在冲击载荷下产生加工硬化的高锰钢，主要应用于采矿、冶金、电力、建筑、交通等重要工业领域。

5.4.1 高锰钢的性能及成分特点

高锰钢经热处理后获得单一奥氏体组织，当它受到剧烈冲击及高的压应力作用时，其表层的奥氏体将迅速产生加工硬化，同时伴有奥氏体向马氏体的转变，导致表层的硬度提高到450～550HBW，从而形成硬而耐磨的表面，但其内部仍保持原有的低硬度状态。当表面一层磨损后，新的表面将继续产生加工硬化，并获得高的硬度。正是由于高锰钢的这种特性，所以它才适用于制造受剧烈冲击的耐磨件。

此外，由于高锰钢具有很强的加工硬化能力，切削加工十分困难，所以基本上都是铸造成形的，故其牌号表示为ZGMn13。

高锰钢中含有高的碳（$w_C = 0.9\% \sim 1.5\%$）、高的锰（$w_{Mn} = 11\% \sim 14\%$）、适量的硅（$w_{Si} = 0.3\% \sim 0.8\%$）及低的硫（$w_S < 0.05\%$）、低的磷（$w_P < 0.10\%$）。碳含量的增加可提高钢的耐磨性及强度，但太高易导致高温下碳化物的析出，使钢的冲击韧强下降，故一般$w_C = 1.15\% \sim 1.25\%$。高锰钢铸件的牌号、化学成分、热处理、力学性能及用途举例见表5-9。

表5-9 高锰钢铸件的牌号、化学成分、热处理、力学性能及用途举例

牌号	化学成分(%)					热处理（水韧处理）		力学性能				用途举例
	w_C	w_{Si}	w_{Mn}	w_S	w_P	淬火温度/℃	冷却介质	R_m/MPa	A(%)	KV_2/J	硬度HBW	
				≤				≥			≤	
ZGMn13—1	1.00～1.45	0.30～1.00	11.00～14.00	0.040	0.090	1060～1100	水	637	20		229	用于结构简单、要求以耐磨为主的低冲击铸件，如衬板、齿板、滚套、铲齿等
ZGMn13—2	0.90～1.35	0.30～1.00	11.00～14.00	0.040	0.070	1060～1100	水	637	20	118	229	
ZGMn13—3	0.95～1.35	0.30～0.80	11.00～14.00	0.035	0.070	1060～1100	水	686	25	118	229	用于结构复杂、要求以韧性为主的高冲击铸件，如履带板等
ZGMn13—4	0.90～1.30	0.30～0.80	11.00～14.00	0.040	0.070	1060～1100	水	735	35	118	229	

注：牌号、化学成分、热处理、力学性能摘自GB/T 5680—1998《高锰钢铸件技术条件》。牌号中"—"后的阿拉伯数字表示品种代号。

锰有扩大并稳定奥氏体区的作用。当$w_C = 0.9\% \sim 1.3\%$、$w_{Mn} = 11\% \sim 14\%$时，经高温加热快冷后可得到单相奥氏体组织。锰量的高低取决于构件对耐磨性的要求及含碳量，一般将锰与碳的比例（w_{Mn}/w_C）控制在9～11。对于耐磨性要求高、冲击韧度要求低的薄壁件，锰与碳的比例可取低限。相反，对于耐磨性要求略低、冲击韧度要求高的厚壁件，锰与碳的比例可适当提高。

硅提高钢中固溶体的硬度和强度，从而有利于提高钢的耐磨性。但含硅量不能过高，否则易促使碳化物析出，降低钢的冲击韧度，并导致开裂。

5.4.2 高锰钢的热处理

高锰钢一般在1290～1350℃下浇注，在随后的冷却过程中，沿其奥氏体晶界有碳化物析出，使钢呈现很大的脆性，且耐磨性也差，不能直接使用，为此，必须进行“水韧处理”（即固溶处理）。水韧处理是将铸件加热到1060～1100℃保温一定时间，使碳化物完全溶入奥氏体中，然后在水中快冷，使碳化物来不及析出，从而获得单相奥氏体组织。水韧处理后不再回火，因为重新加热至350℃以上时，碳化物会析出，有损钢的性能。

常用的高锰钢就是ZGMn13型钢，主要用于要求耐磨性特别好并在冲击与压力条件下工作的零部件，如坦克、拖拉机的履带，挖掘机的斗齿，破碎机的颚板及铁路道岔等。

必须指出的是，高锰钢具有的高耐磨性是通过加工硬化而获得的，如果不是用在剧烈冲击或挤压条件下经受摩擦，那么它的高耐磨性就发挥不出来。

本章小结

特殊性能钢是指不锈钢、耐热钢、耐磨钢等一些具有特殊的物理和化学性能的钢。

不锈钢是指在大气和一般介质中具有高耐蚀性的钢，其主要矛盾是耐蚀性和强度及塑韧性的合理兼顾。不锈钢合金化的主要成分是铬元素，其耐蚀能力遵循“$n/8$”规律。不锈钢按组织状态分为铁素体不锈钢、马氏体不锈钢和奥氏体不锈钢。典型的铁素体不锈钢为10Cr17，这类钢加热后仍为单相铁素体组织，不能热处理强化，一般用于工作应力不大的化工设备、容器和管道以及食品工厂设备等。典型的马氏体不锈钢为12Cr13、20Cr13、30Cr13、40Cr13等，这类钢具有较高的强度、硬度及耐磨性，是不锈钢中力学性能最好的钢种。其缺点是耐蚀性稍低、焊接性差，主要用于制作弹簧、汽轮机叶片、水压机阀及医疗器械等。不锈钢中用量最大的是奥氏体不锈钢，它是不锈钢中耐蚀性最好的钢种，并具有良好的韧性、塑性及焊接性。这类钢用来制作耐酸设备，如耐蚀容器及设备衬里、输送管道、耐硝酸的设备零件等。

奥氏体不锈钢的主要问题是晶界腐蚀。消除或减弱晶界腐蚀倾向的措施从合金化的角度考虑主要是尽可能地降低碳含量和加入钛、铌等元素，从后续的热处理工艺方面考虑，应该根据合金元素的碳化物形成规律和碳化物溶解、析出的热力学及动力学规律，设计和制订热处理工艺参数。

耐热钢是抗氧化钢和热强钢的总称，主要用在高压锅炉、汽轮机、内燃机、热处理炉等设备上。

在高温下有较好的抗氧化性又有一定强度的钢称为抗氧化钢。抗氧化性主要通过加入一定量的Cr、Al、Si等元素，形成致密的、连续的氧化膜，如Cr_2O_3、Al_2O_3、SiO_2等，保护钢不继续氧化，从而提高钢的抗氧化能力。钢的高温强度和组织稳定性是耐热钢设计与处理工艺的主要矛盾。从合金化方面考虑，提高钢的高温强度及其稳定性的主要措施有增强固溶体原子间的结合力、强化晶界、稳定第二相的弥散强化。钢中加入的Cr、Mo、W、Ni等元素可溶入基体，强化固溶体，使再结晶温度提高，从而增强钢在高温下的强度。Cr、Mo、W、V等元素还可形成硬度高、热稳定性好的碳化物，分布在基体上起到弥散强化的作用。

耐磨钢通常是指在冲击载荷作用下产生冲击硬化的高锰钢，其主要成分是：$w_C=1.0\%\sim1.4\%$，$w_{Mn}=11\%\sim14\%$，牌号为ZGMn13。这种钢机械加工较困难，基本上铸造成形。生产上常采用“水韧处理”，以保持均匀的奥氏体状态。当奥氏体受到强烈磨损和冲击时，由于塑性变化，引起了加工硬化，促使表面奥氏体转变成马氏体，使钢具有高硬度和高耐磨性。高锰钢零件在使用过程中，必须承受剧烈冲击或较大压力时，才能显示出高的耐磨性。高锰钢常用来制造破碎机齿板、大型球磨机衬板、挖掘机铲齿、坦克和拖拉机履带及铁轨道岔等,又由于它在受力变形时可吸收大量能量,不易被击穿,因此可制造防弹装甲车板、保险箱板等。

本章主要名词

特殊钢(special steel)
耐磨钢(wear-resistant steel)
不锈钢(stainless steel)
水韧处理(water toughening)
晶间腐蚀(grain boundary attack)
热硬性(hot hardness)
耐热钢(heat resistant steel)
马氏体不锈钢(martensite stainless steel)
奥氏体不锈钢(austenitic stainless steel)
热强钢(refractory steel)
铁素体不锈钢(ferritic stainless steel)

习　　题

1. 在耐热钢的常用合金元素中,哪些是抗氧化元素?哪些是强化元素?哪些是奥氏体形成元素?说明其作用机理。
2. 提高钢热强性的途径有哪些?
3. 分析讨论12Cr13、20Cr13、30Cr13和40Cr13钢在热处理工艺、性能和用途上的区别。
4. 奥氏体不锈钢的主要缺点是什么?
5. 奥氏体不锈钢和耐磨钢的热处理目的与一般钢的淬火目的有何不同?
6. ZGMn13钢为什么具有优良的耐磨性和良好的韧性?
7. 提高钢热强性的途径有哪些?
8. 试分析珠光体、马氏体和奥氏体耐热钢提高强度的主要手段。
9. 下列零件要求材料具有哪些主要性能?应选用何种材料(写出材料牌号)?选择何种热处理工艺?
拖拉机履带板,汽轮机叶片,硫酸、硝酸容器,锅炉,加热炉炉底板
10. 为什么Cr12型冷作模具钢不属于不锈钢,而95Cr18为不锈钢?

第 6 章 铸 铁

铸铁是碳的质量分数大于 2.11% 的一系列由铁、碳、硅等元素组成的合金的总称，其化学成分范围为：$w_C = 2.4\% \sim 4.0\%$，$w_{Si} = 0.6\% \sim 3.0\%$，$w_{Mn} = 0.2\% \sim 1.2\%$，$w_P = 0.1\% \sim 1.2\%$，$w_S = 0.008\% \sim 0.150\%$。有时还特别加入 Si、Mn、Cr、Cu 等合金元素，以得到特种性能的铸铁，如耐磨铸铁、耐热铸铁和耐蚀铸铁等。

铸铁的种类很多，按化学成分的不同可分为普通铸铁和合金铸铁；按强度的不同可分为低强度铸铁和高强度铸铁；按金相组织的不同又可分为珠光体铸铁、铁素体铸铁等。目前，工业生产中通常是按铸铁中碳的存在形式和石墨的形态来进行分类的。

碳在铸铁中除了少量溶于基体外，绝大部分是以石墨或碳化物的形式存在的。根据碳的存在形式及石墨的形态，可将铸铁分为白口铸铁、灰口铸铁（包括灰铸铁、可锻铸铁、球墨铸铁和蠕墨铸铁）、麻口铸铁。需要说明的是部分文献中混淆了灰口铸铁和灰铸铁的区别。灰口铸铁强调的是碳主要以石墨形式存在，即灰口铸铁包括灰铸铁、球墨铸铁、蠕墨铸铁和可锻铸铁；而灰铸铁强调的是石墨形态，即灰铸铁是石墨呈片状的灰口铸铁。常用的铸铁如下：

（1）白口铸铁　白口铸铁中的碳全部或大部分以渗碳体的形式存在，其断口呈银白色。这种铸铁组织中含有大量的渗碳体和共晶莱氏体，故其性能硬而脆，很少用作结构材料，只用于生产强度要求不高的耐磨件（如小直径磨机的磨球、衬板及犁铧等）。

（2）灰铸铁　灰铸铁中的碳全部或大部分以片状石墨的形式存在，其断口呈暗灰色。一般情况下，这种铸铁中的石墨片都比较粗大。石墨本身强度极低，大量低强度石墨存在于铸铁基体中，相当于铸铁有效承载截面积的减少。片状石墨对基体产生割裂作用，并在尖端造成应力集中，故灰铸铁的力学性能较差，通常称为普通灰铸铁。

（3）可锻铸铁　可锻铸铁中的碳全部或大部分以团絮状的石墨形式存在，它是由一定成分的白口铸铁经长时间高温石墨化退火而形成的。团絮状石墨对基体的割裂作用及应力集中作用得到改善，因而，可锻铸铁的力学性能较灰铸铁为好，尤其是塑性、韧性更为明显，故又称其为韧性铸铁。

（4）球墨铸铁　球墨铸铁中的碳全部或大部分以球状石墨形式存在，它是在浇注前向铁液中加入孕育剂和球化剂而形成的。这种铸铁的石墨呈球状，球状石墨对基体的割裂和应力集中现象基本得到消除，力学性能相比可锻铸铁又有较大的提高，而且生产工艺比可锻铸铁简单，所以得到了广泛应用。

（5）蠕墨铸铁　蠕墨铸铁中的碳大部分以蠕虫状石墨形式存在。因石墨端头圆滑变钝，具有比灰铸铁更高的强度，比球墨铸铁更高的耐热性能等优点，因而在一些耐热件中得到应用，如钢锭模、玻璃模具以及热辐射管等。

（6）麻口铸铁　麻口铸铁的碳一部分以渗碳体的形式存在，另一部分以石墨的形式存在，其断口呈黑白相间，故称为麻口铸铁。麻口铸铁的实用价值不大。

（7）冷硬铸铁　铸件表面一定深度是全白口组织，心部是灰口组织，称为冷硬铸铁。

铸铁中石墨形态的主要存在形式如图6-1所示。

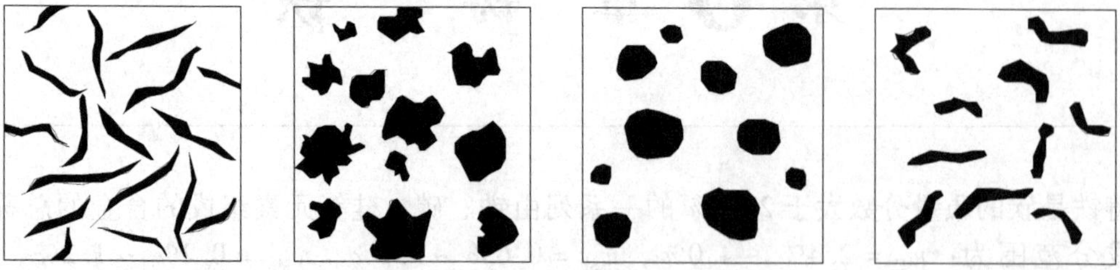

a)　b)　c)　d)

图6-1　铸铁中的石墨形态

a）片状石墨　b）团絮状石墨　c）球状石墨　d）蠕虫状石墨

6.1　铸铁的石墨化及其控制

铸铁（除白口铸铁外）的组织都是由金属基体和石墨两部分组成的。石墨的形态、大小、数量和分布状态对铸铁的性能有着重要影响。铸铁的石墨形态和基体组织都与铸铁的石墨化过程有关。

6.1.1　铁碳合金双重相图

在材料科学基础课程中，已学习过铁碳合金相图（铁-渗碳体相图），其中铁碳合金是按铁-渗碳体系进行转变的。但是，渗碳体是一个亚稳定相，在一定的条件下可以分解成铁基固溶体和石墨，因此，铁-石墨系是更稳定的状态。反映铁碳合金结晶过程和组织转变规律的相图便有两种，即$Fe-Fe_3C$系（亚稳定系）相图和Fe-G系（稳定系）相图。铸铁的结晶过程和组织转变依化学成分和冷却条件的不同而不同，可以按$Fe-Fe_3C$系进行，也可以按Fe-G系进行。为了研究铸铁的方便，将两种相图叠加在一起，表示为$Fe-Fe_3C$（渗碳体）和Fe-G（石墨）的双重相图。如图6-2所示。图中虚线均位于实线的上方或左上方，表明Fe-G系比$Fe-Fe_3C$系在更高的温度和更低的碳含量条件下进行，稳定性更高。

6.1.2　铸铁的石墨化过程

铸铁中石墨的形成过程称为石墨化过程。石墨既可以直接从液体和奥氏体中析出，也可以通过渗碳体分解获得。灰铸铁、球墨铸铁和蠕墨铸铁中的石墨主要是从液体中通过冷却凝固结晶过程得到；可锻铸铁中的石墨则是由液体通过冷却凝固结晶过程先得到白口组织，然后经长时间高温退火使渗碳体分解而得到的。

按照Fe-G相图分析铁液由高温到室温的冷却过程，可以将铸铁的石墨化过程分为以下三个阶段：

第一阶段：液相至共晶阶段，包括从过共晶成分的液相中直接结晶出一次石墨和共晶石墨。

第二阶段：共晶至共析转变阶段，此时从奥氏体中直接析出二次石墨。

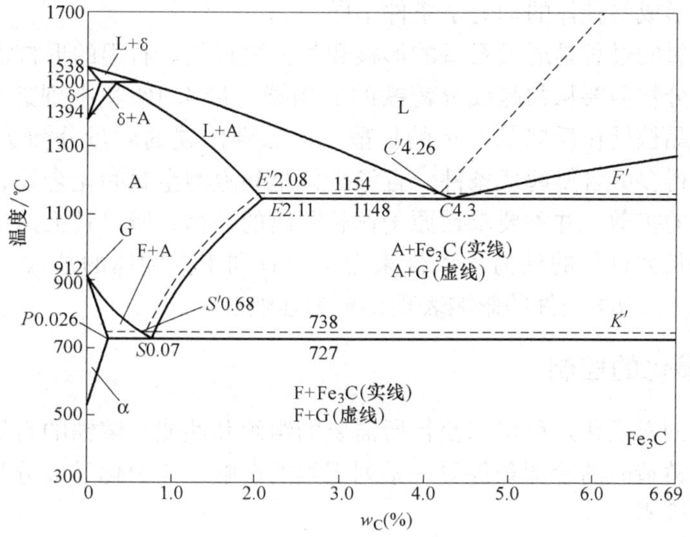

图 6-2 铁碳合金双重相图

第三阶段：共析转变阶段，包括共析转变时奥氏体转变为铁素体 + 石墨。

当然，也可按 Fe-Fe_3C 相图进行上述三个阶段的结晶过程。不同的是，先结晶或析出的是 Fe_3C，然后将 Fe_3C 再加热，在高温下分解出石墨。

从分析铸铁的石墨化过程可知，在冷却凝固过程中，高温液态铁液中的碳可以以游离态石墨或渗碳体两种方式析出。生产实践也表明，用相同化学成分的铁液浇注不同壁厚的铸件时，或采用不同冷速的铸型时可得到不同的组织。例如，厚壁铸件或冷速慢的铸型（如砂型），可得到游离状石墨组织的铸件（灰铸铁、球墨铸铁等）；薄壁铸件或冷速快的铸型（如金属型），可得到渗碳体组织的铸件（白口铸铁）。高温铸铁铁液按什么方式进行结晶，取决于石墨化过程的热力学与动力学条件。

1. 热力学条件

图 6-3 所示为铸铁中各种组织的自由能随温度而变化的曲线。由图中可以看出，当液体处在高于 T_C'（1154℃）的温度时，由于共晶液体的自由能最低，因此不会发生任何相变；当合金过冷到 T_C' ~ T_C（1154 ~ 1148℃）温度范围时，由于共晶液体的自由能高于（A + G）两相组成物的自由能，而低于（A + Fe_3C）两相组成物的自由能，因而此时只能发生（A + G）的共晶转变；当液体温度过冷到 T_C（1148℃）以下时，虽然（A + Fe_3C）以及（A + G）两相组成物的自由能都低于液相的自由能，但由于（A + G）两相组成物的自由能更低，因而有利于石墨化的形成。

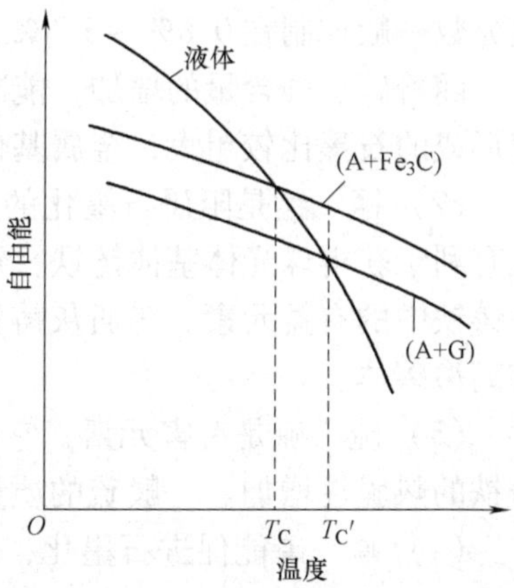

图 6-3 铸铁中各种组织的自由能与温度的关系

2. 动力学条件

在实际生产中，当共晶成分的铁液快速冷却到 T_C 温度以下时，铁液将发生共晶转变，得到莱氏体组织，而不是结晶出（A + G）组织。其主要原因是形成石墨和形成渗碳体的动力学条件不同。

由液体形成石墨的过程是通过石墨的形核和长大进行的。石墨的形核需要很大的含量起伏条件，碳的质量分数需要从共晶成分铸铁的液相碳含量4.3%集中到近似100%；石墨的长大需要铁原子从晶核处作反向长距离的扩散。而渗碳体碳的质量分数为6.67%，其成核只需比石墨成核小得多的含量起伏条件，且渗碳体是间隙型金属间化合物，其结晶长大过程主要依赖于碳原子的扩散，并不要求铁原子作长距离的迁移，所以长大速度快。

从结晶形核和长大过程的动力学条件来看，均有利于渗碳体的形成。当结晶冷却速度（过冷度）增大时，动力学条件的影响表现得更为强烈。

6.1.3 铸铁石墨化的控制

通过控制铸铁的石墨化过程可以获得所需要的组织和性能。铸铁的石墨化过程受化学成分、熔炼条件以及铸造时的冷却条件等一系列因素的影响，其中化学成分和冷却速度是影响组织和性能的主要因素。

1. 化学成分的控制

铸铁中常见的化学元素为碳、硅、锰、硫、磷五大元素，它们对铸铁的石墨化过程和组织均有较大影响。

（1）碳和硅　碳和硅是铸铁中最基本的化学元素，它们都是强烈促进石墨化的元素，不仅能促进第一阶段的石墨化，也能促进第二阶段的石墨化。在生产实际中，通过控制碳、硅含量可以获得所需要的组织和性能。

碳以自由态析出形成石墨，碳含量增加，铁液中的碳含量增加，未溶的石墨微粒增多，有利于石墨的形核，从而促进石墨化。但过多的含碳量也会使生成的石墨过多，从而降低铸铁的力学性能。

硅与铁原子的结合力大于碳与铁原子的结合力，当硅溶入铁的固溶体中时，可以促使碳原子析出，从而促进石墨化。此外，硅能提高铸铁的共晶温度和共析温度，这有利于碳原子的扩散与石墨的形成。一般认为，硅促进石墨化的作用是碳的1/3。在普通铸铁中，硅的质量分数一般控制在0.8%～3.5%之间。

随着碳、硅含量的增加，能减少白口倾向，促进石墨化形成。但是，过多的碳、硅含量使形成的石墨比较粗大，金属基体中铁素体的含量也增加，因此会降低铸铁的强度。

（2）锰　锰是阻碍石墨化的元素，它能溶于铁素体和渗碳体中，阻碍石墨化。锰的加入有利于获得珠光体基体铸铁，锰还能与硫化合生成MnS，从而降低硫的有害作用，所以锰是铸铁中的有益元素。普通灰铸铁锰的质量分数一般控制在0.5%～1.4%，过高时易产生游离渗碳体。

（3）硫　硫是有害元素，它强烈阻碍石墨化，降低铸铁的铸造性能和力学性能，并使铸铁的热脆性增加。一般硫的质量分数应控制在0.15%以下。

（4）磷　磷能促进石墨化，但不显著。磷在奥氏体和铁素体中的溶解度很低，在铸铁中能形成硬而脆的磷共晶，且呈尖角多边形存在于晶界，降低强度并增加铸铁的脆性，特别是降低铸铁的低温冲击韧度。除用于制作耐磨铸铁以外，铸铁中磷的质量分数一般控制在0.12%以下。

综合铸铁中较为常见的合金元素和微量合金元素，按其对石墨化的影响程度不同，可以将其分为促进石墨化元素和阻碍石墨化元素两大类。促进石墨化的元素依次为 Zr、Cu、Ni、Si、C、Al，阻碍石墨化的元素依次为 W、Mn、Mo、S、Cr、V、Fe、Mg、B 等。

2. 冷却速度的控制

铸铁在结晶过程中的冷却速度对石墨化影响较大，若冷却速度较大，因碳原子来不及扩散而使石墨化难以充分进行，有利于铸铁按 $Fe\text{-}Fe_3C$ 亚稳定系进行结晶，易得到白口组织；若冷却速度较小，碳原子有充分时间进行扩散，有利于铸铁按 Fe-G 稳定系结晶与转变，充分进行石墨化，因而易获得灰口组织。

铸造时的冷却速度是一个综合因素，它与浇注温度、铸型材料的导热能力以及铸件的壁厚等因素有关。在铸铁生产中，同一铸件的厚壁处易获得灰口组织，而薄壁处易得到白口组织。化学成分、铸件壁厚（冷却速度）对铸件组织的影响如图 6-4 所示。

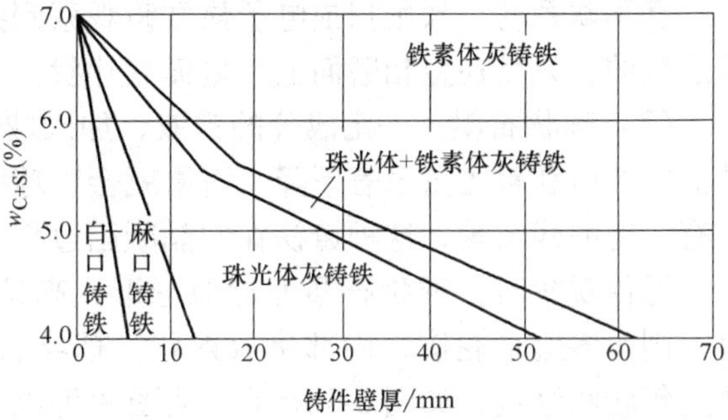

图 6-4 化学成分、铸件壁厚（冷却速度）对铸件组织的影响

3. 石墨的形成及生长机理

（1）片状石墨 铸铁的凝固过程就是其初生相和共晶相在铁液中的形核及长大过程。液-固相转变结束后，即形成凝固组织。由于铸铁组织具有二重性和形态多样性，使它的凝固过程比较复杂。

石墨的形成过程符合一般晶体的结晶规律，要经过形核和生长两个阶段。铁液内的某些杂质微粒及硫化物和氧化物都可能成为石墨的形核基质。当铁液的碳活度达到一定程度时，碳原子移向形核基质，并在其上沉积，形成石墨微晶。这种微晶以及铁液中残留的未溶石墨微粒达到一定尺寸后，都能成为有效的石墨结晶核心。

石墨结晶核心中的碳原子并不完全按照石墨晶格结构整齐排列，而是存在许多晶体缺陷，有些晶体缺陷可为石墨生长提供生长台阶。对石墨生长最有作用的缺陷是螺旋位错和旋转孪晶。由于碳原子在不同生长台阶上的结合能不同，而且受到一些表面活性元素的影响，导致出现不同的生长机制，产生形态各异的石墨晶体。

石墨晶体（图 6-5）是沿六方晶格的［1010］晶向和［0001］晶向生长的。两个晶向的生长起始于不同的生长台阶，并有各自的生长机制。在缺陷提供的台阶上添加原子是晶体生长的一种方式。由于晶体缺陷处具有较高能量，因此易于接纳外来原子。台阶上接纳了一层原子后又形成新的台阶，原子继续添加在新的台阶上，晶体进一步生长。杂质元素（主要是表面活性元素，例如硫）对这种生长方式有干扰作用，因为表面活性元素容易吸附在台阶表面，吸附量达到一定程度时，就会把台阶堵塞，破坏晶体的正常生长，使其易往长度方向生长。

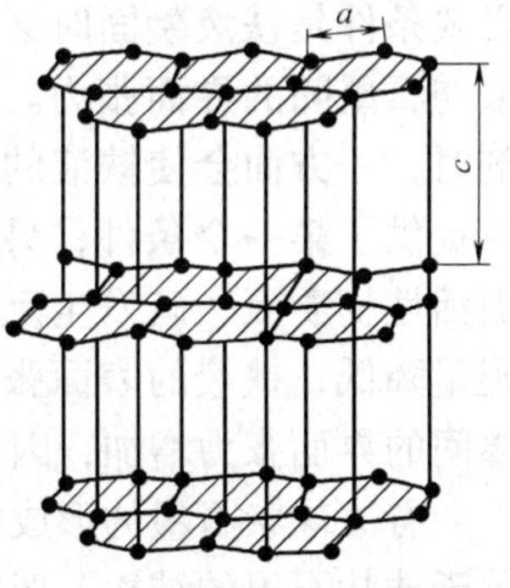

图 6-5 石墨的晶体结构

石墨在成核和生长过程中会导致其临近的铁液内贫碳富硅，这会促进奥氏体的形成，生成一层包围着石墨片的奥氏体壳。但实际上奥氏体很难把石墨片包围，石墨片端部仍直接与铁液接触。这样，如果石墨片向两侧加厚生长，就必须依靠碳原

子从铁液中先扩散到奥氏体层，再扩散到石墨周围，再结合到石墨两侧面上；与此同时，铁原子还必须向奥氏体层外作反方向的扩散，显然这些扩散过程是比较困难的，因此石墨片向两侧增厚的生长是比较慢的。相反，由于石墨片的端部与铁液直接接触，碳原子的扩散和铁原子的反向扩散比较容易进行，因此，石墨片的生长过程呈方向性，即向厚度方向生长慢，沿平面方向生长快，故最后生长为片状。

灰铸铁的石墨类型和大小取决于共晶团中的石墨分枝和成长速度。当共晶团停止生长时，石墨的长大也就停止。金相观察时，石墨是以单独的片状散布在基体上，它们是分隔的，互不联系的。采用扫描电子显微镜观察到共晶团内完整石墨的立体形态，说明它们是互相连接的，只是在金相磨面上才呈孤立片状。

（2）球状石墨　一定成分的铁液，加入球化剂（如镁、铈、镧、钙、稀土镁合金）后，铁液中的硫和氧含量显著下降，石墨就会以球状形态析出。经球化处理后，球化元素在铁液中有一定的残留量，这种铸铁在共晶凝固过程中将形成球状石墨。

低倍观察时，球状石墨为近似球形；高倍观察时，则呈多边形轮廓，内部呈放射状。球状石墨内部呈年轮状结构，如图 6-6 所示。从图中可以看出，石墨球内部结构具有年轮状的特点，即球墨内部有一个核心，从核心向外，碳原子形成年轮状堆积。在年轮的中心可以看到白色小点，分析认为它是球状石墨形成和长大的核心。从这些球状石墨的结构和外形特征，再结合石墨的晶体结构，可以认为，球状石墨是由与石墨晶体的底面（0001）面成垂直方向的一系列柱状单晶体所组成的。这些单晶体以共同的结晶核心各自沿直径方向上呈近似锥形的石墨单晶体，每个石墨球的球面由锥形石墨的单晶体的底面（0001）面所构成，如图 6-7 所示。

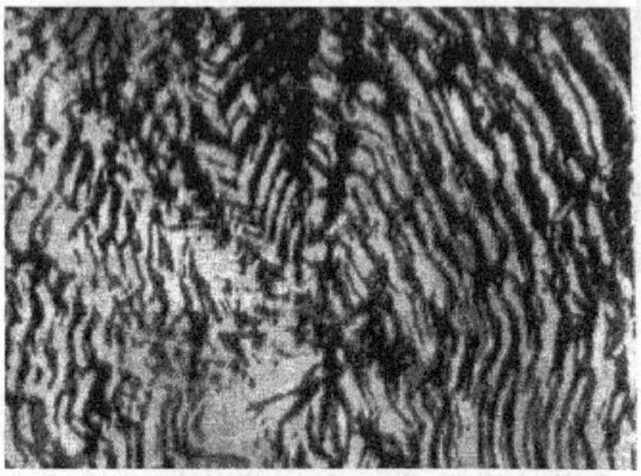

图 6-6　球状石墨内部呈年轮状结构

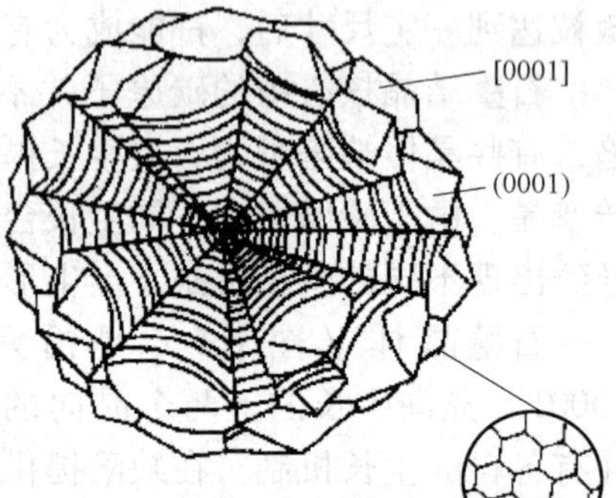

图 6-7　球状石墨的结构示意图

在球墨铸铁中所观察到的石墨除球状外，还有其它各种形式的偏离球状的变态石墨。球状石墨生成的两个必要条件是铁液凝固时必须有较大的过冷度和较大的铁液与石墨间的界面张力。当在铁液中加入任何一种球化剂时，一方面会使铁液的过冷度加大，为球状石墨的形成提供了第一个条件；另一方面，球化剂与铁液中的表面活性物质氧、硫发生反应，使得铁液中的含氧量、含硫量降低，铁液的表面张力升高，同时也使得铁液与石墨间的界面张力增加，因而为球状石墨的形成提供了第二个条件。

有关球状石墨的形成机理，经过铸铁冶金工作者的长期努力，取得了一些研究成果。在关于球状石墨的结构、形成球状石墨的条件、石墨球能够从铁液中直接析出且能单独生长、加入球化剂的必要性以及球化剂的作用等方面均有比较一致的认识，但也存在着不少问题有待研究解决。核心说是较早提出的一种学说，该学说认为，晶核的晶格结构是决定石墨成球的主要条件。当用纯镁作球化剂处理铁液使石墨球化时，是因为能生成具有立方晶格结构的

MgO、MgS 等化合物，碳原子从四周以相同的速度向其扩散聚集而形成球状石墨。用扫描电镜和 X 射线显微分析技术对球状石墨进行仔细观察发现，在球状石墨中心有细小的外来夹杂微粒，而且认为它们是球状石墨的晶核。对用硅铁镁合金作球化剂进行球化处理和用硅铁进行孕育处理的球墨铸铁，晶核的最中心部分由钙和镁的硫化物组成，其尺寸约为 0.05μm；晶核的外层则由镁、铝、硅的氧化物组成。在这个内外层之间和外层上生长的石墨之间，均有一定的晶面对应关系。由此认为，镁钙等元素在球状石墨晶核形成过程中的作用是通过组成这些元素的硫化物和氧化物而去除溶体中的氧和活性硫；同时，这些元素的硫化物及氧化物夹杂微粒就构成了球状石墨晶核的最中心部分和外层部分物质。但直接用 MgS 微粒处理铁液使石墨球化的实验却未成功，因此，球化元素的形核作用就难以断言是促成石墨球化的主要原因。过冷说认为，球状石墨的出现是铁液过冷的结果，随着过冷度增大，铁液的表面张力增加，促使生成相朝着比表面积最小的形态方向发展。但这个学说未能揭示在不同过冷度下，石墨在生长机制方面有何不同之处。界面能说认为，在经镁或铈处理的球墨铸铁中，铸铁熔体和石墨晶体的棱面（$10\bar{1}0$）之间的界面能量高于熔体和石墨晶体基面（0001）之间的界面能量，使石墨向垂直于基面的晶向［0001］生长而形成球墨。而在含硫较多的灰口铸铁中，铸铁熔体和石墨不同的晶面间的界面能量关系则相反，因而在灰口铸铁中使石墨在垂直于柱面的晶向［$10\bar{1}0$］生长成片墨。不过，这个原理仅对完全晶体适用，从热力学来看论述是正确的，但缺乏从动力学角度对石墨结构的形成进行分析。位错生长说认为，在球状石墨成长的过程中，同样存在着大量的晶体缺陷，在球状石墨的生长中起主要作用的是螺旋位错。如果有某些表面活性元素（如氧）吸附在螺旋台阶的旋出口处，它们将抑制这一螺旋晶体的生长，而别处却仍保持一定的速度生长。这时，晶体的等轴生长方式将受到破坏，其结果是使球状石墨畸变。至于球化元素的作用，主要在于它们与表面活性元素（氧、硫）发生作用，去除它们对石墨成球状生长的干扰作用，而且认为氧的干扰作用大于硫。虽然螺旋位错生长学说越来越多地被承认，但按这种方式进行长大的机制，还有待更直观的实验验证和进一步从理论上论证。此外，还有人认可为气泡学说，该学说认为，在铁液中如果有大量悬浮的小气泡存在，就会促使石墨球化。像镁这种低沸点元素，在铁液中汽化后，能形成大量弥散的微型气泡，铁液中的碳原子通过扩散聚集在气-液界面上，由于所需形核功较小，而使石墨优先析出并进而长成球。直到 20 世纪 70 年代，经过许多实验，作出了新的解释，支持了这个理论。有人曾用硫、硒等分别处理 1450℃的 Fe-C 合金，得到了球墨铸铁。加入上述元素以后，均在铁液中发现有沸腾的蒸气，球形气泡中也发现有中空的石墨球；随着铁液保温时间的延长，基体石墨球减少；在石墨球中没有检测出这些元素的化合物，并且石墨球中硫、硒的浓度反而比基体中少。在氢气压力比镁的平衡蒸气压高得多的情况下，加入足够的镁处理铁液，也不能得到球状石墨，但随着把氢气压力降低，则又有球状石墨的形成。还有向铁液中吹入氮气、二氧化碳气、氢气、氯气等的实验，都可使部分石墨球化。

（3）蠕虫状石墨　在向铁液中加入蠕化剂（如稀土镁硅合金、稀土镁钙钛铝等）后，石墨就会以蠕虫状形态析出。用定向凝固液淬法对蠕墨铸铁的凝固过程进行了分析，经金相显微镜及扫描电镜观察发现，蠕墨的形成方式主要有两种：一是由片状石墨转变成蠕墨，二是由球墨畸变长成蠕墨。从片状石墨上长出的蠕墨和球墨畸变长出的蠕墨形态各异，并且在长出的蠕墨上还可以产生以 c 向生长及以 a 向生长的分枝。对蠕墨铸铁组织形成的认识正在发展，对其形成机理的认识有待于进一步加强。

6.2 灰铸铁

灰铸铁通常是指断面呈灰色，其中的碳主要以片状石墨形式存在的铸铁。在各类铸铁中，灰铸铁的产量最高，占80%以上。

6.2.1 灰铸铁的化学成分与组织

灰铸铁的化学成分一般为：$w_C = 2.5\% \sim 3.6\%$、$w_{Si} = 1.1\% \sim 2.5\%$、$w_{Mn} = 0.6\% \sim 1.2\%$、$w_S \leqslant 0.15\%$、$w_P \leqslant 0.15\%$。

灰铸铁的组织为金属基体上分布着片状石墨，其金属基体组织因共析阶段石墨化进行的程度不同，可分为铁素体、铁素体+珠光体、珠光体三种。相应地，铸铁的组织也有三种：铁素体+石墨、铁素体+珠光体+石墨、珠光体+石墨，如图6-8所示。

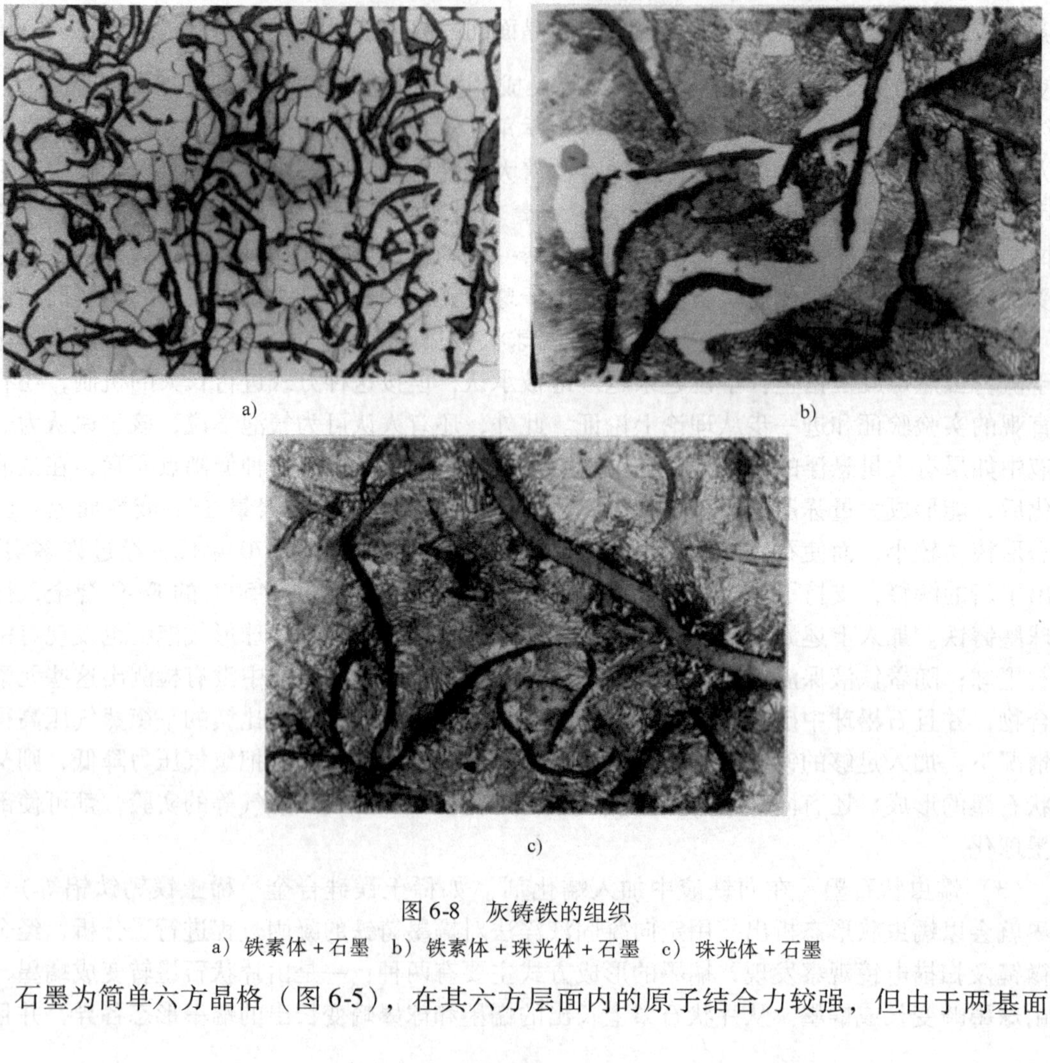

a)　b)　c)

图6-8　灰铸铁的组织

a）铁素体+石墨　b）铁素体+珠光体+石墨　c）珠光体+石墨

石墨为简单六方晶格（图6-5），在其六方层面内的原子结合力较强，但由于两基面之间的原子间距相差较大，而导致原子结合力较弱。由于石墨基面间的结合力弱，易滑移，故石墨的强度、塑性和韧性极低，几乎为零，硬度仅为3HBW。

研究表明，灰铸铁中的石墨是呈花瓣状的多晶集合体。在金相显微镜下，花瓣状的石墨呈细条状，每一细条石墨就是花瓣状石墨多晶集合体的一片石墨。

铸铁的化学成分及冷却条件的不同，不仅对铸铁的基体生成有影响，而且对石墨片的大小、形状、分布影响也很大，片状石墨有A、B、C、D、E、F六种不同的类型，如图6-9所示，它们对铸铁的力学性能有很大的影响，其中A型石墨最好。灰铸铁内石墨的存在就构成了区别于其它结构材料的组织特点。

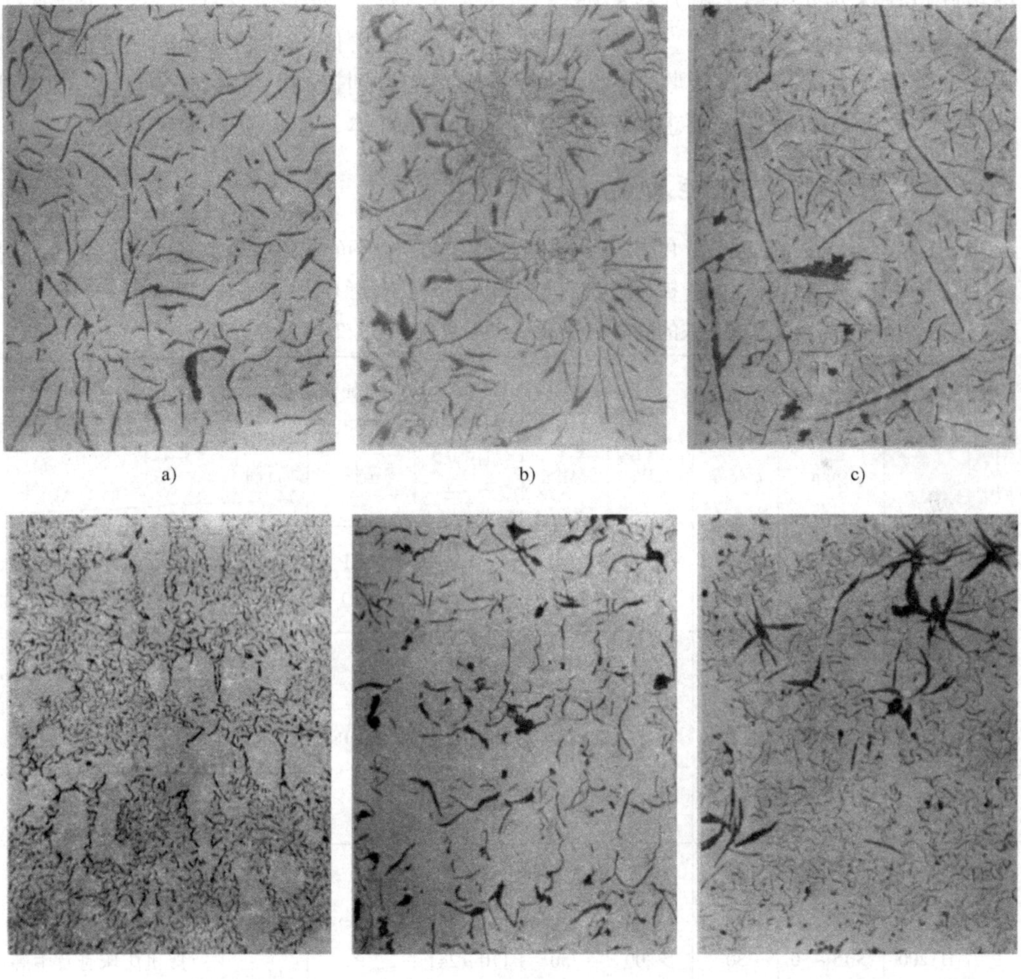

a) b) c)

d) e) f)

图6-9 片状石墨的类型

a）片状（A型） b）菊花状（B型） c）块片状（C型）

d）枝晶点状（D型） e）枝晶片状（E型） f）星状（F型）

6.2.2 灰铸铁的孕育处理

灰铸铁组织中由于有片状石墨存在，因而它的力学性能较低。同时，因为普通灰铸铁的壁厚敏感性大，对于同一铸件不同壁厚的部位，其组织和力学性能存在不均匀性。为了细化灰铸铁的组织，提高其力学性能并使之均匀一致，可进行孕育处理，即在浇注前往铁液中加入少量（质量分数为0.2%～0.6%）强烈促进石墨化的物质（即孕育剂）进行处理。常用的孕育剂有硅铁、硅钙、硅锶及石墨等，其中最常用的为75FeSi合金（硅的质量分数为75%的硅铁合金）。孕育的作用是增加石墨的非自发晶核，因而既能促进灰铸铁的生成，又能获得细小均匀分布的片状石墨组织，从而减小灰铸铁的壁厚敏感性，使铸铁的性能显著提高。孕育处理后的灰铸铁叫做孕育铸铁。

孕育铸铁的化学成分一般控制在普通灰铸铁和白口铸铁之间，孕育后形成数量较少、细小且均匀分布在珠光体基体上的片状石墨。

孕育铸铁与普通灰铸铁相比，壁厚敏感性较小，同一铸件不同壁厚处的组织性能均匀一致，强度、硬度和耐磨性以及吸收能量、断后伸长率均得到提高。所以，孕育铸铁可以应用于动载荷较小，而静载荷强度要求较高的重要零件，如缸体、齿轮及机床铸件等。

6.2.3 灰铸铁的牌号、性能及应用

灰铸铁的牌号是由“灰铁”的拼音大写字首“HT”后面加一组数字（铸铁的最低抗拉强度，单位为MPa）来表示。灰铸铁的牌号、性能及应用举例见表6-1。

表6-1 灰铸铁的牌号、性能及应用举例（GB/T 9439—1988）

分类	牌号	铸件壁厚/mm	试棒毛坯直径 D/mm	抗拉强度/MPa	抗压强度/MPa	硬度HBW	显微组织		应用举例
							基体	石墨	
铁素体灰铸铁	HT100	所有尺寸	30	≥100	500	143～229	F+P（少）	粗片	端盖、外罩、油盘、手轮、支架、底板、重锤等
铁素体+珠光体灰铸铁	HT150	4～8	13	≥280	650	170～241	F+P	较粗片	端盖、汽轮机壳体、轴承座、阀壳、管子及管路附件、手轮；一般机床底座、床身及其它复杂零件、滑座、工作台等
		>8～15	20	≥200		170～241			
		>15～30	30	≥150		163～229			
		>30～50	45	≥120		163～229			
		～50	60	≥100		143～229			
珠光体灰铸铁	HT200	6～8	13	≥320	750	187～255	P	中等粗片	气缸、齿轮、底架、机件、飞轮、齿条、衬筒；一般机床床身及中等压力液压筒、液压泵和阀的壳体等
		>8～15	20	≥250		170～241			
		>15～30	30	≥200		170～241			
		>30～50	45	≥180		170～241			
		～50	60	≥160		163～229			
	HT250	>8～15	20	≥290	1000	187～255	细P	较细片	阀壳、油缸、气缸、联轴器、机体、齿轮、齿轮箱外壳、飞轮、衬筒、凸轮、轴承座等
		>15～30	30	≥250		170～241			
		>30～50	45	≥220		170～241			
		～50	60	≥200		163～229			

（续）

分类	牌号	铸件壁厚/mm	试棒毛坯直径 D/mm	抗拉强度/MPa	抗压强度/MPa	硬度HBW	显微组织		应用举例
							基体	石墨	
孕育铸铁灰铸铁	HT300	>15~30 >30~50 ≈50	30 45 60	≥300 ≥270 ≥260	1100	187~255 170~241 170~241	S	细小片	齿轮、凸轮、车床卡盘、剪床、压力机的机身；导板、六角自动车床及其它重载荷机床的床身；高压液压筒、液压泵和滑阀的机壳等
	HT350	>15~30 >30~50 ≈50	30 45 60	≥350 ≥320 ≥310	1200	197~269 187~255 170~241	T		

灰铸铁的力学性能主要取决于基体组织以及石墨的数量、形状、大小及分布特点。石墨的力学性能很低，硬度仅为3~5HBW，抗拉强度约为20MPa，断后伸长率近于零。石墨与基体相比其强度和塑性都要小得多，故分布于金属基体中的石墨可视为空洞，减小了铸铁的有效承载面积，这种作用称为石墨的缩减作用；另一方面，在承受负荷时尖的石墨片端部造成应力集中效应，称其为石墨的缺口作用（切割作用）。由于石墨的存在能产生这两个作用，因此，普通灰铸铁的基体强度不能充分发挥作用，表现为灰铸铁的抗拉强度很低。另外，石墨的缺口作用还造成了严重的应力集中效应，导致拉伸时裂纹的早期发生并发展，因而出现脆性断裂，表现为灰铸铁的塑性和韧性几乎为零。因此，灰铸铁的抗拉强度低、塑性和韧性很差，可看做是一种脆性材料。

在静压试验的应力下，片状石墨的缩减和分割作用不像在拉伸试验中那样明显，因此，灰铸铁的抗压强度主要取决于组织中的基体本身的强度和数量。灰铸铁的硬度和抗压强度一般较高，是抗拉强度的2.5~4倍，与钢相近，硬度一般为130~270HBW。

灰铸铁具有良好的减摩性及高的减振性。由于灰铸铁内存在大量软的石墨，一方面石墨本身是良好的润滑剂，另一方面在石墨被磨掉的地方形成了大量的显微“口袋”，可以储存润滑油和收集磨耗后所产生的微小磨粒，因此灰铸铁具有良好的减摩性。由于灰铸铁内存在的大量石墨割裂了基体，破坏了基体的连续性，因而可以阻止振动的传播，使灰铸铁具有良好的减振性，石墨组织越粗大，减振性越好。

灰铸铁具有良好的铸造性以及优良的切削加工性。因为铸铁含碳量高，熔点比钢低，铸造流动性好，铸造收缩率低，故其铸造性能优于钢。石墨在机械加工时可以起到断屑和对刀具的润滑减摩作用，所以灰铸铁的可加工性良好。

由于铸铁具有以上所述的优良工艺性能和使用性能，且生产工艺简单、成本低廉，因此，被广泛用于机械制造、冶金、矿山、石油化工、交通运输、建筑和国防等部门。在各类机械中，灰铸铁件占机器总重量的45%~90%。

6.2.4 灰铸铁的熔炼

灰铸铁的熔炼设备目前主要为冲天炉、感应电炉以及冲天炉+感应电炉双联熔炼炉。

冲天炉以焦炭为燃料，将金属料在炉内下降的过程中熔化。冲天炉熔炼的特点为：可连续熔炼、连续出铁浇注，熔炼成本低，操作简单；但存在铁液的成分及温度不易控制，增碳、增硫严重，环境污染等问题。

感应电炉熔炼是把金属料放在炉体内，通过在炉料中产生感应电流（涡流）来加热熔化金属，其特点是铁液的成分及温度容易控制，铁液纯净，不增碳、不增硫，且污染小，操作简便，但不能实现连续熔炼，熔炼成本高于冲天炉。

冲天炉＋感应电炉双联熔炼是把冲天炉连续熔炼出的铁液，再经感应电炉进行进一步的提温和成分调整。这种熔炼方式克服了冲天炉和感应电炉单独熔炼的缺点，在降低熔炼成本的同时提高了铁液质量。

6.2.5 灰铸铁的热处理

热处理只能改变铸铁的基体组织，不能改变石墨的形状、大小、数量和分布情况。所以，灰铸铁的热处理一般只用于消除铸件的内应力和白口组织，稳定尺寸，提高工件表面的硬度和耐磨性。

（1）去应力退火　铸件中的内应力会导致铸件的变形和开裂，尤其是大型、复杂的铸件或精密铸件要求低的应力，因此在切削加工前要进行一次去应力退火。

去应力退火是指将铸件缓慢加热到500 ~ 600℃，保温一段时间，然后随炉冷却到200℃出炉空冷的工艺过程，如图6-10所示。这一处理过程也称为人工时效处理。

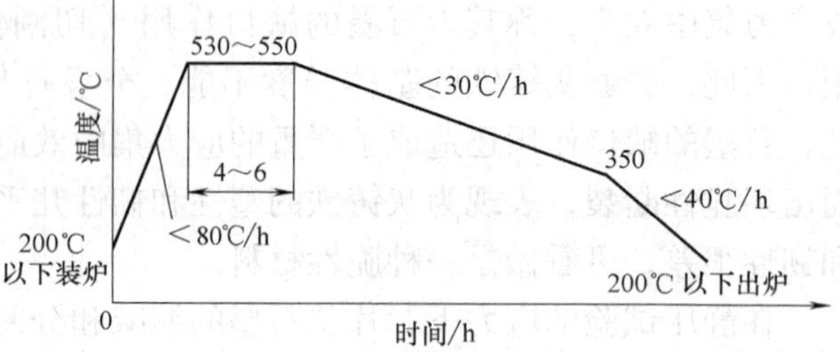

图6-10　灰铸铁的去应力退火

（2）消除灰铸件白口的退火　在铸件的表层及薄壁处，由于冷却速度较快，易出现白口组织，使铸件的硬度和脆性增加，给切削加工带来很大困难。消除白口的方法是将铸件加热到850 ~ 950℃，保温2 ~ 4h，然后随炉冷却至400 ~ 500℃出炉空冷，如图6-11所示。

（3）正火　当铸件中含铁素体量过多时，为了增加珠光体的数量，以提高铸件的硬度和强度，需采用正火处理，即将铸件加热到860 ~ 920℃保温后空冷或风冷。对于形状复杂的零件，正火后还要将铸件再加热到500 ~ 550℃保温后进行空冷，即低温退火。

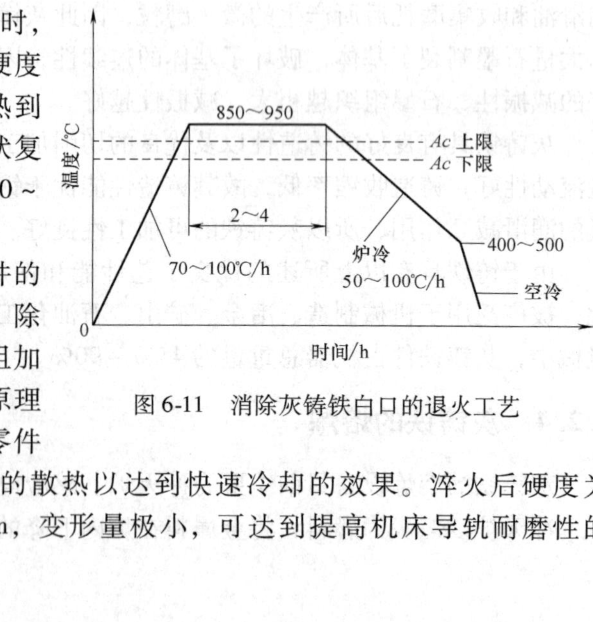

图6-11　消除灰铸铁白口的退火工艺

（4）表面热处理　为了提高灰铸铁件的表面硬度和耐磨性，可进行表面热处理。除了感应加热表面淬火外，还可用接触电阻加热进行表面淬火。接触电阻加热的工作原理是用低电压、大电流表面接触加热，使零件迅速加热到900 ~ 950℃，利用工件本身的散热以达到快速冷却的效果。淬火后硬度为55HRC左右，淬硬层深度为0.2 ~ 0.3mm，变形量极小，可达到提高机床导轨耐磨性的目的。

6.3 球墨铸铁

球墨铸铁是将铁液经过球化处理，使片状石墨转化为球状石墨而获得的一种铸铁。最早使用的球化剂是纯镁。我国结合自己丰富的稀土资源，开发了稀土镁球化剂。球墨铸铁应用广泛，其产量仅次于灰铸铁。

6.3.1 球墨铸铁的化学成分与组织

球墨铸铁的生产过程是向一定成分的铁液中加入一定量的球化剂（稀土镁等）和孕育剂，通过球化剂在铁液中的作用使石墨变成球状。

球墨铸铁的化学成分是在有利于石墨化的前提下，根据铸件的壁厚、组织性能要求来选定的。其化学成分的特点是碳、硅含量较高，锰、磷及硫含量较低，并保证有一定残留量的镁和稀土元素。球墨铸铁化学成分的大概范围为：$w_{C}=3.6\%\sim3.9\%$，$w_{Si}=2.0\%\sim2.8\%$，$w_{Mn}=0.6\%\sim0.8\%$，$w_{S}\leqslant0.04\%$，$w_{P}\leqslant0.1\%$，$w_{Mg}=0.03\%\sim0.05\%$以及$w_{RE}=0.03\%\sim0.05\%$。

球墨铸铁的基体组织与许多因素有关，除了化学成分的影响外，还与铁液处理和铁液的凝固条件以及热处理有关。球墨铸铁的基体组织在铸态下可以通过控制化学成分和孕育处理及冷却条件来控制，也可以通过退火或正火处理等热处理工艺来调整。一般球墨铸铁的金相组织为：铁素体＋石墨、铁素体＋珠光体＋石墨、珠光体＋石墨等。球墨铸铁的显微组织如图6-12所示。

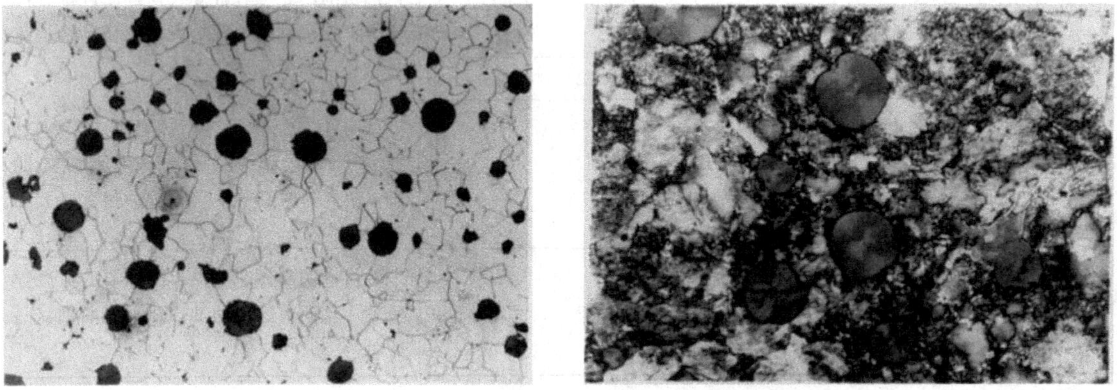

a)　　b)

图6-12　球墨铸铁的显微组织

a）铁素体球墨铸铁　b）珠光体球墨铸铁

6.3.2 球墨铸铁的牌号、性能及应用

我国的球墨铸铁牌号、力学性能及应用举例见表6-2。其中，“QT”为“球铁”的大写拼音字首，后面两组数字分别表示最低抗拉强度（MPa）和断后伸长率（%）。

球墨铸铁具有优良的力学性能，它的强度、塑性、韧性等均高于其它铸铁，疲劳极限接近于中碳钢，多次冲击抗力高于中碳钢，屈强比几乎是碳钢的一倍多。此外，球墨铸铁还保留了灰铸铁的优良性能，如良好的铸造性、切削加工性、减振性、耐磨性及低的缺口敏感性等。所以，在机械工业中，已成功地代替了许多碳钢、合金钢、可锻铸铁和非铁金属件，用来制作一些受力复杂、强度、韧性和耐磨性要求较高的零件。

表 6-2　球墨铸铁的牌号、力学性能及应用举例（GB/T 1348—2009）

牌号	基体	力学性能（不小于）				应用举例
		R_m /MPa	$R_{p0.2}$ /MPa	A（%）	硬度 HBW	
QT400-18	F	400	250	18	120～175	犁铧、犁柱、收割机及割草机的导架、差速器壳、护刃器
QT400-15	F	400	250	15	120～180	拖拉机的轮毂、驱动桥壳体、离合器壳、差速器壳、拨叉等
QT450-10	F	450	310	10	160～210	16～64atm（1atm＝101.325kPa）阀门的阀体、阀盖、压缩机上高低气缸等，铁路垫板、电机机壳、齿轮箱、飞轮壳等
QT500-7	F＋P	500	320	7	170～230	内燃机的油泵齿轮，汽轮机的中温气缸隔板，铁路机车车辆轴瓦，机器座架、传动轴、飞轮、电动机架等
QT600-3	F＋P	600	370	3	190～270	内燃机 5～4000hp（1hp＝745.7W）柴油机和汽油机的曲轴，部分轻型柴油机和汽油机的凸轮、气缸套、连杆、进排气门座等；农机具脚踏脱料机齿轮条、轻负荷齿轮、畜力犁等
QT700-2	P	700	420	2	225～305	
QT800-2	P	800	480	2	245～335	部分磨床、铣床、车床的主轴；空氧机、气压机、冷冻机、制氧机、泵的曲轴、缸体、缸套等；矿车轮、起重机大小滚轮等
QT900-2	回火马氏体或托氏体＋索氏体	900	600	2	280～360	农机上的犁铧、耙片，汽车上的弧齿锥齿轮、转向节、传动轴；内燃机曲轴、凸轮轴等

6.3.3　球墨铸铁的熔炼

球墨铸铁的熔炼设备和灰铸铁的熔炼设备相似。

6.3.4　球墨铸铁的热处理

由于球铁中的石墨呈球状，使得它对金属基体的缩减及切割作用减到了最低限度，金属基体组织可以发挥其作用。球墨铸铁的热处理和钢相比具有以下特点：共析转变是在一个较宽的温度范围内进行的，此范围是一个由铁素体、奥氏体和石墨组成的三相平衡区，共析转变区的各个温度都对应着铁素体和奥氏体的不同平衡数量，而且奥氏体的化学成分也是一个变量，随着共析转变温度的提高，奥氏体中的实际碳含量增高。所以，改变不同的热处理加热温度和保温时间，冷却后可以获得不同比例的铁素体和珠光体基体组织，因而可较大幅度地调整铸铁的力学性能。球铁的共析转变温度较高，因为每增加1%质量分数的硅，共析温度可提高28℃，因此在选择加热温度时应考虑这一点。

铸铁组织的最大特点是存在石墨高碳相，它在热处理过程中虽不发生相变，但会参与基体组织的变化过程。在共析温度以上的加热过程中，随着保温时间的增加，石墨中的碳原子可源源不断地向奥氏体中扩散，使奥氏体的碳含量逐渐增加。当冷却时，由于奥氏体中碳的平衡含量要降低，因此又会伴随着碳原子向石墨高碳相的沉积或析出。所以，在热处理过程中，石墨相当于一个“碳库”，如果调节热处理的加热温度和保温时间，就可调节奥氏体中碳的含量，再选择不同的冷却速度，就可获得不同的组织及性能。热处理已成为球铁生产中的重要环节，生产中常采用退火、正火、调质、等温淬火等工艺。

（1）退火　退火的目的是为了去除铸态组织中的自由渗碳体，获得铁素体球墨铸铁。退火常采用以下两种工艺：

1）高温石墨化退火。当球铁组织中存在渗碳体时，应进行高温石墨化退火，即将球铁加热到900～950℃，保温2～5h，随炉冷却至600℃左右出炉空冷。

2）低温石墨化退火　尽管组织中不存在游离渗碳体，但为了生产高韧性球墨铸铁，要求获得单相的铁素体基体组织，采用低温石墨化退火以消除共析渗碳体，即将球铁加热到720～760℃，保温3～6h，随炉冷至600℃后出炉空冷。

（2）正火　正火目的在于增加金属基体中珠光体的含量并使其细化，以提高强度、硬度和耐磨性。根据加热温度的不同，常用以下两种正火工艺：

1）高温正火。加热到880～920℃，保温3h左右，然后空冷。为了提高基体中珠光体的数量，还常采用风冷、喷雾等加快冷却速度的方法，以保证铸铁的强度。

2）低温正火。加热到820～860℃，保温1～4h，然后空冷，得到珠光体和少量破碎状铁素体，故低温正火可提高铸件的韧性和塑性，但强度比高温正火略低。

无论高温正火还是低温正火，都会产生一定的内应力，故在正火后均应进行一次去应力退火。

（3）调质处理　要求综合力学性能较高的球墨铸铁可采用调质处理，其目的是为了获得以回火索氏体为基体的球墨铸铁。调质处理工艺为：把球铁加热到850～900℃，使基体全部奥氏体化后在油中淬火，得到细片状马氏体基体与球形石墨，然后经550～600℃回火，空冷后得到回火索氏体基体组织。

（4）等温淬火　对一些综合力学性能要求高、外形比较复杂、热处理易变形或开裂的零件，可采用等温淬火。其工艺为：加热到840～900℃，保温后，立即在250～350℃的等温盐浴中进行等温，时间为0.5～1.5h，然后空冷。其组织为下贝氏体+少量残留奥氏体+马氏体+球状石墨（习惯称为奥贝球铁）。

球铁除了可采用上述热处理方法外，还可采用表面淬火和化学热处理（渗氮、渗硼、渗硫等）等表面热处理方法，用以提高球墨铸铁工件的表面强度、耐磨性、耐蚀性及疲劳极限等。

6.4 可锻铸铁

可锻铸铁是先将一定成分的铁液浇铸成白口铸件，然后经退火处理，使白口铸铁的游离渗碳体分解成为团絮状石墨，从而得到团絮状石墨和不同基体组织组成的铸铁。由于团絮状石墨对铸铁金属基体的缩减和切割效应比灰铸铁小得多，使可锻铸铁具有较高的强度，同时还兼有良好的塑性和韧性，因而得名可锻铸铁，实际上可锻铸铁并不可锻造。

6.4.1 可锻铸铁的化学成分与组织

可锻铸铁的化学成分一般为：$w_C = 2.2\% \sim 2.8\%$，$w_{Si} = 1.2\% \sim 2.0\%$，$w_{Mn} = 0.4\% \sim 1.2\%$，$w_P \leqslant 0.1\%$，$w_S \leqslant 0.2\%$。其化学成分特点是碳、硅含量较低，以便在铸态下可以获得全白口组织。获得全白口组织的铸件经长时间石墨化退火后，可以获得的金相组织有两种，即铁素体+石墨、珠光体+石墨，如图6-13所示。

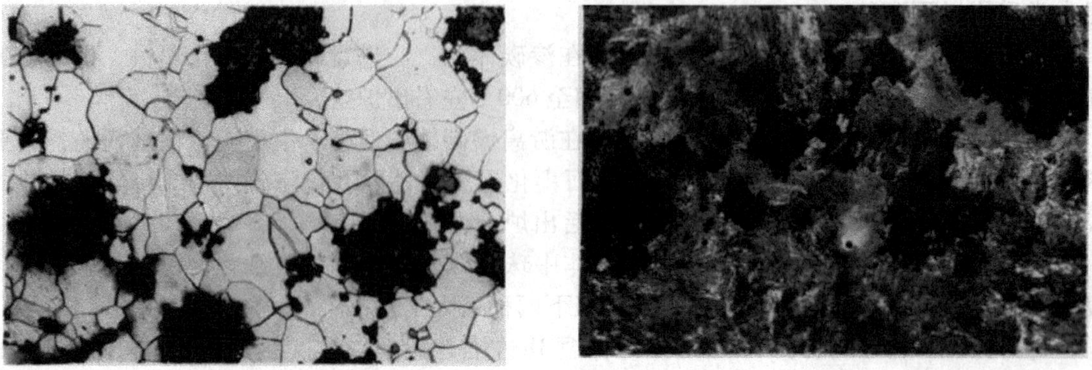

a) b)

图6-13 两种可锻铸铁的金相组织

a）铁素体可锻铸铁 b）珠光体可锻铸铁

6.4.2 可锻铸铁的牌号、性能及应用

可锻铸铁是由白口铸铁经长时间石墨化退火而得到团絮状石墨的一种高强度铸铁。根据退火条件不同，可锻铸铁又可分为黑心可锻铸铁和白心可锻铸铁。黑心可锻铸铁是将白口铸铁在密封的退火炉中进行热处理，即在中性炉气氛条件下退火时，共晶渗碳体在高温下分解成团絮状石墨，然后通过不同的热处理工艺，使基体成为铁素体或珠光体组织。用这种方法得到的铁素体基体可锻铸铁因组织中有石墨存在，所以断面呈暗灰色，在表层因经常有薄的脱碳层而呈亮白色，故称为黑心可锻铸铁。图6-14所示为可锻铸铁的退火曲线和组织变化。

白心可锻铸铁是将白口铸铁在氧化性气氛条件下退火，使铸铁断面从外层到心部发生强烈的氧化和脱碳，在完全脱碳层中无石墨存在，基体组织为铁素体。这种铸铁断面由于其心部区域有发亮的光泽，故称为白心可锻铸铁，又称为脱碳退火可锻铸铁。目前我国生产的可锻铸铁绝大部分是黑心铁素体可锻铸铁，珠光体可锻铸铁生产较少，而白心可锻铸铁在国内基本不生产。

可锻铸铁的石墨呈团絮状，较之片状石墨对基体的割裂作用要小得多，应力集中也大为减少，故其力学性能比灰铸铁高。可锻铸铁的牌号由“KTH”（或“KTZ”）和其后的两组数字组成，其中“KT”表示“可锻”，“H”表示黑心可锻铸铁，“Z”表示珠光体可锻铸铁；后面两组数字分别为最低抗拉强度和断后伸长率。

可锻铸铁的力学性能除了与石墨团的形状、大小、数量和分布有关外，还与金属基体的组织有很大关系。铁素体可锻铸铁具有一定的强度和较高的塑性与韧性，主要用作承受冲击和振动的铸件。珠光体可锻铸铁具有高的强度、硬度和耐磨性以及一定的塑性、韧性，主要用于要求高强度、高硬度、耐磨的铸件，如曲轴、连杆、齿轮、凸轮等。可锻铸铁适合于生产形状复杂的薄壁小件。

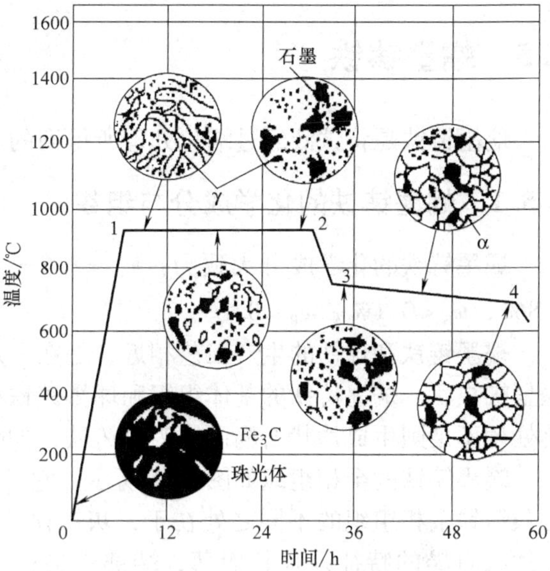

图6-14 可锻铸铁的退火曲线和组织变化

可锻铸铁的生产工艺周期长（一般其退火周期长达60～80h）、工艺复杂、成本高，除了管件及建筑脚手架扣件仍采用可锻铸铁外，近年来不少传统的可锻铸铁件已逐渐被球墨铸件所取代。我国的可锻铸铁牌号、性能及应用举例见表6-3。

表6-3 可锻铸铁的牌号、性能及应用举例（GB/T 9440—1988）

分类	牌号	铸件壁厚/mm	试棒直径/mm	抗拉强度 R_m/MPa	伸长率 A（%）	硬度 HBW	应用举例
铁素体可锻铸铁	KTH300-06	>12	16	300	6	130～163	弯头、三通管件
	KTH300-08	>12	16	330	8	120～163	螺钉扳手等，犁刀、犁柱、车轮壳等
	KTH350-10	>12	16	350	10	120～163	汽车、拖拉机前后轮壳、减速器壳、转向节壳、制动器等
	KTH370-12	>12	16	370	12	120～163	
珠光体可锻铸铁	KTZ450-06		16	450	6	152～219	曲轴、凸轮轴、连杆、齿轮、活塞环、轴套、耙片、万向接头、棘轮、扳手、传动链条
	KTZ500-04		16	500	4	179～241	
	KTZ600-02		16	600	2	201～269	
	KTZ700-2		16	700	2	240～270	

6.4.3 可锻铸铁的熔炼

可锻铸铁的熔炼与灰铸铁相似，以冲天炉熔炼为主，或采用冲天炉＋感应电炉双联熔炼。

6.5 蠕墨铸铁

蠕墨铸铁是将铁液经过蠕化处理所得到的一种具有蠕虫状石墨组织的铸铁。

6.5.1 蠕墨铸铁的化学成分与组织

蠕墨铸铁的化学成分大致为：$w_C=3.5\%\sim3.9\%$，$w_{Si}=2.1\%\sim2.8\%$，$w_{Mn}=0.4\%\sim0.8\%$，$w_S<0.1\%$，$w_P<0.1$。

蠕墨铸铁和球铁的生产工艺相近，是在一定成分的铁液中加入蠕化剂及孕育剂处理使石墨呈蠕虫状。蠕墨铸铁的基体组织和球墨铸铁相似。蠕化处理工艺控制要求比较严格，如蠕化处理不足则生成片状石墨而成为灰铸铁，如蠕化处理过头则石墨球化而成为球墨铸铁。

蠕墨铸铁的金相组织如图6-15所示。它与灰铸铁金相组织的不同之处在于，灰铸铁中片状石墨的特征是片长而薄，端部较尖；而蠕墨铸铁中的石墨片短而厚，端部较钝。蠕墨铸铁的基体组织同灰铸铁一样，也有三种，即铁素体基体、珠光体基体、铁素体+珠光体基体。

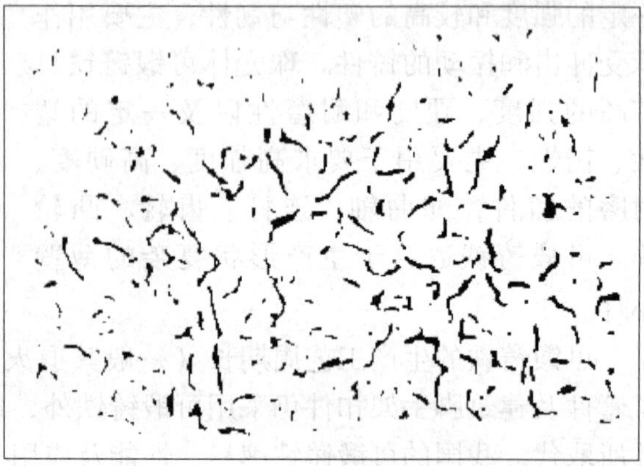

图6-15　蠕墨铸铁的金相组织

6.5.2 蠕墨铸铁的牌号、性能及应用

蠕墨铸铁是20世纪60年代开始发展并逐步受到重视的一种新型铸铁材料，它是一种综合性能良好的铸铁材料，其力学性能介于球墨铸铁与灰铸铁之间，抗拉强度、屈服强度、断后伸长率、弯曲疲劳极限均优于灰铸铁，接近于铁素体球墨铸铁，而其导热性、切削加工性均优于球墨铸铁，与灰铸铁相近。蠕墨铸铁常用于抗热疲劳的铸件，如钢锭模、发动机排气管、玻璃模具以及耐磨件等。

我国的蠕墨铸铁牌号、性能及应用举例见表6-4，其中“RuT”为“蠕铁”的拼音字首，后面数字表示最低抗拉强度（MPa）。

表6-4　蠕墨铸铁的牌号、性能及应用举例（JB/T 4403—2009）

牌　号	抗拉强度 R_m/MPa	屈服强度 R_{eL}/MPa	伸长率 A（%）	硬　度 HBW	应用举例
RuT420	≥420	≥335	≥0.75	200～280	活塞环、制动盘、钢珠研磨盘、吸淤泵体等
RuT380	≥380	≥300	≥0.75	193～274	重型机床件，大型齿轮箱体，盖、座、飞轮、起重机卷筒等
RuT340	≥340	≥270	≥1.00	170～249	排气管、变速箱体、气缸盖、液压件、烧结机蓖条等
RuT300	≥300	≥240	≥1.50	140～217	增压器废气进气壳体、汽车底盘零件等
RuT260	≥260	≥195	≥3.00	121～197	

6.6 特殊性能铸铁

随着工业技术的发展，各个领域对铸铁性能的要求越来越高，普通铸铁已经不能完全满足需求，促使人们不断地研究改进，制取高性能铸铁。在铸铁中添加合金元素，就是制取高性能铸铁的重要手段之一。除了现有的力学性能外，有时还要求铸铁具有某些特殊性能，如耐磨性、耐热性及耐蚀性等。为此，可向铸铁中加入某些合金元素，以获得合金铸铁，也称为特殊性能铸铁。

合金元素通过改变铸铁的组织而改变其性能。例如，有些合金元素促进珠光体形成并使之细化，从而提高铸铁的强度和硬度；有些则促使铁素体形成而使铸铁的塑韧性得到改善；有些需要耐热和耐蚀的铸件可通过合金化使其基体成为单一奥氏体组织。石墨的形态、尺寸和分布也能在某些合金元素的作用下发生变化。抗磨料磨损的铸件需要使用合金白口铸铁，合金元素可以使其碳化物的结构、性能和分布状态发生变化，从而显著提高其抗磨能力。

用于铸铁的合金元素种类很多，它们的作用和用量也各不相同，有些元素单独加入即可获得良好效果；有些则需几种元素共同加入才能达到改善性能的目的。但是，也有些元素在改善组织方面产生互相制约的作用，因此，在设计和使用合金铸铁之前，应该了解合金元素在铸铁中的存在状态和作用，同时也应该了解合金铸铁的适用范围和使用上的限制因素。合金元素以固溶状态、化合状态、吸附或游离状态存在于铸铁组织中。一些元素以置换固溶或间隙固溶的方式进入 α-Fe 或 γ-Fe 中，固溶相中合金元素的行为和含量常是决定合金铸铁组织和性能的重要因素；另一些元素与碳的电负性相差较大，易与碳化合成为合金碳化物。渗碳体中的铁原子与碳原子都能被性质近似的合金元素所置换，形成溶有合金元素的合金渗碳体。例如，铬、钼等碳化物形成元素都能在一定溶解度范围内溶入渗碳体中。大多数碳化物形成元素既能固溶于铁，也能形成碳化物；少数元素在固溶体中超过其极限溶解度以后，会从固溶相中分离出来，以弥散颗粒状态存在于基体中。例如，铁素体中过饱和的铜和铅都能以这种游离状态存在。另一种游离状态是合金元素的原子被吸附在某一相的表面，例如，石墨晶体表面吸附的硅、镁等。

合金元素对铸铁组织的影响一般发生在两个阶段：首先是凝固阶段，在这个阶段中，合金元素能够影响初生奥氏体的生长、共晶转变方式以及共晶相的形态特点；其次是固态相变阶段，即由共晶结束到奥氏体转变完成的阶段，在这个阶段中，合金元素会影响奥氏体的转变速率、转变方式以及所形成的组织特征。常用于铸铁的合金元素已有几十种，每种合金元素在液相和固相中都有自己的行为和影响组织变化的方式，因此，通过加入合金元素可以改善铸铁的性能。

6.6.1 耐磨铸铁

根据工作条件的不同，耐磨铸铁可以分成两类：一类是像机床导轨、缸套等铸件，希望摩擦因数要小，这类铸铁称为减摩铸铁；另一类是像轧辊、抛丸机叶片、磨球等铸件，用于抵抗磨料磨损，这类铸铁称为抗磨铸铁。

（1）减摩铸铁　普通灰铸铁具有较好的耐磨性，但对机床的床身、导轨和发动机的气缸和缸套等零件来说，这还远远满足不了要求。提高减摩铸铁耐磨性的途径是合金化和孕育处理，常用的合金元素为 Cu、Mo、RE、Cr、Mn、Ni、P 等合金元素等；常用的孕育剂为硅铁。常见的减摩铸铁见表 6-5。

表 6-5 几种减摩铸铁及应用举例

铸铁名称	化学成分（质量分数,%）	应用举例
高磷铸铁	P 0.4～0.6	汽车、拖拉机或柴油机的气缸套、机床导轨、活塞环等
铜铬钼铸铁	Cu 0.7～1.2，Cr 0.10～0.25，Mo 0.2～0.5	精密机床铸件、发动机上的气门坐圈、缸套、活塞环等
磷铜钛铸铁	P 0.35～0.60，Cu 0.6～1.2，Ti 0.09～0.15	普通机床及精密机床的床身
钒钛铸铁	V 0.1～0.3，Ti 0.06～0.20	机床导轨
硼铸铁	B 0.02～0.20	汽车发电机的气缸套

（2）抗磨铸铁　抗磨铸铁在干摩擦条件下工作，用于抵抗磨料磨损，要求具有高的硬度且组织均匀，通常其金相组织应为莱氏体、贝氏体或马氏体。抗磨铸铁包括普通白口铸铁、高韧性白口铸铁、中锰球墨铸铁、高铬白口铸铁、铬钒钛白口铸铁和激冷铸铁等。抗磨白口铸铁的部分牌号和硬度见表 6-6。

表 6-6 部分抗磨白口铸铁的牌号和硬度（GB/T 8263—1999）

牌　号	硬度 HRC		
	铸　态	淬火和回火态	软化退火态
KmTBNi4Cr2-DT（低碳）		≥53	
KmTBNi4Cr2-GT（高碳）		≥55	
KmTBCr9Ni5		≥55	
KmTBCr2	50～56	≥56	≤40
KmTBCr15Mo	40～56	≥58	≤40
KmTBCr20Mo	50～58	≥58	≤40
KmTBCr26	50～58	≥55	≤40

6.6.2 耐热铸铁

在高温下工作的铸铁称为耐热铸铁。铸铁在高温条件下工作时，主要的损坏形式是氧化和生长而导致零件失效。铸铁的氧化机理和钢的氧化相似，但铸铁由于存在游离石墨，石墨在高温氧化气氛下会发生燃烧，形成内氧化。石墨越粗大、越连续、数量越多，氧化气氛沿石墨侵入基体内部就越严重，氧化速度就越快。因此，球铁的抗氧化性优于灰铸铁。所谓铸铁的生长，是指铸铁在加热和冷却过程中，珠光体会分解为铁素体和石墨。石墨的析出是体积膨胀的过程，理论上 1% 的化合碳转变为石墨时，体积要增加 2.4%。生长的结果使铸铁强度降低，组织变松发脆，从而引起微裂纹形成，导致铸件损坏。

合金化和提高基体的连续性是提高铸铁耐热性的途径。在铸铁中加入一些铝、硅、铬等合金元素，可以提高其耐热性，见表 6-7。

表 6-7 几种耐热铸铁的成分、使用温度及应用举例

铸铁名称	w_C（%）	w_{Si}（%）	w_{Mn}（%）	w_P（%）	w_S（%）	$w_{其它}$（%）	使用温度	应用举例
中硅耐热铸铁	2.2～3.0	5.0～6.0	<1.0	<0.2	<0.12	Cr 0.5～0.9	≤350	烟道挡板、换热器等
中硅球墨铸铁	2.4～3.0	5.0～6.0	<0.7	<0.1	<0.03	Mg 0.04～0.07（RE 0.150～0.035）	900～950	加热炉底板、化铝电阻炉、坩埚等
高铝球墨铸铁	1.7～2.2	1.0～2.0	0.4～0.8	<0.2	<0.01	Al 21～24	1000～1100	加热炉底板、渗碳罐、炉子传递链构件等
高铬耐热铸铁	1.5～2.2	1.3～1.7	0.5～0.8	≤0.1	≤0.10	Cr 26～30	1100～1200	加热炉底板、炉子传递链构件等

6.6.3 耐蚀铸铁

能够应用于耐蚀条件下的铸铁称为耐蚀铸铁。普通铸铁的耐蚀性是很差的，这是因为铸铁本身是一种多相合金，在电解质中各相具有不同的电极电位，其中石墨最高（+0.37V），渗碳体次之，铁素体最低（－0.44V）。电位高的构成阴极，电位低的构成阳极，这样就形成一个微电池，于是阳极（铁素体）不断被耗掉，一直深入到铸铁内部。

提高铸铁耐蚀性的办法有三种：①在铸铁表面形成致密牢固的氧化膜；②提高基体的电极电位；③改善铸铁的组织，使基体组织、石墨大小、形状及分布得到改善，进而减少石墨数量，进行球化处理，将石墨转变为球状，加入合金元素获得单相金属基体。其中在铸铁中加入较多的硅、铝、铬等合金元素是提高铸铁耐蚀性的主要途径。典型耐蚀铸铁的化学成分及应用举例见表 6-8。

表 6-8 典型耐蚀铸铁的化学成分及应用举例

铸铁名称	化学成分（质量分数，%）	应用举例
高硅耐酸铸铁	C 0.5～0.8，Si 14.4～16.0，Mn 0.3～0.8	在酸中均有良好的耐蚀性，用作化工、化肥、石油、医药设备中的零件
高铝耐蚀铸铁	C 2.8～3.3，Al 4～6，Si：1.2～2.0，Mn 0.5～1.0	氯化铵及碳酸氢铵设备中的零件

6.7 铸铁应用实例——曲轴

曲轴在工作时受到内燃机周期性变化的气体压力、曲柄连杆的惯性力、扭转和弯曲应力以及冲击力等作用，是内燃机中形状复杂而又重要的零件之一。曲轴在高速内燃机中由于受到扭转振动的影响，承受的应力更大。在设计中，对曲轴的性能要求是高的强度，一定的抗冲击能力和弯曲、扭转疲劳强度，在轴颈处要求有高的硬度和耐磨性。

（1）材料选择 一般以静力强度（抗拉强度、屈服强度、伸长率、断面收缩率）和冲击韧度作为曲轴的设计指标，并考虑疲劳强度。

内燃机曲轴材料的选择主要取决于内燃机的使用情况、功率大小、转速高低以及轴瓦材料等。一般按下列原则进行选材：低速内燃机曲轴采用正火状态的碳素钢或球墨铸铁；中速内燃机曲轴采用调质状态的碳素钢或合金钢，如45钢、40Cr、45Mn2等，或球墨铸铁；高速内燃机曲轴采用较高强度的合金钢，如35CrMo、42CrMo、18Cr2Ni4WA等。

根据球墨铸铁的性能特点，并经大量实践证明，球墨铸铁可以代替锻钢来制造一般内燃机曲轴，这是因为球墨铸铁的铸造性能和切削加工性等比较好，使生产过程简化，其成本也比锻钢低。目前，一般内燃机、柴油机曲轴均选择球墨铸铁制造。

（2）热处理技术条件及工艺　以110型柴油机球墨铸铁曲轴（图6-16）为例加以说明。

图6-16　曲轴

材料：QT600-3球墨铸铁。

技术要求：$R_m \geqslant 650$MPa；$KV_2 \geqslant 12$J（试样尺寸20mm×20mm×110mm）；轴体硬度240~300HBW，轴颈硬度≥55HRC；珠光体数量≥75%（试棒），≥70%（曲轴）。

工艺路线：铸造球铁毛坯→热处理→机械加工→装配（或轴颈处表面淬火→装配）。

这种曲轴的质量关键在于铸造，铸造后的球化质量、有无铸造缺陷、成分及金相组织是否合格等都十分重要，只有在保证铸件质量的前提下，才谈得上热处理。

铸造后的热处理工序包括正火和高温回火。正火的目的是为了增加球墨铸铁组织内珠光体的含量和细化珠光体片，以提高其抗拉强度、硬度和耐磨性。回火的目的是为了消除正火风冷所造成的内应力。在需要的情况下，对轴颈处进行表面淬火可进一步提高轴颈处的硬度和耐磨性。

本章小结

铸铁是碳的质量分数大于2.11%的一系列由铁、碳、硅等元素组成的合金的总称。铸铁的石墨化及其影响因素（化学成分和冷却速度）是其核心问题之一。石墨的形态及基体组织影响铸铁的性能。铸铁按石墨形状可分为灰铸铁、球墨铸铁、可锻铸铁、蠕墨铸铁等几类。不同类型的铸铁有不同的用途，可根据零件的工作条件和技术要求来选择铸铁的类型及其处理工艺。球墨铸铁可以和钢一样进行各种热处理。通过加入合金元素及工艺设计，可以得到相应的耐磨、耐热、耐蚀等特种铸铁。

本章主要名词

铸铁（cast iron）
石墨（graphite）
灰口铸铁（gray cast iron）
白口铸铁（white cast iron）
球墨铸铁（nodular graphite cast iron）
可锻铸铁（malleable cast iron）
蠕墨铸铁（compact graphite cast iron）
耐磨铸铁（wear-resistant cast iron）
耐热铸铁（heat-resistant cast iron）
耐蚀铸铁（corrosion-resistant cast iron）

习 题

1. 白口铸铁、灰铸铁和钢在成分、组织和性能上有何主要区别？

2. 试述石墨对铸铁性能的影响。

3. 说明铸铁石墨化三个阶段进行程度对其组织的影响。

4. 从综合力学性能和工艺性能来比较灰铸铁、球墨铸铁和可锻铸铁。

5. 在灰铸铁石墨化过程中，若第一、第二阶段完全石墨化，而第三阶段石墨化为完全进行、部分进行、没有进行时，它们各获得什么组织的铸铁？

6. 解释下列说法是否正确，为什么？

1）石墨化过程中第一阶段石墨化最不易进行。

2）采用球化退火可以获得球墨铸铁。

3）可锻铸铁可以锻造加工。

4）白口铸铁由于硬度较高，可作切削工具使用。

5）灰铸铁不能整体淬火。

7. 常用特殊性能铸铁有哪几类？

8. 为什么一般机器的支架、箱体和机床的床身常用灰铸铁制造？

第 7 章 非铁金属及其合金

钢铁材料（传统上又称为黑色金属）以外的所有其它金属材料通常称为非铁金属材料（传统上又称为有色金属）。非铁金属及其合金在工程上应用较多的主要有铝、铜、镁、钛、锌等及其合金，以及轴承合金等。非铁金属按金属性能可以分为非铁轻金属（密度≤4.5g/cm^3，如铝、镁、钛、钙、锶等）、非铁重金属（密度>4.5g/cm^3，如铜、锌、铅、镍、锡等）、贵金属（如金、银和铂族元素）、稀有金属（锂、铍、钨、钼、铌、稀土金属等）和半金属（如硅、硼、硒等）。非铁金属及其合金具有许多钢铁材料所没有的特殊的物理、化学和力学性能，因而成为现代工业尤其是许多高科技产业中不可缺少的材料。

7.1 铝及铝合金

7.1.1 纯铝

铝是目前工业中用量最大的非铁金属。纯铝为银白色金属，密度为2.7g/cm^3，大约是铁的1/3。纯铝具有面心立方结构，无同素异构转变，熔点为660℃。纯铝的性能特点可简单概括为：密度小，导电、导热性好，抗氧化、易加工。纯铝的导电性和导热性高，仅次于银、铜和金，在金属中列第四位。纯铝在大气中极易和氧结合生成致密的Al_2O_3膜，阻止了铝的进一步氧化，因而具有良好的耐大气腐蚀性能，但不耐酸、碱、盐的腐蚀。纯铝的强度、硬度低（R_m=80~100MPa、20HBW），塑性好（$A\approx50\%$、$Z\approx80\%$），适合进行各种冷热加工，特别是塑性加工。纯铝不能进行热处理强化，虽然可以通过冷作硬化的方式来强化，但一般也不能直接用于制作结构材料，而主要用作导线材料及制作某些要求质轻、导热或防锈但强度要求不高的器具。铝合金通过合金化及时效强化，抗拉强度可以达到400~700MPa，可以作为飞机的主要结构材料。

纯铝分为高纯度铝和工业纯铝，后者的纯度为98%~99%，含少量铁、硅等杂质。工业纯铝的旧牌号有L1、L2、…、L6，“L”是“铝”的汉语拼音字首（对应的新牌号为1070、1060、1050…），后边的数字表示纯度，数字越大则纯度越低。工业高纯铝的牌号以LG1、LG2、…、LG5表示（对应的新牌号为1A85、1A90、…、1A99），数字越大，纯度越高。当纯铝中的杂质含量增加时，其导电性、导热性、耐蚀性及塑性均有所降低。

7.1.2 铝合金的分类

对纯铝进行合金化，可以大幅提高其强度。目前，用于制造铝合金的合金元素按其作用特点可分为主加元素（硅、铜、镁、锌、锰、锂）和辅加元素（铬、钛、锆、稀土、钙、镍、硼等）两大类。铝与主加元素的二元合金相图一般具有如图7-1所示的形式。根据化学成分和生产工艺特点，可将铝合金分为变形铝合金和铸造铝合金两类。如图 7-1 所示，凡成分位于 *D* 点以左的合金，在加热时能形成单相固溶体组织，合金的塑性较高，适于压力加工，故称为变形铝合金。变形铝合金一般先铸成锭子，再经过压力加工，制成板材、带材、管材、棒材、线材等半成品。变形铝合金又可分为两类：图 7-1 中成分位于 *F* 点以左的合金，其 α 固溶体成分不随温度变化，故不能用热处理进行强化，称为不可热处理强化的铝合金；成分位于 *F*、*D′* 点之间的铝合金，由于 α 固溶体成分随温度变化，故可采用热处理来强化，称为可热处理强化的铝合金。

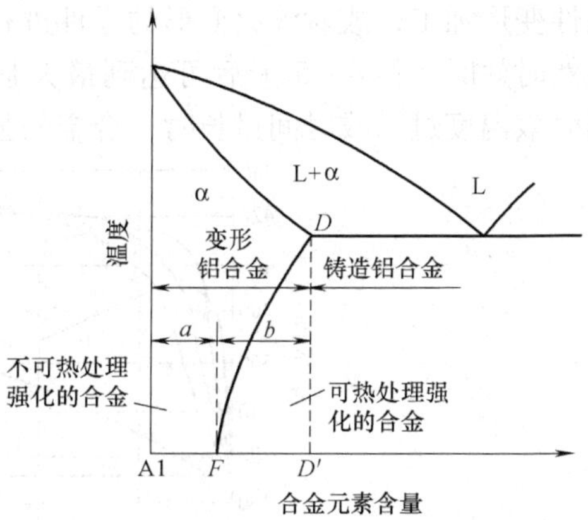

图 7-1　二元铝合金的一般相图

凡成分位于 *D* 点以右的合金，由于合金中含有共晶组织，因而熔点低、液态流动性好，适于铸造，故称为铸造铝合金。为了综合运用热处理强化和过剩相强化，铸造铝合金的化学成分都比较复杂，合金元素的种类和数量相对较多，以所含主要合金元素为标志，铸造铝合金又可分为铸造铝硅基、铝铜基、铝镁基、铝锌基四类。

7.1.3　铝合金的热处理

大多数铝合金还可以通过热处理来改善性能。常用的热处理方法如下：

1. 铝合金的退火

铝合金退火的主要目的是消除应力或偏析，稳定组织，提高塑性。退火时将铝合金加热至 200 ~ 300℃，适当保温后缓冷，或先缓冷到一定温度后再空冷。

2. 铝合金的回复与再结晶

在退火温度低、退火时间短时，冷变形铝合金发生的主要过程为回复。在退火温度较高时，冷变形铝合金的显微组织发生明显变化，新生的晶粒开始形核和长大，这种现象称为再结晶。再结晶退火可以消除变形铝合金在塑性变形过程中产生的冷变形强化现象。再结晶退火的温度视合金成分和冷变形条件而定，一般为 350 ~ 450℃。

3. 铝合金的固溶时效处理

固溶处理与时效处理是铝合金热处理强化的主要工艺。

(1) 固溶处理（淬火）　将成分位于图 7-1 中 *D′* ~ *F* 点之间的合金加热至 α 相区，再经保温，可形成单相的固溶体，然后快冷（淬火），使溶质原子来不及析出，至室温可获得过饱和的 α 固溶体组织，这一热处理操作称为固溶处理。淬火后的铝合金虽可固溶强化，但强化效果不明显，塑性却可得到改善。

(2) 时效处理　经固溶处理的铝合金于室温放置一段时间，或加热至某一温度后保温一段时间，过饱和的固溶体发生脱溶分解，其强度、硬度升高的现象称为时效。

经固溶处理的铝合金，于室温放置发生强化的现象，称为自然时效；于室温经加热至 100℃以上保温一段时间发生强化的现象，称为人工时效。铝合金人工时效的强化效果还与加热温度和保温时间有关，如图 7-2 所示。经固溶处理（淬火）的铝合金在时效初期强度变化很小，这段时间称为孕育期。铝合金在孕育期内有很好的塑性，可在此时对其进行各种冷塑性变形加工，或对淬火变形的零件进行矫正。孕育期过后，合金的强度、硬度很快升高，自然时效时，经4~5天后可达到最大强度；人工时效时，时效温度越高，强化效果越差。当时效温度过高或时间过长时，合金的强度、硬度反而下降，即发生了过时效。

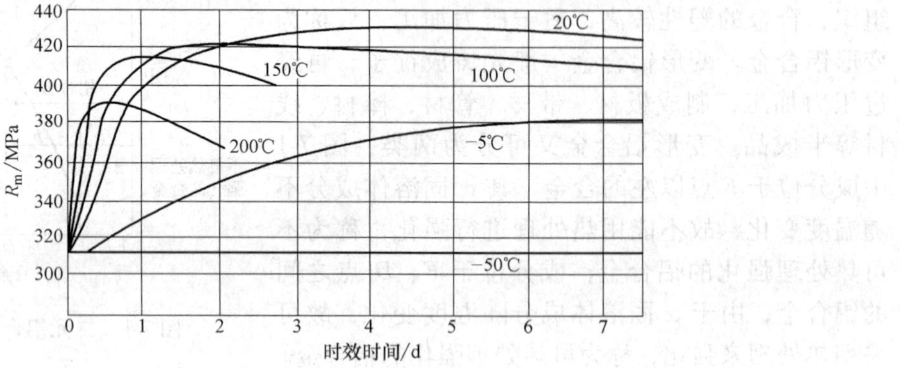

图7-2 $w_{Cu}=4\%$的铝合金在不同温度下的时效曲线

（3）时效作用的机理 现以铝-铜合金为例，说明铝合金的时效强化过程。铝-铜合金富铝部分的相图如图7-3所示。

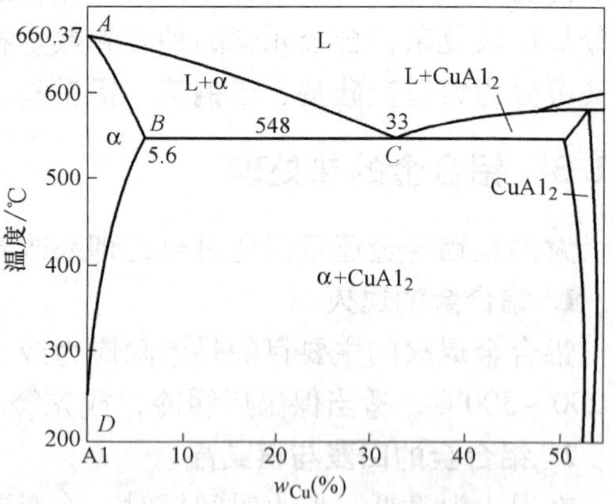

图7-3 铝铜合金相图（富铝部分）

铝合金的时效作用与合金成分、热处理以及晶体缺陷（空位与位错）有关，时效强化是形成溶质原子富集区的结果。固溶处理加热时，铝合金中形成了空位，水淬时这些空位被冻结在晶体内。过饱和空位的存在使溶质原子的扩散加快，从而加速了溶质的偏聚。研究表明，Al-4%Cu合金的时效序列（沉淀序列）为：过饱和的α固溶体→GP区→θ″相→θ′相→θ相。

1）形成溶质原子偏聚区——GP区。由于过饱和的α固溶体是不稳定的，在时效初期铜原子于α固溶体晶格内部沿一定晶面（100）发生偏聚，形成溶质原子的富集区，称为GP区（1938年由A. Guinier和G. D. Perston各自独立地发现了Al-Cu合金单晶经自然时效后在劳厄照片上出现异常的衍射条纹。为纪念两位发现者，称Al-Cu合金中这种“二维”溶质原子偏聚区为GP区。现在，GP区已用来称谓所有合金中预脱溶的原子偏聚区）。GP区呈薄片状，其厚度为0.4~0.6nm，直径为9.0nm，密度为$10^{17}\sim10^{18}/cm^3$。它与α相晶体结构相同，无明显界面，且与α相保持共格关系，使共格界面附近产生弹性应变，引起点阵畸变（图7-4），阻碍位错的运动，使铝合金的强度、硬度显著升高。

GP区用金相显微镜无法显示，但它的存在已被透射电镜所证实。合金中GP区的形态与溶质、溶剂的原子直径的相对差别有关。在Al-Cu合金中GP区形成时会使其周围过饱和固溶体的弹性应变能大为增加，因此，这种GP区是不稳定的，当加热到200℃左右时，就会全部溶解。

2）形成θ″相。当时效时间延长或温度升高到100~200℃时，则在GP区基础上转变成

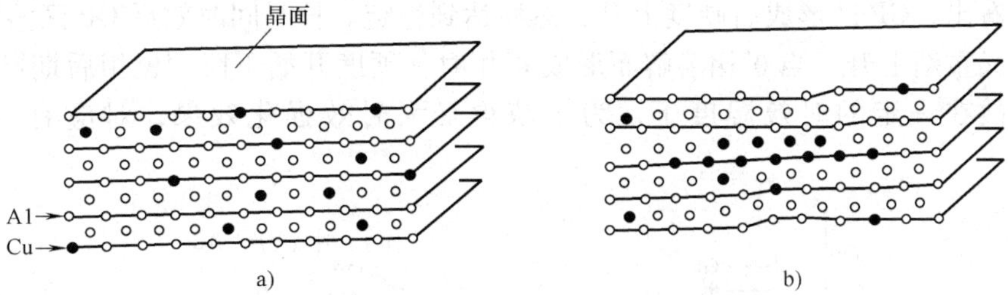

图 7-4　Al-Cu 合金固溶时效过程的组织变化
a）固溶（淬火）状态　b）时效状态

θ″相，或由 α 过饱和固溶体直接形成 θ″相。θ″相具有一定的晶体结构（正方点阵），其化学成分接近 $CuAl_2$，这是它与 GP 区的主要区别。θ″相和基体仍保持共格联系，并产生约 4% 的错排。因此，在 θ″相附近造成了弹性共格应变场，或点阵畸变区。如果时间继续增加，θ″过渡相的密度不断增加，基体内产生了大量的畸变区，从而对位错运动的阻碍作用也不断增大，使合金的强度、硬度不断提高。

3）形成亚稳定的过渡相——θ′相。时效进一步发展，θ″相即转变成 θ′相。θ′相属正方点阵，尺寸较大，且在 *z* 轴方向上的错排度过大（约 30%），使界面上的完全共格遭到破坏，在 θ′相与基体的界面之间存在有位错环，形成了部分共格关系。既然 θ′相与基体局部失去共格，那么界面处的应力场势必减小。这种应变能的减小意味着点阵畸变减小，所以合金的强度、硬度降低，开始进入过时效阶段。

4）析出平衡相——θ 相。时效后期析出稳定的平衡相 θ 相（$CuAl_2$），该相与基体完全脱离，形成非共格界面。θ 相的析出导致合金软化。θ 相的晶体结构为正方点阵，但是其点阵常数与 θ′相、θ″相的相差较大。

GP 区、θ″相、θ′相均使合金的强度提高，但强化效果不同。一旦出现 θ 相，则合金的强度、硬度明显降低。在时效过程中，由于温度过高、时间过长，析出 θ 相而使强度、硬度降低的现象，称为“过时效”。

Al-Cu 合金的时效原理及一般规律，对于其它工业合金也适用。但是，合金种类不同，形成的 GP 区、过渡相以及最后形成的稳定相各不相同，时效强化的效果也不一样。常用铝合金时效过程及强化相见表 7-1。

表 7-1　常用铝合金的时效系列

合金系	时效系列
Al-Cu	GP 区→θ″相→θ′相→θ 相（$CuAl_2$）
Al-Ag	GP 区→γ′相→γ 相（$AlAg_2$）
Al-Mg	GP 区→β′相→β 相（Mg_5Al_5）
Al-Cu-Mg	GP 区→S′相→S 相（Al_2CuMg）
Al-Cu-Mg-Fe-Ni	GP 区→S′相→S 相（Al_2CuMg）
Al-Mg-Si	GP 区→β′相→β 相（Mg_2Si）
Al-Zn-Mg	GP 区→η′相→η 相（Mg_2Zn_2）→ T 相（$Mg_3Zn_3Al_2$）
Al-Zn-Mg-Cu	GP 区→η′相→η 相（Mg_2Zn_2）

（4）影响时效强化的主要因素　影响时效强化的主要因素是时效温度、时效时间、淬火工艺等。

1）时效温度的影响。对同一成分的合金而言，当时效时间一定时，在某一时效温度能获得最大的强化效果，这个温度称为最佳时效温度。不同合金的最佳时效温度是不同的。据统计，当 T_a =（0.5～0.6）$T_{熔}$ 时为最佳时效温度，$T_{熔}$ 为熔点。

2）时效时间的影响。图 7-5 所示为 130℃时效时 Al-Cu 合金的硬度与时间的关系曲线。

从图中可以看出，GP 区形成后硬度上升，然后达到稳定。长时间时效后 GP 区溶解，θ″相形成，使硬度又重新上升。当 θ″相溶解而形成 θ′相时，硬度开始下降。θ′相后期已为过时效，开始软化。故在一定的时效温度下，为了获得最大时效强化效果，对应有一最佳时效时间。

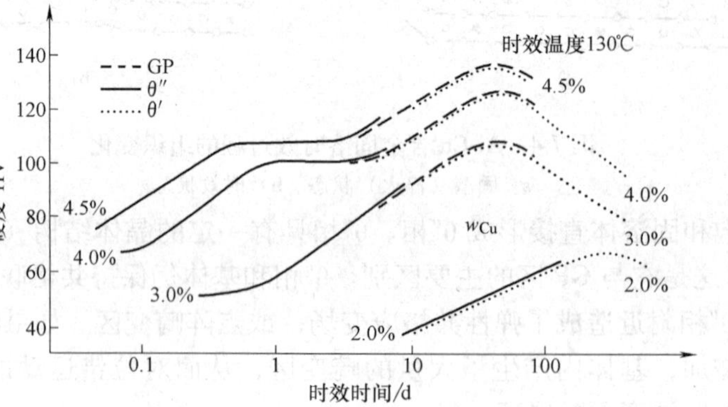

图 7-5　130℃时效时 Al-Cu 合金的硬度与时间的关系曲线

3）淬火工艺的影响。实践表明，淬火加热温度越高，淬火冷却速度越快，淬火中间转移时间越短，所获得的固溶体过饱和程度越高，时效后的时效强化效果也就越大。但是，铝合金淬火加热易发生过热、过烧等问题，必须引起重视。为了防止铝合金淬火时引起变形开裂，一般采用 20～80℃水作为淬火冷却介质。

4. 铝合金的回归处理

把经过时效强化后的铝合金重新加热到高于时效处理温度（200～280℃，但低于固溶处理温度），经短时保温，然后迅速冷却到室温，铝合金强度会下降并重新变软，即性能可恢复到淬火状态，并仍能进行时效强化，这种现象称为回归。这是因为，通过时效而形成的 GP 区，当加热到稍高于其固溶线的温度时，这些小尺寸的 GP 区因不稳定而迅速溶解，但由于保温时间短，使过渡相与稳定相来不及形成，此时将合金快冷到室温，则又回复到新淬火态。

回归现象在生产中具有重要意义，因为时效后的铝合金工件可在回归后的塑性状态下进行各种冷变形操作，如可对飞机的螺旋桨进行修理等。

一般能进行时效强化的铝合金大都有回归现象，并且同一合金可进行几次回归，但每次回归后强度都有所降低，故回归以 3～4 次为限。回归后的铝合金，其耐蚀性有所降低。

7.1.4　变形铝合金

变形铝合金是指需经过不同的压力加工变成型材的铝合金，这类铝合金是机械工业和航空航天工业中重要的结构材料。目前，我国生产的变形铝合金分为防锈铝合金、硬铝合金、超硬铝合金及锻铝合金四大类，其中，防锈铝合金属于不能热处理强化的铝合金，其余三类属于能热处理强化的铝合金。根据 GB/T 16474—1996“变形铝及铝合金牌号表示方法”，凡是化学成分与变形铝及铝合金国际牌号注册协议组织命名的合金相同的所有合金，其牌号直接采用国际四位数字体系牌号，未与国际四位数字体系牌号的变形铝合金接轨的采用四位字符牌号命名，并按要求注册化学成分。四位字符体系牌号的第一、三、四位为阿拉伯数字，第二位为英文大写字母。牌号的第一位数字表示组别，见表 7-2。牌号的第二位英文字母表示原始合金的改型情况，A 表示原始合金；B ~ Y 表示原始合金的改型合金。如 2A12 表示主要合金元素为铜的 12 号原始铝合金。

表 7-2　铝及铝合金的组别

组别	牌号系列	组别	牌号系列
纯铝（铝的质量分数不小于 99.00%）	1××××	以镁和硅为主要合金元素并以 Mg_2Si 为强化相	6××××
以铜为主要合金元素	2××××	以锌为主要合金元素	7××××
以锰为主要合金元素	3××××	以其它元素为主要合金元素	8××××
以硅为主要合金元素	4××××	备用合金组	9××××
以镁为主要合金元素	5××××		

1. 防锈铝合金

防锈铝合金主要是 Al-Mn 系（牌号为 3A 系列铝合金）和 Al-Mg 系（牌号为 5A 系列铝合金）合金，合金元素锰或镁的添加使此类合金具有较高的耐蚀性。合金的代号用 LF（“铝防”汉语拼音字首）及顺序号表示。防锈铝合金有很好的塑性加工性能和焊接性能，但强度较低，且不能热处理强化，只能采用冷变形加工提高其强度。锰的质量分数为 1.0% ~1.7% 的防锈铝合金，其耐蚀性较高。而 Al-Mg 系防锈铝合金中镁的质量分数一般不超过 7%，随着含镁量的增加，合金的强度增大，可达 400MPa，而塑性降低。Al-Mn 系铝合金由于锰的作用，比纯铝具有更高的耐蚀性和强度，并具有良好的焊接性和塑性，但切削性能差。Al-Mg 系铝合金由于镁的作用，密度比纯铝小，强度比 Al-Mn 合金高，并具有相当好的耐蚀性。防锈铝合金的时效硬化效果极弱，只能通过冷变形硬化，但会使塑性显著降低。这一类防锈铝合金通常在退火状态、冷作硬化或半冷作硬化状态下使用。强度低、塑性好、易于压力加工，具有良好的耐蚀性和焊接性能，特别适于制作承受低载荷的深拉深零件、焊接件和在腐蚀介质中工作的零件，如油箱、管道等。应用较广的 Al-Mg 合金是 5A02 和 5A03。Al-Mg 合金在大气、海洋中的耐蚀性优于 Al-Mn 合金 3A21，与纯铝相当；在酸性和碱性介质中的耐蚀性比 3A21 略差。

2. 硬铝合金

硬铝合金是 Al-Cu-Mg 系合金，具有强烈的时效强化作用，经时效处理后具有很高的硬度、强度，故 Al-Cu-Mg 系合金总称为硬铝合金（牌号为 2A 系列铝合金）。主要合金元素铜和镁的添加，使合金中形成大量的强化相 θ 相（$CuAl_2$）和 S 相（$CuMgAl_2$）。合金经固溶时效处理后，强度显著提高。硬铝的代号由 LY（“铝硬”汉语拼音字首）和顺序号表示。硬铝的耐蚀性差，尤其不耐海水腐蚀，因此常用表面包覆纯铝的方法来增加其耐蚀性。此外，向硬铝中加入少量锰以中和铁的有害影响，也可改善合金的耐蚀性，同时还有固溶强化和提高耐热性的作用。

按强度和用途划分，硬铝可分为铆钉硬铝以及中强、高强和耐热硬铝四类。

铆钉硬铝又称为低合金化硬铝，强度低，但塑性好，适于制作铆钉。典型合金有 2A01（LY1）和 2A10（LY10）。

中强硬铝又称为标准硬铝，既有较高的强度，又有足够的塑性，在退火态和淬火态下可进行冲压加工，时效后有较好的切削加工性，多以板、棒、型材等应用于各种工业，在航空工业中主要用于制造螺旋桨叶片、蒙皮等。典型合金有2A11（LY11）。

高强度硬铝的合金元素含量较高，合金强度及硬度高，但塑性及焊接性较差，多以包铝板材状态使用，有高的耐蚀性，是航空工业中应用最广的一种硬铝。典型合金为2A12（LY12）。该合金的主要强化相是S相，θ相为辅。固溶处理温度为495～503℃，固溶后用水冷却，以避免在S相和θ相析出的敏感区间300～400℃停留，时效采用自然时效。2A12（LY12）硬铝在淬火后0.5h内保持柔软状态，可以进行校直、铆接等操作。然后合金将快速时效硬化，其抗拉强度由初始的350 MPa到两天后出现GP区时上升到460 MPa。自然时效四天后可以使用，其力学性能为：$R_m = 460$ MPa，$R_{p0.2} = 320$MPa，$A = 17\%$，$Z = 30\%$。若2A12（LY12）硬铝用作150℃以上工作的耐热材料，则需要人工时效，其温度为190℃，主要是形成较稳定的S相。2A12（LY12）硬铝和其它硬铝一样，都有晶间腐蚀倾向，并且人工时效比自然时效具有更大的晶间腐蚀倾向，所以，硬铝合金除了高温工作的构件外，一般采用自然时效。当$CuAl_2$相在晶界析出时，周围基体存在贫铜区，它作为阳极，能发生选择性晶间腐蚀，因此，硬铝合金淬火时，在保证不变形开裂的前提下，冷却速度越快越好。也可采用外包纯铝层起保护作用。2A12（LY12）硬铝板材用于制作飞机蒙皮、壁板，型材用作飞机隔框、翼肋等。

耐热硬铝有高的室温强度和高温（300℃以下）持久强度，热状态塑性较好，可进行焊接，但耐蚀性差，主要用于250～350℃工作的零件和常温或高温下工作的焊接容器。典型合金为2A16（LY16）。

3. 超硬铝合金

超硬铝属于Al-Zn-Mg-Cu系合金，是目前室温强度最高的一类合金，其强度值可达500～700 MPa，超过高强度硬铝2A12（LY12），故称为超硬铝合金。这类合金除了强度高以外，韧性储备也很高，又具有良好的工艺性能，是飞机工业中重要的结构材料。

超硬铝的牌号是7A系合金，是在铝锌镁合金系的基础上发展起来的。锌和镁是合金的主要强化元素，形成的强化相除θ相、S相外，还有可产生强烈时效强化效果的η相（$MgZn_2$）和T相（$Mg_3Zn_3Al_2$），因而成为目前强度最高的一类铝合金。超硬铝的代号用LC（“铝超”汉语拼音字首）和顺序号表示。这类合金有较好的热塑性，适宜压延、挤压和锻造，焊接性能也较好。锌、镁含量过高时，虽然合金强度提高，但塑性和抗应力腐蚀性能变坏。铜的加入主要是为了改善超硬铝的应力腐蚀倾向。同时铜能形成强化相，提高合金的强度。但铜的质量分数超过3%时，合金的耐蚀性反而降低，故超硬铝中铜的质量分数应控制在3%以下。此外，铜还会降低超硬铝的焊接性能，所以，一般超硬铝采用铆接或粘接。

超硬铝与硬铝相比，淬火温度范围较宽，在460～500℃之间淬火都能保证合金的性能。但一般不用自然时效，只进行人工时效，且采用分级时效，即先在120℃时效3h，再在160℃时效3h，形成GP区和少量η′相，此时合金达到最大强化状态。

超硬铝的缺点是耐蚀性差，疲劳强度低且应力腐蚀倾向大。为了提高其耐蚀性，一般在板材表面包铝。此外，超硬铝的耐热性不如硬铝，当温度升高时，超硬铝中的固溶体迅速分解，强化相聚集长大，而使强度急剧降低。超硬铝合金只能在低于120℃的温度下使用。目前主要用于制作要求重量轻、受力较大的结构件，如飞机大梁、起落架等，典型合金为

7A04（LC4）。

4. 锻铝合金

锻铝属于 Al-Mg-Si-Cu 系合金，具有良好的热塑性和锻造性能，可用于制作形状复杂或承受重载的各类锻件和模锻件，故称为锻铝。锻铝在经固溶处理和人工时效后可获得与硬铝相当的力学性能。锻铝的代号用 LD（“铝锻”的汉语拼音字首）和顺序号表示。典型合金为 2A60（LD6）。

锻铝合金中存在较严重的停放效应，即淬火后在室温停置一段时间再经人工时效时，合金的沉淀强化效应将降低。这主要是因为镁和硅在铝中的固溶度不同，硅的固溶度小，先于镁发生偏聚；硅原子偏聚区小而弥散，基体中固溶的硅含量大大减少。当再进行人工时效时，那些小于临界尺寸的硅的 GP 区将重新溶解，导致形成介稳的 β″相的有效核心数减少，从而生成粗大的 β″相。β″相的颗粒越粗大，合金的强度越低。为了减少停放效应，在合金中同时加入铜和锰。锰有固溶强化、提高韧性和耐蚀性的作用。铜可显著改善热加工塑性，并能提高热处理强化效果，降低因加入锰而引起的各向异性。

常用变形铝合金的代号、牌号、化学成分、力学性能及用途举例见表 7-3。

表 7-3　常用变形铝合金的牌号、化学成分、力学性能及用途举例

（GB/T 3190—2008 和 GB/T 1647—1996）

类别	牌号	代号	化学成分（%）						热处理状态	力学性能			用途举例
			w_{Cu}	w_{Mg}	w_{Mn}	w_{Zn}	$w_{其它}$	w_{Al}		R_m/MPa	A（%）	硬度 HBW	
防锈铝合金	5A05	LF5	0.1	4.8～5.5	0.3～0.6	0.2		余量	M	280	20	70	焊接油箱、油管、铆钉、中载零件及制品
防锈铝合金	5A11	LF11	0.1	4.8～5.5	0.3～0.6	0.2	Ti 或 V 0.02～0.15	余量	M	270	20	70	焊接油箱、油管、铆钉、中载零件及制品
防锈铝合金	3A21	LF21	0.2	0.05	1.0～1.6	0.1	Ti 0.15	余量	M	130	20	30	管道、容器、铆钉及轻载零件及制品
硬铝合金	2A01	LY1	2.2～3.0	0.2～0.5	0.2	0.1	Ti 0.15	余量	CZ	300	24	70	中等强度、工作温度不超过 100℃的铆钉
硬铝合金	2A11	LY11	3.8～4.8	0.4～0.8	0.4～0.8	0.3	Ni 0.10 Ti 0.15	余量	CZ	420	18	100	中等强度构件和零件，如骨架、螺旋桨叶片、铆钉等
硬铝合金	2A12	LY12	3.8～4.9	1.2～1.8	0.3～0.9	0.3	Ni 0.10 Ti 0.15	余量	CZ	480	11	131	高强度的构件及 150℃以下工作的零件，如骨架、梁、铆钉等
超硬铝合金	7A04	LC4	1.4～2.0	1.8～2.8	0.2～0.6	5.0～7.0	Cr 0.10～0.25	余量	CS	600	12	150	主要受力构件及高载荷零件，如飞机大梁、加强框、起落架等

（续）

类别	牌号	代号	化学成分（%）						热处理状态	力学性能			用途举例
			w_{Cu}	w_{Mg}	w_{Mn}	w_{Zn}	$w_{其它}$	w_{Al}		R_m/MPa	A（%）	硬度HBW	
锻铝合金	2A50	LD5	1.8~2.6	0.4~0.8	0.4~0.8	0.3	Ni 0.10 Si 0.7~1.2 Ti 0.15	余量	CS	420	13	105	形状复杂和中等强度的锻件及模锻件
	2A70	LD7	1.9~2.5	1.4~1.8	0.2	0.3	Ti 0.02~0.10 Ni 1.0~1.5 Fe 1.0~1.5	余量	CS	440	13	120	高温下工作的复杂锻件和结构件、内燃机活塞
	2A14	LD10	3.9~4.8	0.4~0.8	0.4~1.0	0.3	Ni 0.01 Si 0.6~1.2 Ti 0.15	余量	CS	480	10	135	高载荷锻件和模锻件

注：M——退火，CZ——淬火＋自然时效，CS——淬火＋人工时效。

7.1.5 铸造铝合金及其生产

铸造铝合金的力学性能不如变形铝合金，但其铸造性能好，可进行各种形状复杂零件的铸造。成分位于共晶点的合金具有最佳的铸造性能，但同时合金组织中会出现大量硬而脆的化合物，使合金的脆性增加。因此，实际使用的铸造铝合金并非都是共晶合金，它与变形铝合金相比只是合金元素含量高一些。

1. 铸造铝合金的种类及性能

铸造铝合金按主加合金元素的不同，可分为Al-Si系、Al-Cu系、Al-Zn系和Al-Mg系合金四类。铸造铝合金的代号用ZL（“铸铝”的汉语拼音字首）和三位数字表示。第一位数字表示合金类别（以1、2、3、4顺序号分别代表Al-Si系、Al-Cu系、Al-Mg系和Al-Zn系）；第二、三位数字表示合金顺序号。铸造铝合金的牌号由“ZAl”、合金元素符号及合金含量（$w_{Me}\times 100$）组成。部分常用铸造铝合金的牌号（代号）、化学成分、力学性能及用途举例见表7-4。

表7-4 部分常用铸造铝合金的牌号（代号）、化学成分、力学性能及用途举例

（摘自GB/T 1173—1995）

类别	牌号（代号）	化学成分（%）						铸造方法与热处理状态	力学性能			用途举例
		w_{Si}	w_{Cu}	w_{Mg}	w_{Mn}	$w_{其它}$	w_{Al}		R_m/MPa	A（%）	硬度HBW	
铝硅合金	ZAlSi7Mg（ZL101）	6.0~7.5		0.25~0.45			余量	J，T5 S，T5	205 195	2 2	60 60	形状复杂的零件，如飞机、仪器的零件，抽水机壳体，工作温度不超过185℃的汽化器等

（续）

类别	牌号（代号）	化学成分（%）						铸造方法与热处理状态	力学性能			用途举例
		w_{Si}	w_{Cu}	w_{Mg}	w_{Mn}	$w_{其它}$	w_{Al}		R_m /MPa	A（%）	硬度 HBW	
铝硅合金	ZAlSi12 （ZL102）	10～13					余量	J SB，JB SB，JB，T2	155 145 135	2 4 4	50 50 50	形状复杂的零件，如仪表、抽水机壳体，工作温度在200℃以下要求气密性、承受低载荷的零件
铝硅合金	ZAlSi5CuMg （ZL105）	4.5～5.5	1.0～1.5	0.4～0.6			余量	J，T5 S，T5 S，T6	235 195 225	0.5 1.0 0.5	70 70 70	形状复杂，在225℃以下工作的零件，如风冷发动机的气缸头、机匣、油泵壳体等
铝硅合金	ZAlSi12CuMg1 （ZL108）	11～13	1.0～2.0	0.4～1.0	0.3～0.9		余量	J，T1 J，T6	195 255		85 90	要求高温强度及低膨胀系数的高速内燃机活塞及其它耐热零件
铝硅合金	ZAlSi9Cu2Mg （ZL111）	8.0～10	1.3～1.8	0.4～0.6	0.10～0.35	Ti 0.10～0.35	余量	SB，T6 J，T6	255 315	1.5 2	90 100	250℃以下工作的承受重载的气密零件，如大马力柴油机气缸体、活塞等
铝铜合金	ZAlCu5Mn （ZL201）		4.5～5.3		0.6～1.0	Ti 0.15～0.35	余量	S，T4 S，T5	295 335	8 4	70 90	在175～300℃以下工作的零件，如支臂、挂架梁、内燃机气缸头、活塞等
铝铜合金	ZAlCu4 （ZL203）		4.0～5.0				余量	J，T4 J，T5	205 225	6 3	60 70	中等载荷、形状较简单的零件，如托架和工作温度不超过200℃并要求切削加工性能好的小零件
铝镁合金	ZAlMg10 （ZL301）			9.5～11			余量	S，T4	280	10	60	在大气或海水中工作的零件，承受大振动载荷，工作温度不超过150℃的零件
铝镁合金	ZAlMg5Si （ZL303）	0.8～1.3		4.5～5.5	0.1～0.4		余量	S，J	145	1	55	腐蚀介质作用下的中等载荷零件，在严寒大气中以及工作温度不超过200℃的零件，如海轮配件和各种壳体

（续）

类别	牌号（代号）	化学成分（%）						铸造方法与热处理状态	力学性能			用途举例
		w_{Si}	w_{Cu}	w_{Mg}	w_{Mn}	$w_{其它}$	w_{Al}		R_m /MPa	A（%）	硬度HBW	
铝锌合金	ZAlZn11Si7（ZL401）	6.0 ~ 8.0		0.1 ~ 0.3		Zn 9 ~ 13	余量	J，T1 S，T1	245 195	1.5 2	90 80	工作温度不超过200℃、结构形状复杂的汽车、飞机零件，也可用于制作日用品

注：1. 铸造方法：S——砂型铸造，J——金属型铸造，B——变质处理。

2. 热处理状态：T1——人工时效，T2——退火，T4——固溶处理＋自然时效，T5——固溶处理＋不完全人工时效，T6——固溶处理＋人工时效。

（1）铝硅铸造铝合金　这类合金又称为硅铝明，是四类铸造铝合金中铸造性能最好的，具有中等强度和良好的耐蚀性，因而应用最广。

具有共晶成分（$w_{Si}=11.7\%$）的铝硅合金 ZAlSi12（ZL102）具有优良的铸造性能，经铸造后的金相组织是由粗大针状硅晶体和 α 固溶体组成的共晶体。粗大针状硅晶体严重降低了铝合金的力学性能（$R_m=140$MPa，$A=2\%$），若在浇注前加入一定量的含钠或锶的变质剂进行变质处理，可使共晶硅呈细小点状，同时使共晶点右移而得到亚共晶合金组织，从而使铝合金的力学性能显著提高（$R_m\geqslant180$MPa，$A=6\%$），如图 7-6 所示。

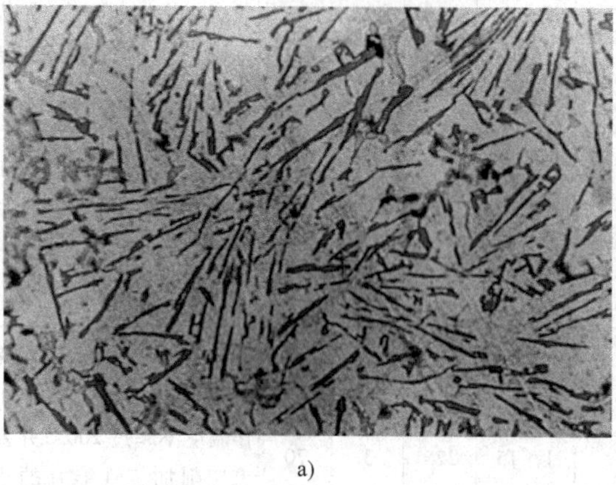

a)

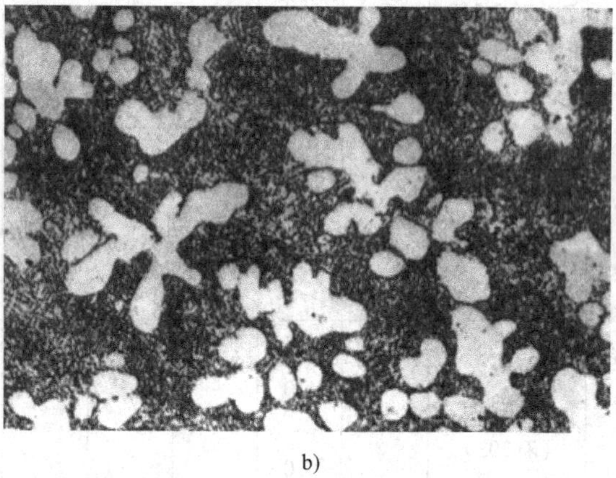

b)

图 7-6　ZL102 合金的铸态组织

a）未变质处理（100×）　b）变质处理后（200×）

铸造铝硅合金一般常用于制造发动机气缸以及仪表外壳等。

为了提高铝硅共晶合金的强度，可以加入镁，以形成强化相 Mg_2Si，再采用时效热处理，可以进一步提高合金的强度。ZL104 合金在铝硅铸造铝合金中是强度最高的，经过(535±5)℃固溶3～5h 水冷，(175±5)℃人工时效5～10h，其力学性能可达到以下数值：$R_m=235$MPa，$A=2\%$，可用于制作工作温度低于 200℃、高负荷及复杂形状的零件，如发动机缸体、发动机机匣等。若适当减少硅的含量而加入镁、铜，可使合金具有良好的耐热性和耐磨性，是制造内燃机活塞的适宜材料。

（2）铝铜铸造铝合金　铝铜铸造铝合金中铜的质量分数一般为4%～14%，它的时效强化效果好，在铸造铝合金中具有最高的强度和耐热性。但由于合金中共晶体数量少（铝铜二元合金的共晶点在 $w_{Cu}=33.2\%$ 处），故铸造性能不好，耐蚀性也较差。铝铜铸造铝合金可用于制作要求高强度或在高温（200～300℃）条件下工作的零件。

ZL203 合金的热处理强化效果最大，是常用的铝铜铸造铝合金。为了改善其铸造性能，提高流动性，减少铸后热裂倾向，需加入一定量的硅，以形成一定量的三元共晶组织（$\alpha+Si+CuAl_2$）。当用金属型铸造时，一般加入质量分数为 3% 的硅；当用砂型铸造时，加入 1% 的硅。但加硅后，会降低该合金的室温性能和高温性能。ZL203 合金经过（515±5）℃固溶保温10～15h，再在 80～100℃热水中冷却，然后采用自然时效处理，虽然强度稍低，但具有较高的塑性，其力学性能为：$R_m=210MPa$，$R_{p0.2}=106MPa$，$A=8\%$。若采用不完全人工时效，在 150℃保温 2～4h，则强度较高，塑性稍低，其力学性能为：$R_m=240MPa$，$R_{p0.2}=144MPa$，$A=5\%$。ZL203 合金可用于制作工作温度低于 200℃、承受中等负荷的零件。

（3）铝镁铸造铝合金　铝镁铸造铝合金的优点是相对密度轻（仅为 2.55），强度和韧性较高，并具有优良的耐蚀性、切削性和抛光性。铝镁铸造铝合金中当镁的质量分数为 9.5%～11.5%时性能最好，常用的 ZL301 具有这样的镁含量。ZL301 合金经过（430±5）℃固溶保温12～20h，在油中冷却，再经自然时效后，其力学性能为：$R_m=343MPa$，$R_{p0.2}=167MPa$，$A=10\%$，硬度为 80HBW。

为了改善铝镁铸造铝合金的铸造性能，可加入质量分数为 0.8%～1.3%的 Si。铝镁铸造合金常用于制作承受冲击、振动载荷和耐海水或大气腐蚀、外形较简单的重要零件和接头等。

（4）铝锌铸造铝合金　铝锌铸造铝合金具有较高的强度，且是最便宜的一种铸造铝合金。该合金的铸造性能良好，并且在铸造冷却时就可形成含锌的过饱和 α 固溶体（称为“自淬火效应”），使铸件具有较高的强度，既可直接进行人工时效，也可直接使用。铝锌合金铸造时也需要进行变质处理。这类合金的缺点是密度较大，耐蚀性较差，热裂倾向大。

常用的铝锌铸造铝合金是 ZL401 合金。该合金含有较高的硅（$w_{Si}=6\%\sim8\%$），又称为锌特殊铝硅合金。合金中加入适量的镁、锰和铁，可以显著提高其耐热性能。可用于制作工作温度在 200℃以下，结构形状复杂的汽车及飞机零件以及医疗器械零件。

铸造铝合金中除了 ZL102 外，均能进行热处理强化。由于铸造铝合金零件比变形铝合金零件形状复杂、壁厚差异大、组织粗大、偏析严重，因此铸造铝合金件的热处理和变形铝合金相比具有以下特点：①为了防止铸造铝合金零件的变形或过热，最好在 350℃以下低温入炉，然后随炉缓慢加热到淬火温度；②淬火温度要高一些，保温时间要长一些（一般均为 15～20h）；③淬火冷却介质一般用 60～100℃的热水；④凡是需要时效处理的铸件，一般是采用人工时效处理。铸造铝合金的热处理可以根据铸件的工作条件和力学性能要求，选择不同的热处理方法。

2. 铸造铝合金的生产

铸造铝合金一般用坩埚或电炉进行熔炼，它的熔点较低，有较好的流动性，适合铸造各种形状复杂的薄、厚壁铸件。铝合金在液态下易氧化而形成 Al_2O_3 薄膜，该薄膜氧化物不易被还原，且密度与铝液相近，可悬浮于铝液中，在熔炼和浇注过程中很难被去除，易形成夹渣，从而降低铸造铝合金的力学性能。此外，铝合金的吸气能力较强，能吸入铝液中的气体，在凝固时被其表面的 Al_2O_3 薄膜阻碍，残留在铸件中会形成许多分散的针孔，使铸件的气密性和力学性能降低。为了避免铝合金的氧化和吸气现象，一般铝合金的熔炼都在熔剂层下进行，并需要进行去气和精炼处理。此外，还需要合理设计铸件的浇注系统，使液体合金能平稳而较快地充满型腔，以避免继续氧化。

多种铸造方法都适用于铝合金铸件生产。当生产批量小时，可用手工砂型铸造，并且大部分铸造铝合金对型砂和芯砂的耐火度要求不高；当生产批量大时，多采用金属型铸造和压力铸造方法。

7.2 铜及铜合金

7.2.1 纯铜及铜合金分类

1. 纯铜

纯铜的密度为 8.96g/cm^3，熔点为1083℃，具有面心立方晶格，无同素异构转变。纯铜有很好的导电性、导热性及高的化学稳定性，耐大气和水的腐蚀，并且是抗磁性金属；塑性好（$A = 50\%$），但强度较低（$R_m = 230 \sim 250$MPa），硬度很低（40～50HBW），不能热处理强化，只能通过冷加工变形强化。

纯铜中的主要杂质有铅、铋、氧、硫和磷等，它们对纯铜的性能影响极大，不仅可使其导电性能降低，而且还会使其在冷、热加工中发生冷脆和热脆现象。因此，必须控制纯铜中的杂质含量。

工业纯铜的代号用 T（“铜”的汉语拼音字首）及顺序号表示，共有 T1、T2、T3 三个代号，其后的数字越大，纯度越低。

纯铜主要用作导线、电缆、传热体、铜管、垫片及防磁器械等。

2. 铜合金的分类

纯铜的强度不高，要满足结构件的要求，必须进行铜的合金化。用于铜合金固溶强化的元素主要有铝、锡、锰、镍等，它们在铜中的固溶度均大于9.4%，具有明显的固溶强化效果。合金元素铍、钛、锆、铬等在固态铜中的溶解度随温度的降低而剧烈减小，因而具有时效强化效果。根据化学成分不同，铜合金可以分为黄铜、青铜及白铜三大类。以锌为主要合金元素的铜合金称为黄铜；以镍为主要合金元素的铜合金称为白铜；除了锌和镍以外的其它元素作为主要合金元素的铜合金称为青铜。

7.2.2 黄铜

黄铜是以锌为主要合金元素的铜合金。按其化学成分不同，分为普通黄铜和特殊黄铜；按其生产方法不同，分为压力加工黄铜和铸造黄铜。

1. 普通黄铜

铜和锌组成的二元合金称为普通黄铜。锌加入铜中提高了合金的强度、硬度和塑性，并可改善其铸造性能。普通黄铜的组织和力学性能与含锌量的关系如图 7-7 所示。由图中可见，在平衡状态下，$w_{Zn} < 33\%$时，锌可全部溶于铜中，形成单相 α 固溶体，随着锌含量增加，黄铜强度增加，塑性得到改善，适于冷加工变形；当 $w_{Zn} = 33\% \sim 45\%$时，锌的含量超过它在铜中的溶解度，合金中除了形成 α 固溶体外，还产生少量硬而脆的 CuZn 化合物，随着锌含量的增加，黄铜的强度继续增加，但塑性开始下降，不宜进行冷变形加工；当 $w_{Zn} > 45\%$时，黄铜的组织全部为脆性相 CuZn，合金强度、塑性急剧下降，脆性很大。所以，工业黄铜中锌的质量分数一般不超过47%，经退火后可获得全部是α固溶体的单相黄铜（w_{Zn} <33%），或是（α+CuZn）组织的双相黄铜（w_{Zn}≥33%）。

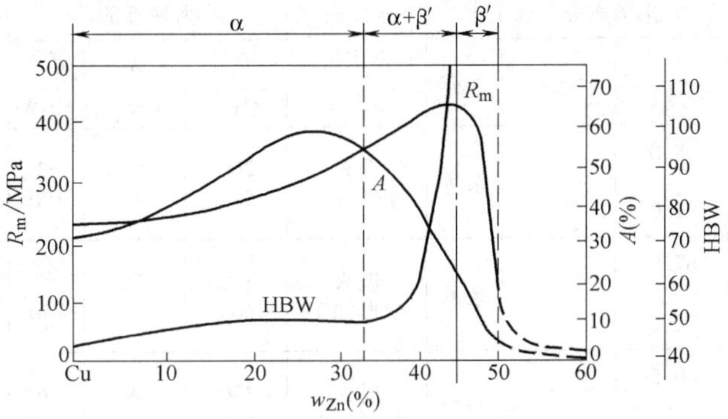

图7-7 锌含量对黄铜的组织和力学性能的影响

黄铜的耐蚀性良好，但由于锌的电极电位远低于铜，所以，黄铜在中性盐类水溶液中也极易发生电化学腐蚀，产生脱锌现象，从而加速腐蚀。为了防止脱锌，可加入微量的砷。此外，经冷加工的黄铜制件存在残余应力，在潮湿大气或海水中，特别是在有氨的介质中易发生应力腐蚀开裂（季裂），防止开裂的方法是进行去应力退火。

压力加工普通黄铜的牌号用H（"黄"的汉语拼音字首）加数字表示，数字代表含铜量的百分数，例如，H68表示w_{Cu}=68%，其余为锌的普通黄铜。典型的压力加工普通黄铜有H68、H62。H68为单相黄铜，强度较高，冷、热变形能力好，可用冷冲和深冲法加工成各种形状复杂的工件，如弹壳等；H62为双相黄铜，强度较高，有一定耐蚀性，适宜于热变形加工，广泛用于热轧、热压零件。

铸造黄铜的牌号依次由Z（"铸"的汉语拼音字首）、Cu、合金元素符号及该元素含量的百分数组成。例如，ZCuZn38为w_{Zn}=38%，其余为铜的铸造合金。铸造黄铜的熔点低于纯铜，铸造性能好，且组织致密，主要用于制作一般的结构件和耐蚀零件。

2. 特殊黄铜

为了改善黄铜的耐蚀性、力学性能和切削加工性，在普通黄铜的基础上再加入其它合金元素，即可形成特殊黄铜，常用的特殊黄铜有锡黄铜、锰黄铜、硅黄铜和铅黄铜等。合金元素加入黄铜后，除了具有强化作用外，锡、锰、铝、硅、镍等元素还可以提高其耐蚀性，并降低其应力腐蚀开裂的倾向；硅、铅可以提高黄铜的耐磨性，并可以分别改善黄铜的铸造性能和切削加工性能。特殊黄铜也分为压力加工用和铸造用两种，前者合金元素的加入量较少，使之能溶入固溶体中，以保证有足够的变形能力；后者因不要求有较高的塑性，为了提高强度和铸造性能，可以加入较多的合金元素。

压力加工特殊黄铜的牌号依次由H（"黄"的汉语拼音字首）、主加合金元素、铜含量的百分数及合金元素含量的百分数组成。例如，HMn58-2表示w_{Cu}=58%、w_{Mn}=2%，其余为Zn的锰黄铜。铸造特殊黄铜的牌号依次由Z（"铸"的汉语拼音字首）、Cu、合金元素符号及该元素含量的百分数组成。例如，ZCuZn31Al2表示w_{Zn}=31%、w_{Al}=2%，其余为Cu的铸造黄铜。

部分常用黄铜的牌号、化学成分、力学性能及用途举例见表7-5。

表 7-5　部分常用黄铜的牌号、化学成分、力学性能及用途举例

（摘自 GB/T 5231—2001 和 GB/T 1176—1987）

类别		牌号（代号）	化学成分（%）			加工状态或铸造方法	力学性能			用途举例
			w_{Cu}	$w_{其它}$	w_{Zn}		R_m /MPa	A (%)	硬度 HBW	
压力加工黄铜	普通黄铜	H90	88.0 ~ 91.0		余量	退火 变形加工	260 580	45 4	53 130	双金属片、供水和排水管、证章、艺术品（又称为金色黄铜）
压力加工黄铜	普通黄铜	H68	67.0 ~ 70.0		余量	退火 变形加工	320 660	55 3	 150	复杂的冲压件、散热器外壳、弹壳、导管、波纹管、轴套
压力加工黄铜	普通黄铜	H62	60.5 ~ 63.5		余量	退火 变形加工	330 600	49 3	56 164	销钉、铆钉、螺钉、螺母、垫圈、弹簧、夹线板、散热器
压力加工黄铜	普通黄铜	H59	57.0 ~60.0		余量	退火 变形加工	390 500	44 10	 130	机械、电器用零件，焊接件及热冲压件
压力加工黄铜	特殊黄铜	HSn62-1	61.0 ~63.0	Sn 0.7 ~1.1	余量	退火 变形加工	400 700	40 4	50 95	与海水和汽油接触的船舶零件（又称为海军黄铜）
压力加工黄铜	特殊黄铜	HSi80-3	79.0 ~ 81.0	Si 2.5 ~4.0	余量	退火 变形加工	300 600	58 4	90 110	船舶零件，在海水、淡水和蒸汽（＜250℃）条件下工作的零件
压力加工黄铜	特殊黄铜	HMn58-2	57.0 ~ 60.0	Mn 1.0 ~2.0	余量	退火 变形加工	400 700	40 10	85 175	海轮制造业和弱电用件
压力加工黄铜	特殊黄铜	HPb59-1	57.0 ~ 60.0	Pb 0.8 ~ 1.9	余量	退火 变形加工	400 650	45 16	44 80	热冲压及切削加工零件，如销、螺钉、螺母、轴套（又称为易切削黄铜）等
压力加工黄铜	特殊黄铜	HAl60-1-1	58.0 ~ 61.0	Al 0.7 ~1.5 Fe 0.7 ~1.5 Mn 0.1 ~0.6	余量	退火 变形加工	450 750	45 8	95 180	齿轮、蜗轮、轴、衬套及其它耐蚀零件
压力加工黄铜	特殊黄铜	HAl59-3-2	57.0 ~ 60.0	Al 2.5 ~3.5 Ni 2.0 ~3.0	余量	退火 变形加工	380 650	50 15	75 155	船舶、电机及其它在常温下工作的高强度、耐蚀零件
铸造黄铜	普通黄铜	ZCuZn38	60.0 ~ 63.0		余量	砂型 金属型	300 300	30 30	60 70	一般结构件和耐蚀零件，如散热器、螺钉、螺母、法兰、支架等
铸造黄铜	特殊黄铜	ZCuZn40Pb2	58.0 ~ 63.0	Pb 0.5 ~2.5 Al 0.2 ~0.8	余量	砂型 金属型	220 280	15 20	78.5 88.5	一般用途的耐磨、耐蚀零件，如轴套、齿轮等
铸造黄铜	特殊黄铜	ZCuZn40Mn3Fe1	53.0 ~ 58.0	Mn 3.0 ~4.0 Fe 0.5 ~1.5	余量	砂型 金属型	440 490	18 15	100 110	轮廓不复杂的重要零件，海轮上在300℃下工作的管配件、螺旋桨
铸造黄铜	特殊黄铜	ZCuZn25Al6Fe3Mn3	60.0 ~ 66.0	Al 4.5 ~ 7.5 Mn 1.5 ~4.0 Fe 1.2 ~4.0	余量	砂型 金属型	725 740	10 7	100 166	高强度及耐磨零件，如桥梁支承板、螺母、螺杆、耐磨板、滑块、蜗轮等

（1）铅黄铜 铅不溶于黄铜内，而呈游离质点状态分布在其晶界上。铅黄铜按其组织有α和（α+β）两种。α铅黄铜高温塑性很低，只能进行冷变形或热挤压。（α+β）铅黄铜在高温下具有较好的塑性，可进行锻造。

（2）锡黄铜 黄铜中加入锡，可明显提高合金的耐热性，特别是提高耐海水腐蚀的能力，故锡黄铜有“海军黄铜”之称。

锡能溶入铜基固溶体中，起固溶强化作用。但是，随着含锡量的增加，合金中会出现脆性的γ相（CuZnSn化合物），不利于合金的塑性变形，故锡黄铜中锡的质量分数一般为0.5%～1.5%。

常用的锡黄铜有HSn70-1、HSn62-1、HSn60-1等。前者是α合金，具有较高的塑性，可进行冷、热压力加工。后两种牌号的合金具有（α+β）两相组织，并常出现少量的γ相，室温塑性不高，只能在热态下变形。

（3）锰黄铜 锰在固态黄铜中有较大的溶解度。黄铜中加入质量分数为1%～4%的锰，可显著提高合金的强度和耐蚀性，而不降低其塑性。

锰黄铜具有（α+β）两相组织，常用的有HMn58-2，其冷、热态下的压力加工性能相当好。

（4）铁黄铜 铁在铁黄铜中以富铁相的微粒析出，作为晶核而细化晶粒，并能阻止再结晶晶粒长大，从而提高合金的力学性能和工艺性能。铁黄铜中铁的质量分数通常在1.5%以下，其组织为（α+β），具有高的强度和韧性，高温下塑性很好，冷态下也可变形。常用的牌号为HFe59-1-1。

（5）镍黄铜 镍与铜能形成连续固溶体，显著扩大α相区。黄铜中加入镍可显著提高其在大气和海水中的耐蚀性。镍还能提高黄铜的再结晶温度，促使形成更细的晶粒。

HNi65-5镍黄铜具有单相的α组织，室温下具有很好的塑性，也可在热态下变形，但是对杂质铅的含量必须严格控制，否制会严重恶化合金的热加工性能。

7.2.3 青铜

青铜原先是指人类最早应用的一种铜锡合金，现代工业将除了黄铜和白铜（铜-镍合金）之外的铜合金均称为青铜。含锡的青铜称为锡青铜，不含锡的青铜称为特殊青铜或无锡青铜。常用青铜有锡青铜、铝青铜、铅青铜等。按生产方式，可分为压力加工青铜和铸造青铜两类。

青铜的代号依次由Q（“青”的汉语拼音字首）、主加合金元素符号及含量的百分数、其它合金元素含量的百分数构成，例如，QSn4-3表示$w_{Sn}=4\%$、$w_{Zn}=3\%$、其余为铜的锡青铜。如果是铸造青铜，代号之前加Z（“铸”的汉语拼音字首），例如，ZCuAl10Fe3表示$w_{Al}=10\%$、$w_{Fe}=3\%$、其余为铜的铸造铝青铜。

1. 锡青铜

锡青铜是以锡为主加元素的铜合金。锡在铜中可形成固溶体，也可形成金属化合物。锡的含量不同，锡青铜的组织及性能也不同。如图7-8所示，$w_{Sn}<8\%$的锡青铜形成α固溶体，塑性好，适于压力加工；$w_{Sn}=8\%\sim20\%$时，组织中出现硬脆相δ，强度继续增加，塑性急剧下降；当$w_{Sn}>20\%$时，因δ相过多，合金的塑性和强度显著降低。所以，工业用锡青铜锡的质量分数一般为3%～14%。

锡青铜最主要的特点是耐蚀、耐磨和弹性好，在大气、海水和蒸汽等环境中的耐蚀性优于铜和黄铜。铸造锡青铜流动性差，缩松倾向大，组织不致密，因此凝固时的体积收缩率很小，适合于浇注外形尺寸要求严格的铸件。锡青铜多用于制作轴承、轴套、弹性元件以及耐蚀、抗磁零件等。

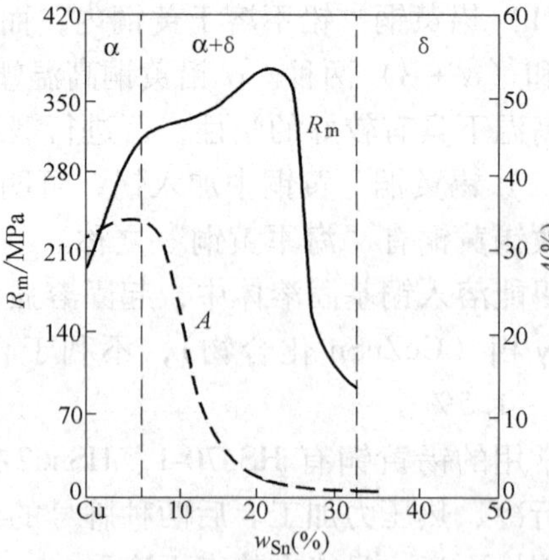

图 7-8 锡青铜的力学性能与锡含量的关系

2. 铝青铜

铝青铜是以铝为主加合金元素的铜合金。铝青铜具有高的强度、耐蚀性和耐磨性，并能进行热处理强化。$w_{Al}=5\%\sim7\%$ 的铝青铜塑性好，适于冷加工，而 $w_{Al}<10\%$ 左右的铝青铜，强度最高，适宜铸造。实际应用的铝青铜铝的质量分数一般为 5%~12%。铝青铜主要用于制作仪器中要求耐蚀的零件和弹性元件；铸造铝青铜常用于制作要求强度高、耐磨性好的摩擦零件。

3. 铍青铜

铍青铜是以铍为主加元素（$w_{Be}=1.7\%\sim2.5\%$）的铜合金。由于铍在铜中的溶解度随温度变化而变化很大，因而铍青铜有很好的固溶时效强化效果，时效后 R_m 可达 1250~1400MPa。铍青铜不仅强度高、疲劳抗力高、弹性好，而且耐蚀、耐磨、导电、导热等性能优良，还具有无磁性、受冲击时无火花等优点，可进行冷热加工和铸造成形。但价格较贵，主要用于制作精密仪器或仪表的弹性元件、耐磨零件以及塑料模具等。

部分常用青铜的牌号、化学成分、力学性能及用途举例见表 7-6。

表 7-6 部分常用青铜的牌号、化学成分、力学性能及用途

（摘自 GB/T 5231—2001 和 GB/T 1176—1987）

类型	牌号（代号）	化学成分（%）			制品种类或铸造方法	力学性能		用途举例
		$w_{主加元素}$	$w_{其它}$	w_{Cu}		R_m/MPa	A（%）	
压力加工锡青铜	QSn4-3	Sn 3.5~4.5	Zn 2.7~3.3	余量	板、带棒、线	350	40	弹性元件，化工机械耐磨零件和抗磁零件
	QSn6.5-0.4	Sn 6.0~7.0	P 0.26~0.40	余量	板、带棒、线	750	9	耐磨及弹性元件
	QSn-4-4-2.5	Sn 3.0~5.0	Zn 3.0~5.0 Pb1.5~3.5	余量	板、带	650	3	轴承和轴套的衬垫等
铸造锡青铜	ZCuSn10Zn2	Sn 9.0~11.0	Zn 1.0~3.0	余量	砂型	240	12	在中等及较高载荷下工作的重要管配件，阀、泵体等
					金属型	245	6	
	ZCuSn10P1	Sn 9.0~11.5	P 0.5~1.0	余量	砂型	220	3	重要的轴瓦、齿轮、连杆和轴套等
					金属型	310	2	

（续）

类型	牌号（代号）	化学成分（%）			制品种类或铸造方法	力学性能		用途举例
		$w_{主加元素}$	$w_{其它}$	w_{Cu}		R_m /MPa	A（%）	
特殊青铜（无锡青铜）	ZCuAl10Fe3	Al 8.5 ~11.0	Fe 2.0 ~2.4	余量	砂型	490	13	重要的耐磨、耐蚀重型铸件，如轴套、蜗轮等
					金属型	540	15	
	ZCuAl9Mn2	Al 7.0 ~8.5	Mn 1.5 ~2.5	余量	砂型	392	20	形状简单的大型铸件，如衬套、齿轮、轴承
					金属型	441	20	
	QBe2	Be 1.8 ~2.1	Ni 0.2 ~0.5	余量	板、带棒、线	500	3	重要仪表的弹簧、齿轮等
	QSi3-1	Si 2.7 ~3.5	Mn 1.0 ~1.5	余量	板、棒	700	3	弹簧，耐磨零件如齿轮、蜗杆等

7.2.4　白铜

白铜是以镍为主要添加元素的铜基合金，呈银白色，有金属光泽，故名白铜。铜镍之间彼此可无限固溶，从而形成连续固溶体，即不论彼此的比例多少，而恒为 α 单相合金。当把镍溶入纯铜中，镍的质量分数超过 16% 以上时，合金色泽会变得洁白如银，镍含量越高，颜色越白。白铜中镍的质量分数一般为 25%。

纯铜中加入镍元素能显著提高其强度、耐蚀性、硬度、电阻和热电性，但降低电阻率温度系数。因此，白铜比其它铜合金具有更好的力学性能和物理性能，其延展性好、硬度高、色泽美观、耐腐蚀，并富有深冲性能。白铜被广泛应用于造船、石油化工、电器、仪表、医疗器械、日用品及工艺品等领域，还是重要的电阻及热电偶合金。白铜的缺点是主要添加元素镍属于稀缺的战略物资，价格比较昂贵。

1. 普通白铜

铜镍二元合金（即二元白铜）称为普通白铜。在普通白铜中，字母 B 表示加镍的含量，例如，B5 表示镍的质量分数约为 5%，其余约为铜含量。其它型号有 B0.6、B19、B25、B30。

2. 特殊白铜

加有锰、铁、锌、铝等元素的白铜称为特殊白铜（即三元以上的白铜），包括铁白铜、锰白铜、锌白铜和铝白铜等。在特殊白铜中，第二个主要元素符号及铜含量以外的成分数字组表示各种元素的含量。例如，BMn3-12 表示镍的质量分数约为 3%，锰的质量分数约为 12%。

（1）铁白铜　型号有 BFe5-1.5(Fe)-0.5(Mn)、BFe10-1(Fe)-1(Mn)、BFe30-1(Fe)-1(Mn)。铁白铜中铁的加入质量分数不应超过 2%，以防腐蚀开裂，其特点是强度高，耐腐蚀，特别是耐流动海水腐蚀的能力明显提高。

（2）锰白铜　型号有 BMn3-12、BMn4.0-1.5、BMn43-0.5。锰白铜具有低的电阻温度系数，可在较宽的温度范围内使用，耐蚀性好，还具有良好的加工性。

（3）锌白铜　型号有 BZn18-18、BZn18-26、BZn18-18、BZn15-12(Zn)-1.8(Pb)、BZn15-24(Zn)-1.5(Pb)。锌白铜具有优良的综合力学性能，耐蚀性优异，冷热加工成形性

好，易切削，可制成线材、棒材和板材，用于制造仪器仪表、医疗器械、日用品和通讯等领域的精密零件。

（4）铝白铜　型号有 BAl13-3、BAl16-1.5。它是以铜镍合金为基，加入铝形成的合金，其性能与合金中镍含量和铝含量的比例有关，当 $w_{Ni}:w_{Al}=10:1$ 时，合金性能最好。常用的铝白铜有 Cu6Ni1.5Al、Cu13Ni3Al 等，主要用于造船、电力、化工等工业部门中的各种高强耐蚀件。

3. 工业白铜

工业用白铜分为结构白铜和精密电阻合金用白铜（电工白铜）两大类。

（1）结构白铜　结构白铜的特点是力学性能和耐蚀性好，色泽美观。最常用的结构白铜是 B30、B10 和锌白铜，另外，还有铝白铜、铁白铜和铌白铜等。B30 在白铜中耐蚀性最强，但价格较贵。铝白铜的性能同 B30 接近，价格低廉，可作 B30 的代用品。锌白铜 15 世纪时就已在中国生产使用，被称为“中国银”，所谓镍银或德银也属于此类锌白铜。锌能大量固溶于铜镍之中，产生固溶强化作用，且耐腐蚀。锌白铜加铅以后能顺利地切削加工成各种精密零件，故广泛应用于仪器仪表及医疗器件中。这种合金具有高的强度和耐蚀性，弹性也较好，外表美观，价格低廉。铝白铜中的铝能显著提高合金的强度及耐蚀性，其析出物还可以产生沉淀硬化作用。

结构白铜广泛用于制造精密机械、化工机械和船舶构件。

（2）精密电阻合金用白铜（电工白铜）　精密电阻合金用白铜具有良好的热电性能。BMn3-12 锰铜、BMn40-1.5 康铜、BMn43-0.5 考铜，以及以锰代镍的新康铜（又称为无镍锰白铜，$w_{Mn}=10.8\%\sim12.5\%$、$w_{Al}=2.5\%\sim4.5\%$、$w_{Fe}=1.0\%\sim1.6\%$）是含锰量不同的锰白铜。锰白铜是一种精密电阻合金，这种合金具有高的电阻率和低的电阻温度系数，适于制作标准电阻元件和精密电阻元件，用作精密电工仪器、变阻器、仪表、精密电阻、应变片等的材料。康铜和考铜的热电势高，还可用作热电偶和补偿导线。

在铜合金中，白铜因耐蚀性优异，且易于塑性成形、机械加工和焊接，广泛用于造船、石油、化工、建筑、电力、精密仪表、医疗器械、乐器制作等领域的耐蚀结构件。某些白铜还有特殊的电学性能，可制作电阻元件、热电偶材料和补偿导线。非工业用白铜主要用来制作装饰工艺品。

7.3　镁及镁合金

7.3.1　纯镁及镁合金分类

1. 纯镁

纯镁的密度为 $1.738g/cm^3$，熔点为 651℃，具有密排六方晶格，无同素异构转变。纯镁的化学性质活泼，在冶金中镁可以用作脱氧剂，制取钒、铬、钛等金属。镁在空气中立即能与氧形成氧化膜，但由于这种膜很脆，不致密，不能起到保护基体的作用，因而，镁在潮湿的大气、淡水、海水及绝大多数酸和盐的溶液中均易被腐蚀。但镁对碱、煤油、汽油及矿物油等物质具有较高的化学稳定性，因而可用作输油管道。

由于镁为六方晶格，滑移系数目少，故纯镁在室温和低温时塑性较低，容易脆断。纯镁的屈服强度较低，因此一般不宜用作结构材料。

2. 镁合金的分类

由于纯镁的力学性能不高，要满足结构件的要求，必须进行镁的合金化。镁合金中常加入的主要元素是铝、锌、锰、铬、稀土和锂等。镁的合金化原则与铝合金十分接近，主要是利用固溶强化和沉淀强化来提高合金的力学性能，也要考虑到晶粒细化强化和合金元素对耐蚀性和工艺性能的影响。我国镁合金的牌号是按成形工艺来划分和标记的，用两个汉语拼音字母和其后的合金顺序号（阿拉伯数字）组成。依据前两个字母将镁合金分为四类：变形镁合金（MB）、铸造镁合金（ZM）、压铸镁合金（YM）和航空镁合金。合金的顺序号表示合金之间的化学成分差异。

按成形工艺可将镁合金分为两大类，即变形镁合金和铸造镁合金，二者在成分、组织和性能上有很大的差异。我国常用镁合金的牌号及主要化学成分见表7-7。

表7-7　常用镁合金的牌号及主要化学成分

种类	合金系	牌号	主要化学成分（%）					
			w_{Al}	w_{Mn}	w_{Zn}	$w_{其它}$	w_{Mg}	$w_{杂质总量}$ ≤
变形镁合金	Mg-Mn	MB1	—	1.30～2.50	—	—	余量	0.2
		MB8	—	1.30～2.20	—	Ce 0.15～0.35	余量	0.3
	Mg-Al-Zn	MB2	3.0～4.0	0.15～0.50	0.2～0.8	—	余量	0.3
		MB3	3.7～4.7	0.30～0.60	0.8～1.4	—	余量	0.3
		MB5	5.5～7.0	0.15～0.50	0.5～1.5	—	余量	0.3
		MB6	5.0～7.0	0.20～0.50	2.0～3.0	—	余量	0.3
		MB7	7.8～9.2	0.15～0.50	0.2～0.8	—	余量	0.3
	Mg-Zn-Zr	MB15	—	—	5.0～6.0	Zr 0.3～0.9	余量	0.3
铸造镁合金	Mg-Zn-Zr	ZM1	—	—	3.5～5.5	Zr 0.5～1.0	余量	0.3
		ZM2	—	—	3.5～5.0	Zr 0.5～1.0 RE 0.75～1.75	余量	0.3
		ZM7	—	—	7.5～9.0	Zr 0.5～1.0 Ag 0.6～1.2	余量	0.3
	Mg-RE-Zr	ZM3	—	—	0.2～0.7	Zr 0.5～1.0 RE 2.5～4.0	余量	0.3
		ZM6	—	—	0.2～0.7	Zr 0.4～1.0 RE 2.0～2.8	余量	0.3
	Mg-Al-Zn	ZM5	7.5～9.0	0.15～0.50	0.2～0.8	—	余量	0.5
		ZM10	9.0～10.2	0.10～0.50	0.6～1.2	—	余量	0.5
压铸镁合金	Mg-Al-Zn	YM5	7.5～9.0	0.15～0.50	0.2～0.8	—	余量	0.5

7.3.2　镁合金的热处理

镁合金的常规热处理工艺可分为退火和固溶时效两大类。因为合金元素的扩散和合金相的分解过程极其缓慢，所以镁合金热处理的主要特点是固溶和时效处理时间较长，并且镁合金淬火时不必快速冷却，通常在静止的空气或在人工强制流动的空气流中冷却即可。

完全退火的目的是消除镁合金在塑性变形过程中的形变强化效应，恢复和提高其塑性，以便进行后续的变形加工。由于镁合金的大部分成形操作都是在高温下进行，故一般对其进行完全退火处理。

去应力退火既可以消除变形镁合金制品在冷热加工、成形、矫正和焊接过程中产生的残余应力，也可以消除铸件或铸锭中的残余应力。镁合金铸件中的残余应力一般不大，但由于镁合金弹性模量低，在较低应力下就能使镁合金铸件产生相当大的弹性应变，所以，必须彻底消除镁合金铸件中的残余应力，以保证其精密机加工时的尺寸精度，并防止镁铝铸造合金焊接件发生应力开裂等。几种变形镁合金的完全退火和去应力退火工艺规范见表7-8。

表7-8 几种变形镁合金的完全退火和去应力退火工艺规范

合金牌号	完全退火		去应力退火（板材）		去应力退火（冷挤压件或锻件）	
	温度/℃	时间/h	温度/℃	时间/h	温度/℃	时间/h
MB1	340～400	3～5	205	1	260	0.25
MB2	350～400	3～5	150	1	260	0.25
MB3	—	—	250～280	0.5	—	—
MB8	280～320	2～3	—	—	—	—
MB15	380～420	6～8	—	—	260	0.25

镁合金经过固溶处理后不必进行时效处理，就可以同时提高其抗拉强度和伸长率。由于镁原子扩散较速度慢，所以镁合金的固溶处理需要较长的加热时间，以保证强化相能充分溶解，其中，砂型铸造的厚壁铸件的镁合金所需的固溶时间最长，其次是薄壁铸件或金属型铸件，变形镁合金所需的加热时间最短。

部分镁合金经过铸造或加工成形后不必进行固溶处理，而是直接进行人工时效，也可以获得相当高的强度。特别是Mg-Zn系合金，若重新加热固溶处理会导致晶粒粗化，故通常在热变形后直接进行人工时效，以提高其强度。

固溶处理后进行人工时效，可以提高镁合金的屈服强度，但会降低部分塑性，这种处理工艺主要应用于Mg-Al-Zn和Mg-RE-Zr合金。

7.3.3 常用镁合金

1. 铸造镁合金

铸造镁合金中主要有Mg-Al-Zn、Mg-Zn-Zr及Mg-RE-Zr等合金系。铸造镁合金的热处理工艺与铝合金基本相同，即退火、人工时效、固溶处理（淬火）、固溶处理（淬火）和人工时效。

（1）Mg-Al-Zn系合金　ZM5是该系合金中应用最广泛的铸造合金之一，其平衡组织为$\alpha+Mg_{17}Al_{12}$。ZM5是在Mg-Al合金的基础上加入了少量的锌，以提高合金元素在α相中的固溶度，增强其热处理强化效果，从而提高合金的屈服强度。但当锌的质量分数大于1%时，将增加合金的显微缩松和热裂倾向。ZM5的特点是：铸造流动性好，线收缩小（1.1%～1.2%），热裂倾向小，可以进行各种类型的热处理，但以固溶处理（淬火）和固溶处理

（淬火）加人工时效最常用。ZM5的固溶处理（淬火）温度为415～420℃，保温时间要视铸件壁厚来确定，淬火冷却一般在空气中进行，条件允许时也可在热水中进行，但应避免用冷水处理以防止晶间开裂。经时效处理后，屈服强度可提高10%～15%。

（2）Mg-RE-Zr系耐热合金 ZM6是该系合金中性能最好的合金，经热处理后室温强度较高，高温瞬时强度和蠕变强度也很高，可在250℃下长期工作。新开发的Mg-Ag-RE（Nd）-Zr镁合金几乎与高强度铸造铝合金相当。

2. 变形镁合金

变形镁合金经过挤压、轧制和锻造等工艺处理后，具有比相同成分的铸造镁合金更高的性能。变形镁合金制品有轧制薄板、挤压件和锻件等。这些成品具有低成本、高强度和高延展性等优点，但其工作温度一般不超过150℃。

Mg-Al系变形镁合金属于中等强度、塑性较高的镁合金，典型合金为MB2、MB5及MB7。MB2的平衡组织为$\alpha + Mg_{17}Al_{12}$，因其合金化程度较低，$Mg_{17}Al_{12}$相数量较少，故不能通过热处理强化，一般在热加工或退火状态下使用。其退火工艺为：280～350℃保温3～5h，空冷。

Mg-Zn-Zr系变形镁合金是高强度镁合金，其变形能力不如Mg-Al系合金，常用于挤压件生产，典型的合金是MB15。MB15具有较高的强度，耐蚀性良好，无应力腐蚀破裂倾向。MB15可进行热处理强化，它有两种热处理方式：一种是挤压变形或锻造后直接在170℃时效10h；另一种是固溶处理（淬火）加人工时效。这两种处理方法所得到的性能在强度上相差不多，但在塑性上前者高于后者，因此，实际生产中多采用前一种方法。

7.3.4 镁及镁合金的应用

镁的密度大约是铝的2/3，是铁的1/4，是实用金属中最轻的金属，同时具有高的强度和刚性。镁合金的加工过程以及耐蚀性和力学性能也有许多特点，如质量轻、刚性好、具有一定的耐蚀性和尺寸稳定性、抗冲击、耐磨、衰减性能好及易于回收；另外还有高的导热和导电性能、无磁性、屏蔽性好和无毒等优点。

镁合金的密度虽然比塑料大，但是，单位质量的强度和弹性率比塑料高，所以，在同样强度下，镁合金的零部件能做得比塑料的薄而且轻。另外，由于镁合金的比强度也比铝合金和铁合金高，因此，在不减少零部件强度的情况下，可减轻铝合金或铁合金零部件的质量。

镁合金的比强度（强度与质量之比）高，比刚度（刚度与质量之比）接近于铝合金和钢，远高于工程塑料。

在弹性范围内，镁合金受到冲击载荷时，吸收的能量比铝合金多一倍，所以镁合金具有良好的抗振减噪性能。

镁合金熔点比铝合金熔点低，压铸成形性能好。镁合金铸件的抗拉强度与铝合金铸件相当，一般可达250MPa，最高可达600MPa以上，其屈服强度、伸长率也与铝合金相近。

镁合金还具有良好的耐蚀性能、电磁屏蔽性能、防辐射性能，并能做到100%的回收再利用。

镁合金件的尺寸稳定性较高，压铸件的铸造加工尺寸精度高，可进行高精度机械加工。镁合金具有良好的压铸成形性能，压铸件壁厚最小可达0.5mm，适于制造各类压铸件。

镁合金是航空器、航天器和火箭导弹制造工业中使用的最轻金属结构材料。镁的密度比铝轻，但作为结构件其强度不够高，只有200~300MPa，主要用于制作低承载力的零件。镁合金在潮湿空气中容易氧化和腐蚀，因此，在零件使用前，表面需要经过化学处理或涂漆。德国首先生产并在飞机上使用含铝的镁合金。镁合金具有较高的抗振能力，在受冲击载荷时能吸收较大的能量，还有良好的吸热性能，因而是制造飞机轮毂的理想材料。镁合金在汽油、煤油和润滑油中很稳定，适于制造发动机齿轮机匣、油泵和油管，又因在旋转和往复运动中产生的惯性力较小而被用来制造摇臂、舱门和舵面等活动零件。民用机和军用飞机，尤其是轰炸机广泛使用镁合金制品，例如，B—52轰炸机的机身部分就使用了镁合金板材635kg，挤压件90kg，铸件超过200kg。镁合金也用于导弹和卫星上的一些部件，如某地空导弹的仪表舱、尾舱和发动机支架等都使用了镁合金。我国稀土资源丰富，已于20世纪70年代研制出加钇镁合金，提高了高温强度，使其能在300°C下长期使用，已在航空航天工业中推广应用。

目前，镁合金应用在汽车上的零部件可归纳为两类：

（1）壳体类　如离合器壳体、阀盖、仪表板、变速箱体、曲轴箱、发动机前盖、气缸盖、空调机外壳等。

（2）支架类　如转向盘、转向支架、制动支架、座椅框架、车镜支架、分配支架等。

根据有关研究，汽车所用燃料的60%是消耗于汽车自重，汽车自重每减轻10%，其燃油效率可提高5%以上；汽车自重每降低100 kg，每百公里油耗可减少0.7 L左右，每节约1 L燃料可减少CO_2排放2.5 g，年排放量可减少30%以上。所以，减轻汽车重量对环境和能源的影响非常大，汽车的轻量化已成为必然趋势。

移动电话、笔记本电脑上的液晶屏幕的尺寸年年增大，在它们的支撑框架和背面的壳体上也开始使用了镁合金。

虽然镁合金的热导率不及铝合金，但是，比塑料高出数十倍，因此，镁合金用于电器产品上可有效地进行散热。镁合金可以应用在内部产生高温的计算机和投影仪等的外壳以及散热的部件。电视机的外壳使用镁合金后可做到无散热孔。

镁合金的电磁波屏蔽性能比在塑料上电镀屏蔽膜的效果要好，因此，使用镁合金可省去电磁波屏蔽膜的电镀工序。

7.4　钛及钛合金

7.4.1　纯钛及钛合金分类

1. 纯钛

纯钛的密度为4.507g/cm³，介于纯铝和纯铁之间，熔点为1668℃，比纯铁的熔点还高。钛在固态下具有同素异构转变，在882.5℃以上为体心立方晶格的β相，在882.5℃以下为密排六方晶格的α相。纯钛的钝化电位低，钝化能力强，在常温下金属表面极易形成氧化物和氮化物组成的钝化膜，它在大气及许多介质中都非常稳定，从而使钛及钛合金具有很好的耐蚀性。实践证明，钛不仅在大气、潮气或其它含氧酸中具有优秀的耐蚀性，而且在海水和湿氯气中均有优良的耐蚀性。但当温度超过550℃时，基体金属开始吸收氧化膜，基体钛便能与氧、氮等气体强烈反应，造成严重污染，并使金属迅速脆化，无法使用。

纯钛的强度不高，塑性很好，其力学性能为：$R_m = 220 \sim 260\text{MPa}$，$R_{p0.2} = 120 \sim 170\text{MPa}$，$A = 50\% \sim 60\%$，$Z = 70\% \sim 80\%$。

钛中常见杂质（氧、碳、氮等）的存在，都会使钛的强度升高，塑性降低。其原因是它们都属于间隙元素，当溶于钛且形成固溶体后，使钛的晶格发生畸变，阻碍了位错运动。

工业纯钛中钛的质量分数一般为 99.5% ~99.0%，其它成分有铁、碳、氮、氧和氢。

工业纯钛在海水、硝酸、湿氯气、硫化物、氯化物溶液等的环境中，均有优良的耐蚀性。工业纯钛已经广泛应用在化学装置、防公害装置和海水淡化装置上，以及船舰用部件、石油化工用热交换器等方面。

2. 钛合金的分类

由于纯钛的力学性能不高，要满足结构件的要求，必须进行钛的合金化。利用合金元素对 α 相或 β 相的稳定作用，来控制 α 相或 β 相的组成和性能。工业钛合金应用的主要合金化元素有 Al、Sn、Zr、V、Mo、Mn、Fe、Cr、Cu 和 Si 等，按合金元素与 α 相和 β 相的作用情况，以及对同素异构转变温度的影响，可以分为 α 相稳定元素、β 相稳定元素及中性元素三类。

钛合金按退火状态的组织不同，可以分为三大类，分别以 TA、TB、TC 表示。TA 表示组织为 α 相的钛合金，TB 表示组织为 β 相的钛合金，TC 表示组织为（α + β）两相的钛合金。TA、TB、TC 符号后面的数字表示顺序号。三大类钛合金各有其特点，TA（α）钛合金高温性能好，组织稳定，焊接性能好，是耐热钛合金的主要组成部分，但常温强度低，塑性不够高；TC（α + β）钛合金可以热处理强化，常温强度高，中等温度的耐热性也不错，但组织不够稳定，焊接性能差；TB（β）钛合金的塑性加工性能好，当合金含量适当时，通过热处理可获得高的常温力学性能，是发展高强度钛合金的基础，但组织性能不够稳定，冶炼工艺复杂。当前应用最多的是 TC（α + β）钛合金，其次是 TA（α）钛合金，TB（β）钛合金应用较少。

钛合金的二元合金相图类型如图 7-9 所示。常用加工钛合金的牌号及主要化学成分见表 7-9。

表 7-9　常用加工钛合金的牌号及主要化学成分

合金类型	牌号	主要化学成分（%）		
		w_{Al}	$w_{其它元素}$	w_{Ti}
α 型	TA4	2.0 ~ 3.3	—	余量
	TA5	3.3 ~ 4.7	—	余量
	TA6	4.0 ~ 5.5	—	余量
	TA7	4.0 ~ 6.0	Sn 2.0 ~ 3.0	余量
	TA7 ELI	4.50 ~ 5.75	Sn 2.0 ~ 3.0 “ELI”表示超低间隙	余量
β 型	TB2	2.5 ~ 3.5	Mo 4.7 ~ 5.7， V 4.7 ~ 5.7，Cr 7.5 ~ 8.5	余量
（α + β）型	TC1	1.0 ~ 2.5	Mn 0.7 ~ 2.0	余量

（续）

合金类型	牌号	主要化学成分（%）		
		w_{Al}	$w_{其它元素}$	w_{Ti}
（α+β）型	TC2	3.5～5.0	Mn 0.8～2.0	余量
	TC3	4.5～6.0	V 3.5～4.5	余量
	TC4	5.5～6.8	V 3.5～4.5	余量
	TC6	5.5～7.0	Mo 2.0～3.0，Cr 7.5～8.5，Fe 0.2～0.7，Si 0.15～0.40	余量
	TC9	5.5～6.8	Sn 1.8～2.8，Mo 2.8～3.8，Si 0.2～0.4	余量
	TC10	5.5～6.5	Sn 1.5～2.5，V 5.5～6.5，Fe 0.35～1.00，Cu 0.35～1.00	余量

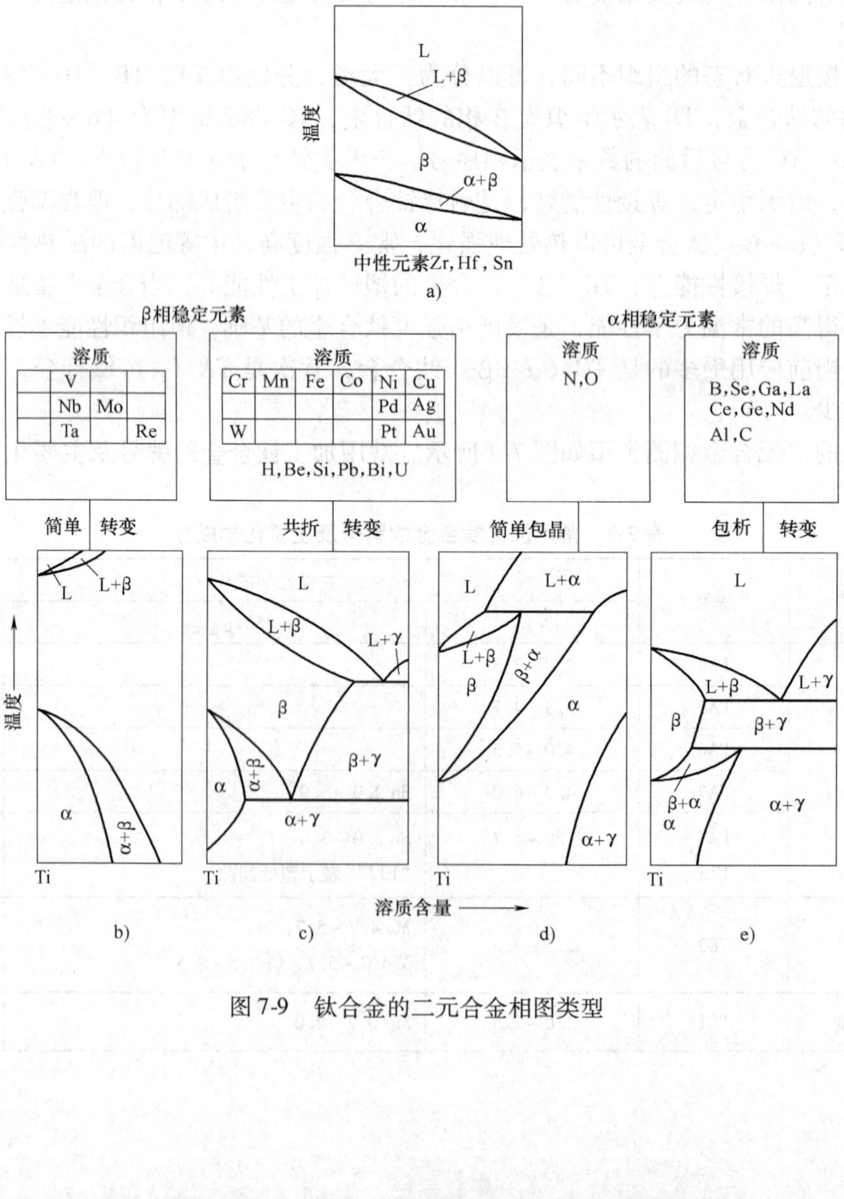

图 7-9　钛合金的二元合金相图类型

7.4.2　钛合金的热处理

1. 钛合金的热处理原理

钛合金的热处理强化是通过淬火和时效方式进行的，因此，首先要分析钛合金在淬火和时效时所发生的组织转变。

（1）淬火时的组织转变　钛合金自高温淬火冷却时，由于合金成分和种类的不同，高温 β 相可能发生马氏体转变，也可能发生固溶转变。

1）马氏体转变。TA 类合金和含 β 相稳定元素数量少的 TC 类合金，自 β 相区进行淬火时，将发生马氏体转变，其转变产物有 α′和 α″两种马氏体。α′相为六方晶格，呈板条状；α″相为斜方晶格，呈针状。不过，由于 α″相所固溶的合金元素含量更高，故发生马氏体转变的开始温度更低，因而 α″相组织更细。α′相的强度随所固溶的合金元素的含量升高而增加，但对于某一固定成分的合金来说，α′相仅比退火态的等轴 α 相具有稍高的强度。α″相的硬度比 α′相的还低，故 α″相是一种性能比 α′相还软的相。钛合金中的马氏体为什么不具有像钢淬火后所得到的马氏体那样高的硬度呢？这是因为它所固溶的元素为金属元素，且以置换原子形式存在。由于置换原子对位错运动的阻碍能力小，因此仍保持着 α 相软而韧的性能。

2）固溶转变。当钛合金中含有较高的 β 相稳定元素时，例如，TB 类合金和大部分 TC 类合金，自高温 β 相区淬火时，将发生部分固溶转变［$\beta \rightarrow \beta_m + \alpha'$（$\alpha''$）或 $\beta \rightarrow \beta_m + \omega$］或完全固溶转变（$\beta \rightarrow \beta_m$）。其转变产物为 β_m，是一种介稳定的固溶体；ω 相则是一种超显微过渡相，为六方晶格。β→ω 相变属于改组式位移型相变。形成固溶转变的条件是，合金中必须含有 β 相稳定元素且其含量应足够高。

（2）时效时的组织转变　淬火获得的 α′、α″、ω、β_m 均为介稳定相，在时效时，这些相将发生分解，向平衡态转变。其分解过程比较复杂，但最终分解产物为平衡态的（α＋β）相。若合金有共析反应，则最终产物为 $\alpha + Ti_xM_y$，即

$$\alpha'(\alpha''、\omega、\beta_m) \rightarrow \alpha + \beta(\text{或 } \alpha_x + Ti_xM_y)$$

钛合金的热处理强化原理是，依靠淬火时所获得的介稳相在随后时效时分解成弥散的（α＋β）相，通过弥散强化机制使合金强化。

现将介稳相 α′、α″、β_m 的分解顺序介绍如下：

1）在 350～500℃加热时，介稳 β_m 相的分解顺序为

$$\beta_m \rightarrow \beta_n + \omega \rightarrow \beta_n + \omega + \alpha \rightarrow \beta + \alpha\ (\text{或 } \alpha + Ti_xM_y)$$

式中，β_n 是指比 β_m 所固溶的合金元素更为富集的介稳 β 相。

2）在 500～650℃加热时，其时效过程可不经过第一和第二阶段，平衡的 α 相将直接自 β_m 相中脱溶出来，其分解顺序为

$$\beta_m \rightarrow \beta_n + \alpha \rightarrow \beta + \alpha$$

α′、α″的分解顺序为

$$\alpha' \rightarrow \alpha'_n + \alpha \rightarrow \beta_n + \alpha \rightarrow \beta + \alpha$$

$$\alpha'' \rightarrow \alpha''_n + \alpha \rightarrow \beta_n + \alpha \rightarrow \beta + \alpha$$

式中，α'_n、α''_n 分别为比 α′、α″更富集合金元素的介稳相。

2. 钛合金的热处理工艺

钛合金的热处理工艺有退火、淬火加时效、形变热处理、化学热处理等。这里仅介绍常

用的退火、淬火和时效工艺。

（1）退火　钛合金的退火是为了使组织和相的成分均匀，以降低硬度、提高塑性，消除由压力加工、焊接或机械加工所引起的内应力。退火的形式有去应力退火、再结晶退火、双重退火和真空退火等。

消除内应力的低温退火温度应低于该合金的再结晶温度。再结晶退火的温度高于该合金的再结晶温度，其退火保温时间取决于零件及半成品的截面厚度。

双重退火包括高温及低温两次退火，其目的是为了使合金组织更接近平衡态，因此特别适用于耐热钛合金，以保证其在高温及长期应力作用下组织及性能的稳定。

真空退火是防止氧化及污染的有效措施，也是消除钛合金中氢脆的主要手段之一。

（2）淬火和时效　可通过淬火和时效来调整钛合金的性能。

1）淬火加热温度。对于（α+β）型合金来说，淬火温度一般选在（α+β）两相区的上部范围，而不是加热到β单相区。因为这类合金的临界温度均较高，若加热到β单相区，势必引起晶粒粗大，导致韧性降低。对于β型钛合金来说，由于含有大量β相稳定元素，降低了临界温度，淬火温度应选择在临界温度附近，即可以选择在（α+β）两相区的上部范围，也可以选择在β单相区的低温范围。淬火加热保温时间主要根据半成品或成品的截面厚度而定。淬火冷却方式可以是水冷或空冷。

2）时效制度。时效过程主要是控制时效温度和时效时间。时效温度一般应避开ω相脆化区，选择在425～550℃范围。大多数钛合金在450～480℃时效之后，均出现最大的强化效果，但塑性低。故在实际生产中，往往采用比较高的时效温度（500～550℃），对于某些合金来说，这个温度已经是过时效，但此时塑性会更好些。总之，合金时效温度的选取，可根据零件性能的要求，在425～550℃ 范围内选择。

时效时间对合金最终的力学性能有着重要影响。对于（α+β）型钛合金来说，淬火后的介稳相（α′、α″、β_m）的分解过程是比较快的。对于β型钛合金来说，由于合金中β相稳定元素含量高，β相稳定程度高，分解比较缓慢。钛合金的时效时间根据合金类型而定，一般为1～20h。

7.4.3　常用钛合金

（1）TA（α）钛合金　这类合金的主要元素是α相稳定元素铝和中性元素锡，它们主要起固溶强化作用。据统计，每加入质量分数为1%的合金元素，合金强度可提高35～70MPa。合金中的杂质是氧和氮，虽然这些元素有间隙强化作用，但对塑性不利，应予限制。有的α钛合金还加入少量的其它元素，故α钛合金还可以细分为全由α相组成的α钛合金、加入2%以下质量分数的β相稳定元素的“近α钛合金”和时效硬化型α钛合金（如钛-铜合金）三种。

α钛合金的牌号及主要化学成分见表7-9。α钛合金的特点是不能热处理强化，通常是在退火或热轧状态下使用。TA7是我国应用最多的一种α钛合金，为钛-铝-锡合金。合金中加入铝和锡的目的是提高室温强度和高温强度。TA7合金（低氧）具有优良的低温性能，在－253℃以下，其抗拉强度为1575MPa，条件屈服强度为1505MPa，伸长率为12.0%。这种合金的比强度在超低温下约为铝合金和不锈钢的两倍，故这类钛合金已作为许多空间飞行器储存燃料（如液态氢）的压力容器的标准材料。TA7合金还可用于制造航空发动机压气机的叶片和管道。

(2) TC ($\alpha+\beta$) 钛合金 ($\alpha+\beta$) 钛合金既加入 α 相稳定元素，又加入 β 相稳定元素，使 α 相和 β 相同时得到强化。为了改善合金的成形性和热处理强化的能力，必须获得足够数量的 β 相，因此，($\alpha+\beta$) 钛合金的性能主要由 β 相稳定元素来决定。($\alpha+\beta$) 钛合金的 α 相稳定元素主要是铝，β 相稳定元素主要是钼和钒。为了保持合金的耐热性，绝大多数 ($\alpha+\beta$) 钛合金都是以 α 相稳定元素为主，保证有稳定的 α 相基体组织。加入的 β 相稳定元素不能过多，能保证形成8%～10%的 β 相就已足够。

TC ($\alpha+\beta$) 钛合金的力学性能变化范围较宽，可以适应各种用途，约占航空工业使用钛合金量的70%以上。目前广泛使用的是TC4合金。TC4合金的名义成分为Ti-6Al-4V，是一种高强度的 ($\alpha+\beta$) 两相钛合金。TC4合金可进行固溶强化，钒在 β 相中有较大的溶解度，可以强化 β 相；铝在 α 相中有较大的溶解度，可以有效地强化 α 相。由于合金中 α 相和 β 相可同时得到强化，所以在退火态下TC4合金具有满意的力学性能。TC4合金可通过热处理强化，其强化方式是采用淬火和时效处理。通过淬火和时效处理后，TC4合金的室温强度可达1190 MPa，比退火态提高20%～25%。TC4合金可用于制造火箭发动机外壳，航空发动机压气机盘和叶片、压力容器、化学用泵、船舶部件等。

(3) TB (β) 钛合金 这类合金是发展高强度钛合金潜力最大的合金。β 钛合金的合金化特点主要是加入了大量 β 相稳定元素，如钼、钒、铬等。通过加入合金元素，可以使该合金在空冷或水冷到室温后能得到全由 β 相组成的组织，再通过时效处理可以大幅度提高强度；另一特点是该类合金在淬火态下能够冷成形，然后再进行时效处理。该类合金的缺点是，合金元素含量高，使其密度增大，易于偏析，性能波动大，价格昂贵，工作温度一般不超过200℃。典型的合金是TB2钛合金，该合金除了具有较高的强度外，还具有良好的焊接性能和压力加工性能，但性能不够稳定，此外，熔炼工艺复杂，所以其应用范围不如 α 钛合金和 ($\alpha+\beta$) 钛合金，适合制造在200℃以下工作的板材冲压件和焊接件等。

7.4.4 钛及钛合金的应用

钛合金是一种新型结构材料，它具有优异的综合性能，如密度小 ($4.5g/cm^3$)，比强度和比断裂韧度高，疲劳强度和抗裂纹扩展能力好，低温韧性良好，耐蚀性能优异，某些钛合金的最高工作温度为550℃，预期可达700℃，因此，它在航空航天、化工、造船等工业部门获得日益广泛的应用，发展迅猛。钛合金的比强度高于其它轻金属、钢和镍合金，并且这一优势可以保持到550℃左右，因此，某些钛合金适于制造燃气轮机部件。钛产量中约80%用于航空和宇航工业，例如，美国B—1轰炸机的机体结构材料中，钛合金约占21%，主要用于制造机身、机翼、蒙皮和承力构件；F—15战斗机的机体结构材料中，钛合金用量达7000kg，约占结构质量的34%；波音757客机的结构件中，钛合金约占5%，用量达3640 kg；麦克唐纳·道格拉斯（McDonnell-Dounlas）公司生产的DC10飞机，钛合金用量达5500kg，占结构质量的10%以上。在化学和一般工程领域的钛用量中，美国约占15%，欧洲约占40%。由于钛及其合金优异的耐蚀性能、良好的力学性能，以及合格的组织相容性，使它们可用于制作假肢装置等生物材料。钛合金是航空航天工业中使用的一种新型重要结构材料，其密度、强度和使用温度介于铝和钢之间，但比强度高，并具有优异的耐海水腐蚀性能和超低温性能。1950年，美国首次在F—84战斗轰炸机上将钛合金用作后机身隔热板、导风罩、机尾罩等非承力构件。20 世纪 60 年代开始，钛合金的使用部位从后机身移向中机身，部分代替了结构钢，用于制造隔框、梁、襟翼滑轨等重要承力构件。钛合金在军用飞机中的用量迅速增加，达到飞机结构质量的 20% ~25%。从 20 世纪 70 年代起，民用机开始大量使用钛合金，如波音 747 客机用钛量达 3640kg 以上。马赫数小于 2.5 的飞机使用钛合金主要是为了代替钢，以减轻结构质量，如美国 SR—71 高空高速侦察机（飞行马赫数为 3，飞行高度为 26212m)，使用的钛占飞机结构质量的 93%，号称“全钛”飞机。当航空发动机的推重比从 4 ~6 提高到 8 ~10，压气机出口温度相应地从 200 ~300°C 增加到 500 ~600°C 时，原来用铝制造的低压压气机盘和叶片就必须改用钛合金，或用钛合金代替不锈钢制造高压压气机盘和叶片，以减轻结构质量。钛合金在航空发动机中的用量一般占结构总重量的 20% ~30%，主要用于制造压气机部件，如锻造钛风扇、压气机盘和叶片、铸钛压气机机匣、中介机匣、轴承壳体等。航天器主要利用钛合金的高比强度、耐蚀性和耐低温性能来制造各种压力容器、燃料贮箱、紧固件、仪器绑带、构架和火箭壳体。人造地球卫星、登月舱、载人飞船和航天飞机等，也都使用钛合金板材焊接件。

7.5 其它非铁金属合金

7.5.1 锌合金

纯锌是一种蓝白色金属，密度为 7.14g/cm^3，熔点为 419.5℃，在室温下较脆，在 100 ~150℃时变软，超过 200℃后又变脆。锌的化学性质活泼，在常温下的空气中，表面会生成一层薄而致密的碱式碳酸锌膜，可阻止其进一步氧化。当温度达到 225℃后，锌的氧化激烈。锌燃烧时，发出蓝绿色火焰。锌易溶于酸，也易从溶液中置换金、银、铜等。由于锌在常温下表面易生成一层保护膜，所以锌最大的用途是用于镀锌工业。锌能和许多非铁金属组成合金，锌与铝、铜等组成的合金，广泛用于压铸件；锌与铜、锡、铅组成的黄铜，用于机械制造业。含少量铅、镉等元素的锌板可制成锌锰干电池负极、印花锌板、有粉腐蚀照相制板和胶印印刷板等。锌与酸或强碱都能发生反应，放出氢气。锌肥（硫酸锌、氯化锌）有促进植物细胞呼吸、碳水化合物代谢等作用。锌粉、锌钡白、锌铬黄可作颜料使用。氧化锌还可用于医药、橡胶、油漆等工业领域。

锌合金是以锌为基，加入其它元素组成的合金。锌合金的特点是：密度大，铸造性能好，可以压铸形状复杂、薄壁的精密件，铸件表面光滑，可进行表面处理（如电镀、喷涂、喷漆)，熔化与压铸时不和铁发生反应，不腐蚀压型、不粘模，有良好的常温力学性能和耐磨性，熔点低（在 385℃熔化）容易压铸成形，易熔焊、钎焊和塑性加工，在大气中耐腐蚀，残废料便于回收和重熔；但蠕变强度低，易发生自然时效而引起尺寸变化。锌合金适用于压铸仪表、汽车零件外壳等，按其制造工艺可分为铸造锌合金和变形锌合金两种类型。

锌合金中常加的合金元素主要有 Al、Cu、Mg、Cd、Pb、Ti 等。合金中各个元素的作用如下：

（1）铝的作用　铝能改善合金的铸造性能，增加合金的流动性，细化晶粒，引起固溶强化，提高力学性能，降低锌对铁的反应能力，从而减少锌对铁质材料如模具、坩埚的侵蚀。铝的质量分数控制在 3.8% ~ 4.3%，主要考虑到所要求的强度及流动性，良好的流动性是获得一个完整、尺寸精确、表面光滑铸件所必需的条件。

（2）铜的作用 铜能增加合金的硬度和强度，改善合金的抗磨损性能，减少晶间腐蚀。但当铜的质量分数超过1.25%时，会使压铸件尺寸和力学性能因时效而发生变化，并可降低合金的塑性。

（3）镁的作用 镁可以减少晶间腐蚀，细化合金组织，从而增加合金的强度，改善合金的抗磨损性能。但当镁的质量分数>0.08%时，会导致产生热脆，韧性及流动性降低。

（4）杂质元素铅、镉、锡的作用 这些元素可使锌合金的晶间腐蚀变得十分敏感，在温湿环境中加速了本身的晶间腐蚀，降低了力学性能，并引起铸件尺寸变化。

如果锌合金中杂质元素铅、镉含量过高，则虽然工件刚压铸成形时，表面质量一切正常，但在室温下存放一段时间后(八周至几个月)，表面会出现鼓泡现象。

（5）杂质元素铁的作用 铁与铝发生反应，形成 Al_5Fe_2 金属间化合物，造成铝的损耗，并形成浮渣。铁在压铸件中还会形成硬质点，影响后续加工和抛光，增加合金的脆性。铁在锌液中的溶解度是随温度增加而增加的，每一次炉内锌液温度变化，都会导致铁元素的过饱和(当温度下降时) 或不饱和(当温度上升时)。当铁元素过饱和时，处于过饱和的铁将与合金中的铝发生反应，造成浮渣量增加。当铁元素不饱和时，合金对锌锅等材料的腐蚀作用将会增强，以回到饱和状态。两种温度变化的一个共同结果是造成对铝元素的消耗，形成更多的浮渣。

工业用锌合金多属于Zn-Cu系、Zn-Al系、Zn-Al-Cu系，我国铸造锌合金的牌号、代号及化学成分见表7-10。合金牌号前的字母“Z”表示铸造合金。

表7-10 我国铸造锌合金的牌号、代号及化学成分

<table>
<tr><th rowspan="2">合金牌号</th><th rowspan="2">合金代号</th><th colspan="3">合金元素含量（%）</th><th colspan="5">杂质元素含量（%）≤</th><th rowspan="2">$w_{总和}$</th></tr>
<tr><th>w_{Al}</th><th>w_{Cu}</th><th>w_{Mg}</th><th>w_{Fe}</th><th>w_{Pb}</th><th>w_{Cd}</th><th>w_{Sn}</th><th>$w_{其它}$</th></tr>
<tr><td>ZZnAl4Cu1Mg</td><td>ZA4—1</td><td>3.5~4.0</td><td>0.75~1.25</td><td>0.03~0.08</td><td>0.1</td><td>0.015</td><td>0.005</td><td>0.003</td><td>—</td><td>0.2</td></tr>
<tr><td>ZZnAl4Cu3Mg</td><td>ZA4—3</td><td>3.5~4.3</td><td>2.5~3.2</td><td>0.03~0.06</td><td>0.075</td><td colspan="2" rowspan="2">Pb + Cd
0.009</td><td>0.002</td><td>—</td><td>—</td></tr>
<tr><td>ZZnAl6Cu1</td><td>ZA6-1</td><td>5.6~6.0</td><td>1.2~1.6</td><td>—</td><td>0.075</td><td>0.002</td><td>Mg 0.005</td><td>—</td></tr>
<tr><td>ZZnAl8Cu1Mg</td><td>ZA8—1</td><td>8.0~8.8</td><td>0.8~1.3</td><td>0.015~0.030</td><td>0.075</td><td>0.006</td><td>0.006</td><td>0.003</td><td>Mn 0.01
Cr 0.01
Ni 0.01</td><td>—</td></tr>
<tr><td>ZZnAl9Cu2Mg</td><td>ZA9—2</td><td>8.0~10.0</td><td>1.0~2.0</td><td>0.03~0.06</td><td>0.2</td><td>0.03</td><td>0.02</td><td>0.01</td><td>Si 0.1</td><td>0.35</td></tr>
<tr><td>ZZnAl11Cu1Mg</td><td>ZA11—1</td><td>10.5~11.5</td><td>0.5~1.2</td><td>0.015~0.030</td><td>0.075</td><td>0.006</td><td>0.006</td><td>0.003</td><td>Mn 0.01
Cr 0.01
Ni 0.01</td><td>—</td></tr>
<tr><td>ZZnAl11Cu5Mg</td><td>ZA11—5</td><td>10.0~12.0</td><td>4.0~5.5</td><td>0.03~0.06</td><td>0.2</td><td>0.03</td><td>0.02</td><td>0.01</td><td>Si 0.05</td><td>0.35</td></tr>
<tr><td>ZZnAl27Cu2Mg</td><td>ZA27—1</td><td>25.0~28.0</td><td>2.0~2.5</td><td>0.01~0.02</td><td>0.075</td><td>0.006</td><td>0.006</td><td>0.003</td><td>Mn 0.01
Cr 0.01
Ni 0.01</td><td>—</td></tr>
</table>

7.5.2 滑动轴承合金

1. 轴承合金的性能

轴承合金是用来制造滑动轴承中的轴瓦及内衬的合金。

当轴承支承着轴旋转进行工作时，承受轴颈传递的交变载荷，轴瓦与轴发生强烈摩擦，使温度升高，体积膨胀，轴承和轴颈可能会产生咬合。轴作为机器中的重要零件，制造困难，成本高，更换不容易，所以在摩擦不可避免的情况下，应首先考虑使轴磨损最小，然后尽量提高轴的耐磨性，以保证机器长期正常运转。因此，轴承合金应具有以下性能：

1）高的抗压强度和疲劳强度，以承受轴颈施加的较大单位压力，同时要求有高的耐磨性、良好的磨合性和较小的摩擦因数。

2）足够的塑性和韧性，以保证与轴配合良好，并能抵抗冲击和振动。

3）有良好的耐蚀性和导热性，较小的膨胀系数，防止咬合。

4）制造简便，价格低廉。

根据滑动轴承的工作条件和应具备的性能要求，轴承合金的组织特点应该是在软基体上均匀分布着硬质点，或在硬的基体上分布着软质点。这样，当轴承工作时，软的组织很快因磨损而凹陷，耐磨的硬组织便相对凸出而起着支承轴的作用，既减小了轴与轴瓦的接触面积，凹下的空间又可储存润滑油，保证了轴瓦良好的润滑条件和低的摩擦因数，可减轻轴和轴瓦的磨损。此外，软组织可承受冲击和振动，而且偶然进入的外来小硬物也能被压入软组织内，不致擦伤轴颈。

轴承合金大多是铸造合金，其中有些如锡基和铅基合金等，因强度较低，需将其镶铸在钢的轴瓦上，作为内衬使用。铸造轴承合金的牌号由“Z”、基体元素符号、主加元素符号及含量、辅加元素符号及含量所组成。

2. 常用轴承合金

（1）软基体硬质点轴承合金　这类合金中应用最广的是锡基和铅基轴承合金（又称为巴氏合金），其牌号依次由Z（“铸”字的汉语拼音字首）、基体元素和主加元素符号、主加元素含量及辅加元素含量组成。例如，ZSnSb11Cu6 表示 $w_{Sb}=11\%$（主加元素）、$w_{Cu}=6\%$（辅加元素），其余为Sn。

1）锡基轴承合金（锡基巴氏合金）。为Sn-Sb-Cu系合金。软基体是锑溶于锡的α固溶体；硬质点是以SnSb化合物为基的β固溶体。锡基轴承合金的膨胀系数和摩擦因数小，导热性、耐蚀性和工艺性好，但疲劳强度较差，成本高，工作温度<150℃。适于制造拖拉机、汽轮机、车床主轴等的高速轴瓦。

2）铅基轴承合金（铅基巴氏合金）。为Pb-Sb-Sn-Cu系合金。软基体是（α+β）共晶体（α是锑在铅中的固溶体，β是铅在锑中的固溶体）；硬质点为初生β相、SnSb和Cu_3Sn。铅基轴承合金的性能低于锡基轴承合金，但价格便宜，工作温度<120℃。在中、低载荷下工作的轴瓦应用较多。

（2）硬基体软质点轴承合金　属于这类轴承合金的有铜基轴承合金（铅青铜）和高锡铝基轴承合金等。

1）铜基轴承合金（铅青铜）。它是以铅为基本元素的铜基合金，常见牌号是ZCuPb30。因铜和铅在固态时互不溶解，所以合金组织为（Cu+Pb），铜为硬基体，粒状铅为软质点。该合金具有高的耐磨性、耐疲劳性、导热性及低的摩擦因数，工作温度较高（300～320℃），可用于制作在高速、重载、高温下工作的滑动轴承。

2）高锡铝基轴承合金。常用高锡铝基轴承合金的化学成分为 $w_{Sn}=20\%$，$w_{Cu}=1\%$，其余为铝。合金组织中，铝为硬基体，其上均匀分布着软的球状锡质点。此类合金常与低碳钢板一起轧制成双金属材料后使用，具有均匀承载能力较强、工作寿命较长等优点，可替代巴氏合金、铜基轴承合金和铝锑镁轴承合金。

部分常用轴承合金的牌号、化学成分、力学性能及用途举例见表 7-11。

表 7-11　部分常用轴承合金的牌号、化学成分、力学性能及用途举例

（摘自 GB/T 1174—1992）

类别	牌号	化学成分（%）					力学性能			用途举例
		w_{Sb}	w_{Cu}	w_{Pb}	w_{Sn}	$w_{其它}$	R_m /MPa	A（%）	硬度 HBW	
锡基	ZSnSb12Pb10Cu4	11.0～13.0	2.5～5.0	9.0～11.0	余量				≥29	一般机械的主轴轴承，但不适于高温工作
锡基	ZSnSb11Cu6	10.0～12.0	5.5～6.5	0.35	余量		≥90	≥6.0	≥27	2000 马力（1 马力 =735.499W）以上的高速蒸汽机及 500 马力的蜗轮压缩机用的轴承
锡基	ZSnSb8Cu4	7.0～8.0	3.0～4.0	0.35	余量		≥80	≥10.6	≥24	一般大机器轴承及轴衬，重载、高速汽车发动机、薄壁双金属轴承
铅基	ZPbSb16Sn16Cu2	15.0～17.0	1.5～2.0	余量			≥78	≥0.2	≥30	工作温度＜120℃、无显著冲击载荷的重载高速轴承
铅基	ZPbSb15Sn5Cu3Cd2	14.0～16.0	2.5～3.0	余量		Cd 1.75～2.25	≥68	≥0.2	≥32	船舶机械小于 250kW 的电动机轴承
铜基	ZCuPb30		余量	30					≥25	高速高压航空发动机及高压柴油机轴承

7.5.3　粉末冶金材料

1. 粉末冶金成形工艺简介

粉末冶金材料是直接采用金属粉末或金属与非金属粉末作原料，通过配料、压制成形、烧结和后处理等工艺过程而制成的材料。其制作工艺方法称为粉末冶金法，它既是一种不熔炼的特殊冶金工艺，又是一种少、无切削的精密的零件成形加工技术。

粉末冶金工艺的基本工序是：①原料粉末的制取和准备；②将金属粉末压制成所需形状的坯体；③坯体烧结。

原料准备包括粉末退火、混合、筛分、制粒以及加润滑剂等。粉末退火处理的目的是还原氧化物、降低碳和其它杂质的含量，以提高粉末的纯度，同时还能消除粉末的加工硬化、稳定粉末的晶体结构。退火温度一般选在金属粉末熔点的 0.5～0.6 倍温度。粉末的混合是将两种或两种以上不同成分的粉末混合均匀的过程。混合有两种基本方法，即机械法和化学法，其中应用广泛的是机械法。筛分是将不同颗粒大小的原始粉末进行分级，而使粉末能够按照粒度分成大小范围更窄的若干等级。通常用标准筛网制成的筛子或振动筛来进行粉末的筛分。制粒是将小颗粒的粉末制成大颗粒或团粒的工序，目的是改善粉末的流动性，使粉末能够顺利地充填模具型腔。制粒的方法有普通造粒、加压造粒和喷雾干燥法三种。

原料压制成形是粉末冶金技术中最主要的工序之一，它是将配制好的粉末原料放入模具中加压，使之变形甚至颗粒破碎，借助原子间吸引力与机器咬合的作用，使制件结合成为一定尺寸、形状并具有一定结构强度的压坯。压制成形的方法有普通模压法和特殊方法成形。前者是将金属粉末或混合粉末装在压模内，通过压机使其成形；后者是指各种非模压成形法，包括等静压成形、挤压成形及注射成形等。

压坯的强度和密度很低，不能直接使用，通常把它放入保护气氛炉中进行烧结，使制件具有最终的物理、化学和力学性能。烧结温度低于物料主要组元的熔点，并保温适当时间。有时为了改善烧结制件的力学性能，还需进行一系列的后处理，如表面淬火、浸渍、熔渗等。

2. 粉末冶金的应用

粉末冶金法生产的压制品的形状、尺寸精度与表面粗糙度可达到或接近于成品零件的要求，使生产率和材料利用率大为提高，并可节省切削加工用的机床和生产占地面积。这使得此项技术发展得异常迅速，而粉末冶金材料也越来越多地应用于各种行业。

粉末冶金材料在普通机器制造业中，常用作结构材料、减摩材料、摩擦材料及硬质合金等；在其它工业中，用作难熔金属材料（如高温合金、钨丝等）、特殊电磁性能材料（如电器触头、硬磁材料、软磁材料等）、过滤材料（如空气的过滤、水的净化、液体燃料和润滑油的过滤以及细菌的过滤等）。特别是当合金的组元在液态下互不溶解，或各组元的密度相差悬殊的情况下，只能用粉末冶金法制取。还有一些材料用其它工艺来制取是很困难的，如活性金属，这些材料在普通工艺过程中，随着温度的升高，材料的显微组织及结构会受到明显的影响，而粉末冶金工艺却可避免这些影响，这也是粉末冶金技术具有吸引力的地方。

7.6 非铁金属合金的应用实例

铝合金是飞机和航天器轻量化的首选材料，铝材在航空航天工业中应用十分广泛。几乎每辆空中客车都使用了180t厚铝板，大多数巡航导弹的壳体都是用优质的铝合金铸锻件制造的。目前，铝材在民用飞机结构上的用量为70%～80%，在军用飞机结构上的用量为40%～60%。下面以飞机翼梁为例，介绍其选材及应用。

飞机翼梁（图7-10）是飞机主要的承载构件，要求较高的比强度。

（1）材料选择　在现有的金属材料如高强度钢、铸铁、铝合金、铜合金、钛合金中，铝合金由于比强度较高、工艺性能较好、成本较低，是优选的材料之一。受力构件一般

图7-10　飞机翼梁

选择高强度铝合金，经热处理后使用，LY12（2A12）是常用铝合金材料之一。

（2）热处理工艺　硬铝可通过热处理（淬火＋时效）进行强化。LY12（2A12）的淬火温度为495～503℃。硬铝的淬火加热温度范围很窄，必须严格控温，以防止过热、过烧。硬铝按工件尺寸保温后，在水（15～20℃）中急冷，以获得α过饱和固溶体，再通过时效进行强化。硬铝合金一般在自然时效状态下使用。如果合金在150℃以上使用时，为了保证工作状态下组织和性能的稳定，应采用人工时效。经淬火、时效后该合金的抗拉强度可达510MPa，屈服强度可达373MPa，伸长率为11%，能满足使用要求。

本章小结

钢铁材料（传统上又称为黑色金属）以外的所有其它金属材料通常称为非铁金属材料（传统上又称为有色金属）。非铁金属及其合金在工程上应用较多的主要有铝、铜、镁、钛、锌等及其合金，以及轴承合金等。

纯铝中加入Si、Cu、Mg、Mn等合金元素，形成铝合金。铝合金分为变形铝合金与铸造铝合金两类，这些铝合金仍保留纯铝的密度小、耐蚀、导热等特殊性能。由于合金元素的加入，铝合金的组织与性能均发生了改变，经过热处理后其力学性能获得了较大提高。由于铝合金固态下没有同素异构转变，其强化机制与钢有着本质不同，强化主要发生在时效阶段。变质处理可以改善铸造铝合金的力学性能。正确了解和掌握典型铝合金的牌号、成分、组织与性能是非常重要的。

纯铜的强度不高，不宜直接作为结构材料使用。根据加入的合金元素不同，铜合金分为黄铜、青铜、白铜等。应了解和掌握各类铜合金的特点、牌号及典型合金的成分、组织和性能。

纯镁的密度为1.738g/cm^3，具有密排六方晶格，无同素异构转变。纯镁的力学性能不高，要满足结构件的要求，必须进行镁的合金化。镁合金的主要合金元素有Al、Zn、Mn、Cr、RE和Li。镁的合金化原则与铝合金十分接近，主要是利用固溶强化和沉淀强化来提高合金性能。按成形工艺镁合金可分为两大类，即变形镁合金和铸造镁合金。变形镁合金和铸造镁合金在成分、组织和性能上有很大差异。

纯钛密度小、比强度高，在固态下有同素异构转变，具有耐高温和耐腐蚀等特点，但纯钛的力学性能不高，要满足结构件的要求，必须进行钛的合金化。通过利用合金元素对α相或β相的稳定作用，来控制α相或β相的组成和性能。工业用钛合金的主要合金元素有Al、Sn、Zr、V、Mo、Mn、Fe、Cr、Cu和Si等，按合金元素与α相和β相的作用情况，以及对同素异构转变温度的影响，可以分为α相稳定元素、β相稳定元素及中性元素三类。

钛合金是按退火状态的组织进行分类的，共分为三大类，分别以TA、TB、TC表示。TA表示组织为α相的钛合金，TB表示组织为β相的钛合金，TC表示组织为（α＋β）两相的钛合金。TA（α）钛合金高温性能好，组织稳定，焊接性能好，是耐热钛合金的主要组成部分，但常温强度低，塑性不够高。TC（α＋β）钛合金可以热处理强化，常温强度高，中等温度的耐热性也不错，但组织不够稳定，焊接性能差。TB（β）钛合金的塑性加工性能好，通过热处理可获得高的常温力学性能，但组织性能不够稳定，冶炼工艺复杂。当前应用最多的是TC（α＋β）钛合金，其次是TA（α）钛合金，TB（β）钛合金应用较少。

其它非铁金属合金也根据其特点，在生产实践中获得了一定的应用。

本章主要名词

有色合金（non-ferrous alloy）
固溶处理（solution treatment）
固溶强化（solution strengthening）
时效硬化（age hardening）
变形铝合金（wrought aluminium alloy）
铸造铝合金（cast aluminium alloy）
纯铜（copper）
黄铜（brass）
青铜（bronze）
镁合金（magnesium alloy）
钛合金（titanium alloy）
锌合金（zinc alloy）
轴承合金（bearing alloy）

习　题

1. 试从机理、组织与性能变化上对铝合金的淬火和时效处理与钢的淬火和回火处理进行比较。
2. 铝合金的变质处理和灰铸铁的孕育处理有何异同之处？
3. 简述固溶强化、弥散强化、时效强化产生的原因及它们的区别？
4. 指出下列代号、牌号合金的类别、主要合金元素及主要性能特征：
LF11，LC4，ZL102，YG15，ZQSn10-1，H68，ZCuZn16Si4，QBe2，HPb59-1
5. 以 Al-Cu 合金为例，简要说明铝合金时效的基本过程。
6. 不同铝合金可通过哪些途径达到强化目的？
7. 铜合金分为几类？指出每类铜合金的主要用途。
8. 镁合金中的主要合金元素有哪些？它们的作用是什么？
9. 钛合金的合金化原则是什么？
10. 轴瓦材料必须具有什么特性？

第 8 章　金属功能材料

功能材料是指具有优良的物理、化学和生物功能或其相互转化的功能，用于非承载目的的材料。功能材料是能源、计算机、通信、电子、激光等现代科学的基础，并在未来的社会发展中具有重要的战略意义。金属功能材料是最早被人们认识和利用的功能材料之一，例如，因瓦合金和多种金属磁体的发现和应用已有约百年的历史。目前，金属功能材料仍是研究最活跃、开发最有潜力、应用效益极好的高技术新材料之一。

金属功能材料中为大家所熟知的部分可以叫做传统功能材料，如磁性、电性、弹性等功能材料；另一部分属于较新发展起来的材料，如形状记忆合金、储氢合金等。本章将对这些合金作一基本介绍。

8.1　磁性合金

8.1.1　磁性的基本知识

磁性是物质的最基本属性之一，所有物质都有磁性，但磁性的强弱有很大区别，一般物质在外磁场作用下都能或多或少地被磁化。所谓磁化是指物质在磁场中由于受磁场的作用而表现出一定的磁性的现象，通常把能被磁化的物质称为磁介质。下面介绍一些基本的磁学参量。

（1）磁矩 $\boldsymbol{m}$　通常把尺寸小到原子大小的小磁体称为磁偶极子，并把它们等效为环绕回路流动的电荷，例如，绕原子核运动的电子、自旋电子和带正电旋转的原子核等都是偶极子。

为了充分反映磁偶极子的固有特性，用真空中每单位外加磁场作用在磁偶极子的最大力矩来度量它的磁偶极矩 p_m。磁偶极子的磁矩 $\boldsymbol{m}$ 和磁偶极矩 $\boldsymbol{p}_m$ 有如下关系

$$\boldsymbol{m}=\frac{\boldsymbol{p}_m}{\mu_0}$$

式中，μ_0 为真空磁导率。在国际单位制中，磁偶极矩的单位是韦・米(Wb・m)，磁矩的单位是安・米^2(A・m^2)。磁偶极矩和磁矩都是矢量。单位体积材料内磁偶极矩的矢量和称为磁极化强度 $\boldsymbol{J}$，其单位是特斯拉(T)。

（2）磁化强度 $\boldsymbol{M}$ 和磁场强度 $\boldsymbol{H}$　衡量物质有无磁性或磁性大小的物理量是磁化强度 $\boldsymbol{M}$，它也是矢量，其方向由 S 极指向 N 极，单位为安/米(A/m)或高斯(Gs)。

外界磁场的大小用磁场强度 $\boldsymbol{H}$ 表示，它也是一个矢量，单位同 $\boldsymbol{M}$ 一样。磁化强度和磁场强度之比 $\chi=\dfrac{M}{H}$ 称为磁化率，表征物质磁性的大小。

（3）磁感应强度 $\boldsymbol{B}$　在国际单位制中，磁感应强度的定义公式为

$$\boldsymbol{B} = \mu_0(\boldsymbol{H} + \boldsymbol{M})$$

式中，$\boldsymbol{B}$ 的单位为特斯拉(T)或韦/米^2(Wb/m^2)。

（4）磁通量 Φ　磁通量就是磁感应通量，在国际单位制中，磁通量的单位是韦(Wb)。通过磁场中某一微小面积 ΔA 上的磁通量 Φ 等于该处磁感应强度 $\boldsymbol{B}$ 在垂直于面积方向上的分量 $\boldsymbol{B}_a$ 和面积 ΔA 的乘积，即

$$\Phi = B_a\Delta A = B\cos\alpha\Delta A$$

式中，α 为磁感应强度方向与面积 ΔA 的垂线方向之间的夹角。

在均匀磁场中，当磁感应强度的方向垂直于界面 A 时，通过该界面 A 的磁通量可以简单表示为

$$\Phi = BA$$

（5）磁导率 μ　在国际单位制中，磁导率的定义公式为

$$\mu = \frac{B}{\mu_0 H}$$

在国际单位制中，一般将 B 与 H 的比值称为绝对磁导率 $\mu_{绝对}$，即 $\mu_{绝对} = B/H$。在真空中的磁导率为 μ_0，因此，磁导率 μ 就等于材料的绝对磁导率与真空的绝对磁导率之比，故也叫做相对磁导率。

（6）矫顽力 $\boldsymbol{H}_c$　铁磁体磁化达到技术饱和后，使它的磁化强度或磁感应强度降低到零所需要的反向磁场称为矫顽力，分别记作 $\boldsymbol{H}_{ci}$ 和 $\boldsymbol{H}_{cb}$，前者又称为内禀矫顽力。矫顽力与铁磁体由剩磁 $\boldsymbol{M}_r$ 到 $\boldsymbol{M}=0$ 的反磁化过程的难易程度有关。与技术磁化过程一样，磁体的反磁化过程也包括畴壁位移和磁矩转动两个基本过程。

8.1.2　金属磁性材料的种类和特性

金属磁性材料从其内部原子结构特点而言，有晶态合金和非晶态合金两种。前者的原子分布是长程有序的；而后者的原子分布是长程无序的，只有在几个原子范围内才是有序的。

从磁性能的特点来分，金属磁性材料可分为软磁合金、硬磁合金、矩磁合金和亚磁合金(也叫做磁致伸缩合金)等四种。而矩磁合金和亚磁合金都具有较低的矫顽力，与通常所说的软磁合金特点相近。因此，也可将金属磁性材料分为软磁合金和硬磁合金两种，通常把矫顽力小于 0.8kA/m 的材料称为软磁合金，而把矫顽力大于 0.8kA/m 的材料称为硬磁合金。

1. 金属软磁材料

矫顽力低、磁导率高的磁性材料称为软磁材料。它主要用于制造发动机和电动机的定子和转子，变压器、电感器、电抗器、继电器和镇流器的铁心，计算机磁心、磁记录的磁头与磁介质等，是电机工程、无线电、通信、计算机、家用电器和高新技术领域的重要功能材料。现有的金属软磁材料按磁特性可分为高磁感材料、高磁导材料、高矩形比材料、恒导磁材料、温度补偿材料等；按化学成分可分为电工纯铁、Fe-Si 合金、Fe-Ni 合金、Fe-Al 合金和 Fe-Co 合金等；也可分为晶态、非晶态及纳米晶软磁材料等。

（1）电工纯铁　电工纯铁也称为阿姆科铁，是一种含碳量极低、含铁量 99.95%（质量

分数)以上的软钢。它具有矫顽力低、磁导率高、导热性和加工性好、易焊接并有一定的耐蚀性和价格便宜等优点，因而被广泛应用。其主要缺点是电阻率低(不到0.1μΩ·m)，当用于交流条件下就会产生大的涡流损耗。所以，电工纯铁主要用于直流或低频磁化条件下的电器仪表中的磁性元件、电子管零件、直流电动机及小型异步电动机的导磁材料(如机壳、极靴、转子、定子等)以及直流屏蔽材料等。

上述电工纯铁的化学成分和磁性分别见表8-1及表8-2。牌号中的DT表示电工用纯铁，后接数字序号，其后的字母表示磁性能等级，A为高级，E为特级，C为超级。B_{400}表示在磁场为400A/m时的磁感应强度。

表8-1　国产电工纯铁的化学成分　(%)

牌号	名　称	不　大　于								
		w_C	w_{Si}	w_{Mn}	w_S	w_P	w_{Ni}	w_{Cr}	w_{Cu}	w_{Al}
DT1	沸腾纯铁	0.040	0.03	0.10	0.030	0.015	0.20	0.10	0.15	—
DT2	高纯度沸腾纯铁	0.025	0.02	0.035	0.025	0.015	0.20	0.10	0.15	—
DT3	镇静纯铁	0.040	0.20	0.20	0.015	0.020	0.20	0.10	0.20	0.55
DT4	无时效镇静纯铁	0.025	0.20	0.15	0.015	0.015	0.20	0.10	0.20	0.20~0.55

表8-2　国产电工纯铁的磁性

<table>
<tr><th rowspan="2">磁性等级</th><th rowspan="2">牌　号</th><th>H_c/A·m^{-1}</th><th>μ_m</th><th colspan="5">磁感应值/T　≥</th></tr>
<tr><th>≤</th><th>≥</th><th>B_{400}</th><th>B_{800}</th><th>B_{2000}</th><th>B_{4000}</th><th>B_{8000}</th></tr>
<tr><td>普通</td><td>DT3、DT4、DT5、DT6、DT8</td><td>96</td><td>6000</td><td rowspan="4">1.40</td><td rowspan="4">1.50</td><td rowspan="4">1.67</td><td rowspan="4">1.71</td><td rowspan="4">1.80</td></tr>
<tr><td>高级</td><td>DT3A、DT4A、DT5A、DT6A、DT8A</td><td>72</td><td>7000</td></tr>
<tr><td>特级</td><td>DT4E</td><td>48</td><td>9000</td></tr>
<tr><td>超级</td><td>DT4C、DT6C</td><td>32</td><td>12000</td></tr>
</table>

(2) Fe-Si合金　电工纯铁只能在直流磁场下工作，在交变磁场下工作时涡流损耗大。如果在纯铁中加入质量分数为0.38%~4.50%的硅，使之形成固溶体，就可以提高材料的电阻率，减少涡流损耗，这种材料就称为硅铁合金，或者称为电工用硅钢片。它主要用于各种形式的电动机、发电机和变压器的铁心，在扼流圈、电磁机构、继电器、测量仪表中也有大量使用。

硅钢片的力学性能与硅含量、晶粒大小、结晶结构、有害杂质(C、O、H)含量和分布状况以及钢板厚度有关；硅钢片的磁性能与硅含量、冶炼过程、热处理工艺、晶粒大小有关。一般认为，硅的质量分数为6%~6.5%的钢具有高的磁导率。硅也使铁的磁各向异性和磁致伸缩性降低。考虑到硅钢的力学性能及加工工艺性能，硅的质量分数不宜超过4%。另外，C、H、S、Mn等元素均对合金的磁性能有不利影响。增大晶粒可以改善硅钢的磁性能，但使磁滞损耗增加。

我国生产的电工用硅钢片有热轧、冷轧无取向和冷轧取向三种。为了满足特殊要求，也生产特殊用途的硅钢片。其相应牌号参见GB/T 2512—1985和GB/T 2521—2008。

(3) Fe-Ni合金　Fe-Ni系软磁合金一般统称为坡莫合金(英文Permalloy字头的译音)，意为导磁合金，专指镍的质量分数为34%~84%的二元或多元Ni-Fe基软磁合金。

根据特性和用途的不同，铁镍软磁合金大致可以分为以下五类：

1）以 1J50（$w_{Ni}=36\%\sim50\%$）为代表。该类合金具有较低的磁导率和较高的饱和磁感应强度及矫顽力。在热处理中如能适当提高温度，延长时间，可降低矫顽力，提高磁导率。适用于中等磁场，用作中小功率变压器、微电机、继电器、扼流圈、电磁离合器的铁心、屏蔽罩、话筒振动片以及导磁体等。主要牌号有 1J46、1J50 和 1J54 等。

2）以 1J51（$w_{Ni}=34\%\sim50\%$）为代表。该类合金具有晶体结构与磁畴结构，易沿磁化方向磁化，可获得矩形磁滞回线，在中等磁场下具有较高的磁导率和磁感应强度。如经纵向磁场热处理，可使材料沿磁路方向的磁导率和矩形比增加，矫顽力降低。主要用于中小功率高灵敏度的磁放大器和磁调制器、中小功率的脉冲变压器以及计算机中的原件等。主要牌号有 1J51、1J52 和 1J34 等。

3）以 1J65（$w_{Ni}\approx65\%$）为代表。该类合金可以通过磁场热处理改善磁性能。主要牌号有 1J65 和 1J67 等。1J67 是在 1J65 成分的基础上加入质量分数为 2% 的钼，从而提高其电阻率，改善合金的直流性能和交流性能。这类合金经磁场处理后获得磁畴取向，具有高的最大磁导率和矩形磁滞回线。主要用于中等功率的磁放大器及扼流圈、计算机元件和继电器等。

4）以 1J79（$w_{Ni}=79\%$，$w_{Mo}=4\%$ 和少量 Mn）为代表。该类合金在弱磁场中也有极高的磁导率和低的饱和磁感应强度。主要用于弱磁场下工作的高灵敏度和小型功率变压器、小型磁放大器、继电器、录音磁头和磁屏蔽等。主要牌号有 1J76、1J79、1J80 和 1J83 等。

5）以 1J85 为代表。它在软磁合金中具有相当高的初始磁导率和最大磁导率，以及极低的矫顽力，对微弱信号反应灵敏。主要用作扼流圈、音频变压器、高精度电桥变压器、互感器、磁调制器、快速磁放大器和录音磁头等的铁心和精密电表中的动片。主要牌号有 1J85、1J86 和 1J87 等。

（4）Fe-Al 合金　Fe-Al 合金是指以铁和铝为主要元素组成的软磁合金系列。研究表明，当铝的质量分数在 16% 以下时，便可以热轧成板材或带材；当铝的质量分数在 5%～6% 以上时，合金冷轧非常困难。我国 Fe-Al 系列的主要牌号有 1J16、1J13、1J12 和 1J6 等。我国标准列出的 Fe-Al 系软磁合金的牌号和磁性能见表 8-3。

表 8-3　Fe-Al 系软磁合金的牌号和磁性能

合金牌号	产品种类	厚度 /mm	磁导率			饱和磁致伸缩系数 λ	在不同场强的磁感应强度/T		矫顽力 H_c/A·m^{-1}	剩余磁感 B_r/T
			$\mu_{0.4}$	$\mu_{0.8}$	μ_m		B_{2400}	B_{3200}		
1J12（Al12Fe）	温轧带材	0.20～1.00		2500	25000		1.2	1.3	12	0.5
1J13（Al13Fe）		0.20～1.00				35×10^{-5}				
1J16（Al16Fe）		0.20～0.30	4000		50000		0.65		3.2	0.4
		0.35～1.00	6000		30000		0.65		3.2	0.4

（5）Fe-Co 合金　Fe-Co 合金主要是指钴的质量分数为 50% 的合金，该类合金具有高的饱和磁感应强度、高的初始磁导率和最大磁导率，通常称为坡明德（Permendur）合金。主要用作直流电磁铁心和极头材料、航空发电机定子材料以及电话受话器的振动膜片等。此外，由于这种合金具有较高的饱和磁致伸缩系数，因此是一种很好的磁致伸缩合金，在电声换能器中应用前景广阔。国外工业用 Fe-Co 系合金的典型磁性能见表 8-4。

表 8-4 国外工业用 Fe-Co 系合金的典型磁性能

牌 号	主要化学成分（质量分数,%）	μ_i	μ_m	H_c /A·m^{-1}	B_r /T	ρ /μΩ·cm	T_c /℃
Hiperco27	Co27，Gr0.6		2800	200	2.36	20	940
Hiperco35	Co35，Gr1.5	650	10000	80	2.42	40	
Permendur 1J20	Co50	800	5000	160	2.40	7	
2V-Permendur 1J22	Co50，V2	1250	11000	64	2.36	25	980
Supermendur 1J22（超）	Co50，V2（磁场处理）	800～1000	9000～70000	16.0～18.4	2.36	25	980

2. 金属硬磁材料

永磁功能材料，又称为硬磁材料。磁性硬是指磁性材料经过外加磁场磁化后能长期保留其强磁性（简称磁性）的特性。

金属硬磁材料是以铁和铁族元素为重要组元的合金型永磁材料，又称为永磁合金。这类永磁合金的磁性与合金的组元、含量以及制造工艺有着密切关系。下面介绍几种常用的金属硬磁材料。

（1）马氏体型磁钢　马氏体型磁钢包括碳钢、钨钢、铬钢、钴钢和铝钢等，其碳的质量分数为0.7%～2.0%，是各向同性的。这是早期的金属硬磁材料，主要是通过高温固溶后淬火硬化，得到马氏体等组织而实现磁硬化。它们的矫顽力和磁能积都较低，目前使用的场合已不多。马氏体型磁钢的典型磁性能见表 8-5。

表 8-5 马氏体型磁钢的典型磁性能

名 称	成分（质量分数,%）	$B_r/10^{-4}$T	H_c/79.6A·m^{-1}	$(BH)_{max}$/796kJ·m^{-3}
碳钢	C 0.9，余 Fe	9500	50	0.20
钨钢	C 0.7，Cr 0.3，W 5，余 Fe	10500	66	0.30
铬钢	C 0.9，Cr 3.4，余 Fe	9000	55	0.25
钴钢	C 0.7，Cr 4，W 7，Co 35	12000	260	1.00
铝钢	C 2，Al 8，余 Fe	6000	200	0.50

（2）沉淀硬化型磁钢　这类钢的特点是在高温下合金呈单相 α 状态，当冷却到两相区时，在一定的冷却速度下，利用 α 相析出的磁性相使矫顽力增加。它可以分为三类：用于铁簧继电器等方面的 Fe-Cu 系；用于半固定装置的存储元件的 Fe-Co 系；具有磁滞回线，可用于磁滞电动机中，且是当代主要应用的两类金属硬磁合金之一的 Al-Ni-Co 系。Al-Ni-Co 系硬磁合金是以 Fe-Ni-Al 和 Fe-Ni-Al-Co 为基的高磁能积、高矫顽力合金，它含有的主要元素为 Fe、Ni 和 Al，再加入 Co、Cu 或（和）Mo、Ti 等元素，经适当的热处理或者定向结晶处理而得到各向异性的永磁合金。这类永磁合金的硬度高，在工业上一般采用铸造方法制作，对于小型或异性材料，可采用粉末烧结法制作。其磁性能见表 8-6。

（3）可加工永磁合金　可加工永磁合金区别于其它脆性永磁材料的是，可用传统冶金及机加工工艺进行加工，因此称为可加工永磁合金。这类硬磁合金可分为以下几种类型：

表 8-6 沉淀硬化型磁钢的磁性能

种类	化学成分（质量分数,%）	$B_r/10^{-4}$T	H_c/79.6 A·m^{-1}	矩形比	处理条件
Fe-Cu 系	Cu 40，余 Fe	12000	100	0.95	98.5%冷拉，400℃回火
	Cu 18.3，Mn 1.7，余 Fe	15500	65	0.95	97%冷拉，500℃回火后再冷拉
	Cu 24，Co 16，V 1，余 Fe	17500	38	0.95	94%冷拉，450℃回火
Fe-Co 系	Co 82，Au 6，余 Fe	16000~18000	10~12	0.85	97.5%冷拉，550℃回火
	Co 85，Nb 3，余 Fe	14500	20	0.95	90%冷拉，700~750℃回火
	Co 80~85，Nb 0.3~5，余 Fe	14300~15000	20~33	0.93~0.95	—
	Co 88.5，Be 1.5，余 Fe	13000	18	0.95	90%冷拉，700~750℃回火
	Co 85，Ti 3，余 Fe	14000~15000	126	0.95	99.8%冷拉，600℃回火
	Co 82.9，Mo 5.1，余 Fe	15600	50	0.92	99.8%冷拉，600℃回火
Fe-Co-Mo 系	Co 16，Mo 10，余 Fe	11560	35	—	1200 淬火，94%冷轧，700℃回火
Fe-Ni-Al 系	Al 7，Ni 17，余 Fe	9950	77	—	1300℃空冷
	Al 8，Ni 13，Co 5，余 Fe	9300	82	—	1300℃空冷
	Al 8，Nb 13，Co 20，余 Fe	10400	28	—	1300℃空冷
	—	10200	175	—	1300℃空冷，580℃回火

1）Fe-Cr-Co 永磁材料。Fe-Cr-Co 永磁材料可进行冷热塑性变形加工，以制成各种不同形状，如片、棒、丝、管等。它是应用广泛的另一类金属硬磁合金，主要用于电话受话器、电度表、转速表、空气滤波器和陀螺仪等。该系列合金的基本成分是：$w_{Cr}=21\%\sim28\%$，$w_{Co}=8\%\sim15\%$，其余为 Fe。可以通过改变组分含量，特别是添加其它元素来改变其永磁性能。主要添加元素有 Mo、Si、V、Nb、Ti、W 和 Cu 等。Fe-Cr-Co 系永磁合金的永磁性能类似于中等性能的 Al-Ni-Co 系合金，但其永磁性能对热处理等较为敏感，难以获得最佳的永磁性能。我国 Fe-Cr-Co 系永磁合金的牌号、化学成分及磁性能见表 8-7。

表 8-7 我国 Fe-Cr-Co 系永磁合金的牌号、化学成分和磁性能（YB/T 5261—1993）

牌号	化学成分（%）										磁性能		
	w_C	w_{Mn}	w_S	w_P	w_{Cr}	w_{Co}	w_{Si}	w_{Mo}	w_{Ti}	w_{Fe}	B_r/T	H_c/A·m^{-1}	$(BH)_{max}$/kJ·m^{-3}
	≤												
2J83	0.03	0.20	0.02	0.02	26.0~27.5	19.5~21.0	0.8~1.1			余	≥1.05	≥48	24~32
2J84	0.03	0.20	0.02	0.02	25.5~27.0	14.5~16.0		3.0~3.5	0.5~0.8	余	≥1.20	≥52	32~40
2J85	0.03	0.20	0.03	0.03	23.5~25.0	11.5~13.0	0.8~1.1			余	≥1.30	≥44	40~48

2）Mn-Al-C 永磁材料。其典型化学成分是：$w_{Al}=30\%$，$w_C=0.5\%$，余 Mn。合金经塑性变形加工后易磁化轴沿[001]取向，得到各向异性。轴向各向异性 Mn-Al-C 磁体的$(B\cdot H)_{max}$可达 48kJ/m^3，与 Al-Ni-Co 系相当。Mn-Al-C 磁体的抗拉强度为 290MPa，可用在 6 万 r/min 的高速机构上。该类合金可用传统的切削加工工艺加工成圆柱、环或棒等，具有良好的耐氧化性，表面不需要特殊处理即可在常温大气下使用。其密度约为 5g/m^3，是铁的 70%左右，因此，应用 Mn-Al-C 磁体对永磁回路的轻型化非常有利。目前，Mn-Al-C 磁体主要应用于要求较高力学强度和形状较为复杂、需经机加工等场合。

3. 稀土永磁材料

稀土永磁材料是以稀土金属与过渡族金属之间形成的金属间化合物为基的永磁材料。它的研究起源于1966年Hoffer和Stmat等人关于由稀土元素和钴组成的金属间化合物的磁性测量工作。目前工业生产的稀土永磁材料分为以下三类：

1）1∶5型R-Co永磁体。它是由稀土金属原子(以R表示)和其它金属原子(以TM表示)按1∶5的比例组成的R-Co永磁体，它们属于第一代稀土永磁材料。单相1∶5型磁体以$SmCo_5$、$(SmPr)Co_5$为代表；多相1∶5型磁体是以1∶5相为基体并含有少量2∶17型沉淀相的稀土永磁材料，如$(Ce, Sm)(Co, Cu, Fe)_{5\text{-}6}$，普遍用于电子钟表、微型继电器、微型直流电动机和发电机、助听器、质子直线加速器和微波铁氧器件等。

2）2∶17型R-Co(或R-TM)永磁体。它们被称为第二代稀土永磁材料。单相2∶17型磁体由单一2∶17型化合物组成；多相磁体是指以2∶17型化合物为基体并有少量1∶5相沉淀构成的永磁体。得到工业应用的主要是后者。

3）第三代稀土永磁材料是R-Fe-B系永磁体，由主相$Nd_2Fe_{14}B$和少量富钕相、少量富硼相组成，可用于汽车发电机、办公自动化装置、磁盘驱动器、MP3播放器及家用电器等。

三类稀土永磁材料的磁性能比较见表8-8。

表8-8　三类稀土永磁材料的磁性能比较

性　能	第一代稀土永磁材料 1∶5型(RCo_5)		第二代稀土永磁材料 2∶17型(R_2TM_{17})		第三代稀土永磁材料 NdFeB型
	A	B	A	B	
剩磁 B_r/T	0.74～0.78	0.88～0.92	0.92～0.98	1.08～1.12	1.18～1.25
矫顽力 H_c/kA·m^{-1}	520～576	680～720	560～720	480～544	760～920
H_j/kA·m^{-1}	600～760	960～1280	500	496～560	800～1040
最大磁能积$(BH)_{max}$/kJ·m^{-3}	104～120	152～168	160～192	232～248	264～288
磁感应强度可逆温度系数 α%·℃$^{-1}$	-0.06	-0.05	-0.08	-0.03	-0.126
回复磁导率μ	1.05～1.10	1.05～1.10	1.00～1.05	1.00～1.05	1.05
密度/kg·m^{-3}	8050～8150	8100～8300	8300～8500	8300～8500	7300～7500
硬度　HV	450～500	450～500	500～600	500～600	600
电阻率ρ/Ω·m	6×10^{-3}	5×10^{-3}	9×10^{-3}	9×10^{-5}	14.4×10^{-3}
抗弯强度/10^4Pa	0.98～1.47	0.98	0.98～1.47	0.98～1.47	2.45

8.2　电性合金

电性合金是指具有特殊电学性能的合金。按使用性能不同可将其分为电阻合金(包括精密电阻合金、应变电阻合金、热敏电阻合金等)、电热合金、热电偶合金和电触头材料等。

8.2.1　电阻合金

电阻材料是利用物质的固有电阻特性来制作电子仪器、测量仪表等装置中不同功能的电阻元件的材料。它可按功能特性、成分体系、材料的电阻值或用途分类。

1. 精密电阻合金

精密电阻合金一般具有较恒定的高电阻率，它的电阻温度系数小，并且电阻随时间的变化小，广泛用于制作精密仪器仪表、调节器及传感器中的电阻元件等。

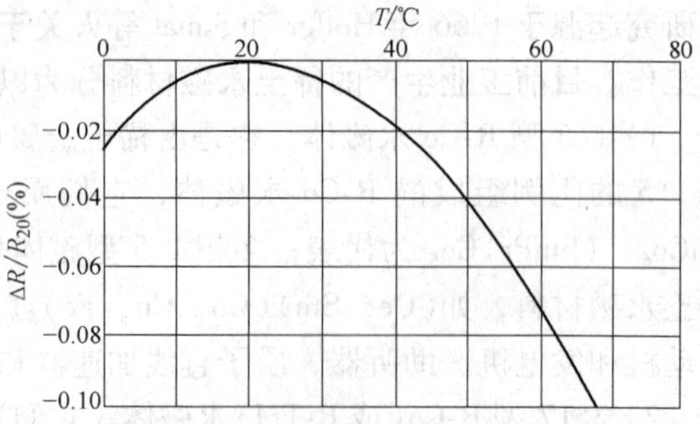

图 8-1　锰铜合金的电阻-温度曲线

（1）Cu-Mn 系电阻合金　锰的质量分数低于 20%、组织为 γ 固溶体的 Cu-Mn 二元合金具有负的温度系数，以此为基体制成了 Cu-Mn 系精密电阻合金。最典型的是锰铜合金，其标准成分为 $w_{Cu}=86\%$、$w_{Mn}=12\%$ 和 $w_{Ni}=2\%$。镍的加入使合金对铜热电动势降低，可改善电阻温度系数并提高耐蚀性。为了获得性能更加优异的材料，出现了一系列添加 Ni、Al、Fe、Si、Sn、Ge 以及 RE 的 Cu-Mn 系合金。

我国锰铜合金的化学成分及性能见表8-9和表8-10（GB/T6145—1999）。图8-1所示为锰铜合金的电阻-温度曲线，该曲线为抛物线形，其电阻温度系数在室温附近很小，说明在使用温度范围内电阻值很稳定，但温度偏差较大时，电阻发生很大的变化。

表 8-9　锰铜合金的化学成分　（%）

合金名称	牌号	w_S	w_C	w_P	w_{Fe}	w_{Si}	w_{Mn}	w_{Ni}	w_{Cu}
通用型锰铜	6J12	<0.02	<0.05	<0.005	<0.5	<0.1	11~13	2~3	余量
F1 型分流锰铜	6J8	<0.02	<0.05	<0.005	<0.5	1~2	8~10	—	余量
F2 型分流锰铜	6J13	<0.02	<0.05	<0.005	<0.5	<0.1	11~13	2~5	余量

表 8-10　锰铜合金的性能

合金分类		电阻率 ρ /μΩ·m	电阻温度系数 一次温度系数 $\alpha/10^{-6}K^{-1}$	电阻温度系数 二次温度系数 $\beta/10^{-6}K^{-1}$	对铜热电动势 E /μV·K^{-1}	工作温度 /℃
通用型锰铜	0 级	0.44~0.50	−2~+2	0.7~0	≤1	5~45
	1 级		−3~+5			
	2 级		−5~+10			
	3 级		−10~+20			
F1 型分流锰铜 6J8		0.30~0.40	−5~+10	−0.25~0	≤2	10~80
F2 型分流锰铜 6J12		0.40~0.48	0~+40	−0.7~0	≤2	10~80

锰铜成品要经过退火处理才能得到长期稳定的电阻和小的电阻温度系数。退火应在真空或保护气氛中进行。退火温度根据保护气氛、形变程度和丝材直径而定。

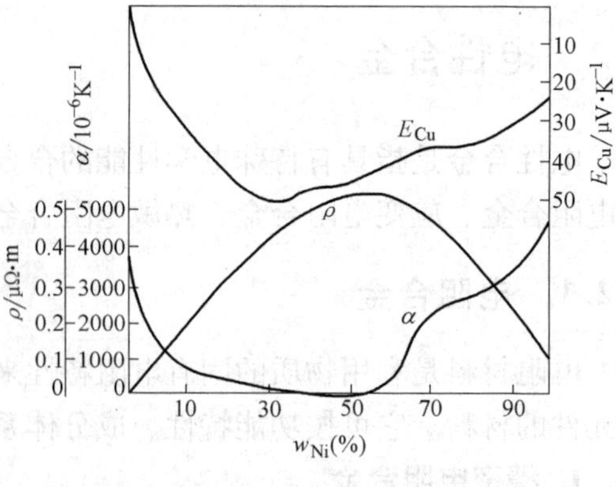

图 8-2　Cu-Ni 合金成分与性能的关系

（2）Cu-Ni 系电阻合金　镍和铜在元素周期表中的位置很近，其原子半径相差很小，均为 FCC 结构，可形成连续固溶体。合金的电阻率、电阻温度系数、对铜热电动势等性能随着镍含量的变化而改变，如图8-2所示，康铜合金的成分处在ρ大而α小的成分范围内。康铜的电阻-温度曲线的线性比锰铜好，可在较宽的温度范围内使用，最高使用温度可达400℃，且耐蚀性、耐热性和抗氧化性也比较好。但康铜对铜热电动势较高，仅适用于交流电路。

这类合金还有尼凯林、德银等，其化学成分和性能见表8-11。为了进一步改善康铜的性能，可加入Mn、Co、Fe、Si、Be等元素以提高其耐热性，降低其电阻温度系数。

表8-11　Cu-Ni系精密电阻合金的化学成分和性能

合金名称	牌号	化学成分(%)				ρ /μΩ·m	α /$10^{-6}K^{-1}$	E /μV·K^{-1}	R_m /MPa	最高工作温度/℃
		w_{Ni}	w_{Cu}	w_{Mn}	w_{Zn}					
康铜	6J40	39～41	58～60	1～2	—	0.48	≤40	45	>390	400
尼凯林	—	30	67	3	—	0.40	110～200	20	—	300
德银	—	13.5～16.5	余量	—	18～22	0.34	330～360	14.4	—	<200

（3）Ni-Cr系合金　Ni-Cr改良型电阻合金是在Ni-Cr电热合金的基础上，添加适量的Al、Mn、Fe或Cu元素而成的高电阻精密电阻合金。它的电阻率高(可达1.3μΩ·m)，电阻温度系数特别是二次电阻温度系数低，对铜热电动势低，抗氧化性、耐蚀性及冷加工性能好，能加工成微细丝；缺点是焊接性能较差。Ni-Cr改良型精密电阻合金的化学成分和性能见表8-12和表8-13。

表8-12　Ni-Cr改良型精密电阻合金的成分　（%）

牌号	w_{Cr}	w_{Al}	w_{Fe}	w_{Cu}	w_{Mn}	w_{Si}	w_{Ni}	w_C	w_P	w_S
6J22	19.0～21.5	2.7～3.2	2.0～3.0	—	0.5～1.5	≤0.2	余量	≤0.04	≤0.01	≤0.01
6J23	19.0～21.5	2.7～3.2	—	2.0～3.0	0.5～1.5	≤0.2	余量	≤0.04	≤0.01	≤0.01
6J24	19.0～21.5	2.0～3.2	≤0.5	—	1.0～3.0	0.9～1.5	余量	≤0.04	≤0.01	≤0.01

表8-13　Ni-Cr改良型精密电阻合金的性能

牌　号	电阻率ρ /μΩ·m	一次温度系数 α/$10^{-6}K^{-1}$	二次温度系数 β/$10^{-6}K^{-1}$	对铜热电动势 E/μV·K^{-1}	使用范围 /℃
6J22	1.33	3.5	0.06	0.28	-55～125
6J23	1.33	2.7	0.05	0.25	-55～125
6J24	1.33	2.5	—	0.20	-55～125

（4）贵金属精密电阻合金　贵金属精密电阻合金主要有铂基、金基、钯基和银基电阻合金，其主要合金种类和性能见表8-14。这类合金的耐蚀性、抗氧化性好，接触电阻小，用于制造特殊条件下使用的电阻器和电位器。但由于价格昂贵，限制了它的广泛应用。

表8-14　贵金属精密电阻合金的性能

合金系列	合　金	ρ /μΩ·m	α /$10^{-6}K^{-1}$	E /μV·K^{-1}	R_m/MPa	
					退火态	硬态
铂基合金	PtIr20	0.32	850	6.1	686.5	1618
	PtRh15Ru5	0.31	700	0.3	990.5	1697
	PtRu10	0.42	30	1.4	774.7	1373
	PtCu20	0.82	98	-6.7	588.4	1373

（续）

合金系列	合　金	ρ /μΩ·m	α /$10^{-6}K^{-1}$	E /μV·K^{-1}	R_m/MPa	
					退火态	硬态
金基合金	AuCr2.1	0.33	1	7.5		—
	AuNi5Cr2	0.42	110	—		764.9
	AuV8Fe5	1.88	63	—	392.3	1304
	AuV3Fe4.5N1.5	1.49	2	—		1157
	AuPd20V10	2.18	27	0.1		764.9
	AuPd20V10Co2	2.06	12	0.7		725.7
钯基合金	PdAg40	0.42	30	42	372.7	774.7
	PdAg36Cu4	0.42	70	—	539.4	931.6
	PdAg40B0.1	0.42	98	—	1471	2157
	PdV9Al1	1.31	37	-5.6	774.7	1373
	PdAu40Mo5	1.00	120	—	676.7	1.64
	PdAu40Fe10	1.58	0	—	—	—
	PdAu38Fe11Al1	2.30	0	0	—	—
银基合金	AgMn8.8	0.28	0	2.5	—	441
	AgMn8Sn7	0.43	0	-0.4	—	284
	AgMn13Sn9	0.57	0	-0.15	—	441
	AgMn8.8Sn1.5	0.37	-25	1.8	—	—

2. 应变电阻合金

应变电阻合金是指电阻应变灵敏系数大、电阻温度系数绝对值小的电阻合金。利用电阻随应变而变化的特性，可制造各种应变电阻和传感器，进行应力、应变、载荷、位移、扭矩、加速度等的测量。主要包括 Cu-Ni 系、Ni-Cr 系、Fe-Cr-Al 系和 Pt 基合金等。在常温和中温条件下大多使用应变康铜和 Ni-Cr 系改良型合金；而在高温下使用的多为 Fe-Cr-Al 系和 Pt 基应变电阻合金。

（1）Cu-Ni 系应变电阻合金　这类合金以铜、镍为基，添加少量锰等元素，是常温或中温（<250℃）使用的应变电阻合金。主要合金的化学成分和性能见表 8-15。这类合金的电阻温度系数低，而且电阻-温度曲线的线性较好，应变灵敏系数在较大的应变范围内几乎不变化，且随温度呈线性关系，机械滞后较小，加工性能好，但对铜热电动势较大。

表 8-15　Cu-Ni 系应变电阻合金的化学成分和性能

合　金	化学成分（%）				电阻率 /μΩ·m	电阻温度系数 /$10^{-6}K^{-1}$	应变灵敏系数	抗拉强度 /MPa	线胀系数 /$10^{-6}K^{-1}$
	w_{Ni}	w_{Mn}	w_{Zr}	w_{Cu}					
6JYC—401	40	—	—	余量	0.49～0.50	-48～-47	2.13～2.20	461～500	—
6JYC—442	44	—	—	余量	0.51～0.52	-57	2.16～2.17	461～510	—
6JYC—423	42	—	—	余量	0.50	-58～-45	2.11～2.17	441～490	—
6JYC—424	42	—	<0.1	余量	0.50～0.51	-58～-44	2.12～2.17	451～529	—
应变康铜	44	1.5	—	余量	0.49	≤20	～2.0	441～686	14.9
应变锰白铜	44	3	—	余量	0.45～0.58	≤10	2.09	392～637	—

（2）Ni-Cr 改良型合金　这类合金是以 Cr、Ni 为基，加入少量 Mn、Al、Fe 或 Cu 等元

素的合金，主要包括6J22、6J23等合金。它是用于中温测量的主要材料，在静态应变测量时最高使用温度为400℃。合金的电阻率高，约为康铜的2~3倍；电阻温度系数较低，且可通过控制合金成分和热处理进行调整。

（3）Fe-Cr-Al系应变电阻合金　这类合金是在Fe-Cr-Al的基础上加入少量V、Mo或微量RE制成的改良型合金，属于高温应变电阻合金。主要合金的化学成分和性能见表8-16和表8-17。这类合金的电阻率高，电阻温度系数小，应变灵敏系数大，高温抗氧化性好、成本低。加入Mo、V后，可进一步降低电阻温度系数，改善电阻与温度的线性关系，提高热稳定性。但合金的加工性稍差。加入微量Y和RE不仅可提高热稳定性，还可增加塑性，改善加工性能。

表8-16　Fe-Cr-Al系应变电阻合金的化学成分　（%）

合　金	w_{Cr}	w_{Al}	w_{V}	w_{Mo}	w_{Y}	w_{RE}	w_{Hf}	w_{Fe}
6JYG—C18	21	5.5	1.3	1.4	<0.5	—	—	余量
6JYG—C19	21	5.3	1.3	1.4	—	—	<0.5	余量
6JYG—C21	21	5.4	3.2	1.4	—	—	—	余量
6JYG—C32	21	5.0	3.5	1.3	—	—	—	余量
6JYG—C34	21	4.8	3.1	1.3	—	—	—	余量
4YC3	21.5~22.5	4.9~5.2	2.3~3.0	1.85~2.05	—	—	—	余量
4YC4	24.5~25.5	6.3~6.5	—		≤0.4	≤0.3	—	余量

表8-17　Fe-Cr-Al系应变电阻合金的性能

合　金	电阻率 /μΩ·m	电阻温度系数 /$10^{-6}K^{-1}$	热电动势 /μV·K^{-1}	应变灵敏系数	线胀系数 /$10^{-6}K^{-1}$	抗拉强度 /MPa	使用温度 /℃
6JYG—C18	1.45	-10	2.97	2.50	13.1	833	700
6JYG—C19	1.45	-2.4	—	2.55	14.0	833	700
6JYG—C21	1.50	-29	—	2.45	13.3	931	700
6JYG—C32	1.45	-1.4(50~500℃)	3.18	2.65	12.9	882	500
6JYG—C34	1.50	32	—	2.75	—	784	700
4YC3	1.36~1.42	1.62(20~550℃)	-3.35	2.0~2.8	14	798	550
4YC4	1.43~1.50	3(20~750℃)	3.28	>2	15.06(20~750℃)	872	750~800

（4）Pt-W系应变电阻合金　Pt-W系应变电阻合金是理想的高温(800℃)应变电阻材料。它的高温抗氧化性好，电阻-温度关系在0~700℃和0~800℃范围内线性好，应变灵敏系数大。主要合金和性能见表8-18。

表8-18　Pt-W系应变电阻的主要合金和性能

合　金	电阻率 /μΩ·m	电阻温度系数 /$10^{-6}K^{-1}$	热电动势 /μV·K^{-1}	应变灵敏系数	电阻-温度线性温度范围/℃	抗拉强度 /MPa
PtW8	0.65	230	6.1	4.2	0~700	882
PtW8.5	0.67	210	6.4	4.1	0~700	988
PtW9.5	0.76	139	6.5	3.7	0~700	1196
PtWRE7.5-5.5	0.84	88	3.6	3.3	0~800	1392
PtWRE8-6	0.84	82	3.9	2.8	0~800	1431

3. 热敏电阻合金

热敏电阻合金是指电阻温度系数大且为定值的电阻合金，可利用其特性制作感温元件，进行测量、控温和传递温度信号；还可以利用它的限流作用制成元件，用以保护设备。

对热敏电阻合金的性能要求是：电阻温度系数大，电阻-温度曲线线性好，电阻率较小，电阻值的时间稳定性好等。常用的热敏电阻材料有 Fe、Co、Ni、Cu、Pt 等纯金属，还有钴基、镍基和铁基合金，其成分和主要特性见表 8-19 和表 8-20。

表 8-19　热敏电阻合金的成分　（%）

合　金	w_{Cr}	w_{V}	w_{Ni}	w_{Co}	w_{Al}	w_{Fe}
Co80VFe	—	1 ~ 2	—	80	—	余量
Co85CrAlFe	1 ~ 2	—	—	85	1 ~ 2	余量
Ni50Co10Fe	—	—	50 ~ 52	10 ~ 11	—	余量
Ni90Cr10	10	—	90	—	—	—
Ni58Fe	—	—	50 ~ 60	—	—	余量
Ni30Cr18Fe	16 ~ 18	—	30 ~ 32	—	—	余量
Cr19Ni9Fe	18 ~ 20	—	8 ~ 10.5	—	—	余量
Cr20V10Fe	10 ~ 20	10 ~ 20	—	—	—	余量

表 8-20　热敏电阻合金的主要特性

合　金	电阻率/μΩ · m	电阻温度系数/$10^{-6}K^{-1}$	线胀系数/$10^{-6}K^{-1}$	温度范围/℃
Co80VFe	0.43	1.4	12.12	700
Co85CrAlFe	0.40	1.7	13.20	700
Ni50Co10Fe	0.20 ~ 0.25	3.4 ~ 4.5	12.70	500
Ni90Cr10	0.69	0.26	16.45	1000
Ni58Fe	0.25 ~ 0.35	3 ~ 5	—	100
Ni30Cr18Fe	0.95	0.33	17.17	900
Cr19Ni9Fe	0.60 ~ 0.70	1	—	300
Cr20V10Fe	0.50 ~ 0.55	2.7 ~ 2.9	—	400

8.2.2　电热合金

电流通过导体将放出焦耳热，电热合金就是把这种电能转换为热能特性的电阻合金，它广泛用于制作各种电炉和家用电器的电加热元件。对电热合金的性能要求是：有高的电阻率和低的电阻温度系数；在使用温度范围内无相变，以保证电阻没有突变，电能长期稳定；有较高的抗氧化性和对各种气氛的耐蚀性；有足够的高温强度；有良好的加工性能，易于制成丝材或带材，并能绕制成各种形状的加热元件。目前常用的为 Ni-Cr 系和 Fe-Cr-Al 系两类，适用于 950 ~ 1400℃ 工作的电加热元件。在更高温度工作的电热元件则采用纯金属电热材料。

1. Ni-Cr 系电热合金

Ni-Cr 系电热合金的化学成分和性能见表 8-21 和表 8-22。这类合金的高温强度高，高温冷却后无脆性，使用寿命较长，易于加工和焊接，是广泛应用的电热合金。在 Ni-Cr 系合金中，镍与铬形成有限固溶体。但铬的质量分数小于 20% 时，随着铬含量增加，电阻率提高，电阻温度系数减小；铬的质量分数大于 20% 时，电阻温度系数增加，加工性能变差；而铬的质量分数大于 30% 时靠近两相区，脆性增加，加工困难。因此，铬的质量分数以 15% ~ 30% 为宜。加入 Fe 元素可使加工性能改善，但耐蚀性降低。而添加少量的 Si、Al、Ti、Zr 或 RE 元素可提高合金的工作温度和使用寿命。Ni-Cr 系电热合金的软化退火温度为 950 ~ 1100℃，然后快速冷却。

表 8-21　Ni-Cr 系电热合金的化学成分（GB/T 1234—1995）　（%）

合　金	w_C	w_P	w_S	w_{Mn}	w_{Si}	w_{Cr}	w_{Ni}	w_{Al}	w_{Fe}
Cr15Ni60	≤0.08	≤0.020	≤0.015	≤0.60	0.75 ~ 1.60	15.0 ~ 18.0	55.0 ~ 61.0	≤0.50	余量
Cr20Ni80	≤0.08	≤0.020	≤0.015	≤0.60	0.75 ~ 1.60	20.0 ~ 23.0	余量	≤0.50	≤1.0
Cr30Ni70	≤0.08	≤0.020	≤0.015	≤0.60	0.75 ~ 1.60	28.0 ~ 31.0	余量	≤0.50	≤1.0

表 8-22　Ni-Cr 系电热合金的性能

合　金	电阻率 /μΩ·m	熔点 /℃	最高使用温度/℃	密　度 /g·cm^{-3}	平均线胀系数 /$10^{-6}K^{-1}$	比热容 /J·(kg·K)$^{-1}$	抗拉强度 /MPa	伸长率 (%)
Cr15Ni60	1.11 ~ 1.15	1300	1150	8.2	13.0	460.548	637 ~ 784	≥20
Cr20Ni80	1.09 ~ 1.14	1400	1200	8.4	14.0	439.614	637 ~ 784	≥20
Cr30Ni70	1.18 ~ 1.20	1380	1250	8.1	17.1	460.548	900	≥20

2. Fe-Cr-Al 系电热合金

Fe-Cr-Al 系电热合金的化学成分和性能见表 8-23 和表 8-24。这类电热合金的电阻率高，耐热性和高温抗氧化性好，与 Ni-Cr 系合金相比具有更高的使用温度，价格也较便宜。但这类合金在高温使用时易产生脆性，而且长时间使用后其永久伸长率较大。在铁中加入铬和铝

表 8-23　Fe-Cr-Al 系电热合金的化学成分（GB/T 1234—1995）　（%）

合　金	w_C	w_P	w_S	w_{Mn}	w_{Si}	w_{Cr}	w_{Ni}	w_{Al}	w_{Mo}	w_{Fe}	w_{Nb}
1Cr13Al4	0.12	0.025	0.025	0.70	1.00	12.0 ~ 15.0	0.60	4.0 ~ 6.0	—	余量	—
0Cr13Al6Mo2	0.06	0.025	0.025	0.70	1.00	12.5 ~ 14.0	0.60	5.0 ~ 7.0	1.5 ~ 2.5	余量	—
0Cr25Al5	0.06	0.025	0.025	0.70	0.60	23.0 ~ 26.0	0.60	4.5 ~ 6.5	—	余量	—
0Cr21Al6Nb	0.05	0.025	0.025	0.70	0.60	21.0 ~ 23.0	0.60	5.0 ~ 7.0	—	余量	0.5
0Cr27Al7Mo2	0.05	0.025	0.025	0.20	0.40	26.5 ~ 27.8	0.60	6.0 ~ 7.0	1.8 ~ 2.2	余量	—

表 8-24　Fe-Cr-Al 系电热合金的性能（GB/T 1234—1995）

合　金	电阻率 /μΩ·m	熔　点 /℃	最高使用温度/℃	密　度 /g·cm^{-3}	平均线胀系数 /$10^{-6}K^{-1}$	比热容 /J·(kg·K)$^{-1}$	抗拉强度 /MPa	伸长率 (%)
1Cr13Al4	1.25 ±0.08	1450	950	7.4	15.4	489.856	588 ~ 735	≥16
0Cr13Al6Mo2	1.41 ±0.07	1500	1300	7.2	15.6	494.042	686 ~ 833	≥12
0Cr25Al5	1.42 ±0.07	1500	1300	7.1	16.0	494.042	637 ~ 784	≥12
0Cr21Al6Nb	1.45 ±0.07	1510	1350	7.1	16.0	494.042	686 ~ 784	≥12
0Cr27Al7Mo2	1.53 ±0.07	1520	1400	7.1	16.0	494.042	686 ~ 784	≥10

都使电阻率提高，电阻温度系数降低，抗氧化性提高。添加少量 Co、Ti、Zr、RE 元素等也能提高合金的抗氧化性、高温强度和使用寿命。但随着铬、铝含量增加，合金的抗拉强度增加，伸长率下降，冲击韧度也随着降低，加工性能变差。因此要求严格控制工艺和质量，各工艺环节不仅要保证化学成分准确均匀、有害元素及杂质少，还要控制组织的致密性。

Fe-Cr-Al 系电热合金的软化退火温度为 750～800℃，然后快速冷却。

3. 纯金属电热材料

可用于制造电热体的纯金属有 Pt、W、Mo、Ta 等。纯金属的电阻率低，电阻温度系数高，有的还需要特殊保护气氛，但使用温度较高，因此在特殊情况下使用。铂的价格昂贵，在真空下易蒸发，但抗氧化性强，可以在氧化气氛中使用；钨和钼作为电热体只能在氢气、氮气或真空中使用；而钽则要求在真空中使用。纯金属电热材料的性能见表 8-25。

表 8-25 纯金属电热材料的性能

材料	电阻率 /μΩ·m	电阻温度系数 /$10^{-6}K^{-1}$	熔点 /℃	最高使用温度 /℃	密度 /$g\cdot cm^{-3}$	线胀系数 /$10^{-6}K^{-1}$	比热容 /$J\cdot(kg\cdot K)^{-1}$	热导率 /$W\cdot(m\cdot K)^{-1}$
Pt	0.094	39.9	1772	1600	21.37	8.9	133.978	72.0
Mo	0.052	47.1	2610	1800	10.22	4.9	301.450	146.4
W	0.051	48.2	3387	2400	19.10	4.6	142.351	171.5
Ta	0.131	38.5	2996	2200	16.60	6.6	150.725	56.1

8.2.3 热电偶合金

热电偶合金是利用材料的热电动势随温度差而变化的特性来测温的一种材料。

对金属热电偶的性能要求为：具有高的热电势及高的热电势温度系数，以保证高的灵敏度，同时要求热电势随温度的变化是单值的，最好呈线性关系；具有良好的高温抗氧化性和耐环境介质的腐蚀性；在使用过程中稳定性好，重复性好，并容易加工，价格低廉。完全达到这些要求比较困难，各种热电偶材料也各有优缺点，一般根据使用温度来选择热电偶材料。

1. 标准化热电偶品种

热电偶的种类很多，根据仪表的标准化、系列化要求，经过长期筛选，形成了标准化产品。我国热电偶材料的标准见表 8-26，其中使用了国际标准化热电偶正、负热电极材料的代号，一般用两个字母表示：第一个字母表示型号；第二个字母中的 P 代表正电极材料，N 代表负电极材料。

表 8-26 我国热电偶材料标准

名　称	分度号	正极材料		负极材料		最高使用温度/℃		分度表温区 /℃	标准号
		代号	名义成分	代号	名义成分	长期	短期		
铂铑 30-铂铑 6	B	BP	PtRh30	BN	PtRh6	1600	1800	0～1820	GB/T 2902—1998
铂铑 13-铂	R	RP	PtRh13	RN	Pt	1400	1600	-50～1769	GB/T 1598—1998
铂铑 10-铂	S	SP	PtRh10	SN	Pt	1300	1600	-50～1769	GB/T 3772—1998

（续）

名　称	分度号	正极材料		负极材料		最高使用温度/℃		分度表温区/℃	标准号
		代号	名义成分	代号	名义成分	长期	短期		
镍铬-镍硅	K	KP	NiCr10	KN	NiSi3	1200	1300	-270~1373	GB/T 2614—1998
镍铬-康铜	E	EP	NiCr10	EN	NiCu55	750	900	-270~1000	GB/T 4993—1998
铁-康铜	J	JP	Fe	JN	NiCu55	600	750	-210~1200	GB/T 4994—1998
铜-康铜	T	TP	Cu	TN	NiCu55	350	400	-270~400	GB/T 2903—1998
镍铬-金铁	NiCr-AuFe	NiCr	NiCr10	AuFe	AuFe0. 07	0	—	-273~0	GB/T 2904—1982
铜-金铁	Cr-AuFe	Cu	Cu	AuFe	AuFe0. 07	0	—	-270~196	GB/T 2904—1982
钨铼3-钨铼25	WRe3-WRe25	WRe3	WRe3	WRe25	WRe25	2300	—	0~2315	JB/T 9497—2002
钨铼5-钨铼26	WRe5-WRe26	WRe5	WRe5	WRe26	WRe26	2300	—	0~2315	JB/T 9497—2002

2. 热电偶补偿导线

为了消除或降低热电偶冷端温度变化所引起的测量误差，可采用热电偶补偿导线，补偿导线的热电动势相等，不应超出允许的误差范围。因此，不同的热电偶材料要求不同的补偿导线，应注意在与配用热电偶连接时不要接错正、负极。

补偿导线的品种和性能见表8-27。补偿导线的代号中，第一个字母为配用热电偶的分度号；第二个字母中的“P”表示正极，“N”表示负极；第三个字母中的“X”表示延伸型补偿导线，“C”表示补偿型补偿导线。

表8-27　标准补偿导线的品种和性能

热电偶分度号	补偿导线型号	补偿导线正极			补偿导线负极			100℃热电动势及允许误差/mV			200℃热电动势及允许误差/mV		
		名称	成分	代号	名称	成分	代号	热电动势	允许误差		热电动势	允许误差	
									普通级	精密级		普通级	精密级
S	SC	铜	Cu	SPC	铜镍	CuNi0. 6	SNC	0. 645	±0. 037	±0. 023	1. 440	±0. 057	—
K	KX	镍铬	NiCr10	KPX	镍硅	NiSi3	KNX	4. 095	±0. 105	±0. 063	8. 317	±0. 100	±0. 060
K	KC	铜	Cu	KPC	康铜	CuNi40	KNC	4. 095	±0. 105	±0. 063	—	—	—
E	EX	镍铬	NiCr10	EPX	康铜	CuNi45	ENX	6. 317	±0. 170	±0. 102	13. 419	±0. 183	±0. 111
J	JX	铁	Fe	JPX	康铜	CuNi45	HNX	5. 268	±0. 135	±0. 081	10. 777	±0. 183	±0. 083
T	TX	铜	Cu	TPX	康铜	CuNi45	TNX	4. 277	±0. 047	±0. 024	9. 286	±0. 080	±0. 043

8.2.4　电触头材料

电触头材料是建立和消除电接触的导体材料，也称为接点材料，广泛用于制作电力电子、通信设备及仪器仪表中的开关、继电器、连接器、换向器、电位器、电刷等的接点元件。通过接点的开闭担负着电能和电信号的接通、切断、转换等任务。对用作接点的电触头材料的性能要求为：电导率大，最大电弧电压和最小电弧电流大，接触电阻小且稳定；化学稳定性好，抗氧化，耐腐蚀，不易生成有害的表面膜；熔点和沸点高，导热性好；良好的耐磨性，适当的硬度与弹性；良好的加工性能。完全满足上述要求的材料是不存在的，可根据使用条件合理选材。按电载荷的大小和用途不同，电触头材料大体可分为弱电触头材料和强电触头材料两大类。

1. 弱电触头材料

弱电接点在低电压、低电流和小接触压力下工作，其接触电阻主要取决于材料的化学稳定性。贵金属是导电材料中化学稳定性最好的，而且基本具备上述的电学、热学和力学性能要求。因此，弱电触头材料主要采用贵金属材料，包括银系、金系、铂系等合金，并已广泛采用复合触头材料。部分弱电触头材料及其性能见表 8-28。

表 8-28 部分弱电触头材料及性能

材料	密度 /g·cm^{-3}	熔点 /℃	电阻率 /μΩ·m	电阻温度系数 /$10^{-6}K^{-1}$	热导率 /W·(m·K)$^{-1}$	硬度 HV	抗拉强度 /MPa	伸长率（软态-硬态）(%)
Ag99.95	10.5	960	1.67	4.1	418	30～90	200～360	30-2
AgNi0.1-0.3	10.5	940	1.92	3.5	390	45～115	250～470	25-1
AgMgNi0.5	10.5	960	2.32	2.3	293	40～170	220～400	25-2
Au99.9	19.3	1063	2.30	4.0	80	20～70	140～240	30-1
AuAg20	16.4	1036	10.0	8.6	89	38～115	190～390	25-1
AuNi5	18.3	995	12.0	7.1	83	115～190	380～640	29-
Pt99.9	21.4	1768	11.0	4.0	154	40～110	≈150	40-
PtIr10	21.5	1780	25.0	1.3	220	105～216	340～650	25-2

复合触头材料是将贵金属触头材料与非贵金属基底材料合成一体的触头材料。它将基底材料优良的力学性能与贵金属触头材料优良的电接触性能相结合，既保留了贵金属触头材料的特点，又有效地节约了贵金属。复合触头材料的制作工艺有轧制包覆，电镀复层、焊接、气相沉积、热敷锡、复合铆钉等方法。贵金属触头材料多采用银、金、铂及其合金，基底材料多选用铜基合金以及纯铜、纯镍、铁镍合金及不锈钢等。常用基底材料的种类及性能见表 8-29。

表 8-29 常用复合触头材料的基底材料及性能

材料	状态	密度 /g·cm^{-3}	熔点 /℃	电导率 /$10^{-6}\Omega^{-1}\cdot m^{-1}$	抗拉强度 /MPa	屈服强度 /MPa	硬度 HV	伸长率 (%)	弹性极限 /MPa
Cu99.9	H	8.92	1083	57	330	250	95	4	—
	SH				400	320	110	2	—
Ni99.6	A	8.90	1453	10.5	450	—	100	45	—
	H				900	—	235	3	—
CuZn28	H	8.55	920～950	16.3	470	340	140	12	—
	SH				520	470	175	5	—

（续）

材　料	状态	密度 /g·cm^{-3}	熔点 /℃	电导率 /$10^{-6}\Omega^{-1}\cdot m^{-1}$	抗拉强度 /MPa	屈服强度 /MPa	硬度 HV	伸长率 (%)	弹性极限 /MPa
CuZn37	H SH	8.44	900～920	15.5	490 570	470 480	135 160	6 2	290
CuNi20	A H	8.96	1135～1210	3.6	350 350	— —	80 180	40 5	— —
CuNi30Fe	A H	8.94	1180～1240	2.7	400 600	— —	90 200	40 5	— —
CuNi44	A H	8.90	1250～1300	2.0	450 700	— —	95 220	40 5	— —
CuSn6	H SH	8.93	910～1040	9.0	530 590	470 540	170 200	88 15	370 390
CuSn8	H SH	8.93	875～1025	7.0	540 670	490 620	185 215	28 18	390 440
CuNi18Zn20	H SH	8.71	1025～1100	3.5	540 610	490 560	170 200	10 5	390 510
CuNi9Sn2	H SH	8.93	1060～1090	6.4	510 550	500 510	160 185	8 5	— 500
CuBe1.7	H SH	8.40	890～1000	12.5	750 1300	690 1200	230 390	4 3	— 950
CuBe2	H SH	8.30	870～980	12.5	760 1400	710 1280	230 415	4 2	— 1050

注：A——退火状态；H——冷变形（硬态）；SH——冷变形＋时效（特硬态）。

2. 强电触头材料

在大、中功率的条件下，工作电压和电流很高，接点常处在电弧的高温作用下，易被熔焊或电侵蚀，因此，强电触头材料应选择导电性及导热性好、熔点高的材料。强电触头材料包括三类：①Ag、W、Cu 等纯金属和 W-Mo、W-RE 合金；②将导电及导热性好的金属和熔点高的金属用粉末冶金方法制成的复合材料，如 Cu-W、Ag-W、Ag-Mo、Ag-Ni、Ag-WC、Ag-石墨等；③Ag-金属氧化物复合材料，如 Ag-CdO、Ag-CuO、Ag-MnO、Ag-MgO、Ag-SnO_2-In_2O_3 等，此种属于内氧化型复合材料。其中使用较多的是第二种和第三种复合材料，特别是 Ag-CdO 内氧化触头。

Ag-CdO 内氧化触头材料的抗电侵蚀性和抗熔焊性好，导电性和导热性高，接触电阻低而稳定。其性能见表8-30。但由于在生产时镉蒸气危害人体健康，因此，各国都在努力研究不含镉的新型内氧化触头材料。我国开发了 Ag-ZnO、Ag-SnO_2-In_2O_3 等内氧化触头材料，这些材料具有良好的抗熔焊性和抗电侵蚀性能，可代替 Ag-CdO 触头材料。

表 8-30　Ag-CdO 内氧化触头材料的性能

材　料	密度 /g · cm^{-3}	电阻率 /μΩ · m	电阻温度系数 /10^{-3}K^{-1}	硬度　HV	
				退火状态	硬态
Ag-CdO12	10.0	0.021	—	85	—
Ag-CdO15	9.9	0.023	3.5	80	125

8.3　形状记忆合金

形状记忆合金 SMA(Shape Memory Alloy)是指具有一定的初始形状，经形变并固定成另一种形状后，通过热、光、电等物理刺激或者化学刺激处理又可以恢复其初始形状的一种新型金属功能材料。由于这种合金具有独特的形状记忆效应(SME)和超弹性效应，可以制作小巧玲珑、高自动化、性能可靠的元器件，目前已被广泛应用于电子仪器、汽车工业、医疗器械、空间技术、能源开发等领域。

8.3.1　形状记忆效应

形状记忆效应是指材料能够"记忆"住原始形状的功能。例如，Ti-Ni 合金丝在较高温度时具有一定形状(如密排弹簧)，在低温时的马氏体状态下使其变形(弹簧伸长)，外力去除后，其变形保留，但若将其加热到一定温度，则合金丝能自动地回复到原来的形状(密排弹簧)，这就是最简单的形状记忆效应。

在晶体材料中，形状记忆效应表现为：当一定形状的母相样品由 *Af*(奥氏体转变终了温度)以上冷却至 *Mf*(马氏体转变终了温度)以下形成马氏体后，将马氏体在 *Mf* 以下变形，经加热至 *Af* 以上，伴随逆相变，材料会自动回复其在母相时的形状，如图 8-3 所示。

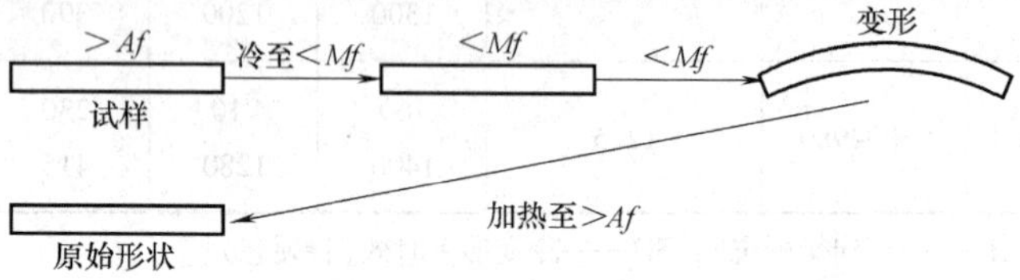

图 8-3　形状记忆效应示意图

8.3.2　形状记忆效应的分类

根据不同的记忆功能，形状记忆合金可分为单程、双程及全程记忆效应合金。

1. 单程记忆效应

将马氏体变形后，经逆相变能回复母相形状的效应称为单程形状记忆效应(One Way Shape Memory Effect)，如图 8-4a 所示。

2. 双程记忆效应

某些记忆材料，如 Ti-Ni 合金及铜基记忆合金，经过一定的特殊处理后，可以"记忆"住高温时的形状，也可"记忆"住低温时的形状。当温度在高温和低温之间往返变化时，材料自行在两种形状之间变换，这种效应称为双程记忆效应(Two Way Memory Effect，TWME)，如图 8-4b 所示。

3. 全程记忆效应

形状记忆效应还有另外一种现象，它不仅具有双程形状记忆效应，而且在反复变温过程中，总是遵循相同的形状变化规律，即全程形状记忆效应(All-Round Shape Memory Effect，ARSME)，如图 8-4c 所示。

8.3.3　形状记忆效应产生的机理

具有形状记忆效应的合金应具备如下条件：①马氏体相变是热弹性的；②马氏体点阵的不变切变为孪变，亚结构为孪晶或位错；③母相和马氏体相均为有序点阵结构；④相变时在晶体学上具有完全可逆性。

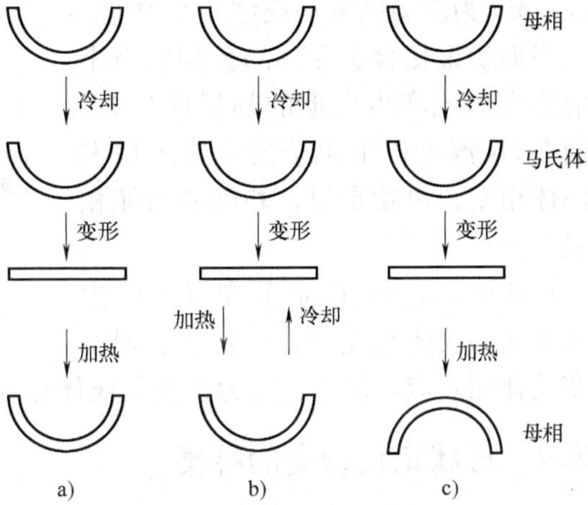

图 8-4　形状记忆效应
a) 单程记忆效应　b 双程记忆效应
c) 全程记忆效应

1. 热弹性马氏体

在金属的马氏体相变中，根据马氏体相变和逆相变的温度滞后大小(即奥氏体转变开始温度 *As* ~ 马氏体转变开始温度 *Ms*)和马氏体的长大方式，大致分为热弹性马氏体相变(Thermoelastic Martensitic Transformation)和非热弹性马氏体相变。

在冷却转变与加热逆转变时呈弹性长大与缩小的马氏体称为热弹性马氏体。热弹性马氏体相变时的协作形变为弹性形变，其温度-弹性特征没有或有较小的热滞现象。热弹性马氏体相变通常具有以下特征：①热弹性马氏体的组织呈细带状(或针状)；②热弹性马氏体相变的驱动力(非化学自由能差)较小，比钢的马氏体相变小 1 ~2 个数量级；③热弹性马氏体相变的热滞面积较小，几乎是零，相变时不存在爆发式相变；④一部分具有热弹性马氏体相变的合金具有形状记忆效应。

普通铁碳合金的马氏体相变为非热弹性马氏体相变，其相变温度滞后非常大，约为几百摄氏度。各个马氏体片几乎是在瞬间就长到最终大小，且不会因温度降低而再长大，相变过程是以在未相变的母相领域内生成新的马氏体的形式进行的。

具有形状记忆效应的合金大多数都发生热弹性马氏体相变。马氏体相变是无扩散的共格切变型相变，在由母相(P)转变成马氏体(M)的过程中，没有原子的扩散，因而无成分的改变，仅仅是晶体结构发生了改变。马氏体相变是由母相的原子以协同的、队列式的、有次序的方法进行切变位移，其位移量不超过一个原子间距；在切变的同时还伴有滑移或孪生等过程，故在马氏体相内往往出现亚结构，其中包括位错、层错或孪晶等。图 8-5 所示为形状记忆过程中晶体结构的变化。

2. 应力诱发马氏体相变

在 *Ms* 点以上的温度，如果对某些合金施加一定的外应力，则在已抛光的表面上呈现明显的浮凸，也就是诱发了马氏体，这种由外部应力诱发而产生的马氏体相变称为应力诱发马氏体相变(Stress-Induced Martensitic Transformation)。

这些合金的马氏体数量为外加应力的函数，即当外加应力增加时，母相转变为马氏体相的数量增加，当应力减少时则进行逆转变使母相增多。外加应力对诱发相变的作用不仅与合金种类有关，而且受试验温度的影响，在 *Ms* 以上、*Md* 以下的温度，外加应力或形变才能导致马氏体的形成。*Md* 为应力诱发马氏体相变温度。

当形状记忆合金受到的分切应力小于滑移变形或孪生变形的临界应力时，即使在 *Ms* 温度以上也会发生应力诱发马氏体相变，也就是说，外部应力使相变温度上升。

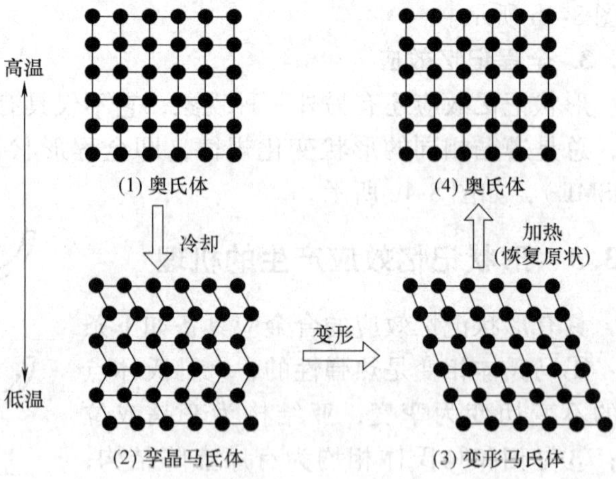

图 8-5　形状记忆过程中晶体结构的变化

形状记忆合金在 *Af* 温度以上产生应力诱发马氏体相变时，一般会表现出相变伪弹性效应。但是，应力诱发马氏体相变并非都会产生相变伪弹性效应。

8.3.4　形状记忆合金的种类

形状记忆合金的种类很多，到目前为止已有十多个系列，五十多个品种。一些形状记忆合金及马氏体相变特征见表 8-31。按照合金的组成和形变特征，可以将具有较完全形状记忆效应的合金分为钛-镍系、铜基系和铁基系三类。

表 8-31　一些形状记忆合金及马氏体相变特征

合　金	组分(%)	*Ms*/K	(*As* - *Ms*)/K	晶格变化	Δ*V*(%)
AgCd	Cd 44 ~ 49(*r*)	83 ~ 223	≈15	B2→2H	-0.16
AuCd	Cd 47 ~ 50(*r*)	243 ~ 273	≈15	B2→2H	-0.41
CuAlNi	Al 14 ~ 15(*w*) Ni3 ~ 4.5(*w*)	133 ~ 373	≈35	DO_3→18R	-0.30
CuSn	Sn 15(*r*)	153 ~ 243	—	DO_4→24	—
CuZn	Zn 36 ~ 42(*r*)	93 ~ 263	≈10	B2→9H	-0.50
CuZnX X-Si, Sn, Al, Ga	1 ~ 10(*w*)	93 ~ 373	≈10	B2→9R	—
CuAuZn	Au 23 ~ 28(*r*) Zn 45 ~ 47(*r*)	83 ~ 223	≈6	Heusler→18R	-0.25
In-Ti	Ti18 ~ 23(*r*)	333 ~ 373	≈1	FCC→FCT	-0.20
Ni-Ti	Ti49 ~ 51(*r*)	223 ~ 373	≈30	B2→B19	-0.34
Ni-Ti-Cu	Ni 20(*r*) Cu30(*r*)	353	≈5	B2→B19	—
Ni-Ti-Fe	Ni 47(*r*)	183	≈18	B2→B19	—
Ni-Al	Al 36 ~ 38(*r*)	93 ~ 373	≈30	B2→3R	-0.42

（续）

合　金	组分(%)	Ms/K	(As－Ms)/K	晶格变化	ΔV(%)
Fe-Pt	Pt ~25(r)	≈143	≈3	L12→CCT	-0.5~0.8
Fe-Pb	Pb ~30(r)	≈173	—	FCC→FCT→BCT	—
Mn-Cu	Cu 5~35(r)	23~453	≈25	FCC→FCT	—
Fe-Ni-Ti-Co	Ni 33，Ti 4，Co 10(w)	≈133	≈20	FCC→BCT	0.4~2.0

注：B2——CsCl 型立方有序结构；DO_3——BiF_2 型面心立方有序结构；B19——β′-AuCd 正交晶格；L12——$AuCu_3$ 型立方有序结构；Heusler——MnAlCu；FCC——面心立方晶格；FCT——面心四方晶格；BCT——体心四方晶格；CCT——底心四方晶格；H——六方晶格；R——菱方晶格；H 或 R 前数字——原子面排列周期层数；r——摩尔分数；w——质量分数；ΔV——体积变化。

8.4 储氢合金

由于世界性能源危机和环境保护等问题，展开新能源的探索和开发势在必行，其中氢能是人类未来的理想能源，它具有热值高、资源丰富、干净、无毒、无污染等特性。如燃烧1kg 的氢可产生 1.25×10^5kJ 的热量。地球表面有丰富的水资源，水中含氢量大约为11.1%，氢燃烧后生成水。在氢能的开发利用过程中，遇到的主要问题是氢的储存、输运和使用。氢的储存主要有两种方式，一种为物理方式，如采用压缩、冷冻、吸附等方式，将压缩氢气储存于钢瓶中，这种方式有一定危险，而且储氢量小，使用也不方便；另一种为化学方式，如将氢转变为金属氢化物，这些氢化物除了具有优异的吸放氢性能外，还兼顾了很多其它功能，因而很受重视，发展迅速。本节主要介绍金属氢化物的储氢原理、储氢合金及其应用。

8.4.1 金属储氢原理

合金的吸氢反应机理如图 8-6 所示。氢分子与合金接触时，就吸附于合金表面上，氢的H-H 键解离，成为原子状的氢(H)，原子状的氢从合金表面向内部扩散，侵入比氢原子半径大得多的金属原子与金属的间隙中(晶格间位置)，形成固溶体。固溶于金属中的氢再向内部扩散，而这种扩散必须要有化学吸附向溶解转换的活化能。固溶体一旦被氢饱和，过剩氢原子就与固溶体反应生成氢化物，这时，产生溶解热。

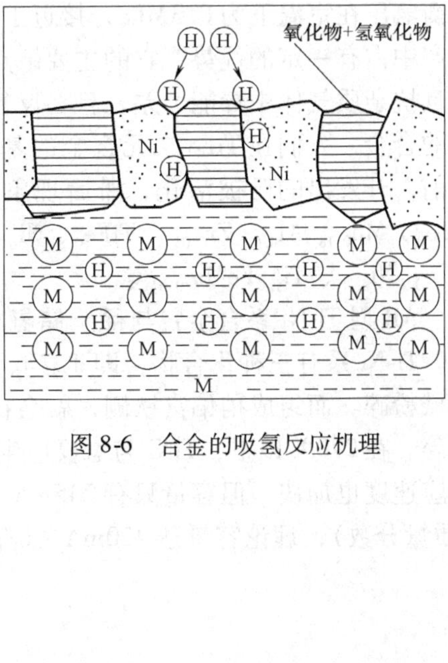

图 8-6　合金的吸氢反应机理

一般来说，氢与金属或合金的反应式是一个多相反应，这个多相反应由下列基础反应组成：H_2 传质；化学吸附氢的解离，$H_2\rightleftharpoons 2H_{ad}$；表面迁移；吸附的氢转化为吸收氢，$H_{abs}(\alpha)\rightleftharpoons H_{abs}(\beta)$；氢在氢化物(β 相)中扩散。

8.4.2 储氢合金的分类

1. 镁系储氢合金

以 Mg_2Ni 为代表的镁基储氢合金具有储氢量高（按 Mg_2NiH_4 计算，理论容量近 1000mA·h/g）、资源丰富、价格低廉等特点，多年来一直受到各国的极大重视。但是，由于晶态镁基合金为中温型储氢合金，且吸放氢的动力学性能较差，使其难以在电化学储氢领域得到应用。研究发现，通过使晶态 Mg-Ni 合金非晶化，利用非晶合金表面的高催化活性，可以显著改善镁基合金吸放氢的热力学和动力学性能，使其具备良好的电化学吸放氢能力。例如，用溅射法制备的非晶镁系储氢合金薄膜在 50mA/g 电流密度下的电化学容量为 500mA·h/g。采用机械合金化方法合成的非晶镁基合金的电化学容量也接近 500mA·h/g。由于非晶态 Mg-Ni 系合金具有比 AB_3 型和 AB_2 型合金更高的放电容量，所以，其应用开发问题已成为近年来受到广泛关注的一个重要研究方向。该类合金目前存在的主要问题是：因镁在碱液中易受氧化腐蚀，导致合金电极的容量衰退迅速，其循环寿命与使用化的要求尚有较大距离。因而，进一步提高合金的循环稳定性是目前国内外研究的热点课题。

2. 稀土系

AB_5 型稀土镍系储氢电极合金为 $CaCu_5$ 型六方结构，典型代表为 $LaNi_5$ 合金。虽然 $LaNi_5$ 合金具有很高的电化学储氢容量和良好的吸放氢动力学特性，但因合金吸氢后晶胞体积膨胀较大，随着充放电循环的进行，其容量迅速衰减，因此不适宜做 Ni/MH 电池的负极材料。其后，多元 $LaNi_5$ 系储氢合金的开发基本上解决了这一难题，使储氢合金向实用化迈出了关键的一步。但要把 $LaNi_5$ 系多元合金用于生产 Ni/MH 电池，还有降低材料价格的问题需要解决。

AB_5 型混合稀土系合金是目前国内外 Ni/MH 电池生产的主要负极材料。近年来，对合金的研究开发着重放在进一步调整和优化合金的化学组成、合金的表面改性处理及合金的结构优化等方面，力求使合金的综合性能进一步提高。

3. 钛系

TiFe 合金是 AB 型合金的典型代表，这种合金活化后在室温能可逆地吸收大量的氢，其平衡氢压在室温下为 0.3MPa，接近工业应用水平，而且价格便宜，资源丰富，因而在工业生产中占有一定的优势。它的主要缺点是活化困难，合金活化需高温高压（450℃，5MPa），而且抗杂质气体中毒能力差，且在反复吸放氢后性能下降。为了克服这些缺点，开发出更适用的合金，人们在 TiFe 二元合金的基础上，用其它元素代替 Fe，开发出一系列新型合金。目前，开发出的已被活化、滞后现象小，而且在 -30～200℃ 范围内储氢特性好的合金有 $TiFe_{0.8}Mn_{0.18}Al_{0.02}Zr_{0.05}$、$TiFe_{0.8}Ni_{0.15}V_{0.05}$、$TiMn_{0.5}Co_{0.7}$、$TiFe_{0.5}Co_{0.5}$、$TiCo_{0.75}Cr_{0.25}$、$TiCo_{0.2}Ni_{0.25}$、$Ti_{1.8}FeMm_{0.04}$ 等。

AB 型 Ti-Ni 系合金曾与稀土储氢材料一样，被用作电极负极材料，它们各有一定的优点。Ti-Ni 系有三种化合物，即 Ti_2Ni、TiNi、$TiNi_3$。TiNi 合金是一种韧性高的合金，难以用机械粉碎。而组成稍偏富钛侧，就会在 TiNi 母相的表面以包晶形式析出脆性相 Ti_2Ni，较易粉碎。在 270℃ 以下，TiNi 与氢反应生成稳定的氢化物 $TiNiH_{1.4}$，因镍含量高，氢离解压高，反应速度也加快，但容量只有 245mA·h/g；而 Ti_2Ni 与氢反应生成 $TiNiH_2$，吸氢量达 1.6%（质量分数），理论容量达 420mA·h/g，离解压低，只能放出其中的 40%。$TiNi_3$ 相在常温下不吸氢，与 AB_5 及 AB_2 型储氢合金相比，Ti-Ni 系合金尚存在可逆容量小且循环寿命低的问题。

近年来，人们一直在寻求改进 Ti-Ni 系合金性能的途径。例如，制备混合合金，使合金中既含有储氢量大的相，又含有电催化活性高的相，也就是包含上述 TiNi 和 Ti_2Ni 的混合相。另外，用原子半径大的锆部分替代 TiNi 中的钛，以提高 TiNi 合金相的晶胞体积，增大可逆储氢量；选择能与钛固溶且吸氢量大的钒部分替代钛，或采用锆、钒部分替代 TiNi 合金中的钛，制取（$Ti_{0.7}Zr_{0.2}V_{0.1}$）Ni，该合金的电化学容量高达 350mA·h/g，比 TiNi 二元合金高得多。（$Ti_{0.7}Zr_{0.2}V_{0.1}$）Ni 合金在 50mA/g 的放电条件下，在第一次充放电循环时即可达到最高容量，而且最大放电容量高达 380mA·h/g。但该合金的循环稳定性差，经 10 次充放电循环后容量迅速衰退至 200mA·h/g。

由 Ti_2Ni 和 TiNi 混合粉末烧结成的电极，其最大放电容量为 300mA·h/g，充放电效率近 100%。但 Ti_2Ni 在电解液中的循环寿命很短，限制了其在 Ni-MH 电池中的使用。为了提高其循环寿命，在 Ti_2Ni 中加入钴和钾，使 Ti_2Ni 电极的循环寿命大大提高。另外，用铝替代部分镍，在 $Ti_2Ni_{1-x}Al_x$ 电极材料中，随着合金中铝量 x 的增大，电极比容量降低，但循环寿命提高。

8.4.3 储氢合金的制备工艺

（1）真空熔炼法　用此法制取合金时，一般都在惰性气氛或真空中进行，有电弧式、电阻加热式、高频感应式及特殊式熔炼方法，是常用的制备方法。电弧式熔炼法制备的合金具有接近平衡相、偏析少等组织特征，而高频感应式熔炼法在缓冷时易发生宏观偏析。

（2）快淬法　快淬法是在很大的冷却速度下使熔体固化的方法，即将熔融合金喷射在旋转冷却的轧辊（有单辊和双辊，常用单辊法）上，冷却速度为（10^2～10^6）K/s，由急冷凝固制成薄带。快淬法具有以下特点：①能抑制宏观偏析，析出物微细化，电极寿命长；②组织均匀，极好的动力学性，吸放氢特性好；③晶粒细化，出现纳米晶、非晶相，合金特性得到改善。用该法制得的 MI（NiCoMnTi）$_3$ 合金为极细的柱状晶，有很高的放电容量和循环寿命，高倍率放电性能也较为优良，活化性能和抗粉化能力亦得到改善。

（3）气体雾化法　该方法冷却速度很高（约 10^4℃/s），且具有一次成粉、成分均匀等优点。

（4）定向凝固法　用该法可得到很好的高倍率放电性能的合金。

（5）压延扩散法　该方法通常情况下是给稀土材料一个较高的压力，使之直接生成稀土合金粉末，无须粉碎和热处理，得到的合金颗粒细小，表面光滑，成分均匀，压力平台平坦，循环寿命长。

（6）还有气相沉积法、离子溅射法等　可制取 AB_3 型合金粉末。

8.4.4 储氢合金的应用

1. 在电池上的应用

自 20 世纪 60 年代发现了 Mg_2Ni 和 $LaNi_5$ 储氢合金后，各种类型的储氢合金相继出现，其应用研究也广泛开展起来。起初，合金的研究与发展主要集中在气相应用，如储氢桶、氢提纯和化学热泵等方面；后来，随着低成本 $MnNi_5$ 合金的出现，又通过优化其组成及不同的处理工艺等，使合金的抗粉化性、平衡氢压抗碱腐蚀性都得以控制，金属氢化物的电化学应用也就开始了。1990 年，Ni-MH 电池首先由日本商业化，这种电池的能量密度为 Ni-Cd 电池的 1.5 倍，不污染环境，充放电速度快，记忆效应少，可与 Ni-Cd 电池互换，加之各种便携式电器的日益小型及轻质化，不断要求小型高容量电池与之配套，以及人们对环保意识的不断增强，从而使 Ni-MH 电池的发展更加迅猛。

2. 氢的储运与提纯

与其它方法相比，用储氢合金进行氢的储存和运输具有很多优点：①储氢密度大，可长期储存；②安全可靠，无爆炸危险；③可得到高纯度氢。德国奔驰公司制造的可储氢 $2000m^3$ 的钛系储氢合金氢容器已投放市场。在氢的储存和输送容器用材料中，为了减轻容器重量，一般选择钛、镁系储氢合金。

利用储氢合金选择性吸氢的极高能力（形成氢化物 MH），可成功地进行氢的回收和净化。美国已把储氢合金用于宇航上，以吸收火箭逸出的氢气；我国已用于合成氨洗气中回收氢气；中日合作也成功地用于氢冷却的火力发电机内，以维持机内氢的纯度达 99.999%。

3. 其它方面的应用

利用储氢合金吸收氢的热效应制造空调、热泵、蓄热，也是储氢合金研究开发的另一个热点。

德国、日本、美国进行了氢汽车的开发，他们用汽车尾气或冷却水的热量加热储氢合金燃料箱，以获得燃料氢，已开发出可储氢 11kg（相当于 45L 汽油）的燃料箱，用于汽车运行。但这种无害汽车离投放市场还有一段距离，有很多技术问题尚未解决。

利用金属氢化物不同温度下分解压不同的特点，可制作热压传感器。美国 System Donier 公司每年生产 8 万只这样的传感器，用在飞机上。

8.5 其它金属功能材料

8.5.1 超导材料

在一定温度以下，某些导电材料的电阻消失，这种零电阻现象称为超导现象或超导电性；具有超导电性的材料称为超导材料或超导体；出现零电阻的温度称为超导临界温度 T_c。T_c 是物质的常数，同一种材料在相同条件下，T_c 有严格的确定值。在 T_c 和 T_c 以下材料电阻为零，完全导电，T_c 的高低是超导材料能否应用于实际的关键。在超导状态下，超导体内没有磁力线通过，磁场强度恒为零，成为完全抗磁性的物质，这是超导体特有的、独立于完全导电性之外的又一特性。电流只流过导体表面层时，此表面层厚度称为穿透厚度。若施加足够大的磁场，超导电性会消失，使超导电性消失的最小磁场称为临界磁场强度 H_c，它是温度的函数，随温度上升而下降。在不加磁场的条件下对超导体通电时，当电流密度超过一定值后材料的超导电性也会消失，恢复到正常态。破坏超导状态的最小电流称为临界电流密度 I_c。T_c、H_c、I_c 越高，超导体使用价值越大。

自 1911 年荷兰物理学家 Onners 发现水银的超导电性以来，到目前发现的超导体材料数以千计，大体可分为以下几种类型：

1. 低温超导体

(1) 元素超导体 在常压下已有28种超导元素，其中过渡族元素有18种，非过渡族元素有10种。铌的 T_c 最高，为9.2K。在常压下不表现超导性的元素，在高压下有可能呈现超导电性，而原为超导体的元素在高压下其超导性也会改变，如铋在常压下不是超导体，但在高压下呈现超导电性。

(2) 合金超导体 由金属与金属固溶组成的超导体称为超导合金，它是超导材料中机械强度高，应力、应变小，磁场强度低的超导体。不同成分的合金其 T_c 值亦不同，这是由于随着合金固溶相的组成不同，其析出物、杂质、位错等随之变化，组织的不均匀性引起磁通线的钉扎，阻止磁通侵入，当钉扎阻力超过电流作用时，磁通不能侵入，即可连续保持超导状态。电流增加，磁通侵入作用增大，电流对磁通作用的推动力与钉扎作用阻力相平衡时的电流即为临界电流 I_c。超导体组织不均匀性越大，钉扎阻力越大，I_c 越大。Nb-Zr系和Nb-Ti系合金的超导电性和可塑性好，容易加工，是获得广泛使用的超导材料。如Nb-25Zr、Nb-25Ti、Nb-60Ti、Nb-60Ti-4Ta和Nb-70Ti-Ta合金，它们的 T_c 分别为11K、9.85K、9.3K、9.9K和9.8K，而Mo-50Re合金的 T_c 为12.6K。

(3) 化合物超导体 许多金属间化合物都具有超导电性，其 T_c、H_c 一般比超导合金高，但无延展性、脆，不易直接加工成线材或带材以制成可用的磁体，需采用串心线法、扩散反应法或蒸气沉积法制作成可用的超导器。

2. 高温超导体

高温超导体主要由氧化物超导体与非氧化物超导体组成。

超导材料的用途非常广阔，可大致分为三类：大电流应用（强电应用）、电子学应用（弱电应用）和抗磁性应用。大电流应用即超导发电、输电和储能；电子学应用包括超导计算机、超导天线、超导微波器件等；抗磁性主要应用于磁悬浮列车和热核聚变反应堆等。

8.5.2 弹性合金

弹性合金是具有特殊弹性性能的材料，广泛用于制作机械、仪器仪表和通信技术领域中的各种弹性、频率和敏感元件。因其用途的广泛和应用条件的多样化，除了弹性性能外，对弹性合金还提出了诸如耐蚀性、导电性、磁性和热弹性等综合要求。

弹性合金的种类繁多，按照用途不同可以将它分为两大类，即通用弹簧钢和特殊用途弹性合金。

1. 通用弹簧钢

在弹性合金中，弹簧钢是一种最常用的弹性材料，它主要用于制作各种类型的弹簧或弹性元件，如汽车、拖拉机、内燃机或压缩机的阀门弹簧，钟表发条以及各种电器、仪表弹簧，火车、飞机、大炮的缓冲弹簧等。这类弹簧钢又可分为碳素弹簧钢和低合金弹簧钢，其碳的质量分数为0.4%～1.2%，其中碳素弹簧钢一般为0.6%～0.9%，低合金弹簧钢一般为0.45%～0.70%。

2. 特殊用途弹性合金

特殊用途弹性合金按其性能特点不同，可分为高弹性合金与恒弹性合金两大类。

高弹性合金根据其性能特点不同，又可分为耐蚀高弹性合金、高温高弹性合金、高导电高弹性合金以及其它特殊力学、物理性能的高弹性合金四种类型，主要用作航空仪表、精密仪表和精密机械中的弹性元件，如弹簧、膜盒、波纹管、发条等。

恒弹性合金分为铁磁性恒弹性合金、无磁恒弹性合金及高温恒弹性合金三种类型。按承受载荷方式不同又可分为静态和动态两种类型。静态应用如仪表、钟表的游丝或张丝，弹簧天平及测量控制技术中的弹簧系统。动态应用主要利用与材料固有频率有关的参数，用作振子等，例如频率谐振器、延迟线、延时储存器、机械滤波器等。

弹性合金包括 Fe-Ni-Cr 系、Ni-Cr 系、Ni-Cr-Nb 系、Ni-Co-Cr 系、Nb-Ti 系、Fe-Ni-Co 系等。此外，实际常用的还有铜基合金，如锡磷青铜、铍青铜等。

8.5.3 减振合金

减振合金是由英国科学家最先研制出来的，经过多年发展，已有几十种新型减振合金问世并投入实际应用，形成了一个新兴的功能材料领域。

减振合金在对能量传输方面和弹性合金相比有显著不同。弹性合金一方面要求有高的储能能力，另一方面要求具有低阻尼、高能量传输能力（如高 Q 值恒弹性材料）；而减振合金则要求对机械振动有相当强的衰减作用，能吸收振动能，从而起到减振降噪的作用。

减振合金分为复合型和合金型两大类。合金型又根据阻尼机制的不同分为复相型、孪晶型、位错型和铁磁性型四种类型。复相型合金至少由两相组织构成，它是靠界面产生塑性变形而消耗振动能的，最典型的有片状石墨铸铁和 Zn-Al 合金。铁磁性型合金的弹性振动能衰减一般比非铁磁材料快，属于这种类型的合金有 Fe-Cr、Fe-Mo、Fe-W 等合金。位错型合金是靠位错运动而产生内耗，属于这种类型的合金有 Mg-Zr、Mg-Mg_2Ni 合金等。孪晶型合金是靠孪晶晶界的移动来消耗振动能的，如 Mn-Cu、Cu-Al-Ni、Ti-Al、Au-Cd 等合金。

减振合金适用于防振、降噪、隔声、减少杂声、探测振源和噪声源，以及对振动进行分析的设备、改善设备的疲劳寿命等，用途十分广泛。

本章小结

功能材料是指具有优良的物理、化学和生物或其相互转化的功能，用于非承载目的的材料。功能材料是能源、计算机、通信、电子、激光等现代科学的基础，在未来的社会发展中具有重要的战略意义。

金属功能材料中为大家所熟知的部分可以叫做传统功能材料，如磁性、电性、弹性等功能材料；另一部分属于较新发展起来的材料，如形状记忆合金、储氢合金、非晶合金、超塑性合金等。

从磁性能的特点来看，金属磁性材料可分为软磁合金、硬磁合金、矩磁合金和亚磁合金（也叫做磁致伸缩合金）等四种。而矩磁合金和亚磁合金都具有较低的矫顽力，与通常所说的软磁合金特点相近，因此，也可将金属磁性材料分为软磁合金和硬磁合金两种。通常把矫顽力小于 0.8kA/m 的材料称为软磁合金，而把矫顽力大于 0.8kA/m 的材料称为硬磁合金。

电性合金是指具有特殊电学性能的合金，按使用性能可将其分为电阻合金（包括精密电阻合金、应变电阻合金、热敏电阻合金等）、电热合金、热电偶合金和电触头材料等。电阻合金是利用物质的固有电阻特性来制作电子仪器、测量仪表等装置中不同功能的电阻元件的材料，它可按功能特性、成分体系、材料的电阻值或用途来分类。电热合金是利用电能转换为热能特性的电阻合金，广泛用于制作各种电炉和家用电器的电加热元件。热电偶合金是利用材料的热电动势随温度差而变化的特性来测温的一种材料。电触头材料是建立和消除电接触的导体材料，也称为接点材料，广泛用于制作电力电子、通信设备及仪器仪表中的开关、继电器、连接器、换向器、电位器、电刷等的接点元件。

形状记忆合金是指具有一定的初始形状，经形变并固定成另一种形状后，通过热、光、电等物理刺激或者化学刺激处理又可以恢复其初始形状的一种新型金属功能材料。由于它具有独特的形状记忆效应（SME）和超弹性效应，可以制作小巧玲珑、高自动化、性能可靠的元器件，目前已被广泛应用于电子仪器、汽车工业、医疗器械、空间技术、能源开发等领域。具有形状记忆效应的合金大多数都发生热弹性马氏体相变。马氏体相变是无扩散的共格切变型相变，在由母相（P）转变成马氏体（M）的过程中，没有原子的扩散，因而无成分的改变，仅仅是晶体结构发生了改变。

氢的储存主要有两种方式，一种为物理方式，如采用压缩、冷冻、吸附等方式，将压缩氢气储存于钢瓶中，这种方式有一定危险，而且储氢量小，使用也不方便；另一种为化学方式，如将其转变为金属氢化物，这些氢化物除了具有优异的吸放氢性能外，还兼顾了很多其它功能，因而受到极大重视，发展迅速。

在一定温度以下，某些导电材料的电阻消失，这种零电阻现象称为超导现象或超导电性。具有超导电性的材料称为超导材料或超导体。超导材料的用途非常广阔，可大致分为三类：大电流应用（强电应用）、电子学应用（弱电应用）和抗磁性应用。

弹性合金是具有特殊弹性性能的材料，广泛用于制作机械、仪器仪表和通信技术领域中的各种弹性、频率和敏感元件。而减振合金则要求对机械振动有相当强的衰减作用，能吸收振动能，从而起到减振降噪的作用。

本章主要名词

功能材料（function material）
软磁合金（soft magnetic alloy）
永磁材料（permanent magnet material）
电阻合金（electro-resistance alloy）
热电偶合金（thermocouple alloy）
形状记忆合金（shape memory alloy）
单程形状记忆效应（one way shape memory）
全程形状记忆效应
（all-round shape memory effect）
应力诱发马氏体相变
（stress induced martensitic transformation）
超导材料（superconducting material）
减振合金（damping alloys）

磁性材料（magnetic material）
硬磁合金（hard magnetic alloy）
电性合金（electrical alloy）
电热合金（electrothermal alloy）
电触头材料（electrical contact material）
形状记忆效应（shape memory effect）
双向记忆效应（two way memory effect）
热弹性马氏体相变
（thermoelastic martensitic transformation）
储氢材料（hydrogen storage material）
金属氢化物（metal hydride）
非晶合金（amorphous alloys）
弹性合金（elastic alloy）

习　题

1. 什么是功能材料？
2. 金属磁性材料的种类有哪些？
3. 永磁材料具有哪些磁特性？常用的永磁材料有哪些？
4. 什么是电性合金？电性合金有哪些？
5. 什么是形状记忆效应？
6. 形状记忆合金与普通金属材料的区别是什么？
7. 什么是诱发马氏体相变？
8. 储氢合金如何储氢？
9. 储氢合金的用途有哪些？
10. 什么是超导材料？

第 9 章　新型金属材料

新型金属材料是根据社会发展的需要，在人们已经掌握了物质结构及其变化规律的基础上，进行设计、研究、试验、合成而生产出来的材料，是对由金属元素或以金属元素为主构成的具有金属特性的新型材料的统称。新型金属材料具有特殊的性能，能满足尖端技术和设备制造的需要，它要求以先进的科学技术为基础，往往涉及物理、化学、冶金等多个学科领域。

9.1　金属基复合材料

现代科学技术的发展对材料的要求日益提高，普通的单一材料已越来越难以满足需要。复合材料集多种材料的优点于一身，具有能发挥其组成原材料的协同作用，同时又具有很大的材料设计自由度的特点，因此具有较大的发展空间。金属基复合材料是以金属及其合金为基体的复合材料，主要有以高性能增强纤维、晶须、颗粒等增强的金属基复合材料，金属基体原位自身增强材料以及层板金属基复合材料等种类。这些金属基复合材料既保持了金属本身的特性，又具有复合材料的综合特性。通过不同基体和增强物的优化组合，可获得各种高性能的复合材料，具有各种特殊性能和优异的综合性能。

9.1.1　金属基复合材料的分类

金属基复合材料可按照以下几种分类方式进行分类。

（1）按基体材料类型分类　可分为铝基、镁基、锌基、铜基、铅基、镍基、耐热金属基、金属间化合物基等复合材料。

（2）按增强材料类型分类　可分为连续增强金属基复合材料、非连续增强金属基复合材料（包括颗粒、短纤维、晶须增强金属基复合材料）、自生增强金属基复合材料（包括反应自生和定向自生、大变形）及层板金属基复合材料。

（3）按用途分类　可分为结构复合材料和功能复合材料。结构复合材料以高比强度、高比模量以及尺寸稳定性、耐热性等为主要性能特点，用于制造各种航空航天、汽车、先进武器系统等的高性能结构件。功能复合材料以高的导热及导电性、低膨胀、高阻尼、高耐磨性等物理性能的优化组合为主要特性，用于电子、仪器、汽车等工业。

（4）按制备工艺分类　可分为外加增强相复合材料和原位自生复合材料。原位自生复合材料的增强材料或其形态是在复合材料制备过程中形成的，如定向凝固自生复合材料、反应合成自生复合材料、大变形自生复合材料等。而外加增强相复合材料中的增强材料及其形态在制备过程中无明显变化，如铸造复合材料、粉末冶金复合材料等。

9.1.2 金属基复合材料的特点

金属基复合材料的性能取决于所选金属或合金基体和增强物的特性、含量、分布以及界面状态等。通过优化组合可以获得既具有金属特性，又具有高的比强度、比模量且耐热、耐磨等综合性能的材料。金属基复合材料具有以下性能特点：

（1）高的比强度、比模量　由于在金属基体中加入了适量的高强度、高模量、低密度的纤维、晶须、颗粒等增强物，明显提高了复合材料的比强度和比模量。特别是高性能的连续纤维，如硼纤维、碳（石墨）纤维、碳化硅纤维等增强物，具有很高的强度和模量。图9-1所示为典型的金属基复合材料与基体力学性能的比较。

用高的比强度、比模量复合材料制成的构件重量轻、刚性好、强度高，是航空航天技术领域中理想的结构材料。

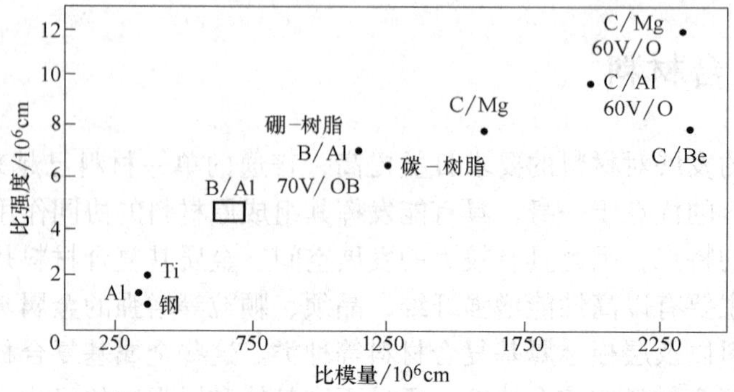

图 9-1　典型金属基复合材料与基体力学性能的比较

（2）导热、导电性能好　金属基复合材料中的金属基体占有很高的体积分数，一般在60%以上，因此仍能保持金属所特有的良好的导热性和导电性。良好的导热性可以有效地传热，减少构件受热后产生的温度梯度并迅速散热，这对尺寸稳定性要求高的构件和高集成度的电子器件尤为重要。良好的导电性可以防止飞行器构件产生静电聚集的问题。

在金属基复合材料中，采用高导热性的增强物还可以进一步提高其热导率，使复合材料的热导率比纯金属基体还高。为了解决高集成度电子器件的散热问题，现已研究出的超高模量石墨纤维、金刚石纤维、金刚石颗粒增强铝基及铜基复合材料的热导率比纯铝、纯铜的还高，用这些复合材料制成的集成电路底板和封装件可有效迅速地把热量散去，提高了集成电路的可靠性。

（3）膨胀系数小、尺寸稳定性好　金属基复合材料中所用的增强体（如碳纤维、碳化硅纤维、晶须、颗粒、硼纤维等）均具有很小的线胀系数。加入相当含量的增强物不仅可以大幅度提高材料的强度和模量，也使其线胀系数明显减小，并通过调整增强物的含量可获得不同的线胀系数，以满足各种工况的要求。例如，石墨纤维增强镁基复合材料，当石墨纤维含量达到48%时，复合材料的线胀系数为零，即在温度变化时这种复合材料不发生热变形，这对人造卫星构件特别重要。

通过选择不同的基体金属和增强物，并以一定的比例复合在一起，可得到导热性好、线胀系数小、尺寸稳定性好的金属基复合材料。

（4）高温性能好，使用温度范围大　由于金属基体的高温性能比聚合物高很多，其增强纤维、晶须、颗粒在高温下又都具有很高的高温强度和模量，因此，金属基复合材料具有比基体金属更高的高温性能，特别是连续纤维增强金属基复合材料。在复合材料中，纤维起着重要的承载作用，纤维强度在高温下基本不降低，纤维金属基复合材料的高温性能可保持到接近金属熔点，比金属基体的高温性能要高许多。因此，金属基复合材料被选用在发动机等的高温部件上，可大幅度提高发动机的性能和效率。

（5）耐磨性好　金属基复合材料，尤其是陶瓷纤维、晶须、颗粒增强金属基复合材料具有很好的耐磨性，这是因为在基体金属中加入了大量的陶瓷增强物，特别是细小的陶瓷颗粒。陶瓷材料硬度高、耐磨、化学性质稳定，用它们来增强金属不仅提高了材料的强度和刚度，也提高了复合材料的硬度和耐磨性。例如，碳化硅颗粒增强铝基复合材料的耐磨性比铸铁还好，比基体金属高出几倍，可用于汽车发动机、制动盘、活塞等重要部件，能明显提高部件的性能和寿命。

（6）疲劳性能和断裂韧度良好　金属基复合材料的疲劳性能和断裂韧度取决于纤维等增强物与金属基体的界面结合状态，增强物在金属基体中的分布以及金属、增强物本身的特性，特别是界面状态。最佳的界面结合状态既可有效地传递载荷，又能阻止裂纹的扩展，提高材料的断裂韧度。据美国宇航公司报道，G/Al 复合材料的疲劳与抗拉强度比为 0.7 左右。

（7）不吸潮、不老化、气密性好　与聚合物相比，金属基复合材料的金属性质稳定、组织致密，不存在老化、分解、吸潮等问题，也不会发生性能的自然退化，且在空间使用时不会分解出低分子物质污染仪器和环境，因此与聚合物基复合材料相比，具有明显的优越性。

（8）二次加工性能较好　可有效地借助目前各种成熟的金属材料加工工艺及设备，实现金属及复合材料的二次加工。

总之，金属基复合材料所具有的高的比强度和比模量，良好的导热性和导电性、耐磨性、高温性能，低的线胀系数，高的尺寸稳定性等优异的综合性能，使得金属基复合材料在航空航天、电子、汽车、先进武器等领域中均有广阔的应用前景。

9.1.3 金属基复合材料的制造工艺

为了得到性能良好、成本低廉的金属基复合材料，制造技术应满足以下几个方面的要求：

1）能使增强材料以设计的体积分数和排列方式分布于金属基体中，满足复合材料结构和强度的设计要求。

2）不得使增强材料和金属基体的原有性能下降，特别是不能对高性能增强材料造成损伤；能确保复合材料界面效应、混杂效应或复合效应的充分发挥，有利于复合材料性能的提高或互补；不能因制作工艺不当造成材料性能的降低。

3）尽量避免增强材料和金属基体之间各种不利化学反应的发生，得到合适的界面结构和性能，充分发挥增强材料的增强增韧效果。

4）设备投资少，工艺简单易行，可操作性强，便于实现批量或规模生产。

5）尽量制作出接近最终产品的形状、尺寸和结构，减少或避免后加工工序。

由于金属基复合材料的体系很多，各组分的物理化学性质差别很大，复合材料的用途也有很大差别，所以，复合材料的制作方法是千差万别的。但总的来说，金属基复合材料的制造方法可大致分为以下几类：

1）固态制造技术。固态制造技术是指在金属基体处于固态的情况下，制成复合材料体系的方法。其中包括粉末冶金法、热压法、热等静压法、轧制法、挤压法和拉拔法、爆炸焊接法等。

2）液态制造技术。液态制造技术是指在金属基处于熔融状态下，与增强材料混合组成新的复合材料的方法。其中包括浸渗法（真空浸渗、压力浸渗、无压浸渗）、挤压铸造法、搅拌铸造法、液态金属浸渍法、共喷沉积法等。

3）其它制造技术。主要包括原位自生成法、物理气相沉积法、化学气相沉积法、热喷涂法、化学镀和电镀及复合镀等。金属基复合材料的主要制造方法及适用范围见表 9-1。

表 9-1　金属基复合材料的主要制造方法及适用范围

类别	制造方法	适用金属基复合材料体系		典型的复合材料及产品
		增强材料	金属基体	
固态制造技术	粉末冶金法	SiC_p，Al_2O_3，SiC_w，B_4C_p 等颗粒、晶须及短纤维	Al，Cu，Ti 等金属	SiC/Al，SiC_w/Al，Al_2O_3/Al，TiB_2/Ti 等金属基复合材料零件、板、锭坯等
	热压法	B，SiC，C（Gr），W	Al，Ti，Cu 耐热合金	B/Al，SiC/Al，SiC/Ti，C/Al，C/Mg 等零件、管、板等
	热等静压法	B，SiC，W	Al，Ti 超合金	B/Al/SiC/Ti 管
	挤压、拉拔、轧制法		Al	C/Al，Al_2O_3/Al 棒、管
液态制造技术	挤压铸造法	各种类型增强材料，纤维、晶须、短纤维，C，Al_2O_3，SiC_p，Al_2O_3，SiO_2	Al，Zn，Mg，Cu 等	SiC/Al，SiC_w/Al，C/Al，C/Mg，Al_2O_3/Al，SiO_2/Al 等零件、板、锭坯等
	真空、压力浸渗法	各种纤维、晶须、颗粒增强材料	Al，Mg，Cu，Ni 基合金等	C/Al，C/Cu，C/Mg，SiC_p/Al，SiC_w + SiC_p/Al 等零件、板、锭、坯等
	搅拌铸造法	颗粒、短纤维及 Al_2O_3，SiC_p	Al，Mg，Zn	铸件、锭坯
	共喷沉积法	SiC_p，Al_2O_3，B_4C，TiC 等颗粒	Al，Ni，Fe 等金属	SiC_p/Al，Al_2O_3/Al 等板坯、管坯、锭坯零件
	真空铸造法	C，Al_2O_3 连续纤维	Mg，Al	零件
其它制造技术	原位自生成法		Al，Ti	铸件
	电镀及化学镀法	SiC_p，B_4C，Al_2O_3 颗粒，C 颗粒	Ni，Cu 等	表面复合层
	热喷涂法	颗粒增强材料 SiC_p，TiC	Ni，Fe	管、棒等

9.1.4 金属基复合材料的应用

1. 在汽车上的应用

由于金属基复合材料高的比强度、比模量，良好的耐磨性和热强性，以及低的线胀系数，可望在汽车工业的应用中起到提高效率、延长寿命、增强安全性和净化环境等的重要作用。从汽车工业的成本考虑，金属基复合材料以采用非连续纤维或短纤维、晶须、颗粒加强为好。

（1）内燃机方面　内燃发动机活塞在高温高压下工作，服役条件十分恶劣。随着发动机功率的提高和活塞工作寿命的延长，普通的铝合金活塞已难以满足要求，现在通常采用镶奥氏体铸铁环的方法来提高活塞环槽部位的耐磨性。复合材料与基体合金相比，其高温强度和抗热疲劳性能明显提高，并具有较低的线胀系数，这些性能对提高活塞的使用寿命、降低油耗和废气排放量、提高发动机功率具有极其重要的意义。

汽车工业采用金属基复合材料，最初是为了改进发动机活塞的强度和耐磨性。日本工艺金属公司用短纤维增强活塞顶部环槽。1983年，丰田汽车公司采用陶瓷纤维增强通过压力铸造生产的活塞，使其表现出更高的耐磨性和抗咬合能力。碳化硅颗粒或晶须增强铝也正在试用于制造汽车发动机活塞，由于它的耐热性、耐磨性和强度均佳，所以在活塞头部局部采用复合材料制造的柴油机活塞具有广阔前景。

（2）制动系统方面　制动鼓传统采用铸铁制造，由于铸铁密度大、导热性差，很早就有人想用铝合金代替，但由于其耐磨性达不到要求而没有成功。用碳化硅颗粒增强的铝合金金属基复合材料可以解决这个问题，其质量比铸铁要轻50%～60%，使惯性力、油耗和噪声都得到降低，磨损少，而导热性比铸铁提高5～7倍。

（3）传动系统　用20% Al_2O_3 颗粒增强的铝基复合材料代替钢来制造传动轴，比模量提高35%，动态稳定性也增加了，20世纪90年代后期大量应用于货车和大型旅游车。石墨/铝复合材料与巴氏合金的摩擦因数相当，而制作部件后质量可减少1/2，从而节省了许多金属，所以它是轴瓦的换代材料。

（4）其它零件　1984年，碳纤维复合材料已用于制造赛车的主动轴、弹簧、发动机盖、离合器摩擦片、支架推杆、制动盘及其轴承、门框和保险杠支撑等。复合材料在高性能轿车车身方面的应用也有所研究，1984年奥迪公司生产了200多辆Sports-Quattro汽车，几乎所有车身零件都使用复合材料层压板。Polimotor公司已用石墨纤维增强的复合材料制造了连杆、推杆、机体、活塞等汽车零件。Yamaha公司采用快速凝固的铝粉与SiC颗粒混合，采用粉末冶金法制作摩托车发动机的部件等。

2. 在航空航天方面的应用

复合材料具有高的比强度和比模量，同时又具有近于零的热胀系数和良好的尺寸稳定性，已成功地用于人造卫星支架、L频带平面天线、空间望远镜和照相机波导和镜筒、红外反射镜、人造卫星抛物面天线等。在航空工业方面，NASA的LEWIS研究中心正在开发利用金属基复合材料制造航空用先进燃气涡轮发动机。美国DWA特种复合材料公司用25% SiC_p/6061Al复合材料代替7075Al，制造航空结构导槽、角材。

某些新型教练机所用复合材料占25%～40%，新型战斗机的复合材料使用量占40%～50%，新设计与制造的垂直起落战斗机则选用60%～65%的复合材料。军用飞机由于大量采用复合材料，可减轻质量35%以上。质量更轻、刚度更好的结构复合材料多用于航天飞行器上；福在克飞机公司用这种材料成功地制造了F—27型飞机的下机翼蒙皮，比使用7076—T6铝合金减重25%。吸收雷达波材料用于制造飞机、舰艇和导弹，既具备高的强度和刚度，又能吸收电磁波。

3. 在光学仪器方面的应用

NbC弥散强化铀基复合材料的导电率达到85%IACS［IACS为国际退火铜标准（在20℃的电阻对试验材料在20℃电阻率之比，用百分数表示）］，是制作电刷的理想材料，而且可以在大电流和高温下正常工作。利用SiC_p增强的铝基复合材料可替代铍合金制造惯性导航器件。在光学仪器方面，美国亚利桑那大学研制了一种超轻型空间望远镜，采用SiC_p增强铝基复合材料制造支承和副镜，不仅大大减轻了重量，通过控制SiC的含量，还可使复合材料的膨胀系数与反航涂层相匹配，并在很大的温度范围内均能保证理想的尺寸稳定性。

4. 在电子工业方面的应用

金属基复合材料在电子工业方面的应用也有广阔的前景。由于具有良好的导热、导电性和低的热胀系数，金属基复合材料用作大功率大规模集成电路元件的基板，与硅材料零热胀系数相当，避免了由热应力造成的硅片和器件失效，提高了集成电路元件的可靠性。此外，C/Cu复合材料是制造电刷与微电子器件基片的超导性金属基复合材料，也可用于引线框架和各种点焊滚焊机的电极触头材料，以及电枢电动工具的换向器、大型高速涡轮发电机的转子导线、大型电气机车的架空导线等要求高电导率、高强度的领域。

5. 在军事方面的应用

ARCO公司开发了碳化硅晶须增强铝制造轻型装甲车履带以及其它军事器材。金属基复合材料除了因高的比强度及比模量可作为军事上理想的结构材料外，对新一代武器系统也有十分重大的影响，最主要的影响有以下几点：①抗核加固，可做保护平台和武器系统，免受作战危害和高级威胁；②高温结构，可提高先进推进系统的效率和可靠性；③潜艇陷落性，可提高潜艇的下潜能力、航行速度和陷落性，并降低成本；④全天候，使武器系统具有全天候执行任务的能力和更好的抗蚀/烧蚀性能。

9.1.5 前景展望

金属基复合材料一直处于快速发展中，它的最新进展及主要发展趋势主要表现在以下几个方面：

1）微结构设计的优化及新型复合材料的开发。可设计的自由度大是复合材料的最大特点，也是最大优势，金属基复合材料自然也不例外。因此，通过微结构的优化设计，可进一步发掘金属基复合材料的性能潜力，或根据特定的应用背景实现其性能指标的最优化配置，并显著降低制造成本，是金属基复合材料研究的重要发展方向。

2）结构-功能一体化。在金属基复合材料开发的初期，增强是复合的主要目的，所以将基体合金中所添加的第二相统称为增强体（或相）。第二相的加入还将带来对复合材料的线胀系数、导热及导电等物理性能的影响，从而赋予复合材料以特定的功能特性，使传统结构材料功能化，或实现结构-功能一体化的综合优势。

3）制备与成形加工一体化。近年来兴起的无压浸渗工艺，可以近净成形地制备结构复杂的构件，并且在复合过程中不需要型壳或模具来约束，就可以直接获得尺寸及形位精度极高的制件。

4）工艺技术的低成本。连续纤维增强复合材料因成本问题而严重受挫，颗粒增强复合材料则因为价格低廉、便于工业化生产而形势看好。因此，低成本是金属基复合材料重要的发展趋势之一。

5）生产规模化与应用的扩大化。

9.2　金属间化合物结构材料

“金属间化合物”一词是在1914年由英国冶金学家首次提出的，并把这类化合物从正常的化合物中区分开来。金属间化合物是指由两个或更多的金属组元按比例组成的具有不同于其组成元素的长程有序晶体结构和金属基本特性的化合物。以前所有的金属材料都是以相图中端际固溶体为基体，而金属间化合物则是以相图中中间部分的有序金属间化合物为基体。因此，这是一种新的材料，与传统的金属材料相比，有其特点和特殊规律。

9.2.1　金属间化合物的结构特点

在一般的置换式固溶体合金中，溶质原子通常都是以随机的方式分布于溶剂原子之间，形成一种无序固溶体。然而，某些具有固定原子比（如AB、A_3B、ABC_2等）的合金在低于某一特定温度T_c时，溶质原子和溶剂原子都趋向排成一种长程有序的形式。也就是说，在这类合金的晶体结构中，一些阵点位置只被“A”原子所占据，而另一些阵点位置只被“B”原子所占据。合金一旦形成这样的有序结构，就被称为有序合金或金属间化合物。

大多数金属间化合物的晶体结构都与金属晶体的三种最基本结构，即体心立方、面心立方和密排六方有关。当金属间化合物的长程有序受到破坏而成为无序合金时，其晶体结构就是这三种相应的基本结构。金属间化合物的晶体结构通常是以Strukturberich法进行命名分类的。最常见的金属间化合物具有$L2_0$（B2）、$L1_2$、DO_3及$L1_0$等类型结构，它们的原子排列情况如图9-2所示。这里以$L1_2$结构为例，进一步说明金属间化合物的原子有序排列。$L1_2$是一种建立在面心立方基础上的有序结构，其基本成分可表示为A_3B，其中A原子占据面心立方的面心位置，而B原子则只占据面心立方的顶角位置。如果有第三种或更多种置换式原子溶入基体金属且不改变其晶体结构，则所加入的其它原子可取代A原子或B原子而处于相应的位置。$L1_2$型结

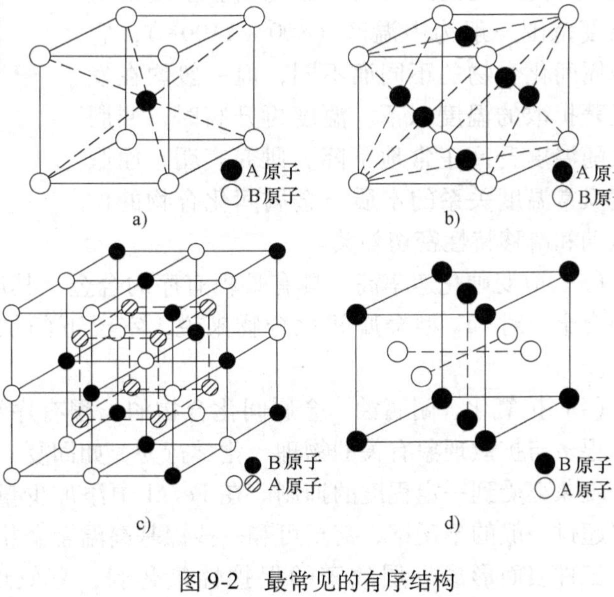

a)　b)　c)　d)

图9-2　最常见的有序结构

a) B2（$L2_0$）　b) $L1_2$　c) DO_3　d) $L1_0$

（Fe，Co，Ni）Al　Ni_3Al　Fe_3Al　TiAl

构可以看成是由 A、B 两种原子单独构成的点阵穿插而成。

9.2.2 金属间化合物的特性

金属间化合物作为工程结构材料之所以受到广泛关注，是由于这类材料相对于传统材料有着下列优异的性能：

（1）比强度高　金属间化合物突出的特点就是强度高。图 9-3 所示为有序合金 $(FeNi)_3V$ 和传统合金 316 奥氏体不锈钢的强度比较，显然，$(FeNi)_3V$ 的屈服强度要比 316 奥氏体不锈钢高 2～3 倍。一些含有 Al、Ti、Si 等元素的金属间化合物，如 TiAl、Ni_3Al、NiAl、Fe_3Al、FeAl 等，由于加入相当量的轻元素，密度明显降低，更突出了比强度的特点，适宜在考虑质量尽可能减轻的场合下应用。

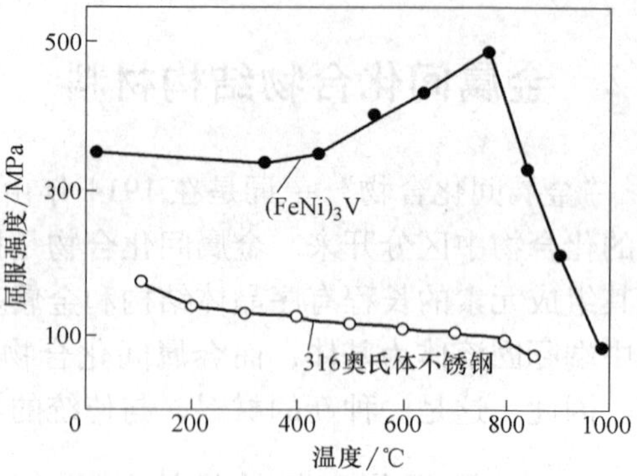

图 9-3　$(FeNi)_3V$ 与 316 奥氏体不锈钢的强度比较

（2）金属间化合物的屈服强度反常温度关系　金属间化合物力学性能的一个显著特点是屈服强度反常温度关系，统称为屈服强度与温度关系的 R 现象。图 9-4 归纳了三类屈服强度与温度的关系，A 类金属间化合物的屈服强度随着温度升高而提高；B 类的屈服强度随着温度升高无明显下降，但在低温区却随温度降低有明显硬化；C 类金属间化合物的屈服强度随着温度升高却也是降低的。出现屈服强度峰值的温度范围一般为中温区（800～1100K），它随金属间化合物的不同而不同，但一般均在发生显著扩散的温度以下。温度再升高时，屈服强度随温度升高正常地下降。研究表明，屈服强度反常温度关系的本质与金属间化合物的位错运动和滑移特性密切相关。

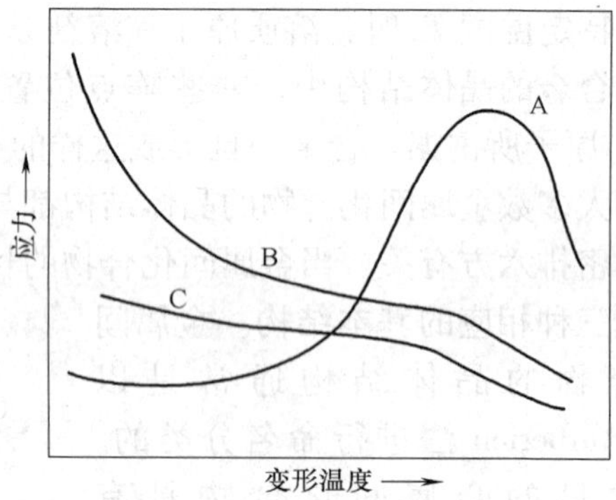

图 9-4　金属间化合物的屈服强度与温度的关系

（3）应变硬化速率高　具有长程有序的合金，其应变硬化速率通常都大大高于相应的无序合金。对 $L1_2$ 型金属间化合物来说，室温下的加工硬化速率可达到相应无序合金的两倍。

（4）抗氧化、耐腐蚀　金属间化合物的长程有序结构使得其自扩散系数大大降低。因此，很多与扩散现象有关的物理、化学行为，如回复、再结晶、蠕变、辐照损伤以及氧化腐蚀等现象都受到一定程度的抑制。在 Fe_3Al 中添加少量的 Zr、Mo 等元素，其抗压蠕变强度可以超过一般的不锈钢，甚至可和一些镍基高温合金相媲美。含铝的金属间化合物在高温下会在工件表面形成一层致密的保护性氧化膜，有效地防止进一步氧化腐蚀。试验表明，Fe_3Al 在 816℃的高温下加热 480h，合金损失量小于 $1mg/cm^2$。

（5）疲劳寿命高　金属间化合物的长程有序可抑制交滑移或引起交滑移系的减少，从而降低循环加载过程中裂纹萌生和扩展的趋势。因此，很多有序合金的室温高周疲劳寿命或疲劳极限都明显高于相应的无序合金。

9.2.3 金属间化合物的制备和加工工艺

1. 熔铸法

金属间化合物合金系采用真空或氩气保护感应熔炼，或用电渣重熔及真空双电极重熔法熔炼后浇注成合金锭。随后在包套中经高温挤压使铸锭成为坏料，通常压下率较大，以便铸态组织得以再结晶。再经冷轧使坯料成为板材，其间要进行多次高温退火。金属间化合物一般不能热锻、热轧，对 Ti_3Al 若能严格控制其成分和有害杂质的含量，也可进行热加工。

2. 粉末冶金

采用粉末冶金技术制取金属间化合物的过程为：首先采用雾化法、旋转电极法、机械法把母合金制成小于500μm 的粉末，然后在包套中热挤压成材。由粉末冶金法得到的材料组织均匀、细密，而且挤压棒料还能继续进行锻造等工艺。

3. 快速凝固法

目前，在快速凝固法制取合金的工艺中，以熔体旋转法和雾化法为主，前者可制得很薄的片材，厚度约为几十微米；后者可制得粉末，它们的速度都可达到 10^5K/s。由快速凝固法制取的材料成分均匀、晶粒细小、晶界偏析和有序度减少，这对提高合金的强度和塑性是有利的。不过，快速凝固法只能制得粉末和薄带，还要热挤压成材和经过热处理获得稳定状态才能用于结构材料，这就减弱了前述快凝工艺的优良特性。

9.2.4 金属间化合物的分类

金属间化合物的种类很多，按化学元素原子配比情况可分为 A_3B、AB、AB_2 等几类。

1. A_3B 类

这一类化合物有 Ni_3Al、Ti_3Al、Zr_3Al、Ni_3Ti、Ni_3Nb、Ni_3Mn、Ni_3Si、Ni_3Ga、Ni_3Zr、Ni_3Ge、Ni_3V、Ni_3Fe、Fe_3V、Co_3V、Al_3Ni、Al_3Ti、Al_3Li、Fe_3Si 等。它们是得到广泛研究的一类化合物，其中 Ni_3Al、Ti_3Al、Zr_3Al 最具代表性。Ni_3Al 具有 $L1_2$（有序面心立方）结构，它的有序转变温度为1395℃；Ti_3Al 为 DO_{10} 型（有序密排六方）结构，其有序转变温度为1125℃；Zr_3Al 的结构为 $L1_2$ 型，它的有序转变温度为1000℃。上述金属间化合物的有序转变温度很高，在此温度以下为有序结构，从而赋予它们具有许多特殊性能，如屈服强度随温度升高而上升。

2. AB 类

此类化合物包括 NiAl、NiTi、TiAl、FeAl、CoAl、NiZn、NiMn、CuZn 等。NiAl、TiAl、FeAl 是研究较多的金属间化合物。NiAl 和 FeAl 都具有 B_2 型（有序体心立方）结构，它们的有序转变温度分别为1638℃和1250℃。TiAl 为 L_{10} 型（有序面心四方）结构，其有序转变温度为1150℃。

3. AB_2 类

ZrB_2、HfB_2、$MoSi_2$、$NbAl_2$、$FeSi_2$、TiB_2 等属于这一类金属间化合物，其中 $MoSi_2$ 具有体心正方结构，它的非金属性很强，室温几乎没有塑性。不过 $MoSi_2$ 的熔点很高，若能提高其塑性，则可作为1400℃工作环境下的高温材料选用。

4. 复合类

这类合金是由两种或数种化合物组成的，也可将其称为复合材料。一般它们是在一种金属间化合物组分的基础上，通过添加第三、四组元等合金元素，起到部分替代原有金属间化合物的某种元素的作用，或者通过机械混合等方法加入氧化物和稀土化合物等得到的。其目的是改变原有金属间化合物的晶体结构，充分利用不同化合物的优点以及节省贵重元素等。这类合金有：$(Fe、Ni)_3V$、$(Fe、Ni、Co)_3V$、$(Fe、Ni)_3(V、Ti)$、Ni_2AlTi、$Ni_3(Fe、Ti)$、Ni_3Al-Ni_3Mn 等。其中，$(Fe、Ni、Co)_3V$ 为 $L1_2$ 型结构，其有序转变温度为 600℃；Ni_3Al-Ni_3Mn 具有 $L1_2$ 型结构，其有序转变温度为 500～600℃。

9.2.5 金属间化合物的韧化原理及方法

一般金属间化合物呈室温脆性，究其原因为：它的金属键中原子间结合力很强，化学结合趋向稳定，阻碍晶体滑移塑性变形；其次，金属间化合物的滑移系很少，达不到多晶体塑性变形时必需的滑移系数目；再有，金属间化合物的晶界较弱，且存在杂质在晶界上偏聚，脆化了晶界。以上因素综合作用的结果导致脆化，若能有效抑制上述因素，就可以抑制和克服这种脆性。

1）利用合金化原理，研制以有序相为主体的两相合金。提高金属间化合物塑性和韧性的关键在于晶界。设计合金时，如果让强度高的有序相为基体相，而让体积分量极少的无序相分布在晶界上，这样，就可以获得既具备金属间化合物各项优异性能又具有足够塑性的理想合金。例如，Co_3V 是一种堆垛顺序复杂的六方晶体，通常呈脆性。C. T. Liu 等人研究表明，通过以铁、镍取代部分钴，得到以 $(CoFe)_3V$、$(Ni、Co、Fe)_3V$ 为基的有序面心立方合金，其室温伸长率可达 35%。

2）加入微量元素强化晶界而达到韧化的目的。金属间化合物的致命弱点是其晶界尤为脆弱。如果掺入某些极易析出在晶界处的微量元素，且这些少量掺入的元素不形成第二相质点，也不改变基体相的有序状态，而这些微量元素有着显著的强化晶界的作用，这样就可以使得晶界的强度和晶内的强度相匹配，在晶界开裂之前晶内可以承受较大的变形，而达到韧化的目的。研究表明，Ni_3Al 多晶体中加入质量分数为 0.05%～0.10% 的硼后，经 1027℃ 均匀化退火可使室温塑性大幅度提高，伸长率可达 35%；而未加硼的试样根本不能塑性变形，这是因为，加硼后增强了金属间化合物的晶界，并减少了晶界处位错源起动所需的应力，从而降低了脆性。此外，用锰微量合金化 Ni_3Al，形成 MnS，抑制晶界上有害元素硫的偏聚，可改善晶界强度，从而提高塑性。微量硼在 FeAl 合金中也起一定作用，使其断裂方式改变，得到穿晶解理断口。

3）通过快速凝固，获得微晶态或非晶态的金属间化合物。细化晶粒是改善塑性的一种主要手段。通过快速凝固的激冷，可使金属间化合物形成极细的微晶（小于 1μm）或一定量的无序相，甚至是非晶态相。这样可以有效地抑制杂质元素在晶界上的偏聚，可以让无序相或非晶态相在变形中起到协调作用，从而抑制沿晶脆性，获得韧化的金属间化合物。由于快速凝固获取的合金其截面都很小（10^{-1}～10^3mm），不能直接用来制作工程构件，为了克服这一不足，可将用快速凝固制得的坯料采用热等静压技术压制或挤压成一定形状的构件，以达到应用的目的。如果将坯料碾制成粉末，再经粉末冶金手段烧结成所需形状，金属间化合物的韧化效果就会更加突出。Taub 等用富镍含硼的 Ni_3Al 粉末经烧结制得的试样，其伸长率可达55%以上，且出现了明显的缩颈阶段。不过，这里需要指出的是，快速凝固所获取的韧化效果在高温阶段就逐渐消失。因此，要获得实用的结构金属间化合物，需要通过多种途径进行复合韧化。

获取单晶、定向凝固等，以及其它形变热处理等对金属间化合物都有一定的韧化效果，可以根据零件的要求及合金的种类选择使用。

金属间化合物具有许多独特的物理和化学性能，引起国内外科研人员的广泛关注。金属间化合物不仅键合力强，可用于比合金更高的工作温度，而且具有比合金更高的比强度、比刚度及抗氧化能力，是航空航天、国防军事、新型能源、生物工程、信息技术等高新科技的关键材料。但金属间化合物尚未被充分开发利用，人们期待出现一种特别性能的新材料，能在各个领域发挥巨大作用。

9.2.6　几种金属间化合物结构材料

1. Ni_3Al 基合金

Ni_3Al 为典型的有序金属间化合物，在低温下，其结构为有序排列。在一定的温度范围内，其屈服强度随着温度的升高而升高，是一种优良的高温结构材料。Ni_3Al 具有较好的耐蚀性和抗氧化性，但由于它的有序性，其多晶呈现脆性，在室温下塑性差，高温时强度低，限制了它的使用。许多研究表明，通过添加微量合金元素的方法，可大大改善 Ni_3Al 的塑性、强度，提高其综合性能。

大量研究发现，添加少量的硼可改善晶界的脆性，明显地增强富镍中间合金 Ni_3Al 的韧性，同时可利用沉淀相强化合金。添加铬可使 Ni_3Al 在600～800℃时的脆性得到改善。添加铁可提高力学性能和耐蚀性。添加 Hf、Zr、Ti 等微量元素可起到固溶强化的作用。稀土元素的添加可提高合金的力学性能。

Ni_3Al 合金具有以下特点：①1100℃以下具有优异的抗氧化性和防渗碳性；②在600～1100℃之间有反常拉伸和压缩，屈服强度增高；③无第二相强化，疲劳阻力优于镍基高温合金；④铸态合金有大晶粒，蠕变强度高；⑤耐磨性好，在600℃以上出现反常增高；⑥通过预氧化处理形成很好的 Al_2O_3 氧化膜，可与各种气氛相容。

Ni_3Al 合金已经被商业化，在高温模具、热处理炉的高温抗氧化部件、炉底辊道、汽车活塞、阀门汽车增压涡轮等方面已进入实用阶段。

2. NiAl 基合金

NiAl 基合金的优越性主要表现为：①熔点高（1638℃）；②密度小（5.95g/cm^3）；③抗氧化性好；④导热性好；⑤价格便宜。

NiAl 的生成热很低，有序化温度远高于熔点，具有 B2 结构和较高的点缺陷浓度。在富镍的 NiAl 中镍反位原子是主要缺陷，富铝的 NiAl 中则镍亚点阵的空位是主要缺陷。当量成分 NiAl 的点阵常数 $a=0.2887$nm；而对于亚当量或过当量的 NiAl，由于点缺陷的存在，其点阵常数 a 均随镍或铝量线性减小。单晶 NiAl 的弹性模量具有明显的各向异性，（001）方向的弹性模量为95GPa，（111）方向为270GPa。而多晶 NiAl 的弹性模量为188GPa。NiAl 的独立滑移系不足五个，导致其塑性差。

3. Al_3Ti 结构材料

Al_3Ti 的密度低，而熔点远高于铝，抗氧化性好。Al_3Ti 具有 DO_{22} 结构，弹性模量很高，为216GPa，接近镍基高温合金的水平，在Ti-Al相图中Al_3Ti为没有固溶度的线性化合物。Al_3Ti的强度不是很高，同时又有严重的脆性。其变形方式主要是孪晶变形，室温下位错运动极为困难，高温下可以有<100>和<110>位错开动，<110>位错易在{001}面上滑移。加入少量的Zr、Hr、B、Li只能少量改善压缩塑性，降低层错能，有利于孪晶变形，但DO_{22}结构本身是造成Al_3Ti低塑性的主要原因。

通过合金化可以改变DO_{22}结构为$L1_2$结构，实验已证明，在Al-Ti-X（X = Cu、Ni、Fe、Cr、Mn、Pd、Ag）三元系中都存在富铝的$L1_2$结构。图9-5所示为变形$Al_{67}Ti_{25}Cr_8$和$Al_{66}Ti_{25}Mn_9$合金的拉伸性能与温度的关系。

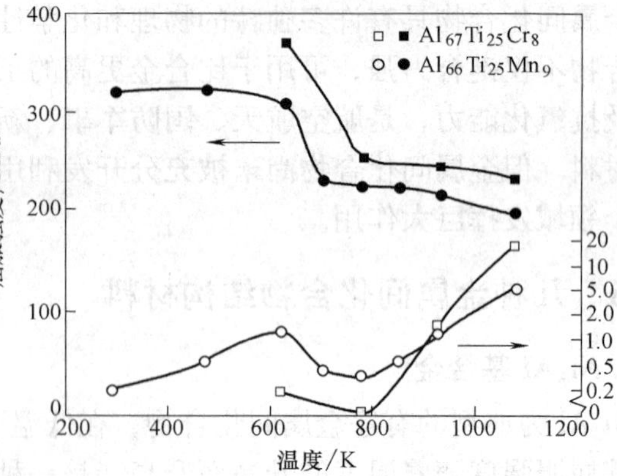

图9-5　变形$Al_{67}Ti_{25}Cr_8$和$Al_{66}Ti_{25}Mn_9$合金的拉伸性能与温度的关系

4. $MoSi_2$结构材料

$MoSi_2$具有极优越的高温抗氧化性能、良好的高温断裂强度和一定的高温塑性，还具有很好的导热性，但$MoSi_2$室温很脆，因此，长期以来$MoSi_2$主要作为高温炉的加热元件使用。作为高温结构材料应用，首先需要解决其室温塑性和韧性不足的问题，同时还要解决高温下蠕变性能降低，以及抗热冲性能差等问题。

9.3　纳米金属材料

纳米材料是指晶粒尺寸为纳米级（10^{-9}m）的超细材料。它包括体积分数近似相等的两个部分：一是直径为几个或几十个纳米的粒子；二是粒子间的界面。前者具有长程有序的晶体结构，后者是既没有长程有序也没有短程有序的无序结构。纳米材料的晶粒尺寸小到纳米量级时，其性质上的改变不是一种渐变，而是一种质变，表现出一系列优异的物理、化学和力学性能。因此，纳米材料的提出有可能给基础科学带来新的研究内容，已成为近年来材料科学研究的热点。

9.3.1　纳米金属的制备方法

1. 纳米金属微粒的制备方法

（1）气相法制备纳米金属微粒　该方法主要有气相冷凝法、活性氢-熔融金属反应法、溅射法、流动液面上真空蒸镀法、通电加热蒸发法、混合等离子法、激光诱导化学气相沉积法、爆炸丝法、化学气相凝聚法（CVC）和燃烧火焰-化学气相凝聚法。

（2）液相法制备纳米金属微粒　该方法主要有沉淀法、喷雾法、水热法、溶剂挥发分解法、溶胶-凝胶法、辐射化学合成法。此外，还包括物理气相沉积（PVD）、化学气相沉积（CVD）、微波等离子体、低压火焰燃烧、电化学沉积、溶液的热分解和沉淀等。目前已经制备出的铁系金属与合金纳米材料主要有球形铁、链状铁、Fe-Co合金、Fe-Ni合金、Fe-Cr合金等。

2. 纳米金属块体材料的制备方法

（1）两种大块纳米金属材料的制备方法

1）由小至大，即两步过程，先由机械球磨法、射频溅射、溶胶-凝胶法、惰性气体冷凝法等工艺制成纳米颗粒，再由激光压缩、原位加压、热等静压或热压制成大块纳米金属材料。凡能获得纳米粉末的方法，一般都会通过后续加工得到大块纳米金属材料。

2）由大到小，将外部能量引入或作用于母体材料，使其产生相变或结构转变，直接制备出块体纳米材料。例如，非晶材料晶化、快速凝固、高能机械球磨、严重塑性变形、滑动磨损、高能粒子辐照和火花蚀刻等。使大块非晶变成大块纳米晶材料，或利用各种沉积技术获得大块纳米材料。

（2）大块纳米金属材料制备方法的研究方向　大块纳米金属材料制备技术的发展目标是工艺简单、产量大、适应范围宽，能获得样品界面清洁且无微孔的大尺寸纳米材料制备技术；其发展方向是直接晶化法。实际上，在今后相当长的一段时间内，块体纳米晶样品的制备仍将以非晶晶化法和机械合金化法为主。现在需要克服的是机械合金化中大量产生的微孔隙，以及制备过程中带来的杂质和应力的影响。

从长远角度来看，高压高温固相淬火、脉冲电流和深过冷直接晶化法，以及与之相关的复合块状纳米材料制备技术及其基础研究工作，是今后纳米材料制备技术的研究重点。相信随着块状纳米材料制备技术的不断研究和发展，在不远的将来会有更多的纳米材料问世，并产生巨大的社会、经济效益。

9.3.2　纳米金属材料的性能

1. 力学性能

（1）屈服强度　晶粒尺寸对材料的力学性能，尤其是屈服强度有着明显影响。材料的屈服应力与其晶粒尺寸之间的关系在传统多晶材料中已经非常明确，它们之间遵循 Hall-Petch 关系，即

$$\sigma_y = \sigma_0 + kd^{-1/2}$$

式中，σ_y 为屈服应力，σ_0 为派纳力或摩擦阻力；k 为晶界对变形的影响系数，与晶界结构有关；d 为基体晶粒的平均直径。这只是一个近似关系，更为一般的形式是 d 的指数为 $-n$（$0.3 \leqslant n \leqslant 0.7$）。

许多纳米纯金属的室温硬度比相应的粗晶高 2 ~ 7 倍。随着晶粒的减小，硬度增加的现象几乎是不同方法制备的样品的一致表现。早期的研究认为，纳米金属的弹性模量明显低于相应的粗晶材料。例如，纳米晶钯的弹性模量和切变模量大约是相应全密度粗晶的 70%。然而，最近的研究发现，这完全是由样品中的缺陷造成的，纳米晶钯和铜的弹性常数与相应粗晶大致相同，屈服强度是退火粗晶的 10 ~ 15 倍。晶粒小于 50nm 的铜的韧性很低，总伸长率仅为 1% ~4%，晶粒尺寸为 110nm 的铜的伸长率大于 8%。从粗晶到 15nm，铜的硬度测量值满足 Hall-Petch 关系；小于 15nm 后，硬度随晶粒尺寸的变化趋于平缓，虽然硬度值很高，但仍比由粗晶数据按 Hall-Petch 关系外推或由硬度值转换的估计值低很多。不过，纳米晶铜的压缩屈服强度与由粗晶数据的 Hall-Petch 关系外推值和测量硬度的值（HV/3）非常吻合。

表 9-2 给出了通过惰性气体冷凝法（Inert gas condensation，IGC）合成的纳米晶钯和铜

的压缩屈服强度。可以看出，纳米晶钯和铜具有很高的屈服强度，并且对材料的致密度有较强的依赖性。

表 9-2 通过 IGC 法合成的纳米晶钯和铜的压缩屈服强度

试样号	压实温度/℃	密度（%）（理论）	晶粒尺寸/nm	屈服强度/GPa	$\frac{硬度}{3}$/GPa
Pd1	335	98.5	54	1.15	1.00
Pd2	183	97.9	38	1.10 ~ 1.13	1.10
Pd3	RT	95.3	24	0.75	0.75
Cu1	106	92.5	19	0.65	0.77
Cu2	106	98.4	20	0.85	0.87

Chokshi 等人通过对 IGC 方法制备的铜和钯纳米晶试样性能的研究，首次报道了反 Hall-Petch 关系现象。除此之外，还有其他研究者报道了类似的反 Hall-Petch 关系现象。目前，对纳米金属材料反 Hall-Petch 关系的解释有如下几种观点：

1）三叉晶界的影响。纳米晶体材料中的三叉晶界体积分数高于常规多晶材料。三叉晶界处的原子扩散快、动性好。三叉晶界实际上就是旋错，旋错的运动就会导致界面区的软化，这种软化现象就使纳米晶体材料整体的延展性增加。用这种观点可以很容易地解释纳米晶体材料的反 Hall-Petch 关系以及 k 值的变化。

2）界面的作用。随着纳米晶粒直径的减小，高密度的晶界导致晶粒取向混乱，界面能量升高，界面原子动性大，这就增加了纳米晶体材料的延展性，即引起软化现象。

3）存在临界尺寸。Gleiter 等人认为，在一个给定的温度下纳米材料存在一个临界尺寸，低于这个尺寸时，界面粘滞性流动增强，引起材料的软化；高于这个尺寸时，界面粘滞性流动减弱，引起材料硬化。

（2）延展性　在传统粗晶材料的研究中，人们认为晶粒尺寸越小，材料的延展性会越高，因而期待着当晶粒尺寸降低到纳米数量级后，可能使延展性有大幅度的改善。但实际上，已有的研究表明，当金属的晶粒尺寸小于等于 25nm 后，其延展性非常差，只有这些金属在其传统晶粒尺寸范围内延展性的 40% ~60%。Koch 认为，纳米晶材料有限的延展性可能有以下三个主要原因：①加工过程中缺陷的引入（例如孔隙）；②拉伸失稳；③裂纹的形核或者剪切失稳。在目前的加工条件下，不出现人为引入的缺陷是非常困难的，这些缺陷严重掩盖或扭曲了纳米晶材料本质的力学性能。

2. 热学性质

（1）比热容　根据热力学理论，体系的比热容主要由熵来决定。纳米金属材料的界面结构原子分布比较混乱，与常规材料相比，由于界面体积分数比较大，因而纳米材料的熵对比热容的影响比常规材料大得多。J. Rupp 等人研究了晶粒尺寸为 8nm 和 6nm 的纳米晶钯和铜的比定压热容，在 150 ~300K 的温度范围内，纳米晶钯比多晶钯增大了 29% ~54%；纳米晶铜比多晶铜增大了 9% ~11%。

（2）热膨胀　纳米晶体在温度发生变化时，其非线性热振动可分为两部分，一是晶内的非线性热振动，二是晶界组分的非线性热振动，往往后者的非线性振动较前者更为显著。可以说，占体积分数很大的界面对纳米晶热膨胀的影响起着主导作用。纳米铜（8nm）晶体在 110 ~293K 的热胀系数为 31×10^{-6}/K，而单晶铜在同样温度范围内的热胀系数为 16 ×

10^{-6}/K。可见，纳米晶体材料的热胀系数比常规晶体几乎大一倍。

（3）热稳定性　纳米结构材料的热稳定性是一个十分重要的问题，它关系到纳米材料的优越性能究竟能在多高温度范围内发挥。通常的加热过程将使纳米晶材料的晶粒长大。例如，在高真空中将纳米晶铁在750K下加热10h，则晶粒尺寸增加到10～200μm，变为α-Fe多晶体。将纳米微晶样品钯、铜在750K下退火，可使晶粒尺寸上升到20nm左右。当退火温度较低时，晶粒尺寸将保持稳定不变。例如，在393K将纳米微晶铜退火60h，或在473K将纳米微晶铁退火10h，都未观察到晶粒长大。

3. 纳米金属材料的电学性能

由于纳米材料中存在着庞大体积分数的界面，使平移周期在一定范围内遭到严重破坏，颗粒越小，电子平均自由程越短，偏离理想周期场越严重。因此，纳米材料的电学性能（如电导、介电性、压电性等）与常规材料存在着明显差别。

（1）电阻和电导　Gleiter 等人对纳米晶铜、氮、铁等块体的电阻与温度的关系，以及电阻温度系数与晶粒尺寸的关系进行了系统的研究。图9-6所示为不同晶粒尺寸的纳米晶钯的电阻率与温度的关系。从图中可见，纳米晶钯的电阻率比常规材料高，电阻率随晶粒尺寸的减小而增大，随温度的升高而升高。图9-7所示为纳米晶钯的电阻温度系数与晶粒尺寸的关系，很明显，随着晶粒尺寸的减小，电阻温度系数减小。当晶粒小于某一临界尺寸（电子平均自由程）时，电阻温度系数还可能由正变负。

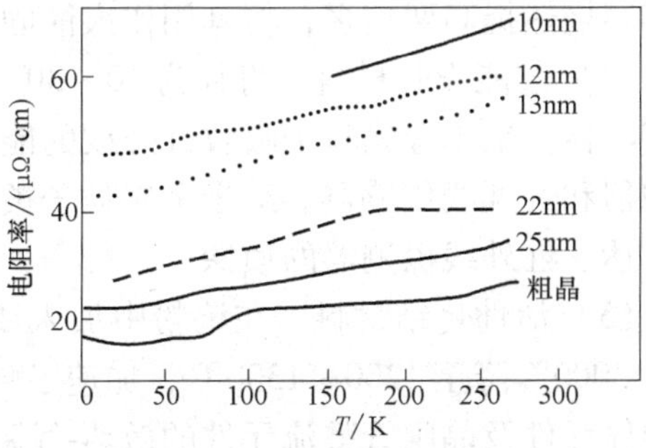

图 9-6　不同晶粒尺寸的纳米晶钯的电阻率与温度的关系

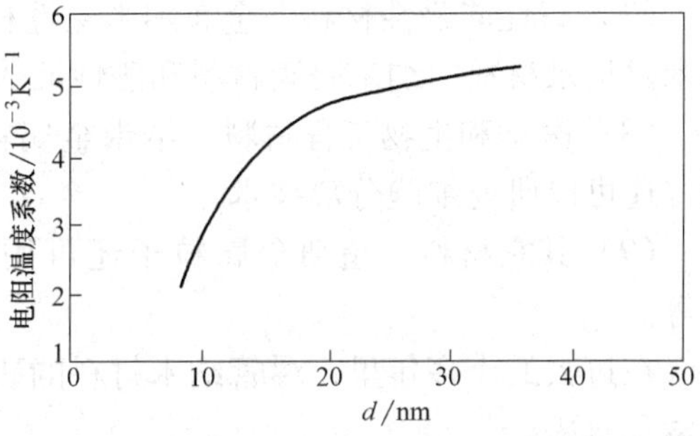

图 9-7　纳米晶钯的电阻温度系数与晶粒尺寸的关系

由于纳米材料中大量界面的存在，使得大量电子的运动局限在小晶粒范围内。晶界原子排列越混乱，晶界厚度越大，对电子散射能力就越强。界面的这种高能垒是使电阻升高的主要原因。纳米材料从微观结构来说，对电子的散射可分为两个部分：一是颗粒组元，二是界面组元。当晶粒尺寸与电子平均自由程相当时，晶界组元对电子的散射有明显的作用；当晶粒尺寸大于电子平均自由程时，晶内组元对电子的散射占优势；当晶粒尺寸小于电子平均自由程时，晶界组元对电子的散射起主导作用，这时电阻与温度的关系以及电阻温度系数的变化都明显偏离粗晶情况，甚至出现反常现象。

（2）介电特性　在电介质材料中，介电常数和介电损耗是最重要的物理特性。纳米材料在结构上与常规材料存在很大差别，其介电特性有自己的特点，主要表现在介电常数和介电损耗对颗粒尺寸有很强的依赖关系，电场频率对介电行为有极强的影响。

纳米材料的介电常数随着电场频率的降低而升高，并有比常规粗晶材料高的介电性。电介质显示高的介电常数，极化损耗小，甚至没有损耗。纳米材料随着电场频率的降低，介质的多种极化都能跟上外加电场的变化，介电常数增大。

9.3.3 纳米金属材料的应用及发展

纳米金属材料在宇航、电子、工业、冶金、军事、核工业、医学和生物工程等方面有着越来越广泛的应用。

（1）微孔材料　用纳米金属粉末制成的微孔气体分离膜，可用于气体同位素、混合气体、高分子有机物的浓缩和分离，还可制备过滤器，主要用于微电子工业、精细化工和生物工程的气体超净化过滤。

（2）催化材料　由于纳米材料的化学活性和大的比表面积，广泛用作催化剂材料。纳米金属催化剂主要有纳米贵金属催化剂、纳米铁、镍粉催化剂和纳米合金催化剂。

（3）助燃剂　在火箭燃料推进剂中只要添加质量分数不到1%的纳米铝粉或镍粉，即可使其燃烧热提高两倍多，将其用作火箭固体燃料，其燃烧效率可提高100倍。

（4）波能吸收材料　直径为10～30nm的铬粉吸收太阳能的效果好，已成功应用于太阳能接收器。纳米金属粒子吸收红外线的能力强，同时吸收率与热容量的比值大，用作红外线检测器和红外线传感器。纳米金属粒子被制成高性能的隐形材料，可使坦克、舰艇和飞机避开雷达、红外线探测器的侦探。

（5）活性烧结材料　在钨粉中加入质量分数为0.1%～0.5%的纳米镍粉，可使烧结温度从3000℃降至1200～1300℃，加速了烧结进程。这种活性烧结已大批量用于生产大功率半导体元件及晶闸管整流元件的散热-线膨胀补偿基底。

（6）敏感元件材料　多功能传感器是用几个纳米的金属粒子制备的，可用于检测气体、温度和湿度。

（7）高性能磁性材料　金属纳米磁性材料包括纳米稀土永磁材料、纳米微晶软磁材料、纳米磁记录材料、纳米磁膜材料和磁性液体。

（8）医学和生物工程材料　纳米金属粒子已被用来研究肿瘤药物及致癌物质的作用机理，还可以研究细胞分离技术。

（9）其它材料　超细金属粒子还可用作储氢材料、导电胶、印制电路和超细硬质合金等。

在过去的十多年里，尽管纳米材料的研究已经取得了显著进展，但许多重要问题仍有待探索和解决。

本章小结

新型金属材料是根据社会发展的需要，在人们已经掌握了其物质结构及其变化规律的基础上，进行设计、研究、试验、合成而生产出来的材料。新型金属材料具有特殊的性能，能满足尖端技术和设备制造的需要，它要求以先进的科学技术为基础，往往涉及物理、化学、冶金等多个学科领域。

金属基复合材料是以金属及其合金为基体的复合材料，主要有以高性能增强纤维、晶须、颗粒等增强的金属基复合材料，金属基体原位自身增强材料以及层板金属基复合材料等种类。这些金属基复合材料既保持了金属本身的特性，又具有复合材料的综合特性，通过不同基体和增强物的优化组合，可获得各种高性能的复合材料，具有各种特殊性能和优异的综合性能。

金属基复合材料的性能取决于所选金属或合金基体和增强物的特性、含量、分布以及界面状态等。通过优化组合可以获得既具有金属特性，又具有高的比强度、比模量以及耐热、耐磨等综合性能。

金属间化合物是指由两个或更多的金属组元按比例组成的具有不同于其组成元素的长程有序晶体结构和金属基本特性的化合物。大多数金属间化合物的晶体结构都与金属晶体的三种最基本结构，即体心立方、面心立方和密排六方有关。当金属间化合物的长程有序受到破坏而成为无序合金时，其晶体结构就是这三种相应的基本结构。金属间化合物的晶体结构通常是以 Strukturberich 法进行命名分类的。最常见的金属间化合物具有 $L2_0$（B2）、$L1_2$、DO_3 及 $L1_0$ 等类型结构。

金属间化合物具有以下优异性能：比强度高、屈服强度反常温度关系、应变硬化速率高、抗氧化、耐腐蚀、疲劳寿命高。

金属间化合物的制备方法有熔铸法、粉末冶金、快速凝固法等。

金属间化合物的种类很多，按化学元素原子配比情况可分为 A_3B、AB、AB_2 等几类。

纳米材料是指晶粒尺寸为纳米级（10^{-9}m）的超细材料。它包括体积分数近似相等的两个部分：一是直径为几个或几十个纳米的粒子；二是粒子间的界面。前者具有长程有序的晶体结构，后者是既没有长程有序也没有短程有序的无序结构。纳米材料的晶粒尺寸小到纳米量级时，其性质上的改变不是一种渐变，而是一种质变，表现出一系列优异的物理、化学和力学性能。

本章主要名词

金属间化合物（intermetallic compound）
结构材料（structural material）
有序相（ordered phase）
复合材料（composite material）
金属基复合材料（material matrix composite）
非晶晶化法（amorphous solid crystallization）
机械合金化法（mechanical alloying）
无序合金（disordered alloy）
长程有序（long-range order）
应变硬化（strain hardening）
粉末冶金（powder metallurgy）
纳米材料（nano-grain material）
气相法（gas phase method）
液相法（liquid phase method）

习　题

1. 金属基复合材料的分类有哪些?
2. 金属基复合材料的特点有哪些?
3. 金属间化合物有何结构特点?
4. 金属间化合物的特性有哪些?
5. 金属间化合物的制备方法有哪些?
6. 金属间化合物的韧化原理是什么?
7. 什么是纳米材料?
8. 纳米金属材料的制备方法有哪些?
9. 纳米金属材料有哪些特殊性能?

参考文献

[1] 戴起勋．金属材料学［M］．北京：机械工业出版社，2005.
[2] 王笑天．金属材料学［M］．北京：机械工业出版社，1987.
[3] 吴承建，陈国良，强文江．金属材料学［M］．北京：冶金工业出版社，2000.
[4] 胡赓祥，蔡珣，戎咏华．材料科学基础［M］．2 版．上海：上海交通大学出版社，2000.
[5] Bramfitt B L, Benscoter A O. Metallographer's Guide：Practices and Procedures for Irons and Steels ASM International Materials［M］. Park Ohio：ASM International Press，2002.
[6] 布赖恩 F，皮克林．钢的组织与性能［M］．刘嘉禾，等译．北京：科学出版社，1999.
[7] 朱张校．工程材料［M］．3 版．北京：清华大学出版社，2004.
[8] 赵连城．金属热处理原理［M］．哈尔滨：哈尔滨工业大学出版社，1987.
[9] 于永泗，齐民．机械工程材料［M］．5 版．大连：大连理工大学出版社，2003.
[10] 北方交通大学材料系．金属材料学［M］．北京：中国铁道出版社，1982.
[11] 俞德刚．钢的强韧化理论与设计［M］．上海：上海交通大学出版社，1990.
[12] 章守华．合金钢［M］．北京：冶金工业出版社，1981.
[13] 陈全明．金属材料及强化技术［M］．上海：同济大学出版社，1992.
[14] 邓安华．有色金属的强化方法［J］．上海有色金属，2000，4：35.
[15] 谭家骏．金属材料强化原理基本途径及热处理新技术［J］．电子工艺技术，1995，6：5.
[16] Lu K，et al. Strengthening Materials by Engineering Coherent Internal Boundaries at the Nanoscale［J］. Science，2009，324：349.
[17] 史美堂．金属材料及热处理［M］．上海：上海科学技术出版社，1991.
[18] 凤仪．金属材料学［M］．北京：国防工业出版社，2009.
[19] 文九巴．机械工程材料［M］．2 版．北京：机械工业出版社，2009.
[20] 石德珂．材料科学基础［M］．北京：机械工业出版社，2002.
[21] 孙珍宝，朱谱藩，林慧国，等．合金钢手册：下册，第一分册［M］．北京：冶金工业出版社，1992.
[22] 乔世民．机械制造基础［M］．北京：高等教育出版社，2003.
[23] 孙智，倪宏昕，等．现代钢铁材料及其工程应用［M］．北京：机械工业出版社，2007.
[24] 王晓敏．工程材料学［M］．北京：机械工业出版社，1998.
[25] 崔占全，孙振国．工程材料［M］．北京：机械工业出版社，2002.
[26] 庞国星．工程材料与成形技术基础［M］．北京：机械工业出版社，2005.
[27] 李云凯．金属材料学［M］．北京：北京理工大学出版社，2006.
[28] 左汝林，曾军，张建斌，等．金属材料学［M］．重庆：重庆大学出版社，2008.
[29] 曹茂盛．功能材料概论［M］．哈尔滨：哈尔滨工业大学出版社，1999.
[30] 于春田．金属基复合材料［M］．北京：冶金工业出版社，1995.
[31] 崔忠圻．金属学与热处理［M］．北京：机械工业出版社，2000.
[32] 吴承建，陈国良，强文江．金属材料学［M］．2 版．北京：冶金工业出版社，2009.
[33] 孙广锡．金属材料及热处理［M］．西安：西北大学出版社，1995.
[34] 耿洪滨，等．新编工程材料［M］．哈尔滨：哈尔滨工业大学出版社，2000.
[35] 方鸿生，等．贝氏体相变［M］．北京：科学出版社，1999.
[36] 文九巴．材料科学与工程［M］．哈尔滨：哈尔滨工业大学出版社，2007.
[37] 张联盟．材料学［M］．北京：高等教育出版社，2005.
[38] 齐宝森，等．化学热处理技术［M］．北京：化学工业出版社，2006.

[39] 徐祖耀. 马氏体相变与马氏体［M］. 北京：科学出版社，1999.

[40] 陶岚琴，王道胤. 机械工程材料简明教程［M］. 北京：北京工业大学出版社，1991.

[41] 吴维利，庄和铃. 机械工程材料［M］. 上海：上海交通大学出版社，1988.

[42] 王健安. 金属学与热处理［M］. 北京：机械工业出版社，1980.

[43] 郑明新. 工程材料［M］. 北京：清华大学出版社，1983.

[44] 王培铭. 无机非金属材料学［M］. 上海：同济大学出版社，1999.

[45] 黄守伦. 实用化学热处理与表面强化新技术［M］. 北京：机械工业出版社，2002.

[46] 刘天模，张喜燕，黄维刚. 材料学基础［M］. 北京：机械工业出版社，2004.

[47] 倪礼忠，陈麒. 复合材料科学与工程［M］. 北京：科学出版社，2002.

[48] 刘宗昌. 材料组织结构转变原理［M］. 北京：冶金工业出版社，2006.

[49] 赵品，谢辅洲，孙振国. 材料科学基础教程［M］. 哈尔滨：哈尔滨工业大学出版社，2002.

[50] 潘金生，仝健民，田民波. 材料科学基础［M］. 北京：清华大学出版社，2004.

[51] 曹明盛. 物理冶金基础［M］. 北京：冶金工业出版社，1988.

[52] 戚正风. 金属热处理原理［M］. 北京：机械工业出版社，1988.

[53] 安运铮. 热处理工艺学［M］. 北京：机械工业出版社，1982.

[54] 王高潮. 材料科学与工程导论［M］. 北京：机械工业出版社，2006.

[55] 崔崑. 钢铁材料及有色金属材料［M］. 北京：机械工业出版社，1981.

[56] 祝燮权. 实用金属材料手册［M］. 2 版. 上海：上海科学技术出版社，2000.

[57] 李春生. 钢铁材料手册［M］. 南昌：江西科学技术出版社，2004.

[58] 陈文哲. 机械工程材料［M］. 长沙：中南大学出版社，2009.

[59] 潘复生，张丁非，等. 铝合金及应用［M］. 北京：化学工业出版社，2006.

[60] Donald R Askeland, Pradeep P Phule. The Science and Engineering of Materials［M］. 4th ed. 北京：清华大学出版社，2005.

[61] 洪紫萍，王贵公. 生态材料导论［M］. 北京：化学工业出版社，2001.

[62] 左铁镛，聂祚仁. 环境材料基础［M］. 北京：科学出版社，2003 .

[63] 孔见. 钢铁材料学［M］. 北京：化学工业出版社，2008.